沂沭泗第十届水文学术交流会论文集

主 编 杨殿亮

黄河水利出版社
·郑州·

图书在版编目（CIP）数据

沂沭泗第十届水文学术交流会论文集／杨殿亮主编.
郑州：黄河水利出版社，2024. 7. -- ISBN 978-7-5509-
3947-9

Ⅰ. P33-53

中国国家版本馆 CIP 数据核字第 2024ZY7230 号

组稿编辑：韩莹莹　电话：0371-66025553　E-mail：1025524002@ qq. com

责任编辑	郭　琼	责任校对	杨秀英
封面设计	李思璇	责任监制	常红昕

出版发行　黄河水利出版社
　　　　　地址：河南省郑州市顺河路 49 号　邮政编码：450003
　　　　　网址：www. yrcp. com　E-mail：hhslcbs@ 126. com
　　　　　发行部电话：0371-66020550
承印单位　广东虎彩云印刷有限公司
开　　本　787 mm×1 092 mm　1/16
印　　张　24.25
字　　数　575 千字
版次印次　2024 年 7 月第 1 版　　　2024 年 7 月第 1 次印刷
定　　价　116.00 元

《沂沭泗第十届水文学术交流会论文集》

编写委员会

目　录

第一篇　水文水资源与防汛调度

废黄河(盐城段)水资源脆弱性分析
　　　　………… 黄　琨　周海天　宋　超　张凯奇　单　帅　薛海峰(3)
基于 LSTM 神经网络的盐城站水位预测方法研究
　　　　………… 宋　超　宗长荣　周海天　李　昂　单　帅　黄　琨(10)
盐城市短历时暴雨设计雨型研究 ……………………… 张　院　查　红　李　昂(21)
灌河沿线码头潮位特征预报 ……… 周海天　宗长荣　宋　超　王赤诚　徐逸凡(29)
1951—2023 年响水县降雨时空变化特性分析
　　　　………… 单　帅　宗长荣　王海波　宋　超　徐逸凡　黄　琨(35)
沭河上游堤防加固工程生态护滩技术探讨 ……………… 单建军　王建新　宋乐然(45)
调水河道的防汛特征水位核定——以徐洪河沙集闸以上为例
　　　　………… 钱学智　李　倩　唐文学　蔡文生　王勇成(49)
菏泽市城市防汛水文监测与预警系统建设探讨与分析 ……………………… 王捷音(55)
淮河入江水道上段行洪分析 ……………… 周　鑫　曹　杰　杨　瑶　韩　磊(60)
基于暴雨洪水堤防水库防洪效益分析 ………………………………………… 杜　静(66)
基于多因子回归的骆马湖洪水过程预报
　　　　………… 姚思源　李　凯　栾承梅　孙金凤　闻余华(71)
基于基尼系数和均衡系数的水资源空间均衡评价
　　　　………… 张巧丽　蒋德志　周佳华　吴晓东　王　欢(76)
基于水文推理公式法的汇流演算与修正
　　　　………… 李　涌　周　倩　祝　旭　陈　颖　张　哲(83)
极端暴雨事件下淮河防洪形势分析——以郑州"21·7"暴雨为例
　　　　………… 鲁志杰　冯志刚(95)
江苏沂沭泗流域降雨径流特征分析 ……………………………… 万晓凌　聂　青(99)
雷达波自动测流系统在中小河流水文站洪水测验中的应用实践
　　　　………… 田忠师　屈传新　尤新文(106)
利用暴雨资料推求设计洪水程序探讨 …………………………………… 霍东亚(112)
临沂市变化环境下山丘区典型流域产流机制辨析研究
　　　　………… 邵秀丽　张聿超　崔海滨　屈传新(117)
大数据技术在地下水中的应用探索 ……………………………………… 李　蔚(127)

临沂水文站在线流量监测与实测流量比测分析 ……………………… 张　洪（132）

马庄闸水文站自动蒸发系统比测分析 ……………………… 黄存月　黄　东（141）

人类活动与气候变化影响下淮河干流洪水演变规律研究

………………………… 赵梦杰　马亚楠　杜宏杰　陈华亮　洪双玲（150）

日照市 2023 年雨水情特性分析 …… 张艳秋　张　雷　冷　雪　杨宗坤　高婷婷（159）

日照市水体动态遥感监测及应用分析

………………………… 张　雷　张艳秋　毕永传　韩立光　牟　佳（165）

日照水库调水优化调度分析及建议

………………………… 张　雷　毕永传　张艳秋　杨宗坤　赵红霞（173）

受水利工程影响的山溪性河道的落差指数法分析——以林子水文站为例

…………………………………………… 王勇成　万永智　马庆楼（178）

回归分析法拟合水位流量单一线方程研究 ……… 彭雪勇　许　攀　庄万里（183）

近 20 年沂沭泗流域陆地水储量变化及分布

………………………… 王晓书　曹　晴　于百奎　王秀庆　杜庆顺（190）

2023 年魏楼闸堰闸流量系数率定分析 ……………………………… 史鲁豪（196）

沂河堤上站年径流-泥沙变化关系研究 …… 刘　森　黄　炜　欣尚韬　包　瑾（202）

沂沭河流域水位监测自动化应用分析与研究 …… 杨慧玲　周　亮　屈传新（209）

沂沭泗流域台风"杜苏芮"洪水预报复盘分析

………………………… 杜庆顺　于百奎　王秀庆　曹　晴（223）

在线式闸站自动测流方法研究 …… 姚建栋　林其军　卢　琴　韩冬玥（228）

周桥灌区总干渠生态状况调查监测与评价 …… 张友青　韩　磊　张新星（232）

淄博市沂河水量调度实施方案设计 …… 丁厚钢　燕双建　金梦杰（239）

沭河"8·14"洪水支流外溢情况调查 …… 沙正保　相冬梅　张守超（245）

第二篇　水利信息化及新技术应用

防火墙在计算机网络安全上的运用分析 …………………… 李　智　宋乐然（253）

黄寺水文站二线能坡法流量自动监测系统应用合理性分析 ……………… 张　鲁（256）

基于二线能坡法测流系统的应用分析 …………………………… 崔海滨（264）

江苏省智慧水土保持建设探讨

………………………… 潘富伟　郭红丽　童　建　张学东　张　嫱

李　盟　吴　芳　张　雪　周　岩　姚露露（270）

浅谈树莓派在农村供水工程中的应用 …………… 朱奕舟　张　凯　宋成雪（276）

数字孪生技术在灌区的应用探索——以新沂市为例 … 刘益銎　张　凯　吴　旭（281）

数字孪生在防汛抗旱中的应用 ………………………… 张　凯　朱奕舟（287）

卫星通信技术在江苏水文中的应用分析

………………………… 钱　进　傅　靖　曹晓宁　胡金龙　王　培　李　婧（291）

山东洪水预报系统研发及应用

………… 马亚楠　赵梦杰　胡友兵　刘　薇　陈邦慧　钟加星　胡方旭（296）

第三篇　水生态与水环境

2019—2023 年石梁河水库水质变化情势及藻类水华风险浅析
…………………………………… 杨西月　刘庆竹　陆　隽　高鸣远(327)

宝应湖水生态状况监测与评估 ………………… 张友青　韩　磊　张新星(337)

超高效液相色谱–三重四级杆质谱法快速测定水中 3 种痕量农药残留
…………………………………… 杨晓倩　崔景光　张小明　宋银燕(343)

湖库型生态状况评价方法研究 ………… 王德维　王　震　王崇任　叶　彬(348)

骆马湖水生态修复 ……………………………………………… 李福春(353)

酶底物法测定生活饮用水中菌落总数的方法验证
…………………………………… 张海明　赵　丹　戈江月　邹　童(358)

沂河浮游动物多样性特征及水环境质量评价 ……… 石　恺　王秀坤　丁厚钢(363)

以骆马湖蓝藻水华为例探讨水生态修复 …………… 吴　旭　密　文　郝家宇(370)

郑集南支河水域状况评价及保护建议 ……………… 万永智　王勇成　李　超(375)

第一篇　水文水资源与防汛调度

废黄河(盐城段)水资源脆弱性分析

黄　琨　周海天　宋　超　张凯奇　单　帅　薛海峰

(江苏省水文水资源勘测局盐城分局,盐城 224051)

摘　要　根据废黄河(盐城段)区域经济发展状况和自然环境条件,从水源分配、上下游影响以及工程运行调度等多个角度分析造成区域水资源脆弱的原因,并在此基础上提出相应对策建议,为该区域水资源合理配置及可持续发展提供一定的理论与技术支撑。

关键词　废黄河;水资源;脆弱性;原因分析

1　绪　论

水是我们赖以生存的重要自然性基础资源,关乎人类生产生活以及经济社会的发展[1]。随着城市化进程的不断推进,人类对水资源的开发利用程度不断增大,生态破坏、水质恶化、水资源短缺等问题日益严重,水资源供需矛盾不断加剧,空间配置失衡以及水资源脆弱性等问题更加突出[2]。

经济发展与水资源配置不协调、水资源短缺等问题对区域经济的可持续发展有明显制约[3]。因此,本文主要以废黄河(盐城段)为例,结合区域实际情况,利用各类水文系列资料,从多个方面重点分析造成区域水资源脆弱的原因,并以此为基础提出相应对策建议,为该区域水资源合理配置及可持续发展提供理论与技术支撑。

2　研究区域概况

废黄河为黄河侵泗夺淮行洪入海的故道[4],是淮河与沂沭泗水系的分水岭。废黄河流域狭长,地势高亢,水系相对独立,河床高出两侧地面 4~6 m,是一条明显高于两岸的"悬河"。盐城市境内废黄河自阜宁童营至海口全长 99.75 km,涉及阜宁、响水、滨海 3县。河道主要承担洪泽湖部分及沿线区域排涝泄洪、农田灌溉任务,是沿线工农业及居民生活的主要水源,分布有响水县运河水厂取水口、大有水厂取水口和滨海县东坎水厂取水口、新滩水厂取水口、中山河自来水公司取水口 5 处。废黄河(盐城段)外部水源来自淮河和长江,淮水由上游杨庄闸引洪泽湖水经关滩入废黄河,江水由泰州引江河引长江水入通榆河输水至滨海,由大套一站、二站抽提进入废黄河。

废黄河沿线主要水文站点包括盐城上游杨庄闸水文站、关滩水文站,以及盐城境内大套一站(站上)、大套二站(站上)、七套水位站以及中山河闸水文站,其中中山河闸水文站闸上水位是盐城段防汛和抗旱调度关键控制水位,其水位在 2.50 m 以下时进入抗旱保水状态,水位在 3.50 m 以上时则转入防汛排涝状态[5]。经现场勘查,目前关滩站以下废黄

作者简介:黄琨(1992—),男,工程师,主要从事水文分析及站网规划工作。

河(盐城段)沿线取水口门(含泵站)共计97座,其中响水54座、滨海43座,取水口门总宽合计290 m,总取水流量在275 m³/s以上。

根据关滩站多年来水量资料可知,近年来废黄河入盐城境内水量总体平稳,2017年后呈增大趋势,但枯水年2019年、2022年关滩站来水量显著减少,中山河闸长期关闭。典型干旱年2019年达废黄河灌区抗旱预案Ⅳ级响应要求天数139 d,2022年响应天数为104 d,大套一站2019年满负荷开机92 d、2022年满负荷开机66 d。典型干旱年2019年、2022年,区域内水利工程调度措施作用显著,废黄河水位维持居民生活用水保证率在99%以上,但在5—6月农业用水高峰期,工、农业用水供需矛盾仍较为突出。

3 水资源脆弱性分析

废黄河(盐城段)区域地势高亢、水系独立,水资源除自身降雨径流外,主要依靠外部供水,为江淮并用水源,淮水由上游杨庄闸引自洪泽湖;江水由泰州引江河引自长江,通榆河输送至滨海大套后,由大套一站、二站抽提供给,两站合计供给能力为100 m³/s。根据废黄河水源调度原则,当洪泽湖水位在12.5 m以上时,由省防指统一调度供水,控制中山河闸闸上水位不低于3.0 m;当洪泽湖水位在12.5 m以下时,向废黄河送水15~20 m³/s;当洪泽湖水位低于11.0 m时,杨庄闸(包括杨庄水电站)停止向废黄河供水,沿线灌区所需水源由大套一站、二站抽取里下河水源补足,控制中山河闸闸上水位不低于2.5 m。

3.1 原因分析

结合废黄河(盐城段)区域实际情况,本文主要从水源分配、上下游影响以及工程运行调度等角度分析造成区域水资源脆弱的原因,分析如下。

3.1.1 降雨径流量占比低,本地水源补给能力不足

废黄河(盐城段)流域产汇流面积小,仅为236.6 km²,且沿线为沙性土质,保水性能较差,本地降雨径流不足以对废黄河水量进行有效补充,难以满足沿线水资源供给要求。

废黄河(盐城段)水量来源主要分为上游关滩来水量,大套一站、二站调度水量以及本地降雨径流量。由水文监测数据计算可知,关滩多年平均来水量为17.430亿m³,占比78%;大套一站、二站多年平均抽水量为3.780亿m³,占比17%;本地多年平均降雨径流量计算选取区域内七套、滨海、苏嘴、阜宁腰闸、中山河闸5处雨量站多年平均降水量数据,结合区域面积以及径流系数,计算得出本地多年平均降雨径流量为1.106亿m³,占比仅5%。综上分析可知,废黄河(盐城段)降雨径流量占比较低,对本地水源补给能力严重不足,沿线水资源主要依赖于上游关滩来水量以及大套一站、二站抽水量。废黄河(盐城段)水源组成分配情况如表1、图1所示。

表1　废黄河(盐城段)水量来源计算成果

水量来源	上游关滩来水量	大套一站、二站抽水量	降雨径流量
水量/亿m³	17.430	3.780	1.106
占比/%	78	17	5

3.1.2 与上游地区同旱同涝,来水时程分配不均

废黄河(盐城段)流域与上游淮安均属于同纬度平原地区,气候条件相似,多年平均

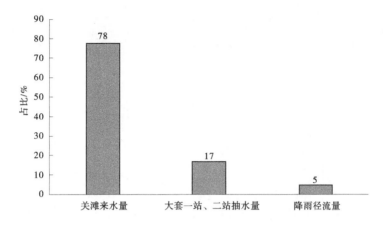

图 1　废黄河(盐城段)水源组成占比柱状图

降水量十分接近,极易出现同旱同涝的情形,因此本地旱涝水情的出现受上游地区影响较大。

由上游关滩站多年逐日流量数据计算分析可知,关滩来水量主要集中在 7—8 月行洪期间,平均来水量为 4.941 亿 m³,占全年总量的 28.3%;5—6 月农业用水高峰期平均来水量 3.005 亿 m³,占比 17.2%;3—4 月洪泽湖水位需预降至汛限水位以下,关滩来水主要为洪泽湖弃水,且本地用水需求不高,水资源利用率低。

典型干旱年 2019 年、2022 年,上游关滩站 3 月、4 月来水量分别为 2.540 亿 m³、4.033 亿 m³,占全年总量的 24.0% 和 33.0%,5 月、6 月农业用水高峰期来水量分别为 1.807 亿 m³、1.130 亿 m³,占比 17.1%、9.2%,7 月、8 月行洪期间来水量分别为 1.078 亿 m³、4.144 亿 m³,占比 10.2%、33.9%。

上述分析表明,废黄河(盐城段)上游来水时程分配不均,汛前及行洪期来水均为洪泽湖弃水,占比较高,且因前期本地用水需求不高,导致水资源利用率较低。而农业用水高峰期上游来水量占比偏低,水资源供给不足。上游关滩站来水量时程分配情况如图 2 所示。

3.1.3　大套一站、二站同源抽水,效益难以最大化

大套一站、二站为山东省江水东引的梯级抽水站,是盐城市通榆河枢纽的重要组成部分,担负着废黄河灌区的防洪、排涝、灌溉等重要任务。

根据《盐城市通榆河枢纽工程运行调度方案》,当大套一站站下水位在 0.30 m 以上时,可全力供水;低于 0.30 m 时,限制供水;站下水位降至 -0.50 m 时,停止供水。当大套二站站下水位在 0.0 m 以上时,可全力供水;站下水位低于 -0.20 m 以下时,限制供水;站下水位降至 -0.80 m 时,停止供水。

大套一站、二站直线距离仅 2.5 km,属于同源抽水,两站同时满负荷运行情况较少。典型干旱年 2019 年,两站为出现同时满负荷运行情况。2022 年,两站自 6 月起同时运行,在均未满负荷运行的情况下,大套二站站下水位迅速下降,降至 0.20 m 以下后大套二站开始限制供水。此后由于渠北地区出现暴雨过程,河道水量得到补给,水位有所抬升,于 2022 年 6 月 22 日至 7 月 1 日两站同时连续满负荷运行 10 d。由此可见,大套一站、二

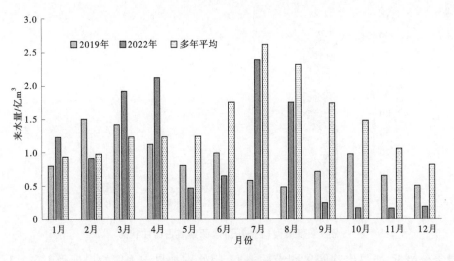

图 2　上游关滩站来水量时程分配柱状图

站的运行调度存在相互影响和制约的问题,抽水效益难以达到最大化。2022 年 6 月大套二站站下水位过程线见图 3。

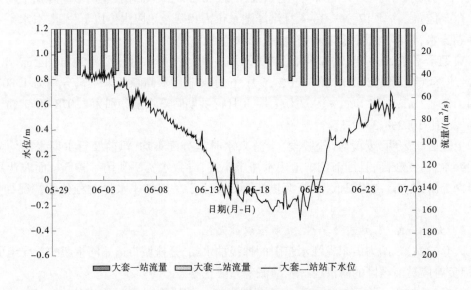

图 3　2022 年 6 月大套二站站下水位过程线

3.1.4　农业用水高峰期大套一站、二站提水能力不足

盐城市夏季农作物种植以水稻为主,废黄河灌区水稻种植面积为 80 万亩左右,5 月中下旬为水稻秧苗期,6 月进入水稻大面积播栽期,此期间为农业灌溉用水高峰期。

根据区域内各需水项目及相应用水定额计算分析,在 80% 灌溉保证率下废黄河(盐城段)主要涉及的滨海、响水地区 6 月净需水量为 2.495 亿 m^3,统计成果见表 2。

表 2　废黄河(盐城段)区域需水计算统计成果

| 序号 | 需水项目名称 | 单位 | 数量 | | | 80%年型净需水水量/万 m³ |
			合计	响水	滨海	
一	农业	万亩	160.3	103.9	56.4	20 463
1	水稻	万亩	84	48.5	35.5	17 872
2	水生作物	万亩	8.6	6.5	2.1	696
3	棉旱作物	万亩	45	33.2	11.8	433
4	蔬菜类	万亩	22.7	15.7	7	1 462
二	林业	万亩	7.76	5	2.76	82
三	牧业	万头	163.7	112.7	51	163
四	渔业	万亩	6.04	3.64	2.4	441
五	工业(产值)	亿元	183	41	142	1 332
六	城镇生活用水	万人	38	13.5	24.5	206
七	农村生活用水	万人	72.2	44	28.2	246
八	冲淤保港用水					1 065
	合计					24 059

根据系列资料统计分析,6 月上游关滩站多年平均来水量为 1.505 亿 m³,区域多年平均降水量为 117.6 mm,结合区域面积以及径流系数计算可得径流量为 0.139 2 亿 m³,大套一站、二站平均抽水量分别为 0.519 5 亿 m³、0.200 3 亿 m³。根据供需平衡计算,废黄河(盐城段)在多年平均水平下 6 月用水存在约 0.131 亿 m³ 的缺口。

根据典型干旱年 2019 年、2022 年水文监测数据分析,由图 4 可知,典型干旱年 2019 年 5 月下旬,大套一站开始满负荷运行,二站配套运行且开机流量较小。6 月上半月大套一站、二站累计抽水量分别为 0.648 0 亿 m³、0.081 6 亿 m³,而中山河闸闸上水位仍呈下降趋势,最大降幅达 0.74 m。随着中、下旬水稻进入分蘖期,用水量有所减少,加之梅雨期降水补给,水位开始逐步回升。

由图 5 可知,典型干旱年 2022 年 5 月底至 6 月中旬,大套一站满负荷运行,6 月上半月累计抽水量 0.648 0 亿 m³,大套二站配合运行,累计抽水量 0.477 0 亿 m³。期间中山河闸闸上水位主要呈下降趋势,最大降幅为 0.38 m。

综上分析,在多年平均水平下,废黄河(盐城段)6 月农业用水高峰期仍存在一定的用水缺口。特别是典型干旱年型,在大套一站、二站同时且部分时段满负荷运行的情况下,中山河闸水位仍持续下降,可见现状工况下大套一站、二站存在提水能力不足的问题。

3.1.5　沿线部分口门流量计量缺失

废黄河(盐城段)沿线口门众多,根据现场查勘结果可知,河道沿线现有取水闸(泵)站共计 97 座,其中开展流量率定工作取水闸站 14 座,占比仅为 14.4%。其中 83 处取水

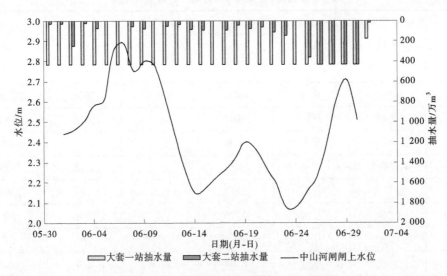

图4　2019年6月中山河闸闸上水位过程线

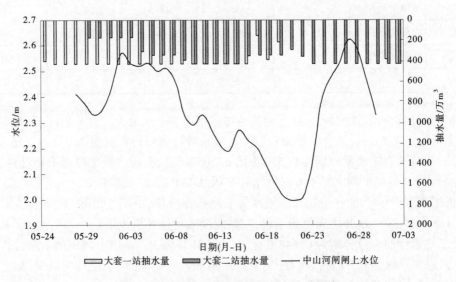

图5　2022年6月中山河闸闸上水位过程线

泵中取得取水行政许可的数量为36处,占比为43.4%。由上述数据分析可知,沿线部分口门流量计量存在缺失情况,而废黄河为高水河床河道,取水口门开敞后流量较大,取水流量计量的缺失对水资源精准调度造成一定困难。

3.2　对策与建议

(1)提高泵站提水能力,优化运行调度规则。由于目前大套一站设计能力无法满足农业用水高峰期间区域用水需求,需进一步提升大套一站、二站的提水能力;同时由于大套一站、二站运行存在相互制约问题,因此需继续优化两站运行调度规则,充分发挥工程调度效益。

（2）增加区域蓄水空间，提高水资源利用率。引入海绵城市建设理念，增加区域蓄水空间，开展废黄河（盐城段）河道疏浚及区域内平原水库建设论证等，提高上游洪泽湖弃水、涝水利用率。同时加强旱涝风险预判，为科学部署、提前应对不利水情提供依据。

（3）增加植被覆盖率，提升区域水资源涵养能力。废黄河（盐城段）流域产汇流面积小，且沿线为沙性土质，保水性能较差。因此，需进一步增加区域植被覆盖率，以达到涵养水源、增强生态系统功能的效果。

（4）推进废黄河（盐城段）沿线取水口门流量在线监测，加强夏季农业用水高峰期间口门供水计量。对沿线口门流量实现精准在线监测，有利于杜绝区域用水模式粗放等问题，在确保居民饮用水安全的前提下，能够为协调地区工农业用水需求提供精准支撑。

4　结　论

本文结合废黄河（盐城段）区域实际情况，利用各类水文系列数据，从水源分配、上下游影响及工程运行调度等多个角度分析了造成区域水资源脆弱的原因。结果表明，废黄河（盐城段）水情受上游地区旱涝情况影响显著，本地降雨径流对水资源补给能力较差，下垫面条件对水资源的涵养能力严重不足，且现状工况下工程运行调度无法满足区域用水水平，水资源存在一定的脆弱性。在原因分析的基础上，提出了科学合理的对策措施，能够为废黄河（盐城段）区域水资源合理配置及经济社会可持续发展提供一定的理论参考。

参 考 文 献

[1] 冀连华.朝阳市水资源脆弱性评价[J].黑龙江水利科技,2024,52(3):84-87.
[2] 任源鑫,林青,韩婷,等.陕西省水资源脆弱性评价[J].水土保持研究,2020(2):227-232.
[3] 穆瑾,赵翠薇.变化环境下2000—2015年贵阳市水资源脆弱性评价[J].长江科学院院报,2019,36(9):12-17,28.
[4] 陈珺,于明田,邓丽华,等.黄河夺淮对淮河中下游影响及防洪治理措施综述[J].人民长江,2021,52(11):9-15.
[5] 何孝光,朱大伟.江苏省治涝水文分析理论与实践[M].北京:中国水利水电出版社,2019.

基于 LSTM 神经网络的盐城站水位
预测方法研究

宋　超　宗长荣　周海天　李　昂　单　帅　黄　琨

(江苏省水文水资源勘测局盐城分局,盐城 224051)

摘　要　为提高河道水位预测精度,提升盐城市城市防洪调度能力,选取代表站盐城站作为研究对象,基于 LSTM 神经网络算法构建水位预测模型。本文选取盐城站 2018—2022 年的逐小时雨量和水位作为神经网络训练参数,分析不同参考期、预见期对水位预测精度的影响,其中参考期 3 d、预见期 6 h 的预测效果最好。研究结果表明:基于 LSTM 神经网络的盐城站水位预测方法具有较高的精确度,可应用于日常水位预报工作中。

关键词　水位预报;LSTM 神经网络;盐城站

1　引　言

盐城站位于串场河、新洋港交汇处,其水情主要受降水、上游来水及新洋港闸开关闸的影响。作为国家基本水文站,盐城站长期为国家积累基础水文信息。该站水情监测、预测预报为地方防汛指挥部门决策调度提供重要依据,为分析区域水文、气候等特性规律,以及城市供水、调水等水资源管理、生态环境保护、工程管理等提供数据支撑信息,具有极为重要的作用。

河道水位数据通常是非线性、非平稳的时间序列[1],受流域降水、河道水系、人类活动等多种不确定因素影响,水位序列常常具有较大的不确定性[2],准确预测水位存在较大难度。目前,盐城站水位预测主要依赖人工经验,精度较差。近年来,随着大数据和人工智能技术的快速发展,以神经网络、支持向量机为代表的传统机器学习方法被广泛应用于水位预测工作中[3-5]。面对数据量化不确定性问题,Porter 等[6]提出一种人工神经网络(artificial neural networks,ANN) 方法来预测地下水位;针对在台风期间受潮汐影响水位波动较大的问题,Wei[7]提出了小波 – 支持向量机算法来预测未来的小时水位,为台风袭击期间的水位预测问题提供了实用的解决方案。

为了提高盐城站水位预测结果的精准度,本文提出通过长短期记忆神经网络(LSTM 神经网络)构建盐城站水位预测模型,对盐城站水位进行预测。LSTM 神经网络作为循环神经网络的变体,不仅能够处理多元变量之间的非线性映射关系,也能很好地处理时间序列数据[8]。水位数据作为典型的时间序列数据,具有较强的时间依赖性。LSTM 神经网络能够有效地对序列依赖关系进行建模,并自动学习相关特征表示。因此,本文选取

作者简介:宋超(1995—),男,助理工程师,主要从事水文信息化及水情预报工作。

LSTM 神经网络作为盐城站水位预测的网络训练模型。

2　理论介绍

循环神经网络(RNN)是一种能够处理序列数据的神经网络模型,它根据人的认知是基于过往的经验和记忆这一观点提出的[9]。但传统的 RNN 在处理长序列时可能会遇到梯度消失或梯度爆炸的问题,为了解决这些问题,Hochreiter 和 Schmidhuber 提出一种改进的循环神经网络,长短期记忆神经网络(LSTM 神经网络)[10],广泛用于序列数据的建模和预测任务中。相比于传统的 RNN,LSTM 能够更好地处理长期依赖关系[11],因此在许多应用中表现出色,如自然语言处理、股票预测、天气预报等。

LSTM 通过引入记忆单元(memory cell)和门控机制(gate mechanism)来解决传统 RNN 在处理长期依赖性问题时的困难。

2.1　记忆单元

记忆单元是 LSTM 的核心组件,它是一个长期的存储容器,可以在不同的时间步骤中保持和传递信息。它允许 LSTM 学习并记住序列中的重要特征,并在需要时提取和利用这些特征。记忆单元的结构使得 LSTM 能够更好地处理长期依赖关系。

2.2　门控机制

LSTM 使用门控机制来控制信息的流动。门控机制由三个门组成:输入门(Input Gate)、遗忘门(Forget Gate)和输出门(Output Gate)。

输入门负责决定保留多少当前时刻的输入到当前时刻的单元状态,包含两个部分,第一部分为 sigmoid 层,该层决定要更新什么值,第二部分为 $\tan h$ 层,该层把需要更新的信息更新到细胞状态里。$\tan h$ 层创建一个新的细胞状态值向量 $\widetilde{C}_t$, $\widetilde{C}_t$ 会被加入到状态中。LSTM 输入门结构如图 1 所示。

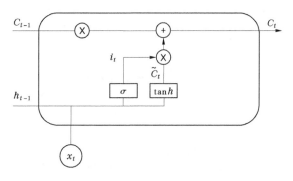

图 1　LSTM 输入门结构

$$i_t = \sigma(W_i \cdot [h_{t-1}, x_t] + b_i) \tag{1}$$

$$\widetilde{C}_t = \tan h(W_C \cdot [h_{t-1}, x_t] + b_C) \tag{2}$$

遗忘门负责决定保留多少上一时刻的单元状态到当前时刻的单元状态,即决定从细胞状态中丢弃什么信息。该门读取 h_{t-1} 和 x_t,经过 sigmoid 层后,输出一个 0~1 的数 f_t 与每个在细胞状态 C_{t-1} 中的数字逐点相乘。f_t 的值为 0 表示完全丢弃,为 1 表示完全保留。

LSTM 遗忘门结构如图 2 所示。

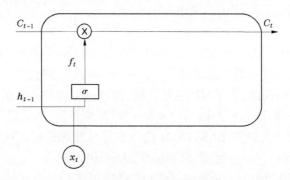

图 2　LSTM 遗忘门结构

$$f_t = \sigma(W_f \cdot [h_{t-1}, x_t] + b_f) \qquad (3)$$

输出门负责决定当前时刻的单元状态有多少输出,通过一个 sigmoid 层来确定细胞状态的哪个部分将输出出去。把细胞状态通过 tan h 进行处理,得到一个 $-1 \sim 1$ 的值,并将它和 sigmoid 门的输出相乘,最终仅仅输出确定输出的部分。LSTM 输出门结构如图 3 所示。

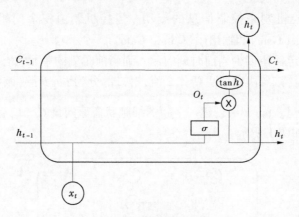

图 3　LSTM 输出门结构

$$o_t = \sigma(W_o[h_t, x_t] + b_o) \qquad (4)$$
$$h_t = o_t \cdot \tan h(C_t) \qquad (5)$$

通过门控机制,LSTM 可以自适应地调整信息的流动,重点关注和利用重要的信息,同时遗忘和丢弃不重要的信息。LSTM 神经网络结构见图 4。

3　基于 LSTM 神经网络的水位预测方法

LSTM 通过引入门控机制,能够有效地捕捉和记忆长期依赖关系。而在水位预测中,过去的水文数据(降雨、水位、流量等)可能对未来的水位变化产生重要影响,LSTM 能够处理这种长期的时间依赖性问题,从而提高预测的准确性。利用 LSTM 神经网络在序列建模和预测任务中的优势,本文通过 LSTM 神经网络对盐城站水位进行预测。

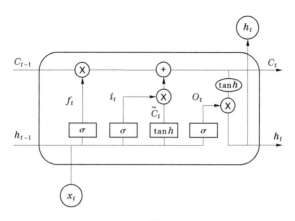

图4　LSTM 神经网络结构

3.1　数据预处理

3.1.1　数据选取

与水位预测相关的影响因子有很多,如上游流量、区域降水、当前水位、下游流量、下垫面等,而目前盐城站的水文监测数据为水位和雨量监测,且神经网络训练通常需要大量的样本,故本文选取 2018—2022 年共计 48 325 组具有相同时间序列的小时雨量和小时水位作为盐城站水位预测模型的数据集(见图5)。

3.1.2　数据归一化

由于雨量和水位数据有着不同的量纲和取值范围,数值在绝对上相差较多,在进行神经网络训练之前需对数据进行归一化处理。为避免数据尺度对神经网络训练造成干扰,本文选用最大-最小值归一化(min-max normalization)方法对数据进行归一化处理,将雨量和水位数据统一归于[0,1]的区间,计算方法如式(6)所示。

$$X_i = \frac{X_i - X_{\min}}{X_{\max} - X_{\min}} \tag{6}$$

式中:$X_{\max}$ 为数据中的最大值;$X_{\min}$ 为数据中的最小值;X_i 为归一化处理后的数据。

3.1.3　数据样本构建

在使用 LSTM 神经网络进行建模和预测任务时,将数据集分为训练集和测试集是非常重要的。其中,训练集是用于训练 LSTM 神经网络模型的数据子集,通过在训练集上进行反向传播和优化算法的迭代,神经网络能够学习数据中的模式和特征表示。测试集是用于评估最终模型性能的独立数据集,以此衡量模型的预测能力。本文以 4∶1的比例将数据样本划分为训练集和测试集。

3.2　模型参数设定

模型参数的设定在 LSTM 神经网络模型训练中具有重要的意义。通过合理地设置模型参数,可以对模型的性能、收敛速度和泛化能力产生显著影响。本文设置的每个网络层的神经单元数(units)为 64,输出层节点(dense)为 1,最大训练迭代次数(epochs)为 20,批量大小(batch_size)为 128,模型优化算法(optimizer)采用自适应矩估计(adaptive moment estimation)算法,损失函数(loss)采用均方误差(mean-squared error,MSE)函数。

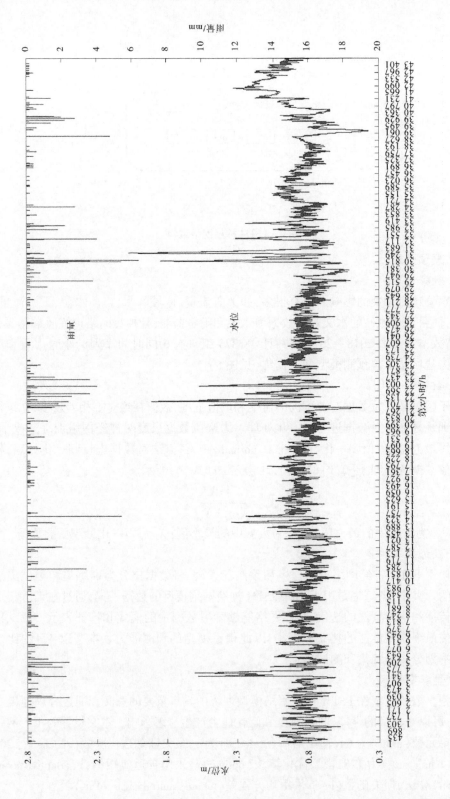

图 5　盐城站水位预测模型训练样本

3.3　评价指标

3.3.1　决定系数(R^2,coefficient of determination)

R^2 用于衡量模型对目标变量方差的解释程度。它表示模型预测值与实际观测值之间的方差比例,取值范围为 0~1。R^2 等于 1 表示模型完美拟合数据,而 R^2 等于 0 表示模型的预测与简单平均值相当。如果 R^2 为负值,说明模型拟合性能较差,因此 R^2 越接近1,说明模型拟合效果越好。其计算公式如下:

$$R^2 = 1 - \frac{\sum_{i=1}^{n}(y_i - \hat{y_i})^2}{\sum_{i=1}^{n}(y_i - \overline{y})^2} \tag{7}$$

3.3.2　均方根误差(Root Mean Square Error,RMSE)

RMSE 用于衡量模型预测值与实际观测值之间的平均误差大小。它是平均预测误差的均方根值,用于度量模型预测的精度。RMSE 越小,测试准确度越高。其计算公式如下:

$$\text{RMSE} = \sqrt{\frac{1}{n}\sum_{i=1}^{n}(y_i - \hat{y_i})^2} \tag{8}$$

3.3.3　平均绝对百分比误差(Mean Absolute Percentage Error,MAPE)

MAPE 用于衡量模型的预测百分比误差。它表示模型预测值与实际观测值之间的平均百分比误差。理论上,MAPE 的值越小,预测模型拟合效果越好,具有更好的精确度。其计算公式如下:

$$\text{MAPE} = \frac{1}{n}\sum_{i=1}^{n}\left|\frac{\hat{y_i} - y_i}{y_i}\right| \tag{9}$$

3.4　实验过程

3.4.1　环境配置

LSTM 神经网络通常由多个 LSTM 层和其他类型的网络层组成,每个层都有一定数量的神经元或单元,且存在大规模数据集的迭代运算,其训练过程会消耗大量的计算资源。因此,选择高效的计算工具就显得尤为关键。

本文选取了 Python 进行实验程序的设计,Python 拥有丰富的数据处理库,如 NumPy、Pandas 和 SciPy 等。这些库提供了广泛的数据结构和函数,可以高效地进行向量化计算、数据清洗、数据转换、数据聚合等常见的数据运算任务。本文选取了 NumPy、Pandas、Keras 等数据处理库。具体环境配置如表 1 所示。

表1 实验环境与具体信息

实验环境	具体信息
操作系统	Windows 10
处理器	Intel ® Core™ i5-8300H CPU @ 2.30 GHz
显卡	NVIDIA GeForce GTX 1060
内存	8 G
程序设计语言	Python3.7
开发环境	TensorFlow
开发工具	Spyder

3.4.2 结果分析

本文在不同参考期(3 d、5 d)和预见期(1 d、12 h、6 h)对盐城站水位进行预测。实验结果如表2所示。基于 LSTM 神经网络的盐城站水位预测结果对比(3 d/1 d)见图6。基于 LSTM 神经网络的盐城站水位预测结果对比(3 d/12 h)见图7。基于 LSTM 神经网络的盐城站水位预测结果对比(3 d/6 h)见图8。

表2 不同参考期/预见期的 LSTM 盐城站水位预测结果对比

参考期/预见期	R^2	RMSE	MAPE
3 d/1 d	0.84	0.063	0.057
3 d/12 h	0.91	0.047	0.043
3 d/6 h	0.96	0.034	0.030
5 d/1 d	0.86	0.059	0.055
5 d/12 h	0.92	0.044	0.039
5 d/6 h	0.95	0.035	0.031

从实验结果可以看出:在相同的 LSTM 神经网络结构和训练参数设置下,随着参考期的延长和预见期的缩短,盐城站水位预测的精准性逐步提高。在参考期为 3 d、预见期为 6 h 的测试数据下,决定系数 R^2 达到 0.96。由此可见,LSTM 神经网络在盐城站水位预测问题上有较好的鲁棒性和泛化能力。

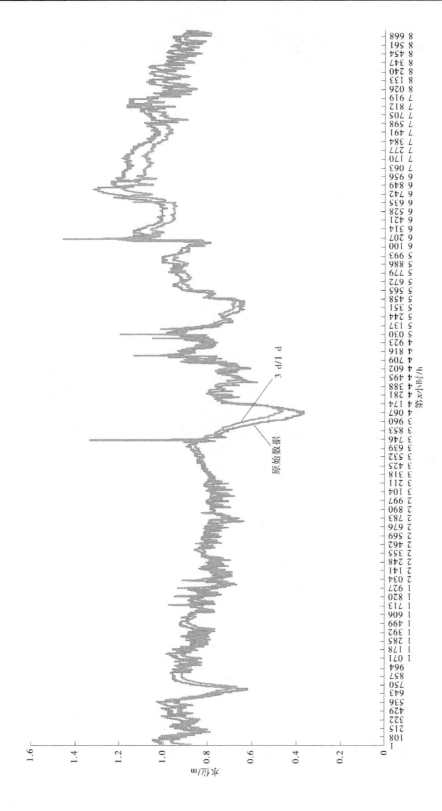

图 6　基于 LSTM 神经网络的盐城站水位预测结果对比（3 d/1 d）

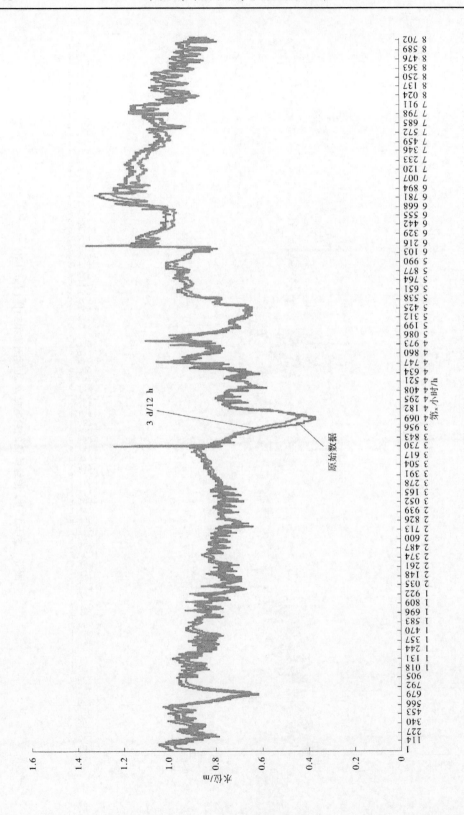

图 7 基于 LSTM 神经网络的盐城站水位预测结果对比 (3 d/12 h)

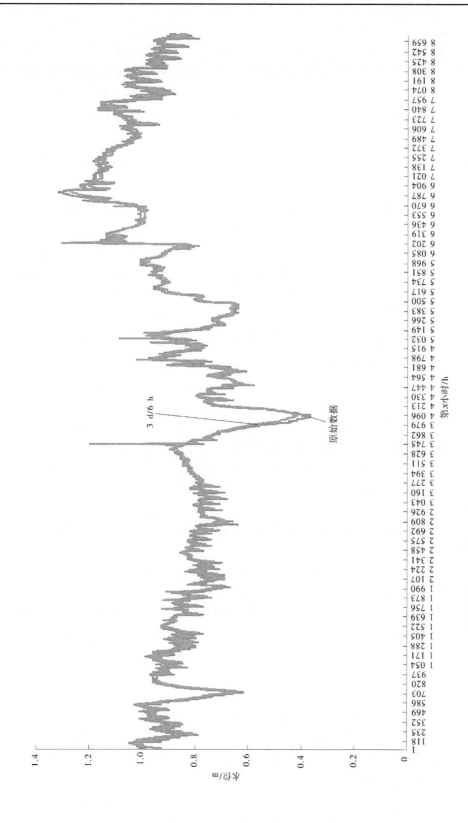

图 8　基于 LSTM 神经网络的盐城站水位预测结果对比(3 d/6 h)

4　结　论

本文通过 LSTM 神经网络对盐城站 2018—2022 年的小时雨量和小时水位数据进行训练学习,实现对盐城站的水位预测。在 6 h 预见期的水位预测任务中,决定系数 R^2 达到 0.96,说明 LSTM 神经网络在进行盐城站水位预测时有较好的表现,有望应用于盐城站日常化水位预报工作中。

同时,本文也需要进一步的研究:①当预见期逐渐增加时,模型的预测精度明显下降,而在实际的水情预报工作中,往往更需要较长预见期的预测结果。②本文选用了历史雨量和历史水位作为模型的训练参数,而对水位产生影响的因素还有很多,如上下游流量、下垫面等。在未来的工作中,还需要进一步考虑多参数预测模型的构建。③在实际生活中,当出现极端暴雨天气时,水位的变化受水利工程调度等不确定因素的影响较大,此时常态化预测模型的学习能力较差,容易出现"过度"预测的情况,因此对于特殊水情期间的水位预测要进行进一步的模型优化。

参 考 文 献

[1] Zakaria M N A,Malek M A,Zolkepli M,et al. Application of artificial intelligence algorithms for hourly river level forecast:A case study of Muda River,Malaysia[J]. Alexandria Engineering Journal,2021,60(4):4015-4028.

[2] Barge J T,Sharif H O. An ensemble empirical mode decomposition,self-organizing map,and linear genetic programming approach for forecasting river streamflow[J]. Water,2016,8(6):247.

[3] 王光生,苏佳林,沈必成,等. 神经网络理论在河道洪水预报中的应用[J]. 水文,2009,29(5):55-58.

[4] 霍文博,朱跃龙,李致家,等. 新安江模型和支持向量机模型实时洪水预报应用比较[J]. 河海大学学报(自然科学版),2018,46(4):283-289.

[5] 章国稳,姬战生,孙映宏. 基于 SVM 的河道洪峰水位校正预报方法[J]. 水力发电,2020,46(4):25-27,40.

[6] Porter D W,Gibbs B P,Jones W F,et al. Data fusion modeling for groundwater systems[J]. Journal of Contaminant Hydrology,2000(42):303-335.

[7] WEI Chenchang. Wavelet kernel support vector machines forecasting techniques:Case study on water-level predictions during typhoons[J]. Expert Systems with Applications,2012(39):5189-5199.

[8] 秦文虎,陈溪莹. 基于长短时记忆网络的水质预测模型研究[J]. 安全与环境学报,2020,20(1):328-334.

[9] Zaremba W,Sutskever I,Vinyals O. Recurrent neural network regularization[EB/OL]. arXiv preprinA arXiv:1409. 2329. 2014. https://arxiv. org/abs/1409. 2329.

[10] Hochreiter S,Schmidhuber J. Long short-term memory[J]. Neural Computation,1997,9(8):1735-1780.

[11] Lindemann B,Müller T,Vietz H,et al. A survey on long short-term memory networks for time series prediction[J]. Procedia CIRP,2021(99):650-655.

盐城市短历时暴雨设计雨型研究

张　院　查　红　李　昂

(江苏省水文水资源勘测局盐城分局,盐城 224000)

摘　要　本文通过选取盐城市市区代表雨量站——盐城站 1982—2022 年降雨量资料,基于盐城市城市暴雨强度公式,采用芝加哥雨型法,计算不同历时下的暴雨强度过程,确定盐城市暴雨设计雨型。

关键词　历时;芝加哥雨型法;设计雨型

1　绪　论

在城市排水除涝工程的规划设计中,设计暴雨是雨水管道系统设计的基础,除考虑一定历时内的平均雨强外,时程分布形态(设计雨型)也是重要的因素之一,它直接影响排水工程的投资预算和安全[1-3]。本文选取盐城市主城区盐城站 1982—2022 年实测降雨资料,利用 2022 年盐城市住房和城乡建设局公示的盐城市暴雨强度公式,分析每场暴雨 60 min、120 min、180 min 3 种降雨历时设计雨型,确定其雨型模式、雨峰位置系数,采用芝加哥雨型法推求盐城市市区不同重现期的设计雨型[4],提出适合盐城市城市防洪排涝的设计雨型,为盐城市市区暴雨雨型的研究、城市排水、排涝设计提供可靠资料和技术支撑。

2　暴雨资料选样及可靠性分析

设计暴雨雨型研究的关键取决于降雨资料的质量,而资料来源决定了资料的可靠性、一致性及准确性,对于统计样本有着重要的意义。

2.1　暴雨资料选样

本次分析选用盐城水位站为代表站,该雨量监测点具有连续 40 年以上暴雨记录原始资料,包含了丰、平、枯不同年型,资料系列长,站点处于城市化程度较高的中心城区,是盐城市政治、经济、文化中心,是城市排水和防涝的重点地区。盐城市市区排水系统服务面积相对较小,汇流输送时间一般为 120~180 min,故设计暴雨历时最长取 180 min。根据盐城市城市管道排水系统设计的需要,为便于应用,本文通过对该站点 1982—2022 年(41年)逐年最大 3~6 场 60 min、120 min 和 180 min 短历时暴雨资料分别进行分析。

每场降雨过程均按 1 min 进行摘录,计算机自动滑动挑选出场次降雨雨强最大部分[5],并将挑选的数据与水文整编成果数据库中的小时雨量摘录数据进行对比,分析摘录雨量的准确性,并录入计算机形成暴雨过程电子数据及暴雨过程线图。

作者简介:张院(1990—),女,工程师,主要从事水文测验及分析计算工作。

2.2 资料可靠性分析

盐城水位站为国家基本站,降水量资料系列都是按照相关规范进行观测记录、审查、汇编刊布的,数据收录于国家水文信息数据库,资料准确可靠。观测场地附近地形、地貌相似,资料整编标准、规约格式一致,属于在同一类型、同一条件下产生的,资料具有一致性。

3　研究方法及内容

雨型是降雨强度在时间尺度上的分配过程。形成暴雨径流过程的最主要降雨因素是暴雨的平均强度、暴雨最强时段的强度,以及暴雨强度的过程。暴雨强度公式表示了平均强度与最强时段的规律,但并不描绘暴雨强度的过程,而不同的强度过程,即雨型,对径流曲线与调蓄计算均有重要的影响。

3.1 暴雨雨型模式分析

3.1.1 分析方法

盐城市市区短历时暴雨过程的雨型模式按照目估法和模糊模式识别法两种方法进行分析。对少数目估法与模糊模式识别法存在差异的暴雨过程,在划分时把两种方法相结合,使划分结果尽量合理。

3.1.2 分析结果

对盐城站 1982—2022 年总历时在 60 min 内 202 次、120 min 内 170 次、180 min 内 169 次降雨过程,通过目估法和模糊模式识别法两种方法进行综合分析,7 种模式降雨场次所占比例统计成果见表 1~表 3。

表 1　历时 60 min 以内场次暴雨雨型模式统计

站名	I		II		III		IV		V		VI		VII		总计
	次数/次	比例/%	次数/次	比例/%	次数/次	比例/%	次数/次	比例/%	次数/次	比例/%	次数/次	比例/%	次数/次	比例/%	次数/次
盐城	69	34.2	42	20.8	37	18.3	19	9.4	2	1.0	17	8.4	16	7.9	202

表 2　历时 120 min 以内场次暴雨雨型模式统计

站名	I		II		III		IV		V		VI		VII		总计
	次数/次	比例/%	次数/次	比例/%	次数/次	比例/%	次数/次	比例/%	次数/次	比例/%	次数/次	比例/%	次数/次	比例/%	次数/次
盐城	39	22.9	35	20.6	63	37.1	7	4.1	3	1.8	10	5.9	13	7.6	170

表 3　历时 180 min 以内场次暴雨雨型模式统计

站名	I		II		III		IV		V		VI		VII		总计
	次数/次	比例/%	次数/次	比例/%	次数/次	比例/%	次数/次	比例/%	次数/次	比例/%	次数/次	比例/%	次数/次	比例/%	次数/次
盐城	48	28.4	24	14.2	55	32.5	9	5.3	3	1.8	14	8.3	16	9.5	169

结果表明,盐城站短历时暴雨雨型模式具有如下统计特征:

(1)历时在 60 min 以内、120 min 以内、180 min 以内暴雨中,单峰雨型占总场数的比例分别为 73.3%、81.2%、75.7%。可见,盐城站短历时暴雨雨型模式以单峰为主。

(2)历时在 60 min 以内、120 min 以内、180 min 以内的前峰型Ⅰ型和对称型Ⅲ型两种雨型场次分别占总场次的 52.5%、60.5%、61.5%。可见,盐城站短历时暴雨雨型雨峰位置偏于中前部。

由于单峰雨量降雨量集中,易引起较大洪水,对城市防洪排涝影响较大,因此本文重点考虑单峰雨型,同时将双峰、多峰以及均匀降雨的场次加入单峰的降雨场次进行综合分析。

3.2　设计暴雨雨型分析

设计暴雨雨型包括时程分配和空间分布两个方面。本文重点研究盐城市市区设计暴雨的时程分配雨型。根据盐城市暴雨雨型模式特征和盐城市管道排水与防涝设计的需求,本文采用芝加哥雨型法推求总历时 60 min、120 min、180 min 3 种历时的设计雨型。

3.2.1　方法原理

芝加哥雨型法雨型作为典型的模式雨型,以统计的暴雨强度公式为基础设计典型降雨过程,通过引入雨峰位置系数 r 来描述暴雨峰值发生的时刻,将降雨历时时间序列分为峰前和峰后两个部分。

令峰前的瞬时强度为 $i(t_b)$,相应的历时为 t_b,峰后的瞬时强度为 $i(t_a)$,相应的历时为 t_a,取一定重现期下暴雨强度公式为 $i = \dfrac{A}{(t+b)^n}$,雨峰前、后瞬时降雨强度可由下式计算:

峰前:

$$i(t_b) = \frac{A\left[\dfrac{(1-n)t_b}{r} + b\right]}{\left[\left(\dfrac{t_b}{r}\right) + b\right]^{n+1}} \tag{1}$$

峰后:

$$i(t_a) = \frac{A\left[\dfrac{(1-n)t_a}{1-r} + b\right]}{\left[\left(\dfrac{t_a}{1-r}\right) + b\right]^{n+1}} \tag{2}$$

式中:A、b、n 为某重现期下暴雨强度公式中的参数;r 为雨峰位置系数,是根据每场降雨不同历时峰值时刻与整个历时的比值平均确定的,r 为 0~1。

在求出雨峰位置系数 r 之后,利用式(1)、式(2)计算芝加哥合成暴雨过程线各时段(5 min)的累积降雨量及各时段的降雨量,进而得到每个时段内的平均降雨强度,最终确定出对应一定重现期及降雨历时的芝加哥雨型法雨型。

3.2.2　雨峰位置系数分析

选取盐城站 1982—2022 年共 41 年自记雨量资料,根据每年发生暴雨频次的多寡选取 3~6 场总历时在 60 min 内的降雨过程,共 202 场;总历时在 120 min 内的降雨过程,共 170 场;总历时在 180 min 内的降雨过程,共 169 场。利用分钟摘录数据,以 5 min 为间隔进行分段,统计出每 5 min 的降雨量。计算 5 min 降雨量最大的分段数与本场雨总分段数的比值,确定每场降雨过程的雨峰位置系数。取某降雨历时全部场次暴雨雨峰位置系数的均值作为该降雨历时的雨峰位置系数。经统计,3 种暴雨历时雨峰位置系数见表 4。

表 4　盐城站 3 种暴雨历时雨峰位置系数统计

历时/min	雨峰位置系数
60	0.481
120	0.439
180	0.464

3.2.3　设计雨型计算及结果

由盐城市住房和城乡建设局 2022 年《关于公布盐城市市区城市暴雨强度公式修编及设计雨型研究成果的通知》得知,盐城市市区最新修编的暴雨公式为

$$i = \frac{16.293\,6(1 + 0.989\,1\lg P)}{(t + 14.556\,5)^{0.756\,3}} \tag{3}$$

将盐城市市区暴雨公式及雨峰位置系数分别代入式(1)、式(2)得到重现期 P 为 2 a、3 a、5 a、10 a、20 a、30 a、50 a、100 a 设计雨型计算公式。计算得到降雨历时 60 min、120 min、180 min、重现期 2~100 a 设计暴雨雨型过程(见图 1~图 3)。瞬时雨强呈先增后减的单峰型分布,各历时的瞬时雨强变化趋势及分布形态基本一致。

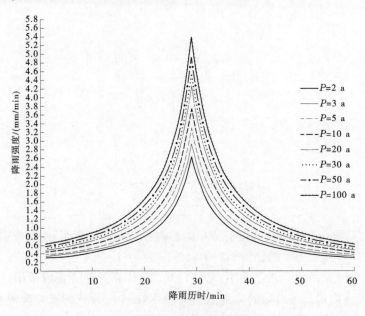

图 1　60 min 设计暴雨雨型

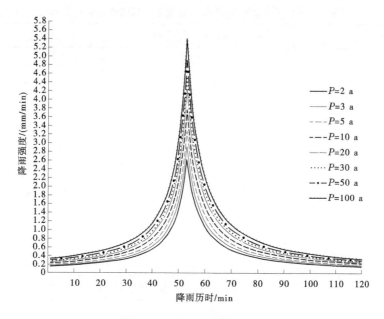

图 2　120 min 设计暴雨雨型

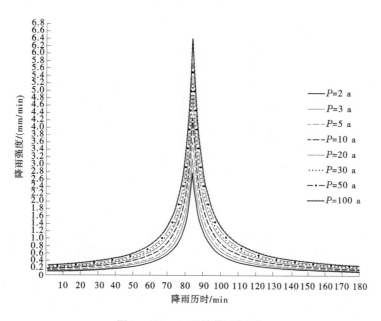

图 3　180 min 设计暴雨雨型

3.2.4　成果分析

通过降雨雨型公式和暴雨强度公式分别计算不同重现期的最大 5 min、10 min…120 min 的平均暴雨强度,两种计算公式得到的平均暴雨强度相对误差见表 5。

表5　不同设计雨型两种计算公式平均暴雨强度相对误差

60 min 设计暴雨雨型

相对误差/%

历时	5 min	10 min	15 min	20 min	30 min	45 min	60 min
$P=2$ a	1.02	0.52	0.26	0.12	0.03	1.26	0.20
$P=3$ a	1.02	0.52	0.26	0.11	0.04	1.26	0.20
$P=5$ a	1.02	0.53	0.27	0.12	0.03	1.26	0.20
$P=10$ a	1.02	0.53	0.27	0.12	0.03	1.26	0.21
$P=20$ a	1.03	0.52	0.26	0.12	0.03	1.26	0.20
$P=30$ a	1.03	0.52	0.26	0.12	0.03	1.26	0.20
$P=50$ a	1.02	0.52	0.26	0.11	0.03	1.26	0.20
$P=100$ a	1.02	0.51	0.26	0.11	0.03	1.26	0.20

120 min 设计暴雨雨型

相对误差/%

历时	5 min	10 min	15 min	20 min	30 min	45 min	60 min	90 min	120 min
$P=2$ a	0.84	0.57	0.43	0.34	0.27	0.23	0.21	0.18	0.16
$P=3$ a	0.85	0.58	0.43	0.34	0.27	0.23	0.21	0.18	0.16
$P=5$ a	0.84	0.58	0.43	0.34	0.27	0.23	0.20	0.17	0.16
$P=10$ a	0.84	0.57	0.42	0.33	0.27	0.23	0.20	0.17	0.16
$P=20$ a	0.84	0.57	0.42	0.33	0.27	0.22	0.20	0.17	0.15
$P=30$ a	0.84	0.57	0.43	0.34	0.27	0.22	0.20	0.17	0.15
$P=50$ a	0.85	0.58	0.43	0.34	0.27	0.23	0.20	0.18	0.16
$P=100$ a	0.85	0.58	0.43	0.33	0.27	0.23	0.20	0.17	0.16

180 min 设计暴雨雨型

相对误差/%

历时	5 min	10 min	15 min	20 min	30 min	45 min	60 min	90 min	120 min	150 min	180 min
$P=2$ a	0.98	0.56	0.34	0.21	0.28	0	0.03	0.77	0.62	0.53	0.14
$P=3$ a	0.98	0.56	0.34	0.22	0.28	0.01	0.03	0.78	0.62	0.53	0.14
$P=5$ a	0.98	0.56	0.34	0.22	0.28	0	0.03	0.77	0.62	0.52	0.13
$P=10$ a	0.97	0.56	0.34	0.22	0.28	0	0.03	0.77	0.62	0.52	0.14
$P=20$ a	0.98	0.56	0.34	0.22	0.28	0	0.03	0.77	0.62	0.52	0.14
$P=30$ a	0.98	0.57	0.35	0.22	0.28	0.01	0.02	0.78	0.63	0.53	0.14
$P=50$ a	0.98	0.56	0.35	0.22	0.28	0.01	0.02	0.78	0.63	0.53	0.14
$P=100$ a	0.98	0.57	0.35	0.22	0.28	0.01	0.03	0.78	0.62	0.53	0.14

两种计算公式得到的平均暴雨强度略有差别,但相对误差较小,基本为计算过程中数字取舍误差所致,通过芝加哥雨型法求得的设计雨型即为同频率设计雨型。

4　结论与建议

4.1　结论

本文以设计暴雨雨型为研究对象,立足盐城市市区,在分析盐城站 1982—2022 年共41 年短历时暴雨资料的基础上,建立了盐城市市区 60 min、120 min、180 min 设计暴雨雨型。

(1)盐城市于 1983 年建立地级市,城市规模逐步发展和扩大,使城区不透水面积比例增大,城市暴雨产生的径流量随之增加。因此,取用位于城区中心的盐城站 1982—2022 年共计 41 年降雨量数据,满足暴雨雨型研究的需要。

(2)根据《室外排水设计标准》[6]（GB 50014—2021）,雨型研究降雨历时为 30～180 min,考虑到实际降雨历时的随机性,根据每年暴雨出现频次的多寡合理选取 3～6 场雨量资料,通过对盐城站 1982—2022 年总历时在 60 min 内 202 场、120 min 内 170 场、180 min 内 169 场降雨过程进行综合分析,盐城站短历时暴雨以单峰雨型为主,雨峰偏于中前部。

(3)对所有场次暴雨资料进行 1 min 滑动数字化。按 5 min 分段计算区段降雨量,确定每场降雨过程的雨峰位置系数,得出 60 min、120 min、180 min 3 种历时降雨雨峰位置系数分别为 0.481、0.439、0.464。

(4)盐城市瞬时雨强呈先增后减的单峰型分布,各历时的瞬时雨强变化趋势及分布形态基本一致。

(5)通过降雨雨型公式和暴雨强度公式分别计算不同重现期的最大 5 min、10 min…120 min 的平均暴雨强度,两种计算公式得到的平均暴雨强度相对误差较小,通过芝加哥雨型法求得的设计雨型即为同频率设计雨型。

4.2　建议

(1)本文是在 1982—2022 年盐城站自记降雨量资料基础上分析的成果,未来随着城市建设进展、气候周期的变化,城市暴雨形态也会发生变化,根据《城市暴雨强度公式编制和设计暴雨雨型确定技术导则》,建议每隔 5～10 a 对盐城市市区暴雨雨型进行修订,并根据最新的修订成果对现有排水管网进行复核与排查。

(2)随着海绵城市建设工作的持续推进,城市建设应当考虑减小硬化面积比例,增大绿地比例,增加透水砖的铺装等,以期达到兼收并蓄和暴雨期间的排水畅通。

参 考 文 献

[1] 环海军,刘焕斌,刘岩,等.鲁中主城区暴雨强度公式的修正方法[J].干旱气象,2016,34(1): 188-194.

[2] 唐明,许文斌,尧俊辉,等.基于城市内涝数值模拟的设计暴雨雨型研究[J].中国给水排水,2021,37 (5):97-105.

[3] 周荣,吴艳鸣,田立,等.南通市城市暴雨强度公式及设计雨型研究[J].科学技术创新,2022(10): 114-118.

［4］戴有学,王振华,戴临栋,等.芝加哥雨型法在短历时暴雨雨型设计中的应用［J］.干旱气象,2017,35(6):1061-1069.

［5］王伯民,吕勇平,张强,等.降水自记纸彩色扫描数字化处理系统［J］.应用气象学报,2014,15(6):737-744.

［6］中华人民共和国住房和城乡建设部.室外排水设计标准:GB 50014—2021［S］.北京:中国计划出版社,2021.

灌河沿线码头潮位特征预报

周海天　宗长荣　宋　超　王赤诚　徐逸凡

（江苏省水文水资源勘测局盐城分局，盐城 224051）

摘　要　由灌河响水口、燕尾港潮位资料推求最高、最低潮位，涨落潮时间等潮位特征值，通过线性内插计算灌河沿线码头最高潮位在 1.71~1.91 m，最低潮位在 -1.48~-1.14 m。灌河上游最高、最低潮位均高于下游，上、下游平均潮差相差不大。由于潮流传播具有时差，上游潮时均滞后于下游。受河底摩阻影响，上游涨潮历时更短、落潮历时更长。超过一定量级降雨量对最高潮位的影响在 0.05~1.20 m，对上游影响比下游更为明显。

关键词　灌河；特征潮位；水文预报

1　研究区概况

灌河位于响水县北部，是响水县和灌南县、灌云县的界河。其干流西自三岔河，东入黄海，流经盐城市的响水县和连云港市的灌云、灌南两县，长 74.5 km。灌河河宽 250~1 200 m，底宽 80~300 m，常年水深 6~11 m，且支流众多，水量丰富，上游有沂南河、柴米河、北六塘河、南六塘河、盐河、淮沭新河、武障河、龙沟河、义泽河等支流汇入，中下游有一帆河、唐响河、张响河、响坎河、红卫河等支流汇入，在灌河口附近有新沂河、五灌河等支流汇入。年入海流量一般在 100 亿 m³ 左右。

灌河是江苏省内在干流上唯一没有建闸控制的天然入海潮汐河道，河床稳定，岸线凹弯多，是不可多得的天然良港。响水港区的主要码头和作业区及临港产业均布局于沿灌河南岸响水一侧，灌河响水段共计 46.5 km，港区规划共有 5 个作业区，分别为大桥作业区、双港作业区、大湾作业区、陈家港作业区和小蟒牛作业区，年综合通过能力达 1 500 万 t 以上。灌河北岸田楼镇开发灌河岸线有 26 km。

2　灌河水文特征

2.1　汇集水系

灌河水系主要汇集新沂河以南、废黄河以北、中运河以东地区的径流，沂南区降雨径流除局部入新沂河外，自西南向东北归入灌河入海，灌河上游支流包括武障河、六塘河、龙沟河、义泽河，四河于 1970—1981 年相继建成节制闸，总称盐东控制工程。灌河多年平均径流量为 76.231 亿 m³，包括新沂河和灌河上游各支流下泄的水量。根据盐东控制实测四闸资料统计，四闸多年平均下泄径流量为 22.4 亿 m³，年径流量最大的是 1985 年，为

作者简介：周海天（1981—），男，高级工程师，主要从事水文资料整编及水文预报工作。

61.50 亿 m³,最小的是 1988 年,为 18.44 亿 m³。武障河、六塘河、龙沟河、义泽河四闸最大下泄流量分别为 833 m³/s、730 m³/s、636 m³/s、345 m³/s。

灌河河道微弯顺直,几十年来由于两岸修建了不少护岸,边滩大多有芦苇保护,河床边界抗冲性增强,河床平面摆动幅度不大,河槽多年来维持基本稳定,水深保持在 6.0 m以上,河宽 180~1 100 m。陈家港至河口长 11 km 的河段,平均潮位下水面宽度 820~1 100 m,自然水深 8~10 m,最深达 11 m 以上,整个河道弯道很少,为 3 级航道,常年不封冻,可通航 3 000~5 000 t 级航运船舶,稍加疏浚便可通过万吨海轮,实属天然优良航道。灌河集水面积 6 038 km²,河宽 300~1 200 m,河底高程为 -6.0~-12.0 m,河道边坡 1∶4。干流河床多年来一直稳定,横向摆动幅度很小,土质为粉沙质黏土,抗冲能力较强,河道位置长期以来无明显变化。灌河口外水域开阔,岸线平直,口门外有拦门沙,航道略微向南弯曲。

2.2　水文地质

灌河地区处于华北地台和杨子淮地台两大构造单元的过渡带。第四系分布全区地表,厚 40~140 m,自西向东有减薄趋势,在灌河口外开山岛有岩基露出。第四系中部为黄棕色沙黏土。粉细沙与含砾中粗沙互层,属浅海河口相及河湖相沉积。灌河是在古海湾—潟湖—海积冲积平原基础上发育起来的,河床质主要是海相淤泥和河口三角洲黏土,抗冲性较强。

灌河的河床边界属河口三角洲相的黏土,据响水—燕尾港段的钻孔资料,地表下 2 m内为黄灰色沙质黏土,地表下 2~10 m 为灰色粉沙质淤泥,抗冲能力较强,地表下 10~15 m 为灰色粉沙质黏土,抗冲能力较强,河床平面摆动幅度不大。近几十年来,由于灌河两岸修建了护岸,边滩大多有芦苇,河床边界抗冲性增强。

2.3　潮水位特征

灌河为天然潮汐河道,水位、水流主要受黄海潮波控制,上游下泄流量受盐东控制,径流影响较小。灌河上游设有响水口潮位观测站,下游设有燕尾港潮位观测站。响水口站1912 年 3 月设立,位于响水县响水镇,燕尾港站 1929 年 11 月设立,位于灌南县燕尾港镇新建街;两站相距 43 km。灌河潮汐属于正规半日潮,从潮位过程线上看,一天有 2 个高潮和 2 个低潮,一个完整潮时在 24 h 50 min 左右。

响水口:涨潮平均历时 4 h 33 min,落潮平均历时 7 h 55 min。2017 年 11—12 月灌河水文测量资料显示,2 次高潮和 2 次低潮的潮位变化幅度比较接近,涨、落潮历时与站点位置关系明显,靠近海口的涨潮历时约 5 h、落潮历时 7 h;上游随距离海口的长度越远相差越大,最远的涨潮历时只有 3 h 39 min、落潮历时达 8 h 56 min。灌河沿线各水文站历年潮汐特征值见表 1。

由响水口站与燕尾港站的同期潮位资料比较可以看出:外海潮波自灌河口传入后,沿灌河河道上溯,由于河道逐渐束窄,河底高程逐渐提高,潮位也逐渐抬升。正常情况下,响水口站的高(低)潮位均高于燕尾港,但两地的平均潮差却变化不大。潮波自燕尾港传至响水口需时约 1 h 30 min,所以响水口的高(低)潮潮时也滞后于燕尾港,且因河底摩阻和径流下泄作用,响水口的涨潮历时比燕尾港短,而落潮历时则加长。

表1　灌河沿线各水文站历年潮汐特征值

项目		响水口	燕尾港
潮位	历史高潮最高	4.04 m(2000年8月31日)	3.56 m(1992年8月31日)
	历史低潮最低	-2.50 m(1955年2月21日)	-3.10 m(1987年2月15日)
	多年平均高潮位	1.91 m	1.71 m
	多年平均低潮位	-1.14 m	-1.48 m
潮差	历史最大涨潮	5.15 m(2008年4月9日)	5.36 m(1982年)
	历史最小涨潮	0.77 m(2007年9月21日)	0.73 m(1969年11月4日)
	历史最大落潮	5.31 m(2002年9月8日)	5.17 m(1997年8月21日)
	历史最小落潮	0.92 m(1971年8月30日)	1.07 m(1968年8月18日)
	多年平均潮差	3.05 m	3.18 m
历时	历史最大涨潮	7 h 11 min(2006年4月23日)	7 h 40 min(2006年4月23日)
	历史最小涨潮	2 h 15 min(1980年10月26日)	3 h 00 min(1992年2月24日)
	多年平均涨潮	4 h 33 min	5 h 02 min
	历史最大落潮	10 h 50 min(1993年1月1日)	9 h 55 min(2006年11月7日)
	历史最小落潮	4 h 30 min(1962年9月7日)	1 h 15 min(1998年12月11日)
	多年平均落潮	7 h 55 min	7 h 26 min

2.4　潮流

灌河潮流受河道地形约束,呈沿河道方向的往复流,为了解灌河潮位、潮流、泥沙等水文要素现状变化情况,2007年8—9月开展灌河水文测量,自响水县城向东沿灌河共布设各类水文观测站17处,其中潮水位站7处,潮流站10处,响水口、红星闸2个潮位站潮位总体上相差不大。响水口、红星闸2个潮位站实测最高潮位分别为4.04 m、3.87 m,最低潮位分别为-2.50 m、-2.54 m。涨潮流流向为180°~240°,落潮流流向为0°~60°,涨、落潮基本呈往复流,落潮最大垂线平均流速为2.11 m/s,涨潮最大垂线平均流速为2.32 m/s;涨、落潮流速最大值与高低潮位有相位差,涨潮最大流速出现在高潮位之前1~2 h,落潮最大流速出现在中潮位附近;涨、落潮流速沿垂线分布较为均匀,表面流速大于底部流速。

2.5　波浪

灌河口外开山岛附近的最大波高虽达5 m左右,但波浪传入内河时,波高骤减,燕尾港实测最大波高仅为1.5 m。再往内传,波浪逐渐衰减。灌河口外风浪实测资料较少,口门9 km的开山岛有少量资料,根据该区1980年8月至1982年12月波浪资料分析得知,常浪向为NE,强浪向为NNE,最大波高为3.0 m(NNE)。

2.6　泥沙特征

灌河干流由武障河、六塘河、龙沟河、义泽河等支流汇合而成。从1970年开始实施盐东控制工程,四河节制闸于1970—1981年相继建成。这些节制闸站,只有在排洪季节短时间开闸泄洪,径流和泥沙量均较小,对口外水域的影响不大。灌河口外存在大片浅滩,波浪掀沙作用明显,灌河内泥沙主要来源于口外海域,悬沙输移是其主要的运动方式。一般而言,含沙量自主干流上游向河口逐渐递增,上、中游含沙量平均为 0.202 kg/m^3,口门内、外含沙量平均为 0.465 kg/m^3。泥沙颗粒中值粒径在 0.002~0.05 mm。

根据水文测验资料分析,灌河及口外垂线平均含沙量的分布具有以下特征:口内河道含沙量高,口外河道含沙量明显较低;口外拦门沙海域含沙量较大,开山岛向外海域随水深增大含沙量明显减少,灌河口门东侧的含沙量比西侧高;风浪掀沙作用明显,拦门沙浅滩海域和灌河口内泥沙含量明显增大。

另外,由 2017 年 10—12 月灌河燕尾港、小蟒牛两个断面 3 条垂线水文测验资料分析可知,小蟒牛站大潮涨潮平均含沙量 1.10 kg/m^3、落潮平均含沙量 0.96 kg/m^3、小潮涨潮平均含沙量 0.78 kg/m^3、落潮平均含沙量 0.64 kg/m^3;燕尾港站大潮涨潮平均含沙量 1.86 kg/m^3、落潮平均含沙量 1.08 kg/m^3,小潮涨潮平均含沙量 1.37 kg/m^3、落潮平均含沙量 0.43 kg/m^3。小蟒牛站悬移质泥沙最大粒径在 0.10~0.40 mm,平均粒径在 0.007 3~0.011 9 mm;燕尾港站悬移质泥沙最大粒径在 0.13~0.27 mm,平均粒径在 0.007 6~0.014 7 mm。

3　灌河沿程码头潮位预报

3.1　影响因素

在进行灌河沿程码头水位预报时,需要考虑多种因素,包括流量变化、潮汐影响、气象条件以及水利工程的调度等。

(1)流量是影响水位变化的关键因素之一。灌河从 1970 年开始实施盐东控制工程,四河节制闸于 1970—1981 年相继建成。这些节制闸站,只有在排洪季节短时间开闸泄洪,下泄径流较小,对灌河响水县城以下水域的影响不大,灌河两岸码头均布置在响水县城以下段,故本文不考虑盐东控制下泄流量。

(2)潮汐影响。对于感潮河段的码头,潮汐对水位的影响尤为显著。根据响水口、燕尾港长期观测水文资料,对灌河沿程码头潮水位进行内插,结合河道水深和涨落潮历时等历史水位数据进行分析。

(3)降雨影响。强降雨导致上游来水量增加,从而影响下游水位,响水口历年降雨量和潮位观测资料显示,当日降雨量超过 30 mm 就会对最高潮位产生影响,降雨量越大,降雨历时越长,降雨径流最终汇入灌河后,对灌河潮位产生明显影响。

3.2　预报方法

潮位插值计算是水文和海洋学领域中常用的一种技术,用于根据已知的潮位观测数据预测或填充未知点的潮位值。灌河河段距离不长,河道较为顺直,采用线性插值是最简单的插值方法。它假设两个已知潮位观测点之间的潮位变化是线性的,在这两个点之间,可以通过直线方程来估算任意位置的潮位值,如灌河上、下游响水口、燕尾港站特征潮位,灌河沿线各个码头与两站之间的距离内插出各码头最高、最低潮位,涨、落潮历时。通过码头附近最大水深确定各码头作业适宜时间。灌河沿岸各港区特征潮位见表 2。

表 2 灌河沿线各港区特征潮位

灌河沿程码头	响水口	双港	海安集	大湾渡口	陈家港	小蟒牛	燕尾港
距离/km	0	5.4	17.4	20.5	34.4	40.1	45.6
平均高潮位/m	1.91	1.89	1.83	1.82	1.76	1.74	1.71
平均低潮位/m	−1.14	−1.18	−1.27	−1.29	−1.4	−1.44	−1.48
涨潮历时	4 h 33 min	4 h 37 min	4 h 44 min	4 h 46 min	4 h 54 min	4 h 58 min	5 h 2 min
落潮历时	7 h 55 min	7 h 52 min	7 h 44 min	7 h 42 min	7 h 33 min	7 h 29 min	7 h 26 min
最大水深/m	−8.3	−9.6	−10.2	−9.1	−15.6	−12.0	−10.6

SPSS(statistical package for the social sciences)是一款广泛使用的统计分析软件,它能够处理各种数据分析任务,包括描述性统计、相关性分析、回归分析、因子分析等。本文采用 SPSS21 进行多元线性回归分析来确定哪些因素是影响灌河潮位的主要预测变量,通过响水口、燕尾港站历年最高潮位与最大 1 d、3 d、7 d 降雨量分析,经过优选后响水站最大潮位与最大 1 d 降水量关系最为密切。统计不同量级降雨对响水口、燕尾港站最高潮位影响,降雨量超过 50 mm 后对潮位影响超过 0.20 m,降雨量超过 200 mm 后对潮位影响超过 0.60 m,降雨量对下游潮位影响与上游相比不太明显,燕尾港站最高潮位在 0.05 ~ 0.25 m。

日降雨量对灌河响水口、燕尾港最高潮位影响见表 3。

表 3 日降雨量对灌河响水口、燕尾港最高潮位影响

降雨量区间/mm	对响水口最高潮位影响/m	对燕尾港最高潮位影响/m
30 ~ 50	0.05 ~ 0.25	0.05 ~ 0.10
50 ~ 100	0.20 ~ 0.60	0.05 ~ 0.12
100 ~ 200	0.30 ~ 0.60	0.06 ~ 0.20
>200	0.60 ~ 1.20	0.10 ~ 0.25

3.3 在响水某船厂设计潮位上的应用

因灌河某船厂建设需要对设计潮位复核计算,该码头利用河道岸线 942 m,拟建设 7 个 5 000 t 级泊位,码头上距响水口约 16.5 km,下距燕尾港约 29.1 km,因此段河道基本顺直,故某船厂的潮位情况可参照响水口、燕尾港站潮位内插计算。

设计潮位复核包括设计高(低)潮位、极端高(低)潮位。设计高、低水位采用一年的高潮累积频率 10% 和低潮累积频率 90% 的潮水位计算统计,极端高、低水位经频率计算采用重现期为 50 年的年极值高(低)潮位。根据规范要求,响水口站取 2000 年(最高高潮位发生年)、1994 年(最低低潮位发生年)进行计算,燕尾港站取 1992 年、1987 年进行计算,极端高(低)潮位则采用两站连续 60 年观测的最高(低)潮位频率进行计算,根据码头与两站距离线性内插船厂设计高(低)潮位,结果见表 4。

表 4　灌河某码头设计潮位复核计算

设计潮位	设计高潮位/m	设计低潮位/m	极端高潮位/m	极端低潮位/m
响水口站	3.21	-1.48	4.17	-2.07
某码头作业区	2.91	-1.63	4.06	-2.30
燕尾港站	2.60	-1.72	4.02	-2.50

4　结　语

（1）本文通过分析灌河上、下游响水口、燕尾港长期观测潮位过程，统计出两站潮位特征，线性内插出灌河沿线各码头平均最高、最低潮位，方法应用广泛，简便实用。

（2）灌河沿线码头最高潮位在 1.71~1.91 m，最低潮位在 -1.48~-1.14 m。上游最高、最低潮位均高于下游，平均潮差相差不大。由于潮流传播具有时差，上游潮时均滞后于下游。受河底摩阻影响，上游涨潮历时更短、落潮历时更长。

（3）潮位预测对灌河沿线码头平均情况，实际影响因素多，遇到强降雨、上游开闸行洪等突发情况，潮波变形影响，实际涨落潮过程更为复杂。

（4）由于灌河沿线缺少固定观测站点，需要长期观测潮位资料并进行验证。

参考文献

［1］张小琴,包为民.感潮河段水位预报方法浅析［J］.水电能源科学,2009,27(3):8-10.

［2］胡琳.钱塘江河口段水位实时预报［D］.南京:河海大学,2007.

［3］江苏省水文水资源勘测局盐城分局.灌河开发工程可研阶段水文测验成果报告［R］.盐城:江苏省水文水资源勘测局盐城分局,2017.

［4］崔冬.灌河口拦门沙航道治理潮流、泥沙数模研究［D］.南京:河海大学,2007.

1951—2023 年响水县降雨时空变化特性分析

单　帅　宗长荣　王海波　宋　超　徐逸凡　黄　琨

(江苏省水文水资源勘测局盐城分局,盐城 224000)

摘　要　为深入研究响水县降雨的时空变化特性,根据响水口站 1951—2023 年全年及汛期降雨资料,采用距平分析法、Mann-Kendall 非参数检验法及小波分析法分析响水县 73 年降雨的趋势、突变及周期性等特性。结果表明,汛期降雨规律与全年高度一致,汛期降雨量占全年降雨量的 74.5%,年际间呈变大趋势,极端降雨情况明显增加;降雨突变不明显,以 1977 为界,序列趋势由上升变为下降,降雨整体呈减少趋势;1987 年之后,周期性比较明显,在 31 年时间尺度下周期为 21 年。近期响水县降雨仍将处于偏丰水情况,应采取一系列积极的预防措施应对汛期可能出现的特大暴雨。

关键词　响水口站;趋势拟合;距平分析;小波分析;M-K 检验;防洪减灾

1　引　言

响水县位于江苏省东北部沿海地带,地处东经 119°29′51″~120°05′21″,北纬 33°56′51″~34°32′43″,行政上隶属于江苏省盐城市。响水县地理位置优越,位于连云港、淮安、盐城三市交界之处,东部濒临黄海,与朝鲜半岛和日本九州岛隔海相望,北部倚靠灌河,西部和南部分别与灌南、涟水以及滨海县接壤。响水县享有便捷的陆路与水路交通条件,是淮安通往盐城的重要通道,有多条高速公路贯穿全境,极大地促进了区域间的交流与合作。

响水县属于暖温带南缘的大陆性季风气候区,具有温和暖湿、雨水适中、日照充足、无霜期较长的特点,四季分明且雨热同期。年平均气温为 13.6~14 ℃,年降水量在 598.3~864.1 mm,年平均日照时数约 2 399.7 h,这些气候要素共同构成了适宜农业生产和生活居住的环境。

暴雨频率分析是针对该地区极端降水事件的研究,旨在揭示降雨强度随时间变化的空间分布规律及其发生的概率,对城市建设规划、水利工程设计、气候变化适应策略制定等具有重要意义。当前,在全球气候变化背景下,极端天气事件频发,更准确地评估暴雨事件的发生概率和强度分布,对响水这类沿海且地势低洼的城市而言尤为关键。通过历史水文数据进行统计分析,结合遥感和小波分析进行降雨趋势预测,优化城市排水设施标准、提高城市韧性,为指导农业生产和生态环境保护等工作提供有力支撑。

2　研究方法

基于响水站 1951—2023 年年降雨量、汛期降雨量数据,采用距平分析法、Mann-Kendall 非参数检验法、小波分析法对降雨数据进行变化趋势、突变情况及周期性研究分析。

作者简介:单帅(1992—),男,工程师,主要从事水文预报、水文测验及水文资料整编工作。

2.1 距平分析法

距平分析法主要评估数据序列相对于某个参考值(通常是平均值或其他基准值)的偏离程度,揭示变量随时间的变化趋势和波动情况。如果某一时段内的观测值大于其长期平均值,则距平为正,表示比平均状况偏高;若某时段内的观测值小于其长期平均值,则距平为负,表示比平均状况偏低。累积距平是在距平分析的基础上进一步发展的一种统计方法,主要用于描述某一变量随时间推移而积累的偏离其基准值的程度。其能够清晰展示随着时间的推移,数据如何逐渐偏离基准状态,并能识别出长期趋势及潜在的转折点。

2.2 Mann-Kendall **非参数检验法**

Mann-Kendall 检验(M-K 检验)是一种非参数检验方法。主要用于分析时间序列数据是否存在趋势性变化,适用于自然科学研究中的气候、水文、生态等领域的时间序列数据分析,例如检测降水量、气温、径流量等环境变量随时间推移是否有显著的上升或下降趋势。该检验基于对数据序列两两比较来计算一个累积得分 S,通过标准化处理后可以得出是否具有趋势以及趋势强度和显著性的结论。同时,M-K 检验对于异常值和数据分布类型并不敏感,因此具有较好的稳健性。

2.2.1 趋势分析

M-K 检验是检验是否拒绝零假设(H_0),并接受替代假设(H_1):

H_0:没有单调趋势;

H_1:存在单调趋势。

最初的假设是: H_0 为真,在拒绝 H_0 并接受 H_1 之前,数据必须超出合理怀疑——要到达一定的置信度。

在 M-K 检验中,原假设 H_0 为时间序列数据(X_1 , X_2 ,…, X_n),是 n 个独立的、随机变量同分布的样本;备选假设 H_1 是双边检验,对于所有的 $i,j \leq n$,且 $i \neq j$, X_i 和 X_j 的分布是不相同的,检验的统计量 S 计算如下:

$$S = \sum_{i=1}^{n-1} \sum_{j=i+1}^{n} \text{sgn}(X_j - X_i)$$

其中: X_i 、 X_j 分别为第 i 、 j 时间序列对应的观测值,且 $i < j$;sgn( )为符号函数。

$$\text{sgn}(X_j - X_i) = \begin{cases} 1 & X_j - X_i > 0 \\ 0 & X_j - X_i = 0 \\ -1 & X_j - X_i < 0 \end{cases}$$

当 $n \geq 8$ 时,统计量 S 大致服从正态分布,在不考虑序列存在等值数据点的情况下,其均值 $E(S) = 0$,方差 $\text{Var}(S) = n(n-1)(2n+5)/18$。标准化后的检验统计量 Z 计算如下:

$$Z = \begin{cases} \dfrac{S-1}{\sqrt{\text{Var}(S)}} & S > 0 \\ 0 & S = 0 \\ \dfrac{S+1}{\sqrt{\text{Var}(S)}} & S < 0 \end{cases}$$

在双边趋势检验中,对于给定的置信水平 α ,若 $|Z| \geq Z_{1} - \alpha/2$,则原假设 H_0 是不可接受的,即在置信水平 α 上,时间序列数据存在明显的上升或下降趋势。Z 为正值表示上

升趋势，Z 为负值表示下降趋势，Z 的绝对值在大于或等于 1. 96 时表示通过了置信度 95% 的显著性检验。

2.2.2 突变检验

设要素时间序列为 $X_1, X_2, \cdots, X_n$，S_k 表示第 j 个样本 $X_j > X_i (1 \le i \le j)$ 的累计数，定义统计量 S_k：

$$S_k = \sum_{j=1}^{k} r_j, r_j = \begin{cases} 1 & X_j > X_i \\ 0 & X_j \le X_i \end{cases} \quad (i = 1, 2, \cdots, j; k = 1, 2, \cdots, n)$$

在时间序列随机独立的假定下，S_k 的均值和方差分别为

$$\mathrm{E}[S_k] = \frac{k(k-1)}{4}, \mathrm{Var}[S_k] = \frac{k(k-1)(2k+5)}{72} \quad (1 \le k \le n)$$

将 S_k 标准化：

$$\mathrm{UF}_k = \frac{(S_k - \mathrm{E}[S_k])}{\sqrt{\mathrm{Var}[S_k]}}$$

其中 $\mathrm{UF}_1 = 0$，给定显著性水平 α，若 $|\mathrm{UF}_k| > U_\alpha$，则表明序列存在明显的趋势变化。

给定显著性水平，若 $\alpha = 0.05$，那么临界值为 ± 1.96，绘制 UF_k 和 UB_k 曲线图和 ± 1.96 2 条直线在一张图上，若 UF_k 的值大于 0，则表明序列呈现上升趋势、小于 0 则表明序列呈现下降趋势，当它们超过临界线时，表明上升或下降趋势显著。超过临界线的范围确定为出现突变的时间区域。如果 UF 和 UB 两条曲线出现交点，且交点在临界线内，那么交点对应的时刻便是突变开始的时间。

2.3 小波分析法

Morlet 小波分析是一种基于小波变换的方法，用于分析信号在不同时间和频率尺度上的局部特征。小波变换相比传统的傅里叶变换，在分析非平稳信号方面具有显著优势。

Morlet 小波的具体形式通常定义为一个复数函数，它可以表示为一个高斯窗口函数与一个复指数函数（调制的正弦波）的乘积：

$$\Psi(t) = \pi^{-1/4} e^{-t^2/2} e^{i2\pi f(t_0)}$$

式中：t 为时间变量；$\pi^{-1/4}$ 为归一化因子；$e^{-t^2/2}$ 为高斯核，决定了小波在时间域的形状，表现为一个窄而尖锐的脉冲，提供了良好的时间分辨率；$e^{i2\pi f(t_0)}$ 是调制的正弦波，$f(t_0)$ 是中心频率或基本频率。

在实际的小波分析中，信号 $f(t)$ 与 Morlet 小波函数 $\Psi_{a,b}(t)$ 相乘并进行平移 (b) 和缩放 (a)，得到连续小波变换（CWT）：

$$W_f(a,b) = \int_{-\infty}^{+\infty} f(t) \Psi_{a,b}(t) \mathrm{d}t$$

这里的 a 控制着小波的尺度（或频率），b 控制着小波的位置（或时间）。

3 结果与分析

3.1 趋势变化分析

根据响水县代表站点响水口降雨数据绘制逐年降雨过程线，采用线性拟合分析的整体变化趋势（见图 1），利用累积距平分析降水逐年变化情况（见图 2）。汛期降雨量占全

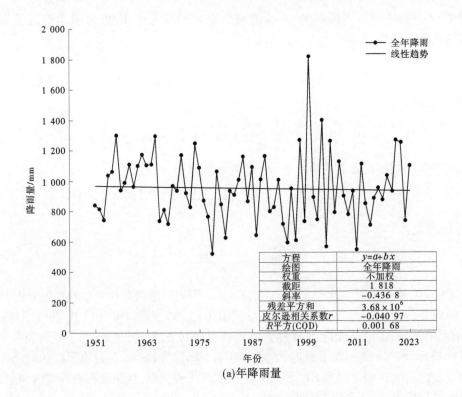

(a)年降雨量

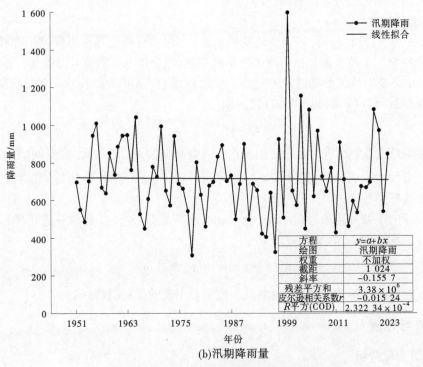

(b)汛期降雨量

图 1　响水口站年降雨量、汛期降雨量线性趋势分析

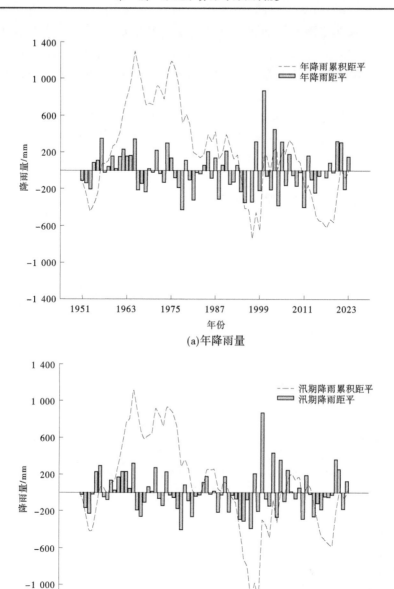

图 2　响水口站年降雨量、汛期降雨量累积距平

年降雨量的绝大部分,平均占比 74.5%。2000 年年降雨量 1 818.3 mm、汛期降雨量 1 592.9 mm,均为有资料以来最大;1978 年年降雨量 523.3 mm、汛期降雨量 311.2 mm,均为有资料以来最小。

由图 1 线性趋势图可知:①汛期降雨与全年降雨趋势基本一致,斜率均为负值,其中全年降雨为-0.436 8,汛期降雨为-0.155 7,整体呈减小趋势。②降雨大年与小年交替出现,1999 年以后,全年降雨及汛期降雨年际变化呈现变大趋势,表明极端降雨情况明显增加。

由图 2 距平图可知:①全年降雨量及汛期降雨量分别在均值 950.3 mm 和 714.8 mm 上下交替变换,其中 2000 年降雨量分别超均值 868.0 mm、878.1 mm。②汛期降雨累积距平变化趋势与全年降雨一致,其中 1953—1965 年、1997—2007 年和 2017—2023 年累积距平曲线总体呈上升趋势,降雨量增加;1975—1997 年和 2007—2017 年累积距平曲线走低,降雨量呈减少趋势。整体降雨过程存在周期性变化。

3.2　突变检验分析

利用 M-K 检验法对响水口降雨数据进行突变检验,计算年降雨量及汛期降雨量的统计曲线(见图 3),并绘制 UF_k 和 UB_k 曲线图和显著水平 $\alpha = 0.05$ 时对应的阈值±1.96 临界值 2 条直线。

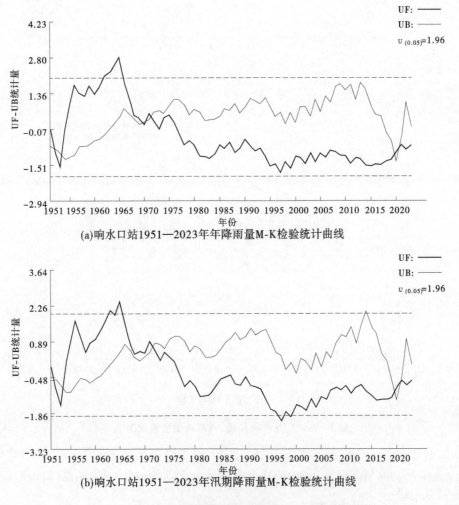

(a)响水口站1951—2023年年降雨量M-K检验统计曲线

(b)响水口站1951—2023年汛期降雨量M-K检验统计曲线

图 3　响水口站年降雨量、汛期降雨量 M-K 检验统计曲线

由图 3 可知:①汛期降雨与年降雨的统计曲线基本一致,M-K 检验统计曲线中若 UF

线在临界线内变动,表明变化曲线趋势和突变不明显;1955—1976 年 UF 的值大于零,表明序列呈上升趋势,1977—2023 年呈下降趋势。②UF 和 UB 2 条曲线在临界线之间,在1972 年出现交点,则 1972 年为突变开始的时间。

3.3　周期变化分析

采用复 Morlet 小波对响水口站降雨数据进行周期变化分析。降雨量的小波方差、实部等值线图和小波模平方图见图 4。实部等值线图显示降雨序列变化的尺度以及变化发生的时间,小波系数实部为正值代表降雨量充沛,负值代表降雨量匮乏。

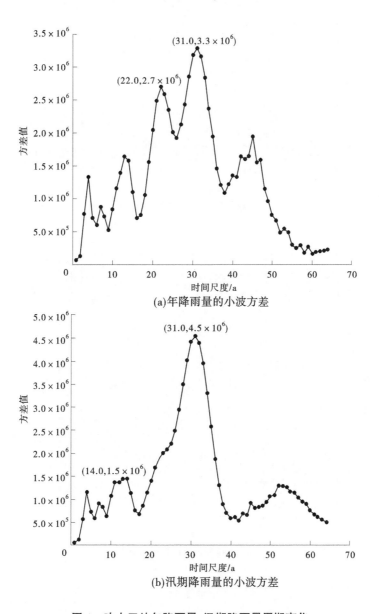

(a)年降雨量的小波方差

(b)汛期降雨量的小波方差

图 4　响水口站年降雨量、汛期降雨量周期变化

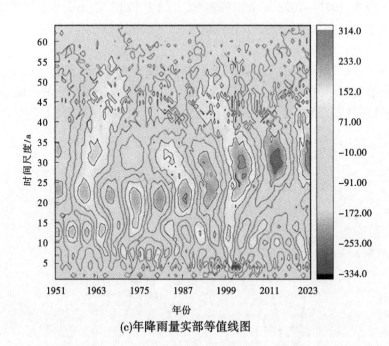

(c)年降雨量实部等值线图

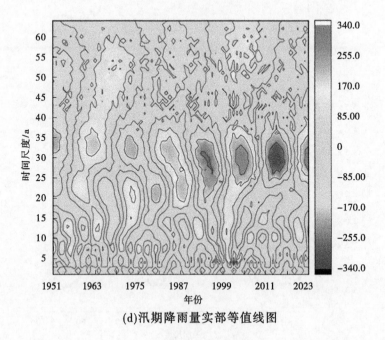

(d)汛期降雨量实部等值线图

续图 4

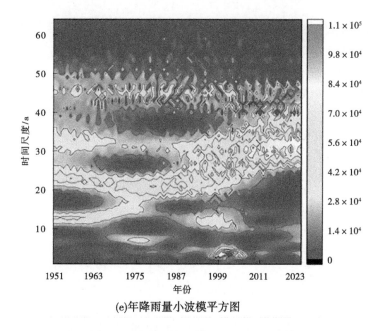

(e)年降雨量小波模平方图

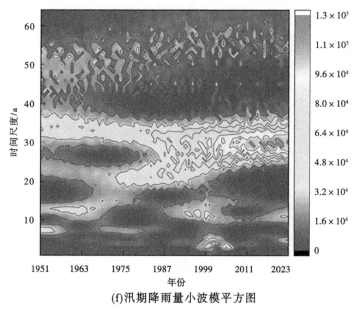

(f)汛期降雨量小波模平方图

续图 4

由图 4(a)、(b)可知,年降雨量和汛期降雨量主要振荡周期为 24~34,其中心尺度 31 a 为主周期。在时间尺度为 31 a 条件下的周期为 21 a。由图 4(c)~(f)可知,1987 年之后,经历枯—丰—枯—丰变化,周期性明显。根据周期性分析,2024 年为丰水期。

4 结 论

（1）汛期降雨规律与全年降雨基本一致。1999 年以后，极端降雨情况明显增加。全年及汛期降雨量分别在均值上下交替变换。

（2）汛期降雨和全年降雨变化曲线突变不明显，以 1977 年为界，序列趋势由上升变为下降，整体呈减少趋势。突变开始时间是 1972 年。

（3）汛期降雨和全年降雨存在周期性变化。1987 年之后，周期性比较明显，31 a 时间尺度下周期为 21 a。2024 年为丰水期，预计降雨偏多，防汛形势较为严峻。

沭河上游堤防加固工程生态护滩技术探讨

单建军 王建新 宋乐然

(淮河工程集团有限公司,徐州221018)

摘 要 沂河、沭河上游堤防加固工程已经基本完成,本文依据沭河上游河道护坡、护岸工程设计和施工资料,对沭河上游各种护坡、护岸工程进行了分析论证,比较其优缺点,对各施工工序中的技术要点进行了探讨。
关键词 沭河;河道护滩;浆砌石;格宾网;预制块

1 概 述

沂河、沭河上游堤防加固工程是进一步治淮38项工程之一,工程任务是在现有工程的基础上进一步完善沂河、沭河上游堤防工程体系,使区域防洪标准整体达到20年一遇。工程分为沂河上游堤防加固工程和沭河上游堤防加固工程两部分。

沭河上游堤防加固工程范围包括沭河干流青峰岭水库至浔河入沭河河口,治理河段总长62.142 km。主要工程包括干流复堤44.945 km、支流回水段复堤16.775 km、堤身截渗工程2.5 km、护滩工程19处15.04 km、新建上下堤道路、新建穿堤涵闸和跨河桥梁等。

沭河河道弯曲,中泓摇摆不定,河槽多为沙质河床,在河槽凹岸主流冲刷河岸,滩地或阶地陡坎迎溜处受水流顶冲坍塌严重、岸坡不稳定。河道受冲刷凹岸一般为一级阶地,边坡多由可塑状态的黏土或沙土组成,受迎流顶冲后,岸坡坍塌后退,形成不稳定的陡立边坡且极不稳定。为保护岸坡和堤防,需要在这些部位建设防护工程。

2 护坡、护岸工程设计

根据测量和地质资料,结合工程现场实际情况,并考虑投资控制,在充分论证比选的技术上,选择浆砌石护岸、格宾网加浆砌石护岸、预制块护坡和现浇混凝土护坡。另外,堤岸较为稳定的河段大多采用草皮护坡。

2.1 浆砌石护岸

浆砌石护岸适用于直立或陡峭河岸、硬质地质河床、现场石料充裕和无特殊生态要求的河段。

根据现场工程状况进行分析和计算,选用M15浆砌块石护岸。厚度0.3 m,坡度1:1.5,堤脚处设矩形断面浆砌块石基础。为防止基础沉降和温度变形影响,每隔15 m设置一道变形缝,缝宽0.02 m,缝内填充闭孔泡塑板。为保证每段护岸的稳定性,在分缝处设置尺寸为0.6 m×0.3 m浆砌块石齿墙,护岸顶部设0.6 m×0.5 m浆砌块石封顶。护坡

作者简介:单建军(1982—),男,副高级工程师,主要从事水文工程项目管理及施工企业管理工作。

石与土体之间设置 0.1 m 厚碎石垫层,并在护坡上设排水孔。护坡垂直高度间隔 1.5 m 时设一排排水孔,各排排水孔交错布置,水平孔距 2.5 m,每个排水孔下方设反滤层。

2.2 格宾网护岸

格宾网是一种由高防腐蚀金属丝编织成六角形网孔的网片,再经折叠、组装成具有一定尺寸规格的箱体结构。格宾网主要用于保护河岸免受水流冲刷、波浪冲击和风蚀影响,同时兼顾生态环境保护和景观营造。格宾网护岸适用于地形复杂、冲刷严重、生态敏感区域和城市景观等要求相对较高的河段。

根据沭河现场工程条件,护岸下半部分采用格宾网护岸,干地施工的上半部分采用浆砌石护岸。下部宾格网顶高程按河道下游拦河闸坝正常蓄水位加 1.0 m 确定。上部浆砌石护岸顶高程等于滩地高程。

2.3 预制块护坡

预制块护坡适用于堤防护坡的防护,施工比较方便。预制块提前在预制场制作完成,在现场安装施工,大大缩短了工期。预制块厚度为 12 cm,下设碎石垫层和反滤层。

3 护坡、护岸工程施工技术

3.1 浆砌石护岸施工技术

3.1.1 施工准备

3.1.1.1 技术准备

(1)熟悉设计图纸。全面理解设计意图、护岸结构尺寸、材料要求、地基处理方法、防渗排水措施等。

(2)编制施工方案。根据设计要求和现场条件,编制详细的施工组织设计,包括施工流程、质量控制措施、安全应急预案等。

(3)技术交底。对施工队伍进行技术交底,明确施工工艺、质量标准、安全注意事项等。

3.1.1.2 物资准备

(1)石料采购。选择质地坚硬、无风化、无裂缝的石料,按设计要求进行规格分类和质量检验。

(2)砂浆配制。根据设计配合比准备水泥、砂、水等材料,确保砂浆强度和耐久性符合要求。

(3)辅助材料与设备。准备模板、脚手架、吊装设备、振捣器、抹面工具、养护材料等。

3.1.1.3 场地准备

(1)清理场地。清除施工区域内的杂物、植被,平整场地。

(2)测量放线。根据设计图纸进行精确放样,标定护岸结构位置、轮廓线和高程控制点。

(3)地基处理。对地基进行必要的处理,如夯实、换填、排水等,确保地基承载力和稳定性满足设计要求。

3.1.2 施工

(1)基础施工。按照设计厚度和材料要求铺设砂石垫层或其他类型垫层,整平压实。

（2）浆砌石砌筑。按照设计要求和放线位置，从底部开始逐层砌筑，石块间相互错缝、搭接，不得出现通缝。

（3）灌浆。使用砂浆填充石块间的空隙，采用"满铺满挤"法，确保砂浆饱满、密实，无空洞、漏浆现象。

（4）校核。每砌筑一定高度后，进行水平和垂直度校核，确保砌体线形顺直、尺寸准确。

（5）转角砌筑。转角处石块应相互错缝、丁顺相间，保证砌体的整体性和稳定性。

（6）接头处理。与其他构筑物或已建护岸结构相接时，应做好接头处理，保证连接部位的防水、防渗性能。

3.1.3 表面处理与养护

（1）勾缝。待浆砌石砌筑完毕，砂浆初凝后进行勾缝。使用专用勾缝工具将砂浆填入石块间的缝隙，勾缝深度应达到设计要求，表面平顺、光滑。

（2）养护。砌体表面覆盖湿润的麻袋、草帘等材料，保持湿润状态，防止砂浆过早失水开裂。根据气候条件，定期洒水养护，保持砂浆湿润，促进硬化。一般养护期不少于7天，具体视砂浆强度增长情况和气候条件而定。

3.1.4 验收与资料整理

（1）施工自检。施工过程中及完工后，对砌筑质量、尺寸、勾缝等进行全面自检，发现问题及时整改。

（2）报验申请。自检合格后，向监理单位提交验收申请，附带施工记录、检测报告等相关资料。

（3）监理验收。监理单位对砌筑质量、尺寸、勾缝等进行现场验收，确认符合设计和规范要求。

（4）质量评定。对护岸工程进行质量等级评定，出具验收意见书。

（5）整理施工资料。收集、整理施工过程中的各项记录、检验报告、照片、影像资料等，形成完整的施工档案。

（6）移交归档。将施工档案按规定格式整理，移交项目管理部门或档案室存档。

3.2 格宾网护岸施工技术

格宾网护岸施工和其他方式的护岸工程类似，要进行施工准备等相关工序。

3.2.1 格宾网箱体组装

（1）解包。将格宾网箱体从包装中取出，展开至平铺状态。

（2）检查。检查网片是否有破损、锈蚀等情况，如有问题，应及时更换。

（3）折叠。按照设计要求，将网片折叠成箱体形状，确保各边框、隔板位置正确。

（4）绑扎。使用绑扎丝将相邻网片的边框、隔板连接固定，确保连接牢固、无松动。

3.2.2 格宾网箱体安装与填充

（1）放置。根据放线位置，将组装好的格宾网箱体放置在预定位置，确保其位置准确、稳定。

（2）连接固定。使用绑扎丝或专用连接件将相邻箱体连接固定，确保连接牢固、无松动。

（3）石料筛选。筛选符合设计要求的石料，剔除风化、破碎、尺寸不合的石块。

（4）填充。将石料均匀填充入格宾网箱体内，要求石料密实、分布均匀，顶部略低于网箱的边缘。

（5）夯实。使用振动棒或人工踩踏等方式，对填充石料进行适当夯实，确保石料间紧密接触。

3.2.3　植被种植与养护

（1）清理。清理格宾网表面的多余石料、灰尘等杂物，保持种植区域干净。

（2）施基肥。根据设计要求，施入适量基肥，改善土壤肥力。

（3）播种。在种植区域均匀撒播植被种子，或植入预先培育好的植被苗。

（4）覆土。覆盖一层薄土，轻轻压实，确保种子与土壤充分接触。

（5）浇水。种植后及时浇水，保持土壤湿润，促进种子发芽或植被成活。

（6）追肥。根据植被生长情况，适时追肥，提供充足的营养。

（7）病虫害防治。定期检查，发现病虫害及时喷药防治。

（8）修剪。适时修剪，保持植被形态美观，促进健康生长。

3.3　预制块护坡施工技术

3.3.1　基础施工

（1）素土夯实。按照设计要求，对地基进行素土夯实，达到规定的压实系数。

（2）垫层铺设。按照设计厚度和材料要求铺设砂石垫层和土工布。

3.3.2　护坡施工

（1）镇脚施工。按照设计尺寸进行放线，然后进行土方开挖，基础验收后，进行立模浇筑。

（2）护坡预制块铺设。施工前对反滤层厚度和土工布铺设质量进行检查，合格后，进行护坡预制块铺设。要进行样板段施工，按照图纸放样的样架进行，预制块铺设需稳定牢固，缝隙要均匀美观。

（3）封顶施工。预制块安装完成后，进行封顶混凝土施工，施工工艺同镇脚。

（4）边缘处理。预制块、镇脚、格埂和封顶施工完成后，要对预制块进一步检查确保线条顺直，对预制块和镇脚、格埂、封顶之间的空隙进行混凝土浇筑，确保护坡完整、美观。

4　结　语

沭河上游河道护坡、护岸工程设计根据工程现场实际情况选取合适的防护方式，各种护坡、护岸方式施工过程严格按照施工图要求实施，工程实施后，生态环保效果良好，特别是城镇附近的护坡、护岸工程，成为一道亮丽的风景线。

调水河道的防汛特征水位核定
——以徐洪河沙集闸以上为例

钱学智　李　倩　唐文学　蔡文生　王勇成

(浙江省水文水资源勘测局徐州分局,徐州 221111)

摘　要　针对徐洪河水利工程现状及防汛调度需求,通过对水位的分析研究,综合考虑调水等特殊情况,核定新形势下的河道警戒水位和保证水位,明晰河道实际防汛除险形势,为社会公众及时获悉河道汛情、险情,开展洪水精细化调度管理,科学制定应急响应决策提供技术支撑。

关键词　调水;防汛;水位;徐洪河

1　河流概况

徐洪河是一条连通洪泽湖、骆马湖、南四湖三大流域性湖泊的综合利用河道,也是国家南水北调东线工程的主要送水通道之一。徐洪河北起房亭河刘集地涵,南至洪泽湖顾勒河口,全长约 120 km。徐洪河以调水为主,兼有防洪、排涝、航运功能。徐洪河沙集闸至刘集地涵段,有魏工分洪道、民便河排入,现状行洪能力为 20 年一遇。在骆马湖遭遇超标准洪水时,徐洪河要协助骆马湖分泄 400 m³/s 洪水入洪泽湖。在南水北调时,洪泽湖水可以通过徐洪河由泗洪站、沙集站、睢宁二站和邳州站引入房亭河,通过房亭河入中运河北调。

徐洪河自 1976 年开始,先后几次开挖疏浚,最近一次为 2013 年,为顺应航道发展规划要求,结合当时正在实施的南水北调东线一期工程徐洪河影响处理工程,对徐洪河(徐沙河—房亭河)河道两侧进行扩挖,治理后,流域工情、水情和供水形势发生较大的变化。

2　核定要求

防汛特征水位核定遵循"满足防洪安全要求,并考虑经济、政治、社会、环境等因素,综合论证确定"的原则。其中,警戒水位应考虑:①应与日常防汛管理、各部门防汛职责相协调。②考虑河段普遍漫滩和重要堤段临水并达到一定高度,结合工程现状、堤防历史出险情况等因素综合研究确定。③避免选取过低致使每年汛期水位频繁超警戒。④预留警戒时间,并确定适宜超警天数。⑤兼顾上下游与左右岸,留有余地。保证水位应考虑:①堤防的高度、宽度、坡度及堤身、堤基质量已达到规划设计标准的河段,其设计洪水位即为保证水位。堤防工程尚未达到规划设计标准的河段,可按安全防御相应的洪水位确定。②保证水位要兼顾上下游,分河段设置。

作者简介:钱学智(1980—),男,高级工程师,主要从事水文测验、分析评价及水文资料整编工作。

3　防汛特征水位核定分析

对徐洪河沙集上段防汛特征水位的分析研究主要是对水位进行分析,包括水位频率分析、超不同等级水位的天数分析、水位累积概率分析,以及对堤防防洪排涝标准、洪水调度方案、通航及调水需求、预警时间保证工况等方面进行分析。由于徐洪河是调水河道,在进行超不同等级水位的天数分析时,区分调水期和非调水期。

3.1　水位分析

考虑到徐洪河沙集闸站建成运行后,水位受调水、航运调度影响较大,为防止警戒水位制定过低导致调水期间频繁超警,主要分析 1995 年以后水位状况,特别是 2001 年沙集闸水文站设站后的水位。

3.1.1　年最高、最低水位频率分析

根据徐洪河流域洪涝治理情况,分析工情明显变化的年份,对沙集闸(闸上游) 2001—2022 年的年最高、最低水位(废黄河口基面,下同)进行分析。2012 年以后,睢宁二站建成后最高水位逐渐振荡抬升,并形成稳定趋势。沙集闸(闸上游)典型频率水位见表 1。

表 1　沙集闸(闸上游)典型频率水位

站名	频率/%	重现期/a	水位/m
沙集闸(闸上游)	2	50	21.70
	10	10	21.21
	20	5	20.98
	50	2	20.60

3.1.2　水位距平分析

对 2001—2022 年沙集闸(闸上游)历年最高水位系列进行年最高水位距平计算和累积距平计算。2002 年最高水位值偏高,2012 年之前最高水位多在 0 m 以下,2012 年以后,最高水位慢慢回升至 0 轴附近上下波动(见图 1)。上述趋势变化主要是因为 2012 年以后,随着睢宁二站的建成运行,受工程影响较大。2003 年、2012 年是趋势变化的转折点,具体表现为 2003—2012 年最高水位处于回落阶段,2012 年以后最高水位处于平稳抬升阶段,且年最高水位均高于平均值(见图 2)。

3.1.3　超不同等级水位的天数分析

适宜的警戒水位应该有一个合理而恰当的年平均发生天数,适宜的超警天数不仅使警戒水位能够起到警戒作用,又避免频繁发布警戒水位,使防汛队伍疲于奔命。因此,以年为单元,对核定站点水位超不同等级水位天数进行统计。根据沙集闸(闸上游)2001— 2022 年历年逐日水位值,统计逐年水位超过不同等级水位的天数(次数),计算多年平均超过的天数(见表 2~表 4)。

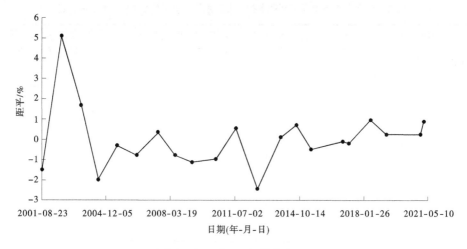

图 1　沙集闸(闸上游)历年最高水位距平图

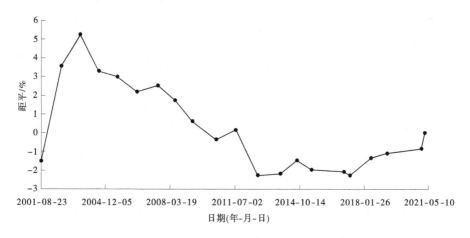

图 2　沙集闸(闸上游)历年最高水位累积距平图

表 2　沙集闸(闸上游)逐日水位超不同等级水位天数统计

断面频率/%	沙集闸(闸上游)				
	重现期/a	水位/m	超警天数/d	年平均超警天数/d	最多一次连续超警天数/d
5	20	21.43	2	0.095	2
10	10	21.21	5	0.238	5
20	5	20.98	15	0.667	11
25	4	20.89	20	0.905	12
50	2	20.60	128	5.857	15
60	1.6	20.50	324	14.727	27

表3　沙集闸(闸上游)逐日水位(非调水期)超不同等级水位天数统计

断面频率/%	沙集闸(闸上游)				
	重现期/a	水位/m	超警天数/d	年平均超警天数/d	最多一次连续超警天数/d
5	20	21.43	0	0	0
10	10	21.21	0	0	0
20	5	20.98	1	0.048	1
25	4	20.89	2	0.095	2
50	2	20.60	27	1.238	9
60	1.6	20.50	96	4.381	22

表4　沙集闸(闸上游)历年水位重现期和超警分析成果

测站	频率/%	重现期/a	2001—2022年系列水位/m	超警天数/年平均超警天数/d	超警天数/年平均超警天数(非调水期)/d
沙集闸(闸上游)	5	20	21.43	2/0.095	0/0
	10	10	21.21	5/0.238	0/0
	20	5	20.98	15/0.667	1/0.048
	25	4	20.89	20/0.905	2/0.095
	50	2	20.60	128/5.857	27/1.238
	60	1.6	20.50	316/14.381	96/4.381

3.1.4　水位累积概率分析

在沙集闸(闸上游)2001—2022年逐日水位基础上,以0.10 m为统计水位段,对历年逐日平均水位进行不同等级水位天数统计,绘制水位累积概率曲线(见图3、图4)。其中,水位超20.50 m的天数为324 d,累计概率4.03%,未出现超保证水位;非调水期水位超20.50 m的天数为96 d,累计概率1.59%,未出现超保证水位。河段的高水位多出现在调水期,调水期的高水位占到2/3左右,特别是高于21.10 m的水位均出现在调水期间。

3.2　堤防和工程防洪排涝标准

徐洪河按防洪20年一遇、排涝5年一遇、三级航道标准设计,设计行洪流量200 m³/s,设计排涝流量180 m³/s,设计灌溉流量150 m³/s,设计洪水位15.5~22.0 m,设计排涝水位14.5~20.0 m。徐洪河东堤堤防等级为2级,西堤堤防等级为3级。睢宁段民便河至沙集抽水站河道长33.8 km,底宽45 m,河底高程16 m,边坡比约1:3;堤顶高程东堤28 m、西堤24 m,堤坡比1:3。邳州段房亭河刘集地涵至民便河,河道长度12.5 km,东堤长13 km,该堤段全部处在黄墩湖滞洪区;考虑到滞洪时人畜撤退安置的需要,确定堆土以东堤为主,东堤堤顶高程28 m,西堤长13 km,堤顶高程24.0~27.0 m。

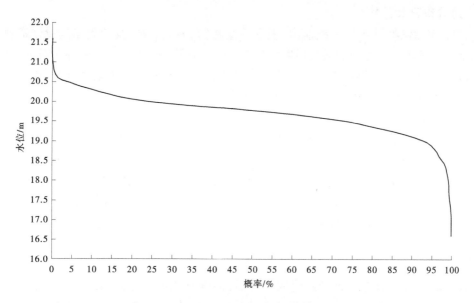

图3　沙集闸(闸上游)水位累积概率曲线

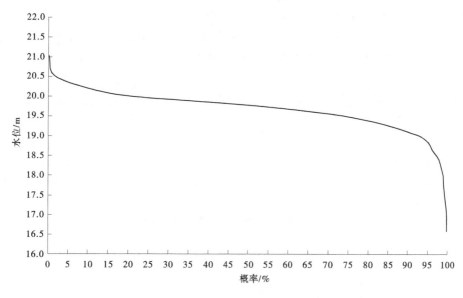

图4　沙集闸(闸上游)(非调水期)水位累积概率曲线

3.3　洪水调度方案

《徐州市防汛防旱应急预案(2021年)》中明确骆马湖遭遇超标准洪水,条件允许时伺机利用徐洪河泄洪,当预报骆马湖水位将超过26.0 m,且水位达到25.5 m时,黄墩湖滞洪区滞洪。《睢宁县防洪预案(2021年)》明确当骆马湖水位超过23.50 m时,皂河以下中运河不排洪。黄墩湖地区涝水由省防指安排皂河站开机排除或通过徐洪河、废黄河北闸、沙集闸站下排。当骆马湖水位达25.00 m时,徐洪河确保调泄骆马湖洪水200~400 m³/s。废黄河北闸以北至民便河两侧大堤现状警戒水位20.00 m,保证水位22.00 m。

3.4 通航和调水需求

2013 年徐洪河升级为三级航道,根据苏交航〔1994〕7 号文及刘集船闸设计资料,徐洪河刘集—沙集船闸之间的最高通航水位 22.5 m、最低通航水位 19.50 m。根据徐洪河向北调水运行状况,徐洪河睢宁站—邳州站设计输水 110 m³/s,设计输水水位 20.5~21.6 m,水位最高为 22.5 m,南水北调水位基本不漫滩。

3.5 预警时间复核

由于受调水影响,调水期超相应水位的天数较多,非调水期相对较少。按每 2~4 年超警一次考虑,警戒水位应设置在 20.50~20.89 m。综合考虑调水期超警情况,如设定警戒水位为 20.80 m,则重现期约为 4 年。徐洪河有监测以来历史最大洪水过程出现最高水位为 21.49 m,出现在 2021 年 7 月 29 日 10 时,警戒水位出现时间为 28 日 16 时 30 分,预警时间为 17.5 h,预警时间较宽裕。

4 结　语

2012 年南水北调东线沙集站建成运行后,徐洪河沙集以上最高水位平稳抬升,且年最高水位均高于多年均值,由于受调水影响,调水期水位较非调水期同级水位的出现天数明显偏多。因此,受调水影响的河道警戒水位设定除考虑防洪预警时间、上下游关系、通航等因素,还应特别注意调水期超警情况。经分析,建议警戒水位设定为 20.80 m,该警戒水位满足通航和调水需求,符合区域洪水调度要求,且预警时间较为充足。另外,根据历年最高水位频率分析,重现期 20 年一遇水位为 21.43 m,徐洪河沙集闸行洪期间历史最高水位 21.71 m(2002 年 8 月)。考虑到徐洪河整治后,堤防标准得到加强,结合徐洪河及支流现状防洪标准和近年来的实际运用,建议保证水位维持在 22.00 m 不变。

参 考 文 献

[1] 中华人民共和国住房和城乡建设部.防洪标准:GB 50201—2014[S].北京:中国标准出版社,2015.

[2] 中华人民共和国水利部.水利水电工程水文计算规范:SL/T 278—2020[S].北京:中国水利水电出版社,2020.

[3] 中华人民共和国水利部.水文资料整编规范:SL/T 247—2020[S].北京:中国水利水电出版社,2020.

菏泽市城市防汛水文监测与预警系统建设探讨与分析

王捷音

(菏泽市水文中心,菏泽 274000)

摘　要　本文对菏泽市城市防汛水文监测与预警系统的现状进行全面分析,明确问题和不足,在分析问题的基础上,提出城市防汛水文监测与预警系统建设的新方向、新标准、新技术。旨在建成以雨水情信息服务为核心,以监测、预警、预报、演进、风险分析流程为重点,以各类基础信息和测报预报数据为支撑,准确高效、实时快速、要素齐全、智能联动的城市防汛水文监测与预警系统,为城市防汛工作提供全面优质的水文信息服务,为实施城区防汛应急预案提供技术支撑和决策依据。

关键词　城市防汛;水文监测;预警预报

1　引　言

近年来,随着经济社会的进一步发展,现代化进程加快,城市水文循环和水环境质量发生了变化,由于人口密度加大、建筑物增加、柏油路铺设增多,城市城区不透水面积增大,天然雨洪径流的下垫面条件因此而发生改变,导致城区降水偏多、暴雨洪水峰高量大、汇流时间短等一系列水文规律的变化。同时,随着城市人口和财富相对集中,一旦遭灾,损失巨大。因此,城市防汛是一项关系到广大人民群众生命财产安全、关系到经济社会健康稳定发展的重要工作。2021 年,河南郑州"7·20"特大暴雨灾害表明,城市防汛水文监测与预警系统作为城市防汛工作中的重要非工程措施,对研究和掌握城市暴雨洪水形成演化规律,监测和发布城市重点部位洪水信息,指导城市规划、建设和管理具有重要意义。本文以菏泽市为例,对城市防汛水文监测和预警系统建设进行探讨与分析。

2　菏泽市城市防汛水文监测现状

2.1　城区概况

菏泽市地处平原区,地势平坦,城区不透水面积大,加之城市防洪标准低,特别是老城区外高内低,呈盘子状,城区排水主要依靠泵站提排,内涝风险大,易遭受洪涝灾害侵袭,历史上曾数次被黄河水淹没;夏季降水集中,城区极易因降雨造成内涝灾害。

多年来,菏泽市结合市区西高东低、老城区外高内低的特殊地形,构筑"东、西、南、北、中"外洪内涝全面治理的工程体系,基本解决了客水进城、内涝难排、泄洪不畅三大隐

作者简介:王捷音(1978—),女,工程师,主要从事水文情报预报工作。

患,保障城市防洪安全。

2.2　菏泽市水文站网现状

21 世纪初期,菏泽市第一代数传仪正式投入使用,菏泽水文信息进入网络传输的新阶段,21 处中央和省级报汛站实现雨量自动采集、传输,建成 6 处水文站浮子式自计水位计。

2007 年,国家防汛抗旱指挥系统一期工程菏泽水情分中心建成并投入使用,21 处中央和省级报汛站更换 2 代数传仪,对 6 处水文站自计水位计进行升级。

2012 年,菏泽市中小河流水文监测系统进入实施阶段,新建 100 处雨量站,改建 34 处、新建 14 处自动水位站,新建 20 处水文站,建成 6 处中心站,水文信息化建设进入了新阶段。

2014 年,山东省水文局对 16 处中央报汛雨量站进行了更新改造。

2015 年末,菏泽市新建地下水自动监测井 71 处,改建 4 处,目前已投入使用。

2015 年,建设完成 7 个水文站的视频监控系统;2018 年,38 个中小河流水文站视频监控系统投入使用。

截至 2022 年,全市共设有国家基本水文站 7 处,中小河流水文站 20 处,水文辅助站 33 处,水位站 14 处,泥沙站 3 处,地下水观测井 203 眼(其中国家地下水自动监测井 75 眼),墒情站 55 处(人工墒情站 10 处,自动墒情站 45 处),地表水质监测站 33 处,地下水质监测站 27 处,汛期报汛雨量站 198 处(其中省级以上报汛站 23 处)。

2.3　菏泽市城区水文站网现状

目前菏泽市的水文站网布设以分析流域水文要素规律为主,监测断面多在水库、河道、闸坝等处,城区范围内的水文监测工程缺乏系统规划,基本未设水文站,仅城区或周边有少量分析流域平均降水量的雨量站和水位站。

菏泽市城区现有 10 处雨量站,而城区内的河流、主要道路及低洼地只在三角闸设立 1 处水位站,无流量监测站点,市区各排雨污河道也未设 1 处监测站点。

2.3.1　城区雨量站现状分析

菏泽市城区仅设有 10 处雨量站。水文部门所属马庄闸、牡丹园、岳程庄、市应急局等 10 处雨量站与气象部门所属 6 处雨量站数据接收分别属于不同的接收处理系统,数据资源整合存在技术难题。

2.3.2　城区河道水文站网现状

菏泽市城区现有赵王河、洙水河、内环城河、外环城河、东鱼河北支等河流及排洪沟 20 余条,另有赵王河公园、环城公园、青年湖、西城水库、南城水库等多处水体,除在城区的三角闸设有 1 处水位监测点外,缺少系统收集城区水位流量监测资料的站点。

2.3.3　城区主要道路和低洼地区水文站点现状

菏泽市城区尚缺少主要道路和低洼地区积水深度的监测站点,急需增设城区主要道路和低洼地区积水深度的监测站点。实时掌握城区主要道路和低洼地区积水、行洪状况,对启动城区防汛应急预案、减少人员伤亡和经济损失具有重要的现实意义。

2.3.4　城区视频监控站点现状

菏泽市水文中心已建视频监控点,每路具备 10 M 带宽传输至中国移动菏泽分公司机房,中国移动菏泽分公司机房与菏泽市水文中心机房建有千兆视频专线,保障对重要监控点的实时监控。

2.4 菏泽市水文业务及对外信息服务系统现状

菏泽市水文业务系统主要是菏泽市水文中心智能可视化平台、菏泽水文雨水情信息查询系统、地下水业务平台等,其中菏泽水文雨水情信息查询系统于 2019 年 4 月开始启动建设,对全市的雨水情信息和视频监控信息进行了全面整合,于 2022 年 6 月对全市的雨水墒情信息进行了全面整合,于 2022 年 7 月启动了菏泽市雨水情信息查询系统微信小程序的建设,使水文信息对外服务方式和手段进一步拓展。

3 菏泽市城市防汛水文监测存在的问题

(1)城区水文监测感知覆盖不全面,监测感知智能化能力欠缺。

城区水文业务监测体系受城市规划影响较大,建设密度不足,无法全面、准确地反映城区内的汛情实际情况,在全面支撑城市防汛预警方面存在较大差距。智能监测感知能力不足,按照国家智慧水利总体方案要求,30%的水文站需要达到自动监测。虽然水位雨量已基本实现自动测报,实时传输,但流量信息监测多采用传统监测技术,以单点采集为主,手段单一、被动,数据的连续性、精度和稳定性都有待进一步提高,枯水期监测手段落后,从山东省数字水利建设和水文现代化建设要求来看,仍需加强先进技术在监测体系建设中的应用。

水文信息采集手段仍以传统方法为主,现代技术应用有待进一步加强。缺乏利用卫星遥感、无人机航拍、视频监控等技术的监测手段,未形成相互关联的感知体系,且在感知终端的边缘计算、视频监控智能预警、卫星遥感动态监测等新技术方面应用不深,利用新技术对感知能力升级的支撑能力不足。

(2)城市水文监测和服务手段落后,监测能力薄弱,监测经验匮乏。

菏泽市水文中心作为市防指和市防灾减灾委成员单位,承担着为政府及有关防汛指挥部门提供科学调度决策依据的重要职责,是防灾预警信息服务的主要支撑部门。近年来极端天气事件呈现频发趋势,暴雨洪涝干旱等灾害的突发性、极端性、反常性越来越明显,越发凸显城市防汛水文监测与预警的重要性。目前,菏泽水文站网布设以分析流域水文要素规律为主,尚未开展城市水文测报,且水文信息化水平不高,水文信息的发布只能满足内河防汛的需要,无法有效地进行城市水文监测与预警。落实预报预警措施是城市防汛减灾支撑的关键所在,亟须建设菏泽市城市防汛水文监测与预警系统,为防灾减灾指挥决策提供及时、科学的预测预报信息,以专业的水文信息支撑城市防汛决策和调度。

(3)城市水文现代化建设有待进一步提升。

加快推进水文现代化建设是"十四五"期间水文建设任务的重中之重。加快水文现代化建设要求完善国家水文站网,推进"天空地"一体化监测,加快构建雨水情监测预报"三道防线",进一步延长雨水情预见期、提高精准度,强化预报、预警、预演、预案"四预"措施。菏泽市水文部门在城市水文建设方面存在监测能力建设相对滞后、信息服务能力亟须提升、水文管理体制亟须优化等问题。防汛预警业务管理仍是传统模式,主要依靠人工经验进行管理,方式落后、效率低下,缺乏现代化的支撑手段,已不能满足新时期水文现代化发展对业务全面覆盖和提升业务处理智能化的要求。按照"需求牵引、应用至上、数字赋能、提升能力"要求,建设具有预报、预警、预演、预案功能的水文监测与预警系统,支撑科学化、精准化决策,实现城市防汛安全风险从被动应对向主动防控转变十分必要。

建设菏泽市城市防汛水文监测与预警系统,可智能融合和运维城市水文监测数据,智能运维城区水文视频监控,填补水文服务城市发展的空白,大大提升城市水文信息服务能力,提高领导城市防汛决策能力。

4 菏泽市城市防汛水文监测与预警系统的主要建设内容

4.1 完善城市防汛水文监测站网

结合菏泽城区水文监测体系建设情况实际,在现有站网的基础上,规划建设城市雨量站 5 处、水文站 5 处、水位站 12 处、道路及低洼地监测站 17 处、易积水点视频监控站 11 处。

(1)城区河道出水口与入水口处设立 5 处城市水文站,利用水位流速一体式雷达监测水位与流量,利用直立水尺观测水位,通过城区出入境水文要素的监测,实时预估场次暴雨的排涝时间,防汛指挥部门可据此确定开启排涝设备或请求支援的排涝设备数量。

(2)根据城市水体及入境、出境河道情况,设立 12 处城市水位站,用于实时监测城区水体蓄水量和受下游洪水顶托情况。

(3)建设 17 处城市低洼地易涝点水深监测站,监测城区低洼地区积水深度,重点是立交涵洞,涵洞两边立 LED 显示屏,利用电子水尺桩与视频实时监控、实时显示涵洞水深。在发生大暴雨时,可以适时提供并发布城区低洼地区积水状况,同时可对照雨量信息,系统分析和研究暴雨与城市重要地段积水相关关系,必要时进行低洼地区积水预报预警,为防汛应急预警系统、城市交通、市民出行、市政建设提供信息保障。

(4)根据暴雨特性,结合菏泽市实际情况,在城市防洪区、重点防洪流域产汇流预报区与一般区域布设雨量站,站网密度应有所区别。当前城区及周边雨量站基本能够满足防汛工作需要,在大剧院、高铁站和机场等防汛重点部位增设 5 处雨量站点。

4.2 建设城市防汛预警系统

此系统主要包括城市洪水预警预报系统、城市防洪风险图、基于地理信息系统的城市防洪信息发布平台等。通过系统运行,利用实时降水和排涝信息,进行城区淹没分析,实现城区积水、内涝的预警提示,为相关部门争取调度时间,最大限度地降低内涝造成的损失。

建设菏泽市城市防汛水文监测与预警系统,可实现对监测站点处水位变化的自动实时监测、上报;充分利用现有水文在线监测系统,随时关注水位、雨量等的变化情况,实现雨量、水位等监测信息数据的无线传输和实时发布;努力实现现场显示城区低洼地段积水状况信息,进行低洼地区积水预警等;通过现有水文信息传输渠道,及时发布、推送雨水情信息、预警预报情况,随时为各级决策指挥部门和社会大众提供雨情、水情和预警预报等水文信息,为城市防灾减灾提供准确及时的决策依据。

4.3 组建专业的城市水文工作队伍

引进专业技术人才,以政府购买服务的形式配备技术人员。在传统水文业务工作的基础上,进一步提高雨水情即时处理能力,同时着重增强洪水预报能力的提升,对城市内涝做到精准预测预报,对各种可能的雨水情变化对汛情发展的影响进行预判。不断强化情境模拟能力,结合实时采集的数据和实时工况条件,模拟计算获得城市中心区河道水位、管网积水等信息,并根据事先设定的预警条件,开展水位与积涝预警,与水务、应急、气象等部门及各县区防汛部门进行沟通交流,提高领导城市防汛决策能力。

5　结　论

综上所述,菏泽市城市防汛水文监测与预警系统建设的实施,可智能融合和运维城市水文监测数据,智能运维城区水文视频监控,填补水文服务城市发展的空白,提高城市水文信息服务能力。通过及时畅通的雨情、水情信息,切实提高城市水文信息的时效性和利用率,为城市防汛工作提供全面优质服务,可以有效地避免或减轻城市积涝损失和人员伤亡,提高市民生活质量,社会效益显著。

参 考 文 献

[1] 刘志雨.我国水文监测预报预警体系建设与成就[J].中国防汛抗旱,2019(10):25-29.

[2] 菏泽市水务局.菏泽市水利发展“十四五”规划[R].菏泽:菏泽市水务局,2020.

[3] 左其亭,窦明,马军霞.城市水文学[M].北京:中国水利水电出版社,2008.

淮河入江水道上段行洪分析

周 鑫 曹 杰 杨 瑶 韩 磊

（江苏省水文水资源勘测局淮安分局，淮安 223001）

摘 要 淮河入江水道承担着洪泽湖 70% 以上的泄洪任务，自 2015 年工程整治以来已经历了 7 个主汛期洪水过程，其中 2021 年汛期行洪为淮河入江水道 2015 年工程整治以来最大洪水。本文以淮河入江水道沿线控制工程及节点水文站数据为基础，分析研究入江水道行洪过程，为今后入江水道的精准调度提供数据参考。

关键词 较大洪水；淮河入江水道；行洪分析；精准调度

淮河位于长江和黄河之间，地处我国南北气候过渡带，降水时空分布不均，独特的地理和气候条件使得洪涝灾害频发[1]。每年 6—7 月的梅雨期、7—8 月的台风暴雨强盛期在时间上前后相接，容易叠加，这导致每年 6—8 月淮河流域承担着较大的防洪任务。洪泽湖作为淮河流域主要调蓄湖泊，淮河流域洪水经过洪泽湖调蓄后，再通过淮河入江水道、灌溉总渠、入海水道、废黄河等通道入江入海。淮河入江水道作为洪泽湖最大的泄洪通道，设计行洪流量 12 000 m³/s，承担了洪泽湖 70% 以上的洪水分泄量，成为洪泽湖主要泄洪通道。

1 流域概况

淮河入江水道上起洪泽湖三河闸、下至长江边三江营，总长 157.2 km，设计行洪流量 12 000 m³/s，可将洪泽湖 70% 以上的洪水泄入长江。在淮河流域洪水调度过程中，通过与淮河入海水道、苏北灌溉总渠、分淮入沂、废黄河等工程联合运用，科学合理地调度洪泽湖水量，为淮河流域的防洪安全提供保障，实现洪泽湖大堤的防洪标准达到 100 年一遇。为进一步提高淮河流域防洪安全保障能力，2011 年淮河入江水道整治工程开工，工程治理范围为：三河闸—三江营，全长 157.2 km，主要分为上、中、下 3 段，其中上段自三河闸至施尖，全长 57.8 km，由新三河和金沟改道段组成；中段自施尖经高邮湖、邵伯湖至六闸，全长 57.6 km；下段自六闸至长江边三江营，全长 41.8 km。工程主要通过堤防加固、涵闸隐患处理和河道疏浚、切滩等治理措施，切实保障入江水道达到 12 000 m³/s 的设计行洪能力。2011 年 12 月，淮河入江水道整治工程正式开工，至 2015 年底基本完工。

2 典型年行洪情况

自 2015 年淮河入江水道功能整治以来，淮河入江水道先后经历了 7 个主汛期洪水过程，其中"淮河 2020 年第 1 号洪水"、2021 年淮河流域较大洪水过程具有代表性。

作者简介： 周鑫(1993—)，男，工程师，主要从事水文水资源、工程建设、水土保持等工作。

2.1　2020 年行洪情况

2020 年 7 月 17 日，淮河干流王家坝水文站首次达到警戒水位 27.50 m，依据《全国主要江河洪水编号规定》，命名为"淮河 2020 年第 1 号洪水"。根据资料分析，淮河干流洪泽湖(中渡)以上流域 15 d 面雨量为 261 mm，重现期为 13 a，最大 30 d 面雨量为 348 mm，重现期为 8 a，最大 30 d 洪量重现期约为 11 a，淮干及区间主要支流全年入洪泽湖总水量 450 亿 m³，比常年 361 m³ 偏多 24.6%，综合考虑降雨、水位、流量等因素，判定 2020 年淮河流域发生了流域性较大洪水；2020 年汛期，淮河入江水道上段口门三河闸开闸 72 d，平均流量 2 349.8 m³/s，最大流量为 7 800 m³/s(8 月 12 日)，出湖水量为 310.6 亿 m³。

2.2　2021 年行洪情况

2021 年淮河流域汛期降雨量 797 mm，较常年同期多 32%，淮河水系较同期多 23%。台风"烟花"7 月 24—29 日持续影响江苏淮河流域，其中淮河入江水道沿线江苏区域最大 3 日雨量(7 月 26—28 日) 311 mm[2]。三河闸 2021 年多次开闸泄洪，7 月 16 日起开始敞泄，最大流量 8 150 m³/s。

2020 年及 2021 年泄洪期间，淮河入江水道一直处于高水位运行，水位高，总量大，持续时间长。本文主要根据"淮河 2020 年第 1 号洪水"测验数据来分析淮河入江水道上段即三河闸—施尖(长 57.8 km)在汛期的行洪过程。

3　淮河入江水道上段行洪分析

淮河入江水道上段沿线主要控制工程有三河闸、金湖控制工程，其中金湖控制工程包括入江水道东、西偏私两座漫水闸，西偏私漫水套闸，三河拦河坝和石港船闸、石港抽水站等。沿线按照行洪监测需要设中渡、金湖大桥、闵桥等 3 处水位流量监测站，同时布设中渡、金湖、尾渡、观音寺、衡阳、西浸水闸、金沟、六丘洞、塔集、卞塘、施尖等 11 处水位站，其中中渡为国家基本水文测站。淮河入江水道上段水位流量测验断面平面布置示意图见图 1。

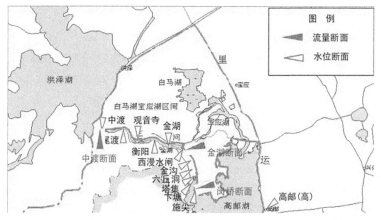

图 1　淮河入江水道上段水位流量测验断面平面布置示意图

3.1　中渡水文站

中渡水文站位于入江水道最上端，是三河闸的控制站。2020 年，苏北地区抵御了旱涝急转,由抗旱模式转为排涝模式,6月27日,洪泽湖三河闸在关闸蓄水14个月后开闸泄洪,依照省防汛抗旱指挥中心调度安排,7月11日起保持较低流量泄洪。随着淮河上游来水的不断加大以及洪泽湖水位的不断提升,三河闸于7月19日加大泄洪流量。中渡水文站流量、水位不断变化,8月14日8时,最大流量7 740 m³/s,8月10日13时最高水位达到12.60 m。其水位-流量变化过程见图2。

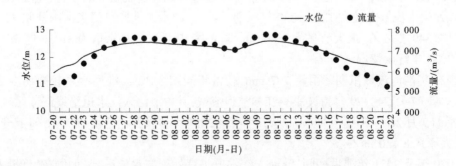

图2　2020年中渡水文站水位-流量过程线

3.2　金湖水位站

金湖水位站位于金湖县黎城镇,处于入江水道上段的中间部位,为国家基本水文测站,为较好地监测泄洪过程,在此加设流量测验。受三河闸开闸泄洪影响,7月20日8时,金湖水位站实测流量4 880 m³/s,水位10.13 m;8月10日10时,实测最大洪峰流量7 910 m³/s,水位10.76 m;其水位-流量过程线见图3。

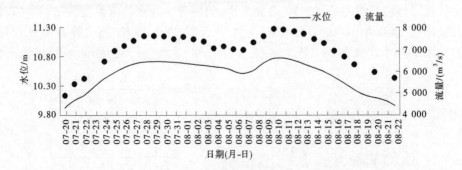

图3　2020年金湖水位站水位-流量过程线

3.3　闵桥监测断面

为更好地监测本次洪水过程,在临近高邮湖入口处的闵桥设置临时流量监测站点。7月20日15时,闵桥实测流量4 820 m³/s,水位7.36 m;8月12日8时,实测最大洪峰流量7 560 m³/s,水位8.27 m;闵桥监测断面水位-流量过程线见图4。

4　与历史洪水比

2015年以来,淮河入江水道在2016年、2020年、2021年有较大行洪过程,并有较为完整的水文资料,其中2021年洪水过程最大。现将2020年泄洪过程与2016年、2021年

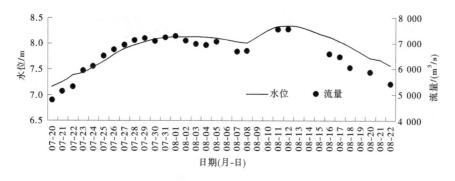

图 4　闵桥监测断面水位-流量过程线

典型泄洪过程进行对比(见表 1)。

表 1　各洪水指标在历次洪水中的特征值

年份	中渡水文站		金湖水位站		闵桥监测断面	
	最高水位/m	最大流量/ (m^3/s)	最高水位/m	最大流量/ (m^3/s)	最高水位/m	最大流量/ (m^3/s)
2016	12.28	6 000	10.27	6 290	7.46	6 250
2020	12.59	7 740	10.77	7 910	8.27	7 560
2021	12.69	8 030	10.76	7 950	8.25	7 840

　　由表 1 可知,淮河入江水道上段在近几年泄洪过程中尽管三河闸敞泄,但流量均未达到设计流量 12 000 m^3/s 量级,2020 年泄洪过程中金湖水位站、闵桥监测断面行洪为淮河入江水道 2015 年功能整治以来流量较大年份,略小于 2021 年,呈现出高水位、大流量特点。

5　合理性分析

5.1　上、下游行洪流量对比
　　中渡水文站是淮河中游的主要控制站,也是淮河入江水道源头;闵桥监测断面为高邮湖入湖口监测断面。两者相距约 56.0 km,区间无主要水利工程控制、无主要支流汇入,两者流量过程线见图 5。

　　由图 5 可以看出,中渡水文站与闵桥监测断面的整体相关性较好,受高邮湖顶托影响,涨水期相关性好于落水期;受河道调蓄功能影响,相较于中渡水文站,闵桥监测断面流量过程更加扁平化,洪峰流量小于中渡水文站洪峰流量,峰现时间迟于中渡水文站(相差约 48 h)[3],流量过程合理。

5.2　典型断面水位流量关系比较
　　根据以往水文资料统计,2020 年与 2021 年行洪流量较为接近(三河闸最大流量分别为 7 740 m^3/s 和 8 030 m^3/s),仅对比 2020 年与 2021 年水位-流量关系,发现中渡水文站水位随着流量的增大而提高,金湖水位站与闵桥监测断面呈现相对高水位下低流量特征。

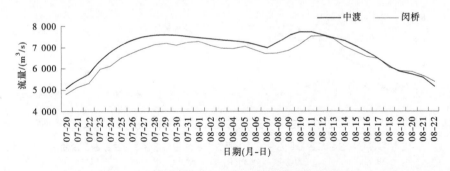

图5　2020年中渡水文站、闵桥监测断面流量过程线

分析原因可以发现,中渡水文站位于淮河入江水道最上端,水位受下游影响较小,总体呈现出大流量高水位特点。相反,因2020年长江流域经历超历史大洪水,南京、镇江高潮位均超历史最高水位,长江大通来水量仅次于1954年[4]。淮河入江水道三江营入江口高水位,导致淮河入江水道下段泄流不畅,金湖水位站及闵桥监测断面受高邮湖高水位顶托影响,相对呈现出低流量高水位特点。

6　存在问题

通过对淮河入江水道功能整治以来的运行情况及近年来洪水调度特点进行分析,发现淮河入江水道在洪水调度中实际泄流流量很难达到12 000 m³/s的设计流量标准。2020年与2021年淮河流域均发生区域较大洪水,日平均入湖总量最大为11 400 m³/s与12 300 m³/s[2],汛期三河闸持续以敞泄状态运行,但入江水道最大流量仅约8 000 m³/s,远远未达到12 000 m³/s的设计流量标准,入江水道长时间高水位运行严重影响洪泽湖洪水快速下泄。

7　结　语

近年来淮河流域洪涝灾害频发,不仅造成了重大的经济损失,更直接影响区域的经济发展、粮食安全和社会稳定,洪泽湖作为淮河流域下游重要的调蓄湖泊,排洪极为重要。2022年,洪泽湖入海水道二期工程正式开工,这也预示着近几年淮河流域洪水通过入海水道下泄的能力受到约束,作为洪泽湖主要泄洪通道的淮河入江水道在今后一段时间的泄洪作用更加突出。

结合近几年淮河入江水道洪水调度,发现高洪水位具有涨势迅猛、最高洪水位高、持续时间长等特点,为更好地发挥好洪泽湖的调蓄作用,需做好以下几项:一是采取"拦、蓄、泄、分、行、排"等综合措施,科学调度防洪工程,充分发挥工程综合效益,在洪水来临前,提前调度洪泽湖周边水利工程,预降洪泽湖水位,为上游洪水快速下泄创造有利条件;在洪水进入洪泽湖后,维持三河闸敞泄,用足苏北灌溉总渠、淮河入海水道、废黄河、分淮入沂等水利工程,严格控制洪泽湖水位。二是提早下泄入江水道中下段高邮湖、邵伯湖水位,为入江水道上段排泄创造有利条件。三是坚持问题和需求导向,提高淮河下游入江入海泄洪能力,加快推进淮河入海水道二期工程建设,进一步扩大淮河下游泄洪能力,扩大洪泽湖中低水位时的泄流能力,将洪泽湖防洪标准提高到 300 年一遇。

参 考 文 献

[1] 孙正兰.淮河入江水道归江控制河段行洪能力分析[J].水文,2019(39):52-58.

[2] 李开峰,王义,吕游.2021 年淮河流域水旱灾害防御工作实践与思考[J].中国防汛抗旱,2021,31(12):19-21.

[3] 封一波,王欢,王波.2018 年新沭河特大洪水行洪分析[J].中国防汛抗旱,2019,29(12):36-38.

[4] 邴建平,邓鹏鑫,徐高洪,等.2020 年长江中下游干流高洪水位特点及成因分析[J].水利水电快报,2021(42):10-16.

基于暴雨洪水堤防水库防洪效益分析

杜　静

（临沂市水文中心，临沂 276000）

摘　要　岸堤水库位于泰沂山南麓、沂河支流东汶河中游，隶属于山东省临沂市。受蒙古气旋干冷空气及副热带高压暖湿气流共同影响，沂沭河流域普降大暴雨，局部降特大暴雨。2020 年 8 月 13 日 17 时至 8 月 15 日 3 时，岸堤水库流域平均降水量 179.0 mm，暴雨中心位于流域下游前城子、岸堤水库一带，最大点降水量岸堤水库站为 282.0 mm，受强降水影响，岸堤水库流域发生 1970 年以来的最大洪水，反推入库洪峰流量 4 880 m³/s。针对本次岸堤流域暴雨，结合遥测信息，提高了洪水预报精度，为水库防洪调度提供了精准的预报，确保了东汶河下游河道安全，同时通过水库调度洪水错峰、削峰，有效地缓解了 2020 年"8·14"暴雨洪水中下游沂河干流防洪压力，对今后的防灾减灾具有指导意义。

关键词　暴雨洪水；洪水预报；工程效益

1　基本情况

岸堤水库位于泰沂山南麓、沂河支流东汶河中游，是一座以防洪为主，结合灌溉、城市供水、发电等综合用途的大型水库。岸堤水库以上分两支，南支为东汶河，北支为梓河。该库于 1959 年 11 月开工建设，1960 年 4 月建成蓄水。控制流域面积 1 694 km²，总库容 7.49 亿 m³，河道干流坡度 2.63‰。岸堤水库分别于 1966 年、1983 年新建 5×10 m（孔×宽）、10×14 m（孔×宽）溢洪道，2019 年水库除险加固，左溢洪道改建 10×13（孔×宽）m 溢洪道，堰顶高程 164.50 m，右溢洪道改建为溢流坝，堰顶高程 177.45 m。

1996 年以来，东汶河蒙阴城区段先后建设了 3 座橡胶坝，总蓄水量为 634.8 万 m³。流域内建有中型水库 3 座，小（1）型水库 27 座，小（2）型水库 59 座，控制流域面积 394.8 km²，总库容 10 761 万 m³，塘坝更是星罗棋布。流域内中型水库情况统计见表 1，岸堤水库流域图见图 1。

岸堤水库以上流域共有 9 处预报根据站，分别为常路、蒙阴、水明崖、前城子、朱家坡、东指（坡里）、夏蔚、蔡庄、岸堤。

2　暴雨洪水

2.1　暴雨过程

受蒙古气旋干冷空气及副热带高压暖湿气流共同影响，沂沭河流域普降大暴雨，局部降特大暴雨，暴雨中心位于沂河干流中游及东汶河流域。本次岸堤水库流域降水过程自

作者简介：杜静（1984—），女，工程师，主要从事水文情报、水文分析计算等工作。

表1 流域内中型水库情况统计

库名	坝址位置	建成时间	到岸堤水库距离/km	流域面积/km²	总库容/万 m³	兴利库容/万 m³
黄土山	蒙阴县城关镇黄土山	1967年6月	29	17.8	1 099	870
张庄	蒙阴县城关镇张庄	1959年1月	25	17	1 068	585
朱家坡	蒙阴县野店镇朱家坡	1967年6月	41	35.7	1 208	742

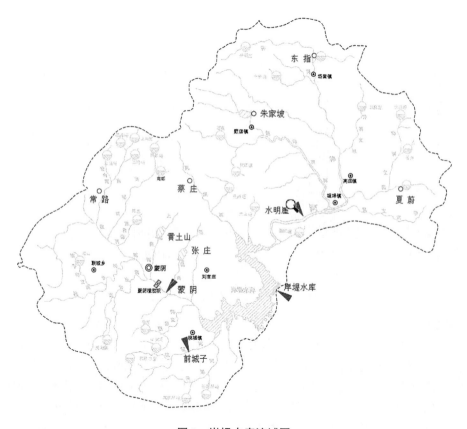

图1 岸堤水库流域图

8月13日17时开始至8月15日3时基本结束,流域平均降水量179.0 mm,前期影响雨量29.0 mm,有效降水历时28 h,暴雨走向西北向东南,暴雨空间分布不均匀,最大点雨与最小点雨比值为3.0。

暴雨中心位于流域下游前城子、岸堤水库一带,岸堤水库站24 h最大降水量278.0 mm,为1960年有资料以来最大。岸堤水库流域主要站点时段最大降水量统计见表2。

表 2　岸堤水库流域主要站点时段最大降水量统计

站名	时段最大降水量/mm				
	1 h	3 h	6 h	12 h	24 h
岸堤水库	54.0	123.0	201.5	212.5	278.0
前城子	55.5	118.5	125.0	193.5	264.0

　　本次暴雨过程由 3 段降水组成,主要集中在第一时段,流域平均降水量 134.2 mm,占本次降水总量的 75%。降水量柱状图见图 2。

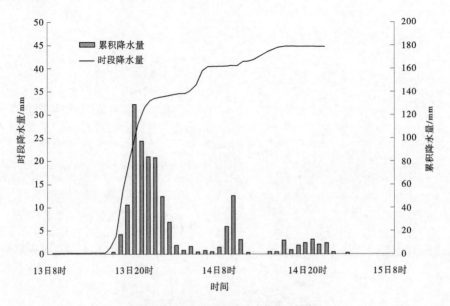

图 2　岸堤水库流域降水量柱状图

2.2　洪水情况

　　洪水过程线受上游来水和区间来水的影响,岸堤水库于 8 月 13 日 18 时开始起涨,起涨水位 174.33 m,相应库容 37 950 万 m³,本次洪水过程共出现两次洪峰,14 日 2 时出现入库洪峰流量 4 880 m³/s,为 1970 年以来最大,重现期 20 年一遇;12 时出现一个较小的复峰,流量 2 220 m³/s。洪水主要集中在第一次洪峰,洪水峰型尖瘦,陡涨陡落。

　　本次洪水过程岸堤水库站 72 h 洪水总量 2.3 亿 m³,为建站以来第 4 位,重现期 20 年一遇,岸堤水库洪水过程线见图 3。

3　洪水预报及工程效益

3.1　洪水预报及精度评定

　　受本次强降水影响,岸堤水库上游东汶河及梓河水位迅速上涨,东汶河蒙阴站 8 月 14 日 1 时 34 分实测洪峰流量 1 830 m³/s,梓河水明崖站 8 月 14 日 2 时 13 分实测洪峰流量 484 m³/s,根据流域降水及上游蒙阴、水明崖站洪水情况,结合遥测水位实时监控,分别采用降雨径流相关法、单位线法先后进行了 3 次洪水预报。

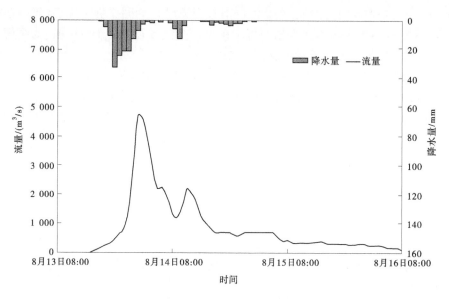

图 3　岸堤水库洪水过程线

由于前期降水频繁,土壤湿润,产汇流速度快,本次降水又主要集中在流域下游,且暴雨集中、强度大,入库洪峰在主要降水尚未结束时就已出现,故第 2 次、第 3 次洪水预报只修正洪水总量。根据《水文情报预报规范》(SL 250—2000)中的有关规定进行误差评定,各预报项目均达到合格以上,洪峰流量评定等级为优秀。洪水预报成果及评定见表 3。

表 3　岸堤水库 2020 年"8·14"洪水预报成果及评定

预报时间	流域平均降水量/mm	前期影响降水量/mm	入库洪峰发生时间			入库洪峰流量/(m³/s)			洪水总量/万 m³		
			预报值	实测值	评定	预报值	实测值	评定	预报值	实测值	评定
8 月 14 日 00:00	113	29	8 月 14 日 02:00			3 000			9 000		
8 月 14 日 02:00	133	29	8 月 14 日 02:00			4 900			11 700		
8 月 14 日 20:00	169	29	8 月 14 日 02:00	8 月 14 日 02:00	优秀	4 900	4 880	优秀	20 000	23 060	合格

3.2　工程效益

本次洪水过程岸堤水库最高水位为 176.25 m,最大超汛中限制水深 2.25 m,距离警戒水位 0.08 m,入库洪峰流量 4 880 m³/s,最大泄洪流量 1 070 m³/s,削峰率为 78.1%,拦蓄水量 5 367 万 m³,拦洪率为 23.7%。

根据已批复的《淮河流域防洪规划》,东汶河干流(含沂南县城)的防洪标准为 20 年一遇,水库相应的防洪任务为:当防洪控制断面发生不超过 20 年一遇的洪水时,控制下泄流量 2 000 m³/s,考虑到河道治理(东汶河沂南县河道段),期间岸堤水库 20 年一遇控制下泄流量 1 330 m³/s。由于本次大暴雨位于东汶河全流域及沂河干流中游,为缓解下游洪水压力,本次水库最大下泄流量控制在 1 070 m³/s。

　　根据《沂沭泗河洪水调度方案》有关规定,沂河临沂站洪峰流量超过 12 000 m³/s 时,开启江风口闸分泄洪水。通过岸堤水库对洪水的拦蓄、削峰及错峰调节,减少了沂河临沂站洪峰流量 3 100 m³/s,如果本次洪水没有岸堤水库的调节,沂河临沂站洪峰流量将达到 14 000 m³/s,由此可见,岸堤水库的调节在避免江风口闸分泄洪水中起到了至关重要的作用。

4　结论与建议

4.1　结论

　　近年来,突发性极端灾害天气频频发生,给人民财产安全造成重大损失,通过本次暴雨洪水,总结防汛过程中的经验教训,对今后的防灾减灾工作具有指导作用。

4.2　建议

4.2.1　提前预演滚动预报

　　提前进行洪水预报作业演习,进一步熟悉流域工程情况、预报方案等,提高预报作业熟练程度。根据天气情况,结合前期降雨和水库蓄水情况,分别进行不同量级降水量的水库承洪能力分析计算,对可能出现的情况做出提前预判。暴雨洪水过程中根据流域降水及洪水情况,结合天气预报进行滚动预报,对洪水预报进行不断的修正,为沂河、沭河上下游联合调度争取宝贵时间。

4.2.2　预报调度一体化非常有必要

　　由于上游水库、拦河闸坝、橡胶坝等蓄水工程的调度,改变了洪水的特性,对洪峰、洪量、峰现时间均有明显影响。调度离开预报无法实施,而没有了各个蓄水工程的调度运行管理,也无法精准预报,预报与调度愈发密不可分,建立预报调度一体化机制非常有必要。

4.2.3　充分利用在线监测设备

　　随着中小河流、大江大河水文监测系统的建设,流域内雨量站均配备了遥测雨量设备,蒙阴站、水明崖站及岸堤水库站均建有水位在线监测设备,通过实时降水与上游入库控制站的水位过程及实测流量信息,可以全面掌握本次暴雨走势、洪水演进过程,对岸堤水库洪峰流量及出现时间进行预判,为防洪调度提供精准及时的数据支撑。

参 考 文 献

[1] 崔恩贵,郭小东,杜静,等.沂河流域"2020·8·14"暴雨洪水分析[J].中国防汛抗旱,2021.

基于多因子回归的骆马湖洪水过程预报

姚思源　李　凯　栾承梅　孙金凤　闻余华

（江苏省水文水资源勘测局，南京 210000）

摘　要　骆马湖是江苏省淮北地区重要的湖泊水库，在调蓄洪水、农业灌溉、航运、养殖等方面发挥重要作用，因此对其洪水过程的预报在实际生产中具有重要意义。本文采用多因子回归结合残差自回归的实时校正预报方法，选择水位、流量、降雨等因子，对骆马湖近 20 年的10 场典型的洪水过程进行预报，预报时间间隔为 1 h。选取合格率等洪水预报精度评定指标，对预报结果进行精度评定，得出方案的预报精度为甲级。

关键词　洪水过程预报；骆马湖；沂沭泗流域；回归分析

由于骆马湖所处的独特地理位置及其在防汛抗旱中起到的重要作用，其洪水过程预报关系到防洪安全、水资源调度决策及水资源分配，因此对其洪水过程的预报具有重要意义。在以往的洪水预报中，常采用传统的产汇流模型，但受制于水文要素测验的限制，流量等要素往往很难有逐时的测量成果，因此预报的洪水过程难以做到短时间间隔，并且预报模式为链式，对单独水文要素的依赖性强，难以满足实际的工作需要。出于实际的作业预报需求，本文采用适用性更强的回归方法，降低预报模型对单独水文要素的依赖，建立骆马湖水位与多个相关水文要素的多因子预报模型，对洪水过程进行预报。

1　研究区概况

骆马湖位于沂沭泗流域，处于江苏省宿迁市和徐州市之间，是南水北调的重要周转站、江苏省大型防洪蓄水水库。由于骆马湖独特的地理位置，其承接中运河、沂河、邳苍分洪道的洪水以及房亭河等流域周边小河流的洪水。骆马湖的主要泄洪方式为嶂山闸泄洪，将洪水排入新沂河，通过新沂河入海。骆马湖流域示意图见图 1。

沂沭泗地区的水文气候类型独特，其降雨主要集中在 7 月，降雨强度大、范围广、持续时间短，暴雨的主要成因是黄淮气旋和台风。沂沭河上中游河道比降大，洪水汇集快，其洪峰尖瘦，由于骆马湖直接承接中运河、沂河洪水，因此其洪水汇集速度快，来水量集中，涨水速度快，一般 1~3 d 即出现洪峰，退水速度相对较慢。对过去已发生的洪水过程进行分析，发现骆马湖的洪水过程线较为尖瘦，涨水曲线斜率陡，退水曲线斜率相对较缓。

2　研究内容

2.1　研究方法

选择引起骆马湖水位变化的主要影响因子，本文选择水位因子、流量因子、降水因子。

作者简介：姚思源（1997—），女，助理工程师，主要从事水文预报工作。

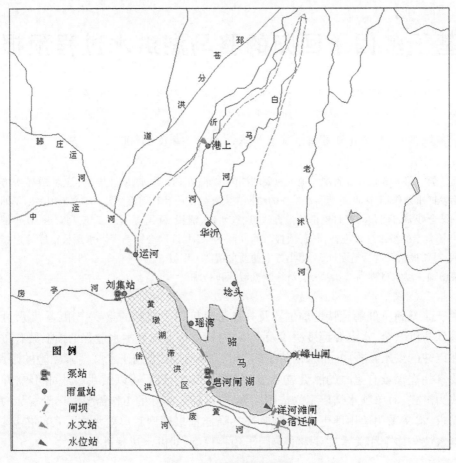

图 1　骆马湖流域示意图

建立各因子与骆马湖水位的相关关系,以此预报骆马湖洪水过程。

　　考虑到对于某场特定的洪水过程,预报模型容易产生系统性误差。因此,采用残差自回归模型,校正由回归方法得到的预报结果,以增加模型预报的稳定性,减少系统性误差。残差自回归模型假设每次的预报都有一定残差,并且认为此次的预报残差与以往的预报残差之间具有相关关系。将由残差自回归模型计算得到的预报残差加在之前由回归模型得到的预报结果上,得到校正后的最终预报结果。

2.2　数据选择

　　本文主要针对骆马湖的洪水过程进行预报,预报时间间隔为 1 h。考虑到河道宽度和比降的变化、流域内气候变化及流域内水利工程建设引起的工况变化等因素,数据选择为流域内近 20 年共 10 场次汛期典型洪水过程。各水文要素的时间间隔均为 1 h,不满足 1 h 间隔的数据采用插值法补齐。

　　水位因子选择骆马湖水位、运河水位、港上水位。运河和港上为骆马湖上游汇流的代表站点,考虑到洪水传播时间,参与模型参数率定及预报的时间为洪水发生时刻的前 6 h。考虑到模型预报需要底水条件作为参考,因此选择增加骆马湖前 6 h 的水位作为影响因子,参与洪水预报。

流量因子选择为骆马湖入/出湖总流量。入湖流量代表站点选择为运河(排水)、港上、刘集闸、皂河抽水站、皂河二站(抽水);出湖流量代表站点选择为嶂山闸、运河(抽水)、杨河滩闸、皂河闸、刘集闸、皂河二站(发电)。以正表示入湖、负表示出湖。运河和港上的流量数据选择洪水发生前 6 h,其他站点选择洪水发生时刻。

降水因子选择为湖面产流和区间产流。湖面产流站点选择为窑湾、皂河闸、堰头、新店、宿迁闸,将 5 个站点的算术平均值作为骆马湖湖面的面雨量因子,数据选择为洪水发生时刻。区间产流站点选择为运河、港上、刘集闸、华沂,将 4 个站点的算数平均值作为骆马湖流域参与产汇流区域的面雨量因子,考虑产汇流时间,数据选择为洪水发生前 6 h。

由于残差自回归模型的模型特性,因子的相关程度由预报时刻向前递减,考虑到预报精度和预见期,采用预报时刻前 6 h 和前 7 h 的预报残差作为相关因子。

3　研究结果

在对骆马湖近 20 年的 10 场典型洪水进行参数率定后,得到以下回归方程:

$$y = 0.978\ 9x_1 + 0.019\ 4x_2 - 0.001\ 2x_3 + 5.09 \times 10^{-5}x_4 +$$
$$0.004\ 7x_5 + 0.003\ 1x_6 + 0.069\ 1$$

式中:y 为骆马湖水位,m;x_1 为杨河滩闸水位,m;x_2 为运河水位,m;x_3 为港上水位,m;x_4 为入湖流量,m^3/s;x_5 为湖面面雨量,mm;x_6 为区间面雨量,mm。

残差自回归方程为

$$y = 0.293\ 6x_1 + 0.169\ 5x_2 + 2.67 \times 10^{-5}$$

式中:y 为当前时刻的预报残差,m;x_1 为 6 h 前的残差,m;x_2 为 7 h 前的残差,m。

采用上述方法,对 10 场洪水过程共计 4 053 个时段水位进行预报。采用平均绝对误差、预报合格率(合格限选取 ±30 cm、±20 cm、±10 cm)、相关系数 R、平均确定性系数 DC 等精度评定指标对预报结果的精度进行评定。各精度评定指标的计算结果见表 1;选取骆马湖不同洪水量级的洪水过程预报结果作图(见图 2~图 4)。

表 1　骆马湖洪水过程预报精度评定结果

精度指标	对应值
平均绝对误差/cm	1.98
预报合格率/(%,±30 cm)	99.95
预报合格率/(%,±20 cm)	99.61
预报合格率/(%,±10 cm)	97.88
相关系数 R	0.998 0
场次平均确定性系数 DC	0.986 2

根据表 1 中各精度评定指标的计算值和图 2~图 4 典型洪水预报过程的线型拟合情况,认为此种预报方法的预报效果较好,且在对不同量级的洪水预报中均有较好的表现,是适用于该流域的洪水预报方法。在对预报的近 20 年 10 个典型场次共计 4 053 个时段的洪水过程预报中,预报合格率在各误差限内都达到 90% 以上,10 场洪水过程的平均确

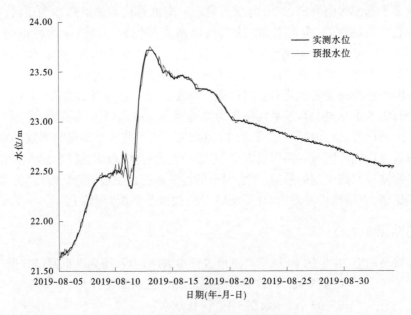

图 2　2019 年骆马湖洪水预报过程

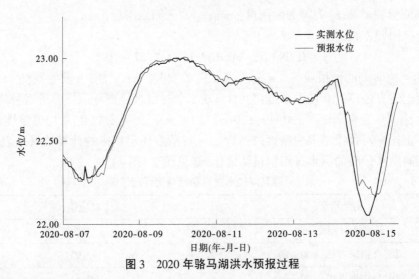

图 3　2020 年骆马湖洪水预报过程

定性系数 DC 达到 0.986 2,对照《水文情报预报规范》(SL 250—2000)中对洪水过程的预报标准,此预报方案达到甲级精度。

在实用性方面,回归方法采用明式预报水位,操作简便且易于理解,参数率定方式简单,可以根据需要更换用来率定参数的数据、增减预报因子,也可以根据经验或安全需要,更换模型参数,是一种实用的洪水预报方法。对比传统的产汇流模型,此种方法的优势在于操作更加简便易行,摆脱了预报依赖地区产汇流单位线的束缚和预报时间间隔的约束,理论上可以预报任意时刻的水位,可以对洪水全过程进行预报。

当然,此种洪水预报方法也存在其局限性。由于物理机制相对传统的产汇流模型较弱,即使增加了校正模块和前期水位作为底水条件的因子,仍然会表现出一些不稳定性。

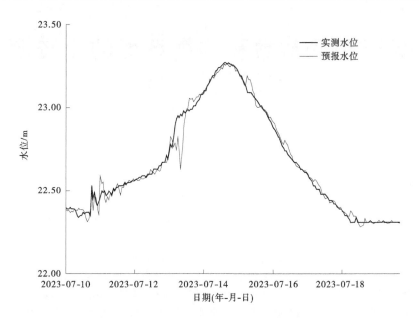

图 4　2023 年骆马湖洪水预报过程

比如,在洪峰到达前,水位应当持续上涨的过程中,或洪峰已过,水位应当持续下降的过程中,由于一些因子的波动,预报水位过程偶见一些锯齿状波动变化。在这种情况下,需要预报员结合其他预报方法或经验判断并修正。此外,由于增加了实时校正模块,因此难免出现矫枉过正的情况,特别是在洪水过程中趋势发生变化时,校正会存在一定的滞后性。

4　结　论

采用回归和残差校正方法,对骆马湖近 20 年的 10 场典型洪水进行了全过程共计 4 053 次预报后,得到以下的一些结论:

(1)采用明式进行计算预报,预报方法简单,可操作性强,具有较高的实用性。可以根据需要,对模型因子、参数和数据进行随时调整,计算速度快,适合在日常生产工作中使用。

(2)预报效果总体较好。从预报的结果来看,单次预报的平均绝对误差在 2 cm 以内,各精度评定指标的对应结果对照行业标准,均为甲级精度。此外,此预报方案可以预报任意时刻的水位,满足洪水期加报的需求。

(3)在实际的预报过程中,此方法对各量级的洪水均有较高的适配性,对洪水过程的趋势总体判断正确,但也要注意模型可能产生的一些不稳定情况,需要结合实际及以往的洪水规律进行人为判断调整。

基于基尼系数和均衡系数的水资源
空间均衡评价

张巧丽　蒋德志　周佳华　吴晓东　王　欢

(江苏省水文水资源勘测局连云港分局,连云港 222004)

摘　要　为分析水资源在空间分布、开发利用及经济效益方面的均衡状态,采用基尼系数与协调发展度的方法,基于水资源负载指数、水土资源匹配系数和用水效益计算水资源空间均衡系数,以江苏省连云港市 6 个县(区)为研究单元,构建水资源空间均衡评价模型,对连云港市 2011—2021 年的水资源空间均衡度进行评价。结果表明:连云港市水资源负载指数过高,需要通过外部调水缓解用水紧张状况;水土资源匹配程度较好;用水效益指数逐年上升趋势明显,水资源均衡系数等级为一般失衡,表明水资源空间分布与生产力布局较为匹配。本文可为水资源合理分配提供参考。

关键词　水资源空间均衡;连云港市;基尼系数;均衡系数

　　水是重要的生命资源,也是一种重要的经济资源和战略资源。2014 年,习近平总书记提出"节水优先、空间均衡、系统治理、两手发力"的治水思路,提到了"空间均衡"这一原则。当前,我国水资源矛盾日益凸显,水资源短缺、水环境污染等形势越来越严峻,人多水少、水资源分配不均、经济发展与水资源条件不匹配等问题层出不穷,因此开展水资源空间均衡研究对于水资源管理、水资源合理配置具有重要意义。均衡是指系统或整体内部的一种稳定平衡状态,实现均衡即要实现系统或整体的协调稳定发展,空间均衡的定义为组成大空间整体的子空间之间相互协调,从而实现整个大空间的协调稳定发展。水资源空间均衡是以水资源作为约束条件,促进经济社会发展与水资源条件的匹配。目前,关于水资源空间均衡的研究成果很多,其中郦建强[1]、左其亭等[2]对水资源空间均衡要义、基本特征、理论方法及应用框架进行了研究;夏帆等[3]提出了水资源空间均衡系数计算方法;金菊良等[4]在分析归纳相关学科领域空间均衡现有研究成果的基础上,梳理了水资源空间均衡分析的研究方向及研究趋势。

　　连云港位于江苏省东北部,本地水资源不足,用水主要依靠外部调水。本文在相关研究成果的基础上,通过基于水资源负载指数、水土资源匹配系数和用水效益指数的水资源空间均衡系数计算方法,以连云港市各县(区)为研究单元计算全省水资源空间均衡系数,分析连云港市水资源空间均衡状态和特点,以期为水资源持续管理提供参考。

1　计算方法

　　水资源空间均衡与区域经济社会发展水平有关,应该考虑水资源负载指数、水土资源

作者简介:张巧丽(1990—),女,主要从事水资源调查与评价工作。

匹配程度及用水效益 3 个指标。其中,水资源负载指数大小和水土资源匹配程度高低主要由水资源量决定,与降水量关联很大,用水效益是水资源在社会经济发展中的价值体现,与供水量和 GDP 有关。水资源负载指数越小、水土资源匹配度越高、用水效益越大,越能体现水资源的可持续利用与经济社会的协调发展,因此本文采用水资源负载指数、水土资源匹配系数、用水效益指数作为水资源空间均衡系数计算指标。

1.1　水资源负载指数

水资源负载指数最早用于干旱和半干旱地区,以降水量、人口和农业灌溉面积等 3 项数据与水资源量的关系,来反映水资源的利用程度及开发的难易程度,可用于水资源开发潜力评价、水资源可持续利用等方面。参考相关文献,本文采用国内生产总值替代农业灌溉面积,具体计算公式为

$$C = \frac{K\sqrt{RG}}{W} \tag{1}$$

式中:C 为水资源负载指数;K 为降水系数;R 为人口,万人;G 为国内生产总值,亿元;W 为水资源总量,亿 m^3。

K 是与降水量相关的系数,不同降水量对应 K 值的具体范围与计算公式如下:

$$K = \begin{cases} 1.0 & P \leqslant 200 \\ 1.0 - 0.1 \times \dfrac{P - 200}{200} & 200 < P \leqslant 400 \\ 0.9 - 0.2 \times \dfrac{P - 400}{400} & 400 < P \leqslant 800 \\ 0.7 - 0.2 \times \dfrac{P - 800}{800} & 800 < P \leqslant 1\,600 \\ 0.5 & P > 1\,600 \end{cases} \tag{2}$$

式中:P 为全年降水量,mm。

为直观反映水资源时空分布及开发利用状况,对计算结果进行调整,将水资源负载指数划分为 5 个等级,如表 1 所示。

表 1　水资源负载指数分级

等级	C	水资源开发利用程度	水资源开发评价描述
1	≥10	很高,继续开发潜力很小	需要通过外部调水缓解用水紧张
2	[5,10)	高,继续开发潜力较小	开发条件较为困难,用水紧张
3	[2,5)	中等,继续开发潜力不大	开发条件中等,水资源压力一般
4	[1,2)	较低,继续开发潜力大	容易开发,水资源压力低
5	[0,1)	低,继续开发潜力很大	很容易开发,水资源利用程度较低

1.2　水土资源匹配系数

水土资源匹配系数指区域内平均每公顷耕地占有的水资源量,反映区域内水资源和耕地资源的组合状况及水对耕地的满足程度。水土资源匹配系数越大,说明能够用于该

区域的水资源越丰富,对区域内耕地的满足程度越高,越有利于农业生产活动;系数越小,能够用于该区域的水资源量就越匮乏,越不利于农业生产活动。

水土资源匹配系数计算公式为

$$R = \frac{\alpha W}{L} \tag{3}$$

式中:R 为水土资源匹配系数,万 m^3/hm^2;α 为农业用水量占用水总量的比例;L 为耕地面积,hm^2。

1.3 用水效益指数

用水效益指数用于评价水资源作为生产要素投入与产出的关系。用水效益指数越大,说明用水效率越高,越有利于水资源可持续利用。本文采用单方水地区生产总值来反映用水效益,计算公式为

$$Z = \frac{G}{W_\delta} \tag{4}$$

式中:Z 为用水效益指数,元$/m^3$;G 为地区生产总值,亿元;W_δ 为用水量或供水量,亿 m^3。

1.4 基尼系数

基尼系数是 1943 年美国经济学家阿尔伯特赫希曼根据洛伦兹曲线所定义的判断收入分配公平程度的指标。该指数能够非常方便地反映出总体收入差距的状况,客观、准确地评价居民收入的差距。通常把 0.4 作为基尼系数的警戒值,超过 0.4,说明收入差距较大。水资源的需求量与人口和经济密切相关,其分布也具有空间差异,因此可以用基尼系数来研究水资源的空间均衡问题。

基尼系数的计算公式[5]如下:

$$G = 1 - \frac{1}{n}\left(2\sum_{i=1}^{n-1} y_i + 1\right) \tag{5}$$

式中:G 为基尼系数;y_i 为每个计算指标从第 1 组累计到第 i 组的总和占全部总量的百分比;n 为研究区域内子区域的个数。

1.5 均衡系数

水资源领域的空间均衡程度用"协调发展度"来度量,"协调发展度"是由"协调度"引伸而来的,协调发展度不仅可以反映系统内部各要素之间、系统之间的和谐一致的程度,还可以反映整体的发展水平。

$$D_n = \sqrt{C_n T_n} \tag{6}$$

复合系统的协调均衡发展可表征为各系统的相互协调作用使系统由无序走向有序,达到协同的过程协调度反映各系统在发展演化过程中彼此和谐一致的程度,可用几何平均法将协调度函数[5]表示为

$$C_n = \left[\frac{I_1 \times I_2 \times \cdots \times I_n}{[(I_1 + I_2 + \cdots + I_n)/n]^n}\right]^{\frac{1}{n}} \tag{7}$$

$$T_n = \alpha_1 I_1 + \alpha_2 I_2 + \cdots + \alpha_n I_n \tag{8}$$

式中:D_n 为多系统或多要素的协调发展度,用来表示水资源空间均衡系数,$0 \leqslant D_n \leqslant 1$;

C_n 为多系统或多要素的协调度，$0 \leq C_n \leq 1$；T_n 为多系统或多要素的综合评价指标；I_1，I_2，$\cdots$，I_n 为多系统或多要素的协调发展评价指标；α_1，α_2，$\cdots$，α_n 为评价指标的权重系数，$\alpha_1 + \alpha_2 + \cdots + \alpha_n = 1$；$n$ 为系统或要素的个数。

根据协调发展度的大小，将其划分成若干等级，等级划分如表 2 所示，本文将协调发展度大于或等于 0.8 作为判断空间均衡的标准。

表 2　水资源空间均衡系数等级划分

均衡系数	0~0.20	0.20~0.40	0.40~0.60	0.60~0.80	0.80~1.0
协调等级	绝对均衡	比较均衡	一般失衡	中度失衡	严重失衡

2　实例应用

2.1　区域概况

连云港市位于江苏省东北端，具有海运、水运、陆运相结合的优势，为全国八大港口和 45 个重要交通枢纽之一，是海滨旅游城市，也是江苏省"徐连经济带"和"海上苏东"发展战略中具有特殊地位和作用的中心城市，是江苏沿海经济带的重要组成部分。连云港地处鲁中南丘陵和淮北平原的接合部，现状市域分属沂河、沭河和滨海诸小河三大水系，有 4 条流域性河道及 18 条区域性骨干河道、11 座大中型水库，承接着沂沭泗流域近 8 万 km² 的下泄洪水，特别是新沂河、新沭河 2 条流域性河道穿市境东流入海，使得连云港成为名副其实的"洪水走廊"。

2.2　数据来源

本文数据来自于《连云港市水资源公报》、《连云港市统计年鉴》（2011—2022 年）。

2.3　评价指标的计算

根据式（2）~式（5），计算连云港市 2011—2021 年的水资源负载指数、水土资源匹配系数、用水效益指数，结果见表 3~表 5。

表 3　2011—2021 年连云港市及各县（区）水资源负载指数计算结果

年份	赣榆	东海	主城区	灌云	灌南	连云港市
2011	40.27	25.21	61.61	31.00	35.76	52.94
2012	14.25	12.80	21.50	10.98	16.29	15.26
2013	15.71	20.58	75.68	24.88	37.89	27.66
2014	39.49	22.68	64.44	60.19	61.53	42.97
2015	67.90	55.33	100.65	55.40	25.48	59.34
2016	40.41	29.23	78.54	49.01	37.03	45.85
2017	34.48	24.37	50.22	41.06	35.04	37.05
2018	57.16	48.58	251.32	68.41	31.10	67.22
2019	42.91	24.10	165.03	61.60	36.37	49.67
2020	18.47	12.53	32.40	14.69	14.10	18.19
2021	13.31	11.20	29.54	12.12	18.23	16.18
平均值	34.94	26.06	84.63	39.03	31.71	39.30

表4　2011—2021年连云港市及各县(区)水土资源匹配系数计算结果

年份	赣榆	东海	主城区	灌云	灌南	连云港市
2011	0.26	0.29	0.29	0.28	0.36	0.22
2012	0.72	0.61	1.28	0.57	0.68	0.70
2013	0.70	0.41	0.48	0.30	0.34	0.48
2014	0.35	0.37	0.55	0.13	0.21	0.32
2015	0.22	0.18	0.38	0.15	0.47	0.26
2016	0.33	0.33	0.25	0.21	0.35	0.33
2017	0.42	0.42	0.42	0.26	0.41	0.42
2018	0.29	0.23	0.11	0.17	0.42	0.26
2019	0.45	0.52	0.19	0.21	0.45	0.36
2020	0.75	0.79	0.78	0.64	0.89	0.84
2021	1.21	0.92	0.76	0.78	0.67	0.96
平均值	0.52	0.46	0.50	0.34	0.48	0.47

表5　2011—2021年连云港市及各县(区)用水效益指数计算结果

年份	赣榆	东海	主城区	灌云	灌南	连云港市
2011	56.84	22.50	112.22	31.62	36.47	45.15
2012	68.18	36.68	106.62	37.15	51.21	58.33
2013	86.35	44.32	108.02	46.44	51.20	67.37
2014	87.47	50.68	118.87	51.79	61.87	73.87
2015	96.06	55.19	123.25	55.58	66.74	84.34
2016	119.36	60.79	146.54	62.36	71.85	96.08
2017	126.57	69.92	147.07	69.67	81.67	103.67
2018	125.70	66.21	132.37	68.82	83.47	100.48
2019	153.18	81.85	192.41	77.41	97.86	110.51
2020	144.86	79.00	224.85	74.54	95.19	123.66
2021	162.64	91.19	247.28	85.66	108.79	140.84
平均值	111.56	59.85	150.86	60.09	73.30	91.30

2.4　结果分析

(1)水资源负载指数可以说明区域水资源开发利用及开发难易程度,从计算结果来看,连云港市及各县(区)近年来的水资源负载指数均大于10,表明连云港市水资源开发利用程度很高,需要通过外部调水缓解用水紧张,符合连云港市实际情况。近两年来,水资源负载指数有下降的趋势。从时间分布来看,2011 年、2015 年、2018 年、2019 年水资源负载指数增大是因为水资源总量较其他年份较少;从空间分布来看,主城区水资源负载指数较大,主要原因是主城区人口密集,GDP 较高。

由于经济社会发展比较稳定,水资源负载指数主要与水资源量和降水量有关。分析各县(区)的情况,以赣榆区为例,2015 年、2018 年、2019 年水资源负载指数大,2021 年水资源负载指数小,主要是由于降水量少、水资源量少,2021 年降水量为 1 305 mm,为 2020—2021 年的最大值,水资源量多,因此水资源负载指数小。

(2)水土资源匹配系数主要显示水资源量、农业用水量和耕地面积的关系,连云港市是农业用水大户,一般情况下农业用水均能得到满足,因此水土资源匹配系数较好。尤其是 2020 年、2021 年,水土资源匹配系数较大。

由于耕地面积较为稳定,农业用水占比变化不大,因此水土资源匹配系数主要与水资源量有关。以主城区为例,2012 年水土资源匹配系数最大,是因为 2012 年水资源总量丰富。2020 年、2021 年水土资源匹配系数明显增加,主要是由于这两年的水资源量丰沛。

(3)用水效益指数主要反映用水量和地区生产总值之间的关系,与经济发展水平有关。从计算结果来看,赣榆、主城区用水效益指数明显大于东海、灌云、灌南,主要原因是主城区、赣榆工业用水占比相对较大。从整体趋势来看,连云港市及各县(区)的用水效益指数逐年增大。

3　水资源空间均衡评价

参考夏帆等[3]的研究成果,本文确定水资源负载指数、水土资源匹配系数和用水效益指数的权重分别为 0.18、0.69 和 0.13,基于评价指标,根据式(1)、式(6)、式(7),得到连云港市 2011—2021 年基尼系数和水资源空间均衡系数(见表6)。

表6　2011—2021 年连云港市基尼系数及空间均衡系数计算结果

年份	C	G_C	R	G_R	Z	G_Z	D	评价等级
2011	52.94	0.13	0.22	0.16	45.15	0.39	0.40	一般失衡
2012	15.26	0.09	0.70	0.21	58.33	0.26	0.42	一般失衡
2013	27.66	0.28	0.48	0.19	67.37	0.31	0.47	一般失衡
2014	42.97	0.27	0.32	0.23	73.87	0.29	0.49	一般失衡
2015	59.34	0.13	0.26	0.21	84.34	0.25	0.44	一般失衡
2016	45.85	0.24	0.33	0.19	96.08	0.35	0.46	一般失衡
2017	37.05	0.22	0.42	0.21	103.67	0.31	0.47	一般失衡
2018	67.22	0.26	0.26	0.17	100.48	0.35	0.45	一般失衡
2019	49.67	0.34	0.36	0.17	110.51	0.42	0.47	一般失衡
2020	18.19	0.19	0.84	0.21	123.66	0.39	0.47	一般失衡
2021	16.18	0.24	0.96	0.17	140.84	0.39	0.45	一般失衡

由表 6 可知,水资源负载指数和水土资源匹配系数的基尼系数均在 0.4 以下,处于较为平均的水平,用水效益指数的基尼系数相较其他两个指标数值较大,除 2019 年,基本在 0.4 以下,匹配程度较好。

2011—2021 年连云港市水资源空间均衡系数在 0.4~0.6,处于一般失衡的状态,主要是因为连云港水资源开发利用程度高,本地水资源不足,需通过外调水缓解用水紧张,此外伴随着人口、经济社会的快速增长,对水资源的消耗水平开始增加,工农业的快速发展也导致供用水量增加,从而导致水资源空间均衡状态失衡。

4 结 论

本文基于连云港市 2011—2021 年数据,计算了连云港市及各县(区)的水资源负载指数、水土资源匹配系数、用水效益指数 3 个指标及基尼系数,在此基础上计算了连云港市 2011—2021 年的水资源空间均衡系数,对连云港市的水资源空间均衡状态进行了评价,结论如下:

(1)连云港市水资源负载指数较高,需要通过外部调水缓解用水紧张压力;水土资源匹配程度较好,用水效益指数呈现逐年上涨的趋势。

(2)2011—2021 年连云港市水资源空间均衡状态大部分处于 Ⅲ 级,为一般失衡的状态。

参 考 文 献

[1] 郦建强,王平,郭旭宁,等.水资源空间均衡要义及基本特征研究[J].水利规划与设计,2019(10):1-5,23.

[2] 左其亭,韩春辉,马军霞,等.水资源空间均衡理论方法及应用研究框架[J].人民黄河,2019,41(10):113-118.

[3] 夏帆,陈莹,窦明,等.水资源空间均衡系数计算方法及其应用[J].水资源保护,2020,36(1):52-57.

[4] 金菊良,郦建强,吴成国,等.水资源空间均衡研究进展[J].华北水利水电大学学报(自然科学版),2019,40(6):47-60.

[5] 张建华.一种简便易用的基尼系数计算方法[J].山西农业大学学报(社会科学版),2007,6(3):275-278.

基于水文推理公式法的汇流演算与修正

李　涌　周　倩　祝　旭　陈　颖　张　哲

(江苏省水文水资源勘测局徐州分局,徐州 221000)

摘　要　水文推理公式法通常应用于缺少水文资料流域的汇流分析。本文根据姚庄闸水文站以上实验流域 2016—2022 年降雨、径流等水文资料,采用推理公式法反推流域降雨形成的径流过程,再同流域实测洪水过程拟合比对,发现演算的洪峰流量、峰现时间存在显著误差等问题,为解决推理公式法汇流演算误差较大问题,本文提出水文推理公式汇流演算的修正方法,探索推理公式法在城市建成区进行水文汇流演算的可行性,以期为城市防洪、江苏省水文手册修编提供依据,为探索适合本流域产汇流特性的水文模型提供支持。

关键词　演算;公式;修正

1　实验流域概况

姚庄闸水文站于 2016 年设站观测至今,属淮河流域洪泽湖水系奎濉河流域,设站目的为探求城市建成区产汇流规律。实验流域地势为西北高、东南低,西北向东南缓倾,高程 100~40 m;平原面积约占 90%,低山丘陵约占 10%。该流域为奎河河源,自云龙湖黄茅岗冲污闸(老溢洪闸)起至姚庄闸止河段长 8.6 km,流域集水面积 30.0 km²,实验流域共设立雨量站 5 处、水位站 2 个、水文站 1 个、水量调查站 5 处。

2　推理公式法推求洪水过程

1976 年《江苏省水文手册》和 1984 年《江苏省暴雨洪水图集》(简称 84 图集)中,均编列推理公式汇流计算方法。下面以推理公式法推算其相关参数及洪水过程。

2.1　次洪净雨量 R 推求

根据姚庄闸以上实验流域近年(2016—2022 年)降雨径流实测资料,参考《城市建成区产流规律研究及应用》[3]中流域产流参数 R-P+P_a 径流曲线,可采用不通过原点的双曲线数学模型,表示为

$$R = \sqrt[3]{(P + P_a - C_p)^3 + C_i^3} - C_i \tag{1}$$

式中:C_p 为相关曲线在纵轴上交点的坐标;$C_i + C_p$ 为相关线的渐近线在纵轴上的截距;P 为面平均次雨量;P_a 为前期雨量;R 为次净雨量。适线后 R 计算公式为

$$R = \sqrt[3]{(P + P_a - 4)^3 + 36^3} - 36 \tag{2}$$

2.2　洪峰流量 Q_m 推求

依据 84 图集,利用诺模图推求洪峰流量 Q_m。

作者简介:李涌(1969—),男,高级工程师,主要从事水文监测、水文水资源实验研究等工作。

2.2.1 汇流历时 τ 值推求

2.2.1.1 方法一:推理公式法

由于姚庄闸以上流域的 F、J、L 值是确定的,计算而得的汇流历时 τ 值是常数。

根据 84 图集参数综合成果,苏北山丘区:汇流历时 $\tau=1.35\theta^{0.34}$(其中 $\theta=F/J^{1/3}$),将本实验流域的流域面积 F、河道坡降 J 代入上式,得 τ 值为 2.65 h。τ 值计算结果见表 1。

表 1 姚庄闸以上实验流域推理公式法汇流历时 τ 计算

类型	方法	F/km^2	L/km	$J/\text{‰}$	θ	τ/h
苏北山丘区	84 图集	30.0	11.4	69.5	7.297	2.65

2.2.1.2 方法二:水文站实测资料分析法

根据姚庄闸以上流域 2016—2022 年 18 场次洪水资料(见表 2),流域汇流历时 τ 值变化范围在 1.2~4.2 h,均值为 2.7 h。

表 2 姚庄闸以上实验流域汇流历时 τ 值分析

序号	洪水测次	最大 5 min 降水出现时间(年-月-日 T 时:分)	最大流量出现时间(年-月-日 T 时:分)	时间差 τ_i/h	造峰雨强 $i/(\mathrm{mm/h})$	洪峰流量/$(\mathrm{m}^3/\mathrm{s})$
1	200711	2020-07-12 T 04:15	2020-07-12 T 05:25	1.2	24.6	62.1
2	200721	2020-07-22 T 16:30	2020-07-22 T 19:45	3.3	27.5	36.5
3	210614	2021-06-14 T 23:15	2021-06-15 T 02:05	2.8	22.8	33.6
4	210630	2021-06-30 T 20:30	2021-07-01 T 00:05	3.6	32.1	35.5
5	210702	2021-07-03 T 00:00	2021-07-03 T 02:40	2.7	10.6	23.9
6	210714	2021-07-14 T 22:35	2021-07-15 T 00:45	3.1	33.8	39.2
7	210715	2021-07-15 T 03:15	2021-07-16 T 04:45	1.5	24.6	59.8
8	210801	2021-08-01 T 22:35	2021-08-02 T 00:25	1.8	16.0	25.4
9	210823	2021-08-23 T 06:20	2021-08-23 T 07:35	1.3	38.6	67.1
10	210829	2021-08-30 T 00:00	2021-08-30 T 03:00	2.7	37.4	37.8
11	210904	2021-09-04 T 14:30	2021-09-04 T 17:15	2.8	30.3	39.5
12	210919	2021-09-19 T 20:45	2021-09-20 T 01:00	4.2	17.8	16.2
13	220627	2022-06-27 T 11:10	2022-06-27 T 14:00	2.8	12.3	16.4
14	220705	2022-07-05 T 20:05	2022-07-05 T 23:00	2.9	15.1	27.4
15	220714	2022-07-14 T 11:40	2022-07-14 T 14:00	2.3	32.8	39.0
16	220720	2022-07-20 T 07:00	2022-07-20 T 11:00	4.0	12.3	22.8
17	220730	2022-07-30 T 05:30	2022-07-30 T 08:00	2.5	43.8	72.4
18	220828	2022-08-28 T 19:55	2022-08-28 T 23:00	3.1	8.8	25.5
平均汇流历时 τ				2.7		37.8

根据方法一、方法二得到的分析结果,为便于汇流演算,姚庄闸以上实验流域汇流历时 $\tau \approx 2.7$ h,综合取值 3 h。

2.2.2　诺模图查算,求 a、b 值

根据不同流域的汇流历时 τ 值,查84图集附图二十七,得 $a = 0.058$,$b = 0.047\ 3$;代入洪峰模数计算公式:

$$q_m = aR_1 + bR_6 \tag{3}$$

式中:R_1、R_6 分别代表最大 1 h、最大 6 h 净雨量。

2.2.3　已知最大 1 h 净雨量、最大 6 h 净雨量,求 R_1、R_6 值

根据2.1节净雨量 R 的计算公式,按照时段净雨量的推求方法,可以分别求得每场降雨的 R_1、R_6 值。

2.2.4　洪峰流量及修正路径的构思

由 $q_m = aR_1 + bR_6 \rightarrow Q_{m推} = F \cdot q_m \rightarrow$ 同对应的 $Q_{m测}$ 对比推求 k_{1i} 值 $\rightarrow k_{1i} = \dfrac{Q_{im测}}{Q_{im推}} \rightarrow$ 修正后的洪峰流量 $Q'_{im修} = k_{1i} \cdot F \cdot (aR_1 + bR_6) \rightarrow k_{1i} = 4.200\ 5Q_{im推}^{-0.505}$ 代入上式 $\rightarrow Q'_{im修} = 4.200\ 5[F(aR_1 + bR_6)]^{0.505}$。

推算洪峰流量原推理公式为

$$Q_{m推} = F \cdot (aR_1 + bR_6) \tag{4}$$

推算洪峰流量修正后公式为

$$Q'_{m修} = 4.200\ 5[F(aR_1 + bR_6)]^{-0.505} \tag{5}$$

2.3　推求洪水过程

2.3.1　各时段汇流要素的确定

对某确定流域而言,利用推理公式法进行洪水过程演算,主要包含各对应降雨时段的净雨量 $R_{\tau i}$、洪峰流量 Q_{im}、洪量 $W_{\tau i}$ 以及汇流滞时 T_i。

2.3.1.1　时段净雨量 $R_{\tau i}$

根据以上分析,$\tau = 3$ h,假定时段为 3 h 的造峰雨量为造峰的时段净雨值,并以该时段向前或向后依次计算各时段降雨所对应的不同时段净雨量 $R_{\tau i}$;由各时段内流域平均降水量值,依照2.1节中产流参数计算公式,推求不同时段净雨量 $R_{\tau i}$。

2.3.1.2　时段净雨量 $R_{\tau i}$ 相应的洪峰流量 Q_{im}、洪量 $W_{\tau i}$ 的确定

当 $t_c = \tau$ 时,洪峰流量 Q_{im}、洪量 $W_{\tau i}$ 的计算公式为

$$Q_{im} = 0.278\frac{R_{\tau i}}{\tau}F \tag{6}$$

$$W_{\tau i} = 0.1R_{\tau i}F \tag{7}$$

当 $t_c < \tau$ 时,第一时段的洪峰流量 Q_{im} 计算公式为

$$Q_{1m} = 0.278\frac{R_{tc1}}{\tau}F \tag{8}$$

末时段的洪峰流量 Q_{mn} 计算公式为

$$Q_{nm} = 0.278\frac{R_{tcn}}{t_{cn}}F \tag{9}$$

洪量 $W_{\tau i}$ 计算公式为

$$W_{\tau i} = 0.1 R_{tci} F \tag{10}$$

2.3.1.3　时段净雨量 $R_{\tau i}$ 相应的汇流滞时 T_i 的确定

当 $t_c = \tau$ 时：

$$T_i = \frac{W_{\tau i}}{0.18 Q_{im}} \rightarrow T_i = 2\tau \tag{11}$$

当 $t_c < \tau$ 时：

$$T_i = \frac{W_{tci}}{0.18 Q_{im}} \rightarrow T_i \approx 2\tau \tag{12}$$

式中：T_i 为由时段净雨产生的涨水及落水历时之和，每个时段净雨所产生的 T_i 叠加值，即为整场降雨所形成的汇流历时。

2.3.2　绘制分时段三角形过程线

（1）不同汇流时段 τ 值的选定。

在进行各时段汇流演算前，需首先确定流域汇流历时 τ 值，为便于汇流过程演算，τ 值通常取整数，经分析，姚庄闸以上实验流域综合确定 $\tau = 3$ h。

（2）选取 2021—2022 年度代表大、中、小降雨产生的洪水 14 场，推算各次洪流量过程，绘制分时段三角形过程线。

3　推理公式法存在的问题及误差分析

3.1　存在问题

水文推理公式法是在概化条件下的流域汇流推导公式，并非符合流域实际汇流过程。推理公式法对洪水汇流过程的演算，通常是基于三种假设：一是假定由暴雨形成洪水在全流域是均匀一致的。二是假定汇流面积的增长为直线变化，即产流面积与产流时间比值等于汇流面积与汇流时间比值。三是假定流域汇流的涨、落水时间相等。上述三种假设中，第一、二种假设可以通过设立水文产汇流实验流域，收集实测产汇流资料成果并进行比对分析，对产汇流量值的偏差进行修正而解决，第三种假设流域汇流由于受到流域坡面汇流及河槽洪水波演变等因素影响，各场洪水的涨水和落水时间是不相等、不对称的，而在水文手册（1976）及 84 图集第 32~35 页的算例中，由于各时段净雨所产生的涨水历时及落水历时均相等。上述三种假设显然同流域实际产汇流特性有较大差异，因此使用时有必要对其修正。

3.2　查诺模图法推算 Q_m 值的误差分析

根据本文 2.2.4 节分析推导的式（5），通过选取 2021—2022 年 14 场洪水，利用查诺模图法推算 Q_m 值的方法，按照 2.2.3 节求最大 1 h 净雨量、最大 6 h 净雨量 R_1、R_6 值，利用推理公式法的洪峰流量计算公式 $Q_{im推} = F(aR_1 + bR_6)$，计算结果见表 5。洪峰流量推算值 $Q_{im推}$ 与实测值 $Q_{im测}$ 比较，分析如下。

3.2.1　绝对误差

洪峰流量值推算绝对误差的最大值为 220730 次洪水，其洪峰流量误差值为 175 m³/s，绝对误差的最小值为 220828 次洪水，其洪峰流量误差值为 -7.0 m³/s，14 场洪水洪峰流量推算值的绝对误差平均值为 43.6 m³/s。相比之下 14 场洪水实测洪峰流量平均值为 33.5 m³/s。因此,查诺模图推求洪峰流量的绝对误差平均值是实测洪峰流量平均值的 1.3 倍。

3.2.2　相对误差

洪峰流量值推算相对误差的最大值为 210823 次洪水,其洪峰流量误差值为 281%,相对误差的最小值为 220828 次洪水,其洪峰流量误差值为 −28.6%,14 场洪水洪峰流量推算值的相对误差平均值为 130%。

综合上述分析,查诺模图法推算 Q_m 值的绝对误差和相对误差,推算值为实测值的 1.3 倍。

3.3　洪水流量过程中汇流演算推求洪峰流量的误差分析

根据本文 2.3 节推理公式法推求洪水过程的操作步骤,通过选取 2021—2022 年 14 场洪水,推求洪峰流量值的误差分析结果如下。

3.3.1　绝对误差

洪峰流量值推算绝对误差的最大值为 220730 次洪水,其洪峰流量误差值为 184 m³/s,绝对误差的最小值为 210801 次洪水,其洪峰流量误差值为 −0.9 m³/s,14 场洪水洪峰流量推算值的绝对误差平均值为 44.4 m³/s。14 场洪水实测洪峰流量平均值为 33.5 m³/s。因此,查诺模图推求洪峰流量的绝对误差平均值是实测洪峰流量平均值的 1.3 倍。

3.3.2　相对误差

洪峰流量值推算相对误差的最大值为 210823 次洪水,其洪峰流量误差值为 243%,相对误差的最小值为 210801 次洪水,其洪峰流量误差值为 −5.1%,14 场洪水洪峰流量推算值的相对误差平均值为 101%。

综合上述分析,洪水流量过程中汇流演算推求洪峰流量值相对于实测值的绝对误差和相对误差分别达 1.3 倍或 1.0 倍。

4　汇流要素值的修正及精度分析

4.1　查诺模图法推算洪峰流量值的修正

4.1.1　k_1 函数修正法

根据姚庄闸以上流域水文资料统计及次洪实测洪峰流量 $Q_{im测}$,采用推理公式法分别计算每场洪水 $Q_{im推}$,分别计算每场洪水的 k_1 值,$k_1 = Q_{m测}/Q_{m推}$,建立 k_1-$Q_{m推}$ 相关图,得 k_1-$Q_{m推}$ 关系数学表达式,即修正系数 k_{i1} 值是以 $Q_{im推}$ 为自变量的幂函数表达式:$k_{i1} = 4.200\,5Q_{im推}^{-0.505}$,计算过程见表 3 及图 1。

4.1.2　K_1 函数修正后洪峰流量值的精度分析

4.1.2.1　绝对误差

洪峰流量推算值经修正后,绝对误差的最大值为 220730 次洪水,其洪峰流量误差值为 −14.3 m³/s,绝对误差的最小值为 210614 次洪水,其洪峰流量误差值为 0,14 场洪水洪峰流量推算值的绝对误差平均值为 −0.5 m³/s,洪峰流量推算值经修正后,较实测洪峰流量值的绝对误差平均值接近于 0,较修正前绝对误差平均值 43.6 m³/s 精度显著提高。修正前洪峰流量绝对误差小于 10 m³/s,合格率仅占 36%;修正后洪峰流量绝对误差小于 10 m³/s,合格率占 93%。

表3　洪峰流量修正系数 k_i 值计算

序号	洪水编号	次洪降雨量 P/mm	最大1h净雨量 R_{i1}/mm	最大6h净雨量 R_{i6}/mm	实测洪峰流量 $Q_{im测}$/(m³/s)	推算洪峰流量 $Q_{im推}$/(m³/s)	修正系数 $k_{i1}=Q_{m测}/Q_{m推}$
1	210614	33.7	14.8	18.1	29.6	51.5	0.573 7
2	210630	54.8	17.1	35.6	34.6	80.3	0.431 1
3	210702	34.4	5.9	16.4	19.8	21.9	0.904 5
4	210714	79.4	18.4	54.0	40.2	108.6	0.370 2
5	210801	16.0	6.0	6.0	17.5	18.9	0.927 2
6	210823	127.7	36.7	105.9	56.3	214	0.262 8
7	210829	52.9	22.5	30.9	35.0	83.0	0.421 7
8	210904	50.3	17.7	21.4	31.8	61.2	0.519 7
9	220627	23.8	5.5	6.7	15.0	19.0	0.787 4
10	220705	42.2	6.0	13.6	24.4	29.8	0.819 1
11	220714	51.4	17.6	33.6	40.6	78.3	0.518 4
12	220720	35.3	7.5	19.6	20.5	40.8	0.502 5
13	220730	147.2	42.9	126.7	79.5	254.5	0.312 3
14	220828	32.7	6.5	14.2	24.5	17.5	1.400 4
均值		55.8	16.1	35.9	33.5	77.1	0.625 1

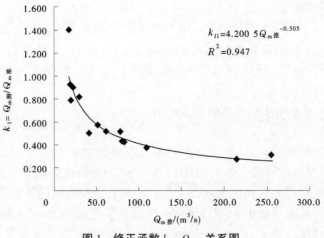

图1　修正函数 k_{i1}-$Q_{im推}$ 关系图

4.1.2.2　相对误差

洪峰流量推算值经修正后,相对误差的最大值为 220828 次洪水,其洪峰流量误差值为 -29.3%,相对误差的最小值为 210614 次洪水,其洪峰流量误差值为 0,14 场洪水洪峰流量推算值的相对误差平均值为 -1.6%,洪峰流量推算值经修正后,较实测洪峰流量值的相对误差平均值接近于 0(见表 4)。修正前洪峰流量相对误差小于 20%,合格率仅占 7%;修正后洪峰流量相对误差小于 20%,合格率占 79%。

表 4　k_1 函数法修正前、后误差分析

序号	洪水编号	推算洪峰流量/(m³/s)		实测洪峰流量 $Q_测$/(m³/s)	绝对误差/(m³/s)		相对误差/%	
		修正前 $Q_{m推}$	修正后 $Q'_{m推}$		修正前 $Q_{m推}$	修正后 $Q_{m推}$	修正前 $Q_{m推}$	修正后 Q 修 $_{m推}$
1	210614	51.5	29.6	29.6	22.0	0	74.3	0
2	210630	80.3	36.8	34.6	45.7	2.2	132	6.4
3	210702	21.9	19.4	19.8	2.1	-0.4	10.6	-2.3
4	210714	109	42.8	40.2	68.4	2.6	170	6.4
5	210801	18.9	18.0	17.5	1.4	0.5	7.9	2.8
6	210823	214	59.9	56.3	158	3.6	281	6.3
7	210829	83.0	37.4	35.0	48.0	2.4	137	6.9
8	210904	61.2	32.2	31.8	29.4	0.4	92.4	1.2
9	220627	19.0	18.1	15.0	4.0	3.1	27.0	20.4
10	220705	29.8	22.5	24.4	5.4	-1.9	22.1	-7.6
11	220714	78.3	36.8	40.6	37.7	-4.2	92.9	-10.4
12	220720	40.8	26.3	20.5	20.3	5.8	99.0	28.5
13	220730	255	65.2	79.5	175	-14.3	220	-18.0
14	220828	17.5	17.3	24.5	-7.0	-7.2	-28.6	-29.3
	均值	77.1	33.0	33.5	43.6	-0.5	130	-1.6

4.2　推算洪水流量过程、推求洪峰流量值的修正

4.2.1　不同时段净雨涨、落水时长 T 值的修正

3.1 节推理公式法第三种假设,原推理公式中涨、落水时长 $T = 2\tau$,修正后的涨落水时长为 $T' = \dfrac{W_{\tau i}}{0.18'Q_{推2}}$;现以 220714 次及 220730 次洪流量过程($\tau = 3\,\text{h}$)为例,说明修正方法

及步骤(见表5)。

表5　不同时段净雨形成的汇流时间修正计算($\tau = 3$ h)

				220714 次洪各时段汇流要素			
$\tau = 3$ h	τ/h	R_τ/mm	$Q_{推2}/(m^3/s)$	$Q'_{推2}/(m^3/s)$	$W_\tau/万\ m^3$	T/h	T'/h
第一个 τ 时段	3	33.6	93.4	40.1	100.80	6	14
				220730 次洪各时段汇流要素			
第一个 τ 时段	3	9.6	26.7	21.4	30.82	6	8
第二个 τ 时段	3	94.7	263	66.2	262.15	6	22
第三个 τ 时段	2	22.4	93.3	39.7	64.31	4	9
合计	8	126.7	383	79.8	560.20	16	39

4.2.2　k_2 函数修正法

4.2.2.1　$k_2 - Q_{推2}$ 关系建立

对不同时段净雨形成的洪峰流量值的修正,本文称为 k_2 函数修正法。

利用 2020—2022 年姚庄闸以上流域 16 场次洪水过程资料,计算每场洪水对应的实测洪峰流量 $Q_{测}$ 与推算的洪峰流量 $Q_{推}$ 的比值 k_2($k_2 = Q_{测}/Q_{推}$),求得 16 场洪水的 k_2 值(见表6)。建立 $k_2 - Q_{推2}$ 关系图,根据相关点群分布,以相关系数值最好为前提,采用幂函数曲线表达式拟合较恰当。经分析后,确定修正公式为:$k_2 = 3.157\ 5Q_{推2}^{-0.44}$(见图2)。

表6　修正函数 $k_2 - Q_{推2}$ 关系计算

序号	洪水编号	τ 时段造峰净雨量 R/mm	实测洪峰流量 $Q_{测}/(m^3/s)$	推算洪峰流量 $Q_{推2}/(m^3/s)$	修正系数 $k_2 = Q_{测}/Q_{推}$	备注
1	200711	62.1	62.2	173	0.360 3	
2	200721	36.5	38.7	101	0.381 4	
3	210614	18.1	28.9	50.5	0.572 8	
4	210630	35.6	34.6	99.1	0.349 1	
5	210702	9.3	19.8	25.8	0.768 2	
6	210714	29.0	40.1	80.5	0.499 3	
7	210801	6.0	17.5	16.6	1.053 6	
8	210823	69.4	56.3	193	0.292 0	
9	210829	28.6	35.0	79.6	0.439 5	
10	210904	20.6	31.8	57.2	0.555 7	
11	220627	6.7	15.0	18.7	0.804 1	
12	220705	12.2	24.4	34.2	0.714 0	
13	220714	33.6	40.6	93.4	0.434 6	

续表6

序号	洪水编号	τ 时段造峰净雨量 R/mm	实测洪峰流量 $Q_{测}$/(m³/s)	推算洪峰流量 $Q_{推2}$/(m³/s)	修正系数 $k_2=Q_{测}/Q_{推}$	备注
14	220720	15.9	20.5	44.1	0.464 9	
15	220730	94.7	79.5	263	0.301 9	
16	220828	12.6	24.5	34.9	0.701 5	
平均折算系数 k		35.1	40.7	97.5	0.620 9	

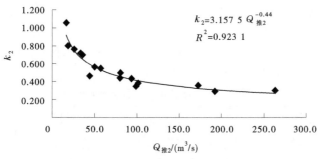

图2 修正函数 k_2-$Q_{推2}$ 关系图

4.2.2.2 涨水历时 $T'_{涨}$ 值的修正

当根据假定的流域汇流时间推算的涨水时间 $T_{涨}$ 显著错位于峰现时间时,需对涨水时间进行修正,直至同实测的峰现时间一致时,涨水历时 $T'_{涨}$ 为时段净雨所对应的造峰时长。此值为洪峰出现时间对应的汇流时间 τ_i' 的叠加值。

修正前涨水历时:

$$T_{涨} = \tau_1 + \tau_2 + \cdots + \tau_m = m\tau \quad （假定 \tau_1 = \tau_2 = \cdots = \tau_m = \tau） \tag{13}$$

修正后涨水历时:

$$T'_{涨} = \tau'_1 + \tau'_2 + \cdots + \tau'_m = m\tau' \quad （假定 \tau'_1 = \tau'_2 = \cdots = \tau'_m = \tau'） \tag{14}$$

式中:m 为造峰净雨时段个数;τ 为次洪对应的流域汇流历时;τ' 为次洪对应的流域汇流历时。

4.2.2.3 落水历时 $T'_{落}$ 值的修正

$$T'_{落} = n_i\tau \tag{15}$$

$$n_i = \frac{2}{k_{2i}} - 1 \tag{16}$$

式中:n_i 为第 i 个 τ 时段净雨产生的落水时长倍数(正整数);k_{2i} 为第 i 个 τ 时段净雨产生的流量峰值,同推理公式计算流量峰值的函数值(无量纲)。

$$k_{2i} = 3.157\,5Q_{推2i}^{-0.44}$$

式中:$Q_{推2i}$ 为由第 i 个 τ 时段净雨产生的利用推理公式法计算的流量峰值,m³/s。

4.2.3 k_2 函数修正后洪峰流量值的精度分析

4.2.3.1 绝对误差

洪峰流量推算值经修正后,绝对误差的最大值为 210823 次洪水,其洪峰流量误差值为 41.8 m³/s,绝对误差的最小值为 210714 次洪水,其洪峰流量误差值为−0.1 m³/s,14 场洪水洪峰流量推算值的绝对误差平均值为 51.2 m³/s,修正后为 6.6 m³/s,较修正前绝对误差平均值 51.2 m³/s 精度显著提高。修正前洪峰流量绝对误差小于 10 m³/s,合格率仅占 29%;修正后洪峰流量绝对误差小于 10 m³/s,合格率占 79%。

4.2.3.2 相对误差

洪峰流量推算值经修正后,相对误差的最大值为 220720 次洪水,其洪峰流量误差值为 89.5%,相对误差的最小值为 210 714 次洪水,其洪峰流量误差值为−0.3%(见表 7),14 场洪水洪峰流量推算值的相对误差平均值为 153%。推算值经修正后洪峰流量较实测洪峰流量值的相对误差为 19.8%。修正前洪峰流量相对误差小于 20%,合格率仅占 7%;修正后洪峰流量相对误差小于 20%,合格率占 71%。

表 7 k_1 函数法修正前后误差分析

序号	洪水编号	推算洪峰流量/(m³/s)		实测洪峰流量 $Q_{测}$/(m³/s)	绝对误差		相对误差/%	
		修正前 $Q_{m推}$	修正后 $Q'_{m推}$		修正前 $Q_{m推}$	修正后 $Q'_{m推}$	修正前 $Q_{m推}$	修正后 $Q'_{m推}$
1	210614	75.7	35.6	29.6	46.1	6.0	156	20.4
2	210630	99.1	41.4	34.6	64.5	6.8	186	19.7
3	210702	25.8	19.5	19.8	6.0	−0.3	30.2	−1.6
4	210714	93.4	40.1	40.2	53.2	−0.1	132	−0.3
5	210801	16.6	15.2	17.5	−0.9	−2.3	−5.1	−13.0
6	210823	200	98.1	56.3	143	41.8	255	74.2
7	210829	79.6	36.6	35.0	44.6	1.6	128	4.7
8	210904	57.2	30.5	31.8	25.4	−1.3	80.0	−4.2
9	220627	18.7	16.3	15.0	3.7	1.3	24.4	8.4
10	220705	34.2	22.8	24.4	9.8	−1.6	40.1	−6.5
11	220714	93.4	40.1	40.6	52.8	−0.5	130	−1.3
12	220720	48.1	38.9	20.5	27.6	18.4	135	89.5
13	220730	310	104	79.5	230	24.6	290	30.9
14	220828	34.9	23.1	24.5	10.4	−1.4	42.6	−5.7
均值		84.7	40.2	33.5	51.2	6.6	153	19.8

4.2.3.3 修正前、后洪水过程线对照

以某场洪水过程为例,修正前、后演算洪水过程线见图 3、图 4。

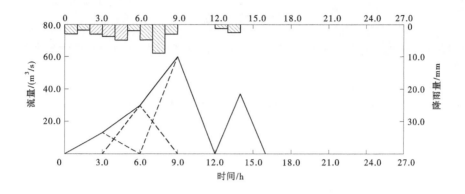

图3　推理公式法演算流域汇流过程线

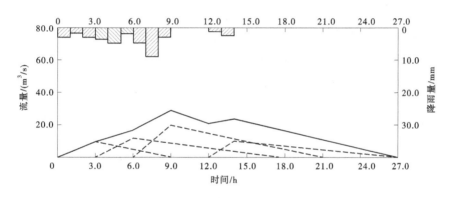

图4　经修正后推理公式法演算流域汇流过程线

5　结论与建议

5.1　结论

结论一:在推理公式法汇流演算中,对涨水历时和落水历时进行非对称修正,更符合流域汇流特征,经与实测汇流过程比较,拟合效果更好。

结论二:因流域内降雨时空变化、下垫面特性及分布非均一性,对汇流历时τ值非常数处理后,更符合流域汇流特征。

5.2　建议

根据2023年全国水文会议精神,开展不同流域现状条件下水文产汇流模型研究(汇流模型序列:瞬时单位线法、总入流槽蓄法、地貌单位线法、SCS法,大都于19世纪初提出,各类模型都有其适应性和局限性,特别是我国城市化迅猛发展以来,汇流模型对现状条件适应性均应验证),是我国现阶段水文科技创新的重点工作;建议针对不同下垫面特征,对不同降雨类型的水文汇流机制深入研究,构建适用于不同流域特征的水文产汇流系列模型,以期为智慧水利、数字孪生流域建设服务,为水文高质量发展贡献力量。

参 考 文 献

[1] 江苏省革命委员会水利局水文总站. 江苏省水文手册(1976 年)[M].北京:中国水利水电出版社,
　　1976.

[2] 江苏省水文总站. 江苏省暴雨洪水图集(1984 年)[M].南京:河海大学出版社,1984.

[3] 魏国晋,何灼伦,王统旭,等.推理公式法在青海省应用的误差分析[J].人民黄河,2021,43(9):48-
　　51,78.

极端暴雨事件下淮河防洪形势分析
——以郑州"21·7"暴雨为例

鲁志杰　　冯志刚

(淮河水利委员会水文局(信息中心) , 蚌埠 233001)

摘　要　近年来, 我国极端天气频发, 短时强降水记录不断被刷新。水旱灾害防御坚持问题导向、目标导向, 以增强风险意识、忧患意识, 将郑州"21·7"暴雨移置淮河中上游地区, 基于淮河干流现有防洪工程体系及自然地理现状, 依托淮河洪水预报调度一体化系统, 复盘分析此轮暴雨在淮河中上游地区造成的防洪情势影响, 分析主要河道控制断面与大型水库洪水过程以及滞洪区启用情况等, 为防御超标准洪水提供借鉴。

关键词　暴雨移置; 淮河水系; 模拟分析; 超标准洪水

1　极端暴雨事件选取

受黄淮低涡、西太平洋副热带高压、大陆高压和台风"烟花"外围气流的共同影响, 7月 17 日 8 时至 21 日 8 时, 河南普降中到大雨, 郑州、平顶山、新乡、济源等市降暴雨、大暴雨, 局部特大暴雨。主要降雨时段集中在 7 月 19 日 8 时至 21 日 8 时, 24 h 最大雨量为 19日 20 时至 20 日 20 时。17 日 8 时至 18 日 8 时, 以分散性暴雨为主, 18 日 8 时至 19 日 8时, 暴雨分布在河南西部、西北部沿山地区, 其中太行山东麓及沿山局部地区出现大暴雨, 19 日 8 时至 21 日 8 时, 强降雨中心位于郑州及周边地区(简称郑州"21·7"暴雨)。

需移置的暴雨中心位于郑州市区西部贾鲁河上游源头区尖岗水库、常庄水库以及黄河支流汜水河上游, 累积雨量大于 800 mm 的笼罩面积为 115 km², 大于 600 mm 的笼罩面积为 2 424 km²、大于 400 mm 的笼罩面积为 6 355 km²、大于 200 mm 的笼罩面积为 46 553 km², 大于 200 mm 暴雨区总产水量 68.90 亿 m³。本次降雨有以下特点: 一是雨量大, 郑州市 4 d 平均降雨量 546 mm, 占多年年平均降雨量(637 mm)的 86%; 郑州市区 4 d 平均降雨量 625.6 mm, 新密市 4 d 平均降雨量 603.6 mm, 荥阳市 4 d 平均降雨量 586.9 mm, 巩义市 4 d 平均降雨量 535.6 mm, 新郑市 4 d 平均降雨量 448.2 mm, 登封市 4 d 平均降雨量 437.7 mm, 均创有历史记录以来极值。二是雨强高, 郑州国家气象站最大 1 h 降雨量 201.9 mm(20 日 16—17 时), 为我国内陆地区国家级地面气象观测站小时降雨量有气象记录以来历史极值, 最大日降雨量 624.1 mm, 最大 3 日降雨量 787.9 mm; 强降雨集中在 20 日 15—18 时, 3 h 降雨量尖岗水库 328 mm、常庄水库 277 mm。

2　雨量移置方法及计算雨量

将郑州"21·7"暴雨的暴雨中心置于淮河干流潢河上游新县县城, 将"21·7"暴雨面

作者简介: 鲁志杰(1994—), 男, 工程师, 主要从事水文水资源研究工作。

分布平移至淮河干流,降雨量级、时程分布不变。"21·7"暴雨降雨时段取 7 月 17 日 8 时至 21 日 8 时,共 4 d。

基于淮河洪水预报调度系统进行暴雨移置操作,第 1 步选取典型历史暴雨事件,这里选取郑州"21·7"特大暴雨;第 2 步选取平移的雨量等级,这里选取 25 mm 以上;第 3 步至第 5 步开始框选雨量平移原始数据范围,其中第 3 步为开始、第 4 步为框选操作、第 5 步为结束框选,第 5 步操作完成后,系统自动将全国底图上的暴雨事件数值平移至主业务系统底图中心。

本次将暴雨中心大部设定在淮河王家坝以上,暴雨区域平移完成后,勾选功能选项面板确定位置复选框,系统将弹出暴雨移置事件信息输入框,输入框中用户可输入此次移置事件的名称、移置暴雨起始时刻(默认为设定的预报依据时刻)和涵盖的流域范围,选定完成点击确定后系统将自动完成雨量转换计算并入库。

此次移置采用实战演练模式,即将"21·7"暴雨作为设定的预报起始时段未来降雨,设定的暴雨中心位于息县—王家坝区间,暴雨过程分布如图 1 所示。各主要汇流区间单元雨量如表 1 所示。

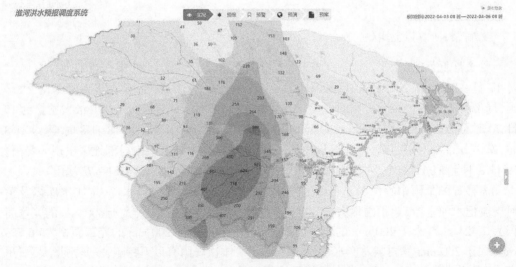

图 1　郑州"21·7"暴雨平移成果雨量分布图

表 1　各主要汇流区间单元雨量统计

产汇流区间	面雨量/mm
息县区间	435
潢川区间	462
班台区间	182
王家坝区间	493

续表 1

产汇流区间	面雨量/mm
蒋家集区	248
润河集区间	260
正阳关区间	69

3　模拟预报计算

流域各单元产汇流采用 API 模型、短时段 API 模型和三水源新安江模型 3 种模型方法进行计算、河道汇流采用马斯京根河道汇流分段连续演算。

通过模型模拟计算,淮河水系发生上述强暴雨后,淮河干流息县以下至吴家渡以上将全线超保,南部支流潢河、白露河超保。淮河干流主要控制站模拟计算结果及洪水过程如表 2 所示。

表 2　主要河道水文控制断面模拟成果

站名	模型名称	预报水位/m	预报流量/(m³/s)
王家坝	API 模型	30.77	11 075
	短时段 API 模型	31.83	15 323
	新安江模型	31.49	13 969
润河集	API 模型	28.74	10 780
	短时段 API 模型	30.31	12 325
	新安江模型	28.97	11 695
吴家渡	API 模型	21.24	7 129
	短时段 API 模型	21.35	7 398
	新安江模型	22.44	12 449

4　结论与建议

基于"21·7"暴雨过程,通过移置模拟分析计算,在未启用防洪工程情景下,淮河干流息县以下至吴家渡以上将全线超保,南部支流潢河、白露河超保。通过水库联合调度、启用行蓄洪区可降低润河集至吴家渡河段水位 1.5~2.7 m,润河集断面超保幅度降至0.6 m,正阳关河段降至警戒水位附近,正阳关以下河段将不超警。但由于息县—王家坝区间来水短时暴涨,河道来水大幅超过现阶段行洪能力,王家坝河段将出现漫溢。

郑州"21·7"暴雨若在淮河干流发生,其产生的洪水超过部分防洪工程标准,造成的灾害损失将十分严重。应对该超标准暴雨洪水从工程措施和非工程措施方面提出如下几点建议:一是应做好水库调度,根据雨水情发展变化,发挥水库拦洪削峰作用,尽可能减轻下游防洪压力。二是应提前做好滞洪淹没区群众转移安置工作,保障迁安群众安全撤离和妥善安置。三是应加强水库大坝及河道堤防巡查值守,及时发现险情,并妥善处置。四是关注山洪灾害易发区降雨情况,及时发布山洪预警,提前组织群众转移,躲避山体滑坡、泥石流等次生地质灾害。五是应充分发挥水文系统的耳目尖兵功能,及时准确地对水文信息监测和传输,及时滚动发布洪水预报,为工程调度提供依据。六是暴雨区雨量站、水文站自动监测没有实现设施设备双配套,在极端暴雨洪水条件下可能出现通信中断情况,应加快北斗双信道建设。

参 考 文 献

[1] 杨长青,焦迎乐,余畅畅,等.焦作"21·7"暴雨洪水及河道堤防险情调查[J].人民黄河,2023,45(7):58-61.

[2] 汪自力,宋修昌,何鲜峰,等.郑州"7·20"特大暴雨河道堤防险情调查分析[J].人民黄河,2022,44(7):44-47.

[3] 靳冰凌,芦阿咪,张璞,等."21·7"豫北极端暴雨天气成因分析[J].气象与环境科学,2022,245(2):65-74.

[4] 刘昌军,吕娟,翟晓燕,等.河南"21·7"暴雨洪水风险模拟及对比分析[J].水利水电快报,2021,42(9):8-14.

江苏沂沭泗流域降雨径流特征分析

万晓凌　聂　青

（江苏省水文水资源勘测局，南京 210029）

摘　要　基于江苏沂沭泗流域 1960—2021 年降雨、径流数据，采用线性回归、Mann-Kendall、模比差积曲线等方法分析江苏沂沭泗流域降雨、径流年际及年内变化特征，结果表明：江苏沂沭泗流域在过去六十多年降雨量呈不显著的缓慢减少趋势，年内分配不均，夏季、冬季降雨量呈增加趋势，春季和秋季呈减少趋势，降雨及下垫面变化等其他因素造成年内径流更加的不均匀，径流基本集中在汛期（6—9 月），占比高达 97.2%，其中 7 月径流占 44.8%，增加了夏季发生洪水的可能性，同时加大了其他季节的干旱风险，可为江苏沂沭泗流域的洪涝旱灾防治提供参考依据。

关键词　降雨；径流；洪水；干旱；沂沭泗流域；江苏；分配；变化

1　流域概况

　　沂沭泗流域源于山东沂蒙山丘，横跨苏鲁两省，江苏境内汇水面积 2.54 万 km²，占江苏全省总面积的 24.7%，涉及徐州、宿迁、淮安、连云港、盐城 5 市。主要河流有沂河、沭河、泗河，原为淮河下游支流，黄河侵淮期间打乱了水系，使沂河、沭河、泗河均失去了入海通道。中华人民共和国成立后开辟了新沭河、新沂河，使沂河、沭河及泗河均有了排洪专道。骆马湖、石梁河水库是沂沭泗流域的主要调蓄湖库，沂河及南四湖下泄的洪水经骆马湖调蓄后，出嶂山闸由新沂河排入海，沂沭泗流域可分为沂河（新沂河）、沭河（新沭河）、中运河等干流水系，以及南四湖湖西、骆马湖以上、沂北、沂南等区域性水系。沂沭泗地区主要内部河道有复新河、大沙河、不牢河、房亭河、青口河、蔷薇河、古泊善后河、六塘河、灌河等[1]。

　　江苏沂沭泗流域位于江苏省最北部，降雨量最少，水资源供需矛盾最突出，分析江苏沂沭泗流域的降雨径流趋势变化更具有重要的现实意义[2]。本文采用的降雨数据为 1960—2021 年江苏沂沭泗流域 119 个雨量站资料，对降雨、径流年内及年际变化特征进行分析。

2　降雨的气候趋势分析

2.1　年雨量变化趋势

　　对江苏沂沭泗流域 1960—2021 年的多年平均降雨量进行线性回归分析，以时间为自变量、降雨为因变量建立一元回归方程，即直线方程。在序列变化图（见图 1）上也可以绘

作者简介：万晓凌（1970—　），男，正高级工程师，主要从事水文水资源分析与研究工作。

出拟合直线,从图1中就可看出趋势演变是增加还是减少。可用直线斜率的符号及大小来度量其演变趋势增加或减少的程度。

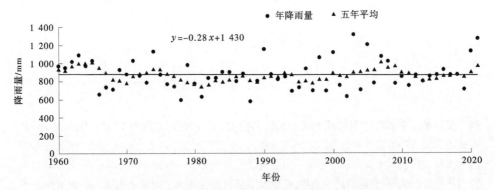

图1　1960—2021年江苏沂沭泗流域年降雨线性回归分析

1960—2021年的江苏沂沭泗流域年降雨的趋势图显示年降雨量呈微弱的减少趋势,直线的斜率为-0.28,即降雨量平均每10年减少2.8 mm,降雨量多集中在600~1 200 mm,多年平均降雨量为874.0 mm。

采用非参数统计检验方法(Mann-Kendall方法[3],简称M-K),检验各个水文气象要素的长期变化趋势,M-K方法不需要样本服务特定的分布[4],可以直接检验时间序列的单调变化趋势,因此被广泛地应用于水文气象时间序列的趋势分析方面。通过对降雨进行M-K趋势检验,得到降雨M-K统计量为-0.2,说明了该区域降雨呈不显著的减少趋势。

沂沭泗流域雨量的年代际分析,以1960—2021年雨量资料系列为基准,分析1960—2021年的降雨量,可以得到,20世纪60年代降雨量与基准系列相当,20世纪70年代、20世纪80年代降雨偏少,2000—2009年后降雨偏多,2010年后降雨偏少。

依据每年的年降雨量与多年平均降雨量分别计算每年的模比系数,再求其差值并逐年依次累加绘成过程线,称为差积曲线。年降雨量的模比差积曲线能较好地反映降雨年际间的丰、枯变化情况。当一段时间内差积曲线总的趋势是下降的,说明此时期为枯水期;当一段时间内差积曲线总的趋势是上升的,说明此时期为丰水期。差积曲线不同的形状反映了不同的降雨周期。计算公式如下:

$$K_i = H_i/H_0 \tag{1}$$

$$C = \sum (K_i - 1) \tag{2}$$

式中:K_i为第i年年降雨量的模比差积系数($i=1,2,\cdots,n$);H_i为第i年年降雨量;H_0为多年平均年降雨量;C为年雨量模比差积系数差值的代数和。

由图2可知,江苏沂沭泗流域的降雨有丰枯交替变化的规律,总趋势下降,其中1960—1965年、1969—1973年、2003—2007年和2020—2021年为累积距平线的上升段,1966—1968年、1974—2002年和2008—2019年为累积距平线的下降段。

2.2　年内分配变化趋势

这里再分析降雨的时间分布,即降雨的各月分配情况,可用百分比的变化来表示,以消除降雨总量的影响。以1960—1979年、1980—1999年及2000—2021年3个约20年的

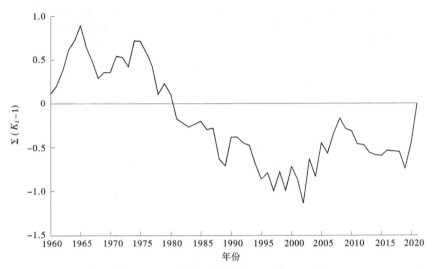

图 2　江苏沂沭泗流域年降雨模比差积曲线

时段分析降雨量月内分配过程的变化,可以看出夏季降雨量占到了年降雨量的一半以上,春季与秋季降雨量相差不大,冬季降雨量不足全年的 10%,年内降雨量随季节变化而严重分配不均[5]。春季降雨呈明显减少趋势,夏季降雨呈递增趋势,秋季降雨呈缓慢减少趋势,冬季降雨又呈缓慢递增趋势(见表 1)。

表 1　面平均雨量年内变化　　　　　　　　　　　　　　　　　　　%

时段	春季(3—5 月)	夏季(6—8 月)	秋季(9—11 月)	冬季（12 月至翌年 2 月）
1960—1979 年	17. 5	57. 5	18. 9	6. 1
1980—1999 年	19. 1	56. 1	18. 2	6. 7
2000—2021 年	14. 3	60. 7	18. 1	6. 9

从年内月分配过程看,2000 年以后夏季的降雨量比重明显偏大,即夏季降雨有更加集中的趋势,降雨时间更集中、降雨强度趋向于更大,对防洪、水资源开发更加不利。江苏沂沭泗流域降雨量月分配见图 3。

3　径流分析

3.1　计算方法

产流计算按产流特点将下垫面划分为城镇建设用地、水域、水田、旱地等类型,分别建立产流模型,以日为计算时段进行地表水资源量的计算,对城镇建设用地、水域、水田产流模型中的计算参数以实验资料成果代替,对旱地产流模型选择江苏省内可率定降雨径流关系区域,计算地表水资源量,与实测资料相互对比,对模型进行检验,优选计算参数,以此作为评价江苏省地表水资源量的基本依据。按 4 种下垫面分别用模型计算出相应的地表水资源量后,用面积加权法求出计算单元的地表水资源量,通过对不同计算单元的面积加权组合,分别计算出各地级行政区、流域四级区、流域三级区的地表水资源量。

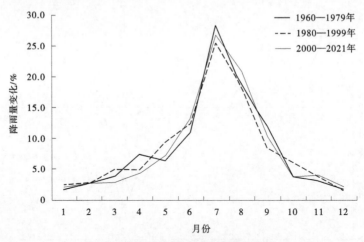

图 3　江苏沂沭泗流域降雨量月分配

分别对水面、城镇建设用地、水田、旱地进行产流分析,根据不同下垫面的产流特点,确定不同产流计算方法及计算参数。

(1)水面产流。

$$R_{水} = P - \alpha_1 E_{601} \tag{3}$$

式中:$R_{水}$为水面产水量,允许为负值,逐日累计,mm;P为降雨量,mm;α_1为水面蒸发折算系数;E_{601}为 E601 型蒸发器测量的蒸发量,mm。

(2)城镇建设用地产流。

城镇建设用地基本可以认为是不透水面,其产流量的大小除受降雨多少的影响外,主要受降雨初期下垫面造成的降雨损失量的制约。假定初损值为I_0,根据 20 世纪 90 年代初全国四大城市水资源精测与评价中在水泥屋顶及柏油马路上的实验成果,考虑本次计算城镇建设用地中除柏油或水泥马路、屋顶等纯不透水下垫面外,还有城市绿岛、人行道等透水、半透水的下垫面,故取 $I_0 = 5$ mm。

(3)水田产流。

水田产流是以水稻不同生长期的水田水深下限($H_{下}$)、水田适宜水深($H_{宜}$)、水田雨后最大允许水深($H_{大}$)为控制,按照水量平衡原理通过水量调节计算来确定的。在现有灌溉制度情况下,以水田水深为基础,用降雨量减去水田蒸发量($\alpha_2\alpha_1 E_{601}$)及下渗量(I_0),结果为负时,消耗水田中水量,若水田水深(H)低于水田水深下限时,则灌溉使水田水深达到水田适宜水深;结果为正时,水田水深增加,以水田水深超过水田雨后最大允许水深时的雨量为水田产流量。

$$R_{水田} = H + P - \alpha_2\alpha_1 E_{601} - I_0 - H_{大} \quad (R_{水田} \geq 0) \tag{4}$$

式中:$R_{水田}$为水田产流量,mm;α_1、P、E_{601}符号意义同水面产流;α_2为水田蒸发折算系数,与作物不同时期的需水量有关。

(4)旱地产流。

采用次降雨径流相关法,以土壤前期影响雨量 P_a 作参数,建立次降雨 $P+P_a-R$ 的相关关系,相关曲线采用不通过原点的双曲线数学模型:

$$R = \sqrt[3]{(P + P_a - C_p)^3 + C_i^3} - C_i \tag{5}$$

曲线上方以 45°线为渐近线,式中 C_p 为相关曲线在 $P+P_a$ 轴上交点的坐标,C_i+C_p 为相关线的渐近线在 $P+P_a$ 轴上的截距,P 为面平均次雨量,P_a 为前期雨量,R 为径流深,均以 mm 计。

计算 P_a 用以下公式:

$$P_{a(t+1)} = K(P_{a(t)} + P_{(t)}) \tag{6}$$

当 P_a>流域最大初损 I_{max} 时,取 $P_a = I_{max}$。

3.2　径流量变化趋势

江苏沂沭泗流域 1960—2021 年的多年平均径流量为 231.2 mm,年径流量的变差系数值较大,为 0.52。最大年径流量为 576.7 mm,发生在 2003 年,最小年径流量仅约为 56.9 mm,发生在特估年 1978 年,年际极值比达 10 倍。应用 1960—2021 年的径流量建立其与年份的关系图,图中较散乱的点为年径流量,正方形小方块为滑动平均值,这里用了 5 年滑动平均,以消除 5 年内短周期的影响,直线为线性趋势(见图 4)。

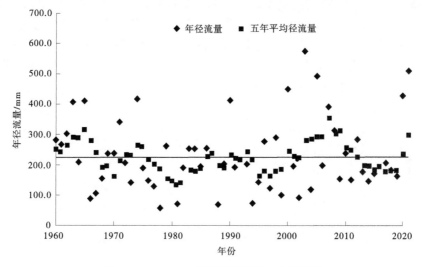

图 4　1960—2021 江苏沂沭泗流域年径流量

1960—2021 年的江苏沂沭泗流域年径流的趋势图显示年径流量呈平缓趋势,无明显的趋势变化。

3.3　径流的年代际变化

沂沭泗流域径流的年代际分析以 1960—2021 年降雨量资料系列为基准,分析 1960—2021 年的径流,20 世纪 60 年代流域径流量为 244.0 mm,70 年代径流量为 211.6 mm,80 年代径流量为 186.7 mm,90 年代径流量为 202.6 mm,2000 年后径流量为 397.8 mm,由此可知,20 世纪 60 年代径流量偏多,70 年代、80 年代、90 年代径流量偏少,2000—2009 年后径流量偏多,2010 年后与基准系列相当。

4　降雨量与径流量的变化比较

选择面上对各个年代的降雨量与径流量进行比较,20 世纪 60 年代降雨量和径流量均偏大;20 世纪 70 年代、80 年代、90 年代全流域降雨量偏少,为干旱年代,径流量也偏少;2000S 降雨量偏大,径流量明显偏大;2010S 降雨量正常略偏少,而径流量却略偏多,由于降雨年内分配及下垫面等因素造成径流增加较大(见表 2)。

表 2　降雨量与径流量的年代际变化比较　　　　　　　　　　　　　%

年代	径流量	降雨量
1960S	6	1
1970S	−8	−1
1980S	−19	−9
1990S	−12	−3
2000S	29	7
2010S	3	−5

　　对各个月份的降雨量与径流量进行比较,全年降雨量的 68.6% 集中在汛期(6—9月)。多年平均月降雨量最大值出现在 7 月,占多年平均降雨量的 26.8%,其次是 8 月、6月。多年平均月径流量最大值也出现在 7 月,占多年平均径流量的 44.8%,其次是 8 月、6月,汛期径流量约占年径流量的 97.2%,径流年内分配特别集中,可以看出汛期降雨量是径流量的主要来源,降雨的年内分配不均导致径流在年内分配得更加不均匀。各月降雨量、径流量、对应比较见图 5。

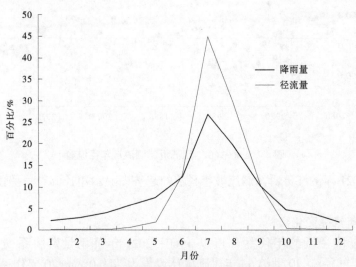

图 5　江苏沂沭泗流域降雨量、径流量月分配对比

　　按自然规律,降雨量偏多必然导致径流量偏多。根据统计分析,20 世纪 60 年代、70年代、80 年代、90 年代降雨量和径流量基本一致,符合这种规律。但 2000S 以后,在降雨量属基本正常的情况下,径流量明显偏多,造成径流量大大多于降雨量的原因可能比较复杂,主要原因是降雨时空分布不均,夏季降雨时间更集中、强度趋向于更大,导致产流量增大,降雨时空不均与图 5 表示的 2000 年后 6—8 月的降雨量比重明显偏大是一致的。同

时,2000 年以后城镇建设的步伐加快,加大了下垫面的影响,也加剧了旱涝灾害,如:湖泊围垦造成了蓄洪能力的下降;城市化速度加快增加了不透水面积,大大加大了径流量,增加了发生洪水的可能性。

5　结　论

(1)江苏省沂沭泗流域降雨量总体呈减少趋势,降雨量平均每 10 年减少 2.8 mm,在年代际变化上,20 世纪 60 年代降雨量与基准系列相当,20 世纪 70 年代、80 年代降雨偏少,2000—2009 年后降雨偏多,2010 年以后降雨偏少。

(2)江苏省沂沭泗流域降雨年内分布趋于不均,春季降雨呈明显减少趋势,夏季降雨呈递增趋势,秋季降雨呈缓慢减少趋势,冬季降雨又呈缓慢递增趋势,全年降雨量的 68.6%集中在汛期(6—9 月),月降雨量最大值出现在 7 月,占多年平均降雨量的 26.8%,其次是 8 月、6 月[7]。

(3)江苏省沂沭泗流域径流年际变化较大,年际极值比达 10 倍,20 世纪 60 年代径流偏多,70 年代、80 年代、90 年代径流偏少,2000—2009 年以后径流量偏多,2010 年以后与基准系列相当。

(4)径流在年内分配上,月径流最大值出现在 7 月,占多年平均径流量的 44.8%,其次是 8 月、6 月,汛期(6—9 月)径流量约占年径流量的 97.2%,径流年内分配特别集中,可以看出汛期降雨是径流量的主要来源,降雨的年内分配不均导致径流在年内分配得更加不均匀[8]。

(5)江苏沂沭泗流域城镇建设的步伐加快,增加了不透水面积,加大了降雨径流量,增加了发生洪水的可能性,同时降雨在年内的分配更加地不均匀,又加大了某些季节的干旱风险。

参 考 文 献

[1] 孙正兰.南水北调工程东线源区近 60 年降水径流特征分析[J].水资源与水工程学报,2019,30(4):86-91.
[2] 万晓凌,毛晓文.江苏太湖流域降雨径流年际变化分析[J].水资源与水工程学报,2013,24(6):166-169.
[3] 张建云,章四龙,王金星,等.近 50 年来中国六大流域年际径流变化趋势分析[J].水科学进展,2007,18(2):230-234.
[4] 刘兆飞,王翊晨,姚治君,等.太湖流域降水、气温与径流变化趋势及周期分析[J].自然资源学报,2011,26(9):1575-1583.
[5] 刘丽红,颜冰,肖柏青,等.1960—2010 年淮河流域降水量时空变化特征[J].南水北调与水利科技,2016,14(3):43-66.
[6] 王艳君,姜彤,许崇育,等.长江流域 1961—2000 年蒸发量变化趋势研究[J].气候变化研究进展,2005,1(3):99-105.
[7] 楚恩国.洪泽湖水文特性分析[J].水科学与工程技术,2008(3):22-25.
[8] 楚恩国.洪泽湖水资源现状分析及其对策[J].中国水利,2007(12):33-35.

雷达波自动测流系统在中小河流水文站洪水测验中的应用实践

田忠师　　屈传新　　尤新文

（临沂市水文中心，临沂 276000）

摘　要　本文介绍雷达波自动测流系统在中小河流水文站上的应用实践，通过对雷达波自动测流系统与走航式 ADCP 同步测流，以走航式 ADCP 测得值为准进行比对，分析雷达波自动测流系统所测流量与实测流量之间的关系，建立函数关系式，并对函数关系进行三项检验及系统误差、标准差、随机不确定度等检验。通过在后朱楼村水文站的实践，提供了采用雷达波自动测流系统监测数据进行分析与检验的方法，为雷达波自动测流系统在中小河流水文站的推广应用提供了样板。

关键词　雷达波自动测流系统；中小河流水文站；分析与检验方法

根据测站的控制面积，中小河流水文站包括区域代表站与小河站，其数量远超基本站，并广泛分布于各中小河流，用于监测中小河流水位、流量等水文要素，其测验方式普遍采用巡测方式。传统的测验方法以流速仪法、浮标法及走航式 ADCP 法为主，需要投入大量的人力、物力，且巡测队下辖水文站点较多，洪水期间各水文站均有洪水涨落，需要投入大量人员力量现场实施监测，导致无法兼顾各站洪水测验要求。因此，通过在中小河流水文站设置雷达波自动测流系统，实现流量监测自动化，以满足防汛应急监测的需求。

下面以雷达波自动测流系统在后朱楼村水文站洪水测验应用实践为例，阐述雷达波自动测流系统监测数据具体分析方法，探索雷达波自动测流系统在中小河流中的应用规律，以用于流量监测自动化推广。后朱楼村水文站位于山东省临沂市兰陵县南桥镇后朱楼村，属中小河流水文站，是淮河流域西泇河上由山东进入江苏的省界控制站。控制流域面积为 693 km²，流域上游为丘陵山区，洪水涨落速度快。近年来，后朱楼村水文站连续遇到中高洪水考验，其中 2019 年该站测得历史最高水位 36.72 m，历史最大流量 633 m³/s，测验断面最大平均流速 1.72 m/s。

1　测验原理和方法

1.1　测验原理

雷达波测速仪的原理是应用多普勒效应，其自身集成了姿态传感器，可以测出波束的倾斜角度，当雷达波自动测流系统对着水面发射电磁波后，电磁波被水面反射，根据反射波的多普勒频移，可以由波束上的速度变化计算得到水面流速。再通过借用断面水深，运

作者简介：田忠师（1993—），男，助理工程师，主要从事水文测验及水文资料整编工作。

用流速面积法计算断面虚流量。

1.2　测验方法

1.2.1　测验断面

后朱楼村水文站雷达波测流断面位于基本水尺断面上游 120 m 桥梁处,雷达波测速仪探头固定于桥梁上,测站附近河段顺直,测流断面附近河段为复式河床,左右岸均有漫滩,河宽 50 m,河流走向为由北向南,河床为沙壤土,S3-SVR 型雷达波自动测流系统测流断面见图 1。

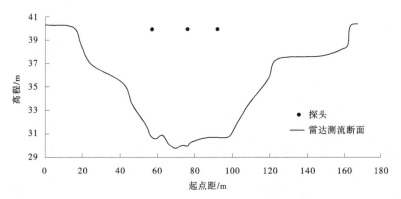

图 1　S3-SVR 型雷达波自动测流系统测流断面

1.2.2　测速垂线布设

测流断面布设有 3 台 S3-SVR 型雷达波测速仪探头,分别固定于桥上相应测流断面起点距 57.0 m、76.0 m、92.0 m 位置,以 45°俯角向水面发射雷达波,并接收从水面返回的雷达波信号,用于测量不同起点距代表垂线的水面流速,作为计算断面虚流量的垂线代表流速。同时在测流断面处布设雷达水位计 1 处,用于监测断面处水位。

1.2.3　自动测流系统

自动测流系统的硬件系统包含 S3-SVR 型雷达波测速仪、雷达水位计与线缆等设备,软件系统中有测流断面数据、实时水位数据、代表垂线水面流速及断面虚流量成果等。当 S3-SVR 型雷达波测速仪监测的实时水面流速数据传输到自动测流系统后,系统会根据同步的水位数据,查询代表垂线水深与过水断面面积,运用流速面积法计算断面虚流量。

2　比测成果

后朱楼村水文站的 S3-SVR 型雷达波自动测流系统监测流量比测方法是采用 M9 型走航式 ADCP 在基本水尺断面上游 110 m 流速仪测流断面处施测的实测流量,与 S3-SVR 型雷达波自动测流系统同步采集计算的断面虚流量一起进行数据统计,巡测人员分别于 2019—2023 年在后朱楼村水文站进行洪水期间流量比测,期间部分时段因桥梁施工,无法开展比测,施工后恢复正常,比测数据覆盖中高水位。雷达波自动测流系统与走航式 ADCP 比测统计见表 1。

表 1　雷达波自动测流系统与走航式 ADCP 比测统计

序号	比测时间 (年-月-日 T 时:分)	水位/ m	雷达波自动测流 系统流量/(m³/s)	走航式 ADCP 流量/(m³/s)	比例 系数	推算流量/ (m³/s)	相对 误差/%
1	2023-07-27 T 10:19	32.44	74.3	57.1	0.77	58.3	-2.02
2	2020-08-07 T 08:12	32.64	129	89.4	0.69	94.5	-5.70
3	2022-07-07 T 12:06	32.69	113	90	0.80	83.8	6.92
4	2020-08-06 T 15:26	32.85	136	97.8	0.72	99.2	-1.45
5	2019-08-13 T 12:12	33.03	180	129	0.72	129.4	-0.28
6	2020-07-27 T 13:08	33.06	156	116	0.74	112.8	2.74
7	2023-07-13 T 09:11	33.11	138	109	0.79	100.6	7.73
8	2022-07-06 T 07:12	33.40	202	152	0.75	144.7	4.79
9	2020-07-24 T 11:10	33.57	220	156	0.71	157.4	-0.92
10	2020-08-15 T 08:48	33.95	306	235	0.77	220.0	6.40
11	2019-08-06 T 15:23	34.14	252	170	0.67	180.4	-6.10
12	2019-08-09 T 08:44	34.25	318	222	0.70	228.9	-3.12
13	2019-08-09 T 18:00	34.66	404	297	0.74	294.8	0.73
14	2019-08-12 T 15:27	35.10	477	372	0.78	353.1	5.08
15	2019-08-11 T 14:55	36.49	718	584	0.81	560.6	4.01
16	2019-08-11 T 11:00	36.70	756	612	0.81	595.4	2.71

3　分析率定

3.1　相关关系

根据后朱楼村水文站实测成果,通过率定相关关系,建立由 S3-SVR 型雷达波自动测流系统测量的断面虚流量为自变量与断面实测流量为因变量的函数关系式。绘制 S3-SVR 型雷达波自动测流系统测得的断面虚流量与 M9 型走航式 ADCP 所测流量的关系线,经二项式函数回归分析定线,结果为:

$$\left.\begin{array}{l} y = 0.000\ 2x^2 + 0.621\ 9x + 10.942 \\ R^2 = 0.998\ 3 \end{array}\right\} \tag{1}$$

式中:x 为 S3-SVR 型雷达波自动测流系统所测断面虚流量,m³/s;y 为断面实测流量,m³/s。

后朱楼村站 ADCP 实测流量与雷达波流速仪测量的流量关系见图 2。

通过采用相关分析法分析,S3-SVR 型雷达波自动测流系统测量的断面虚流量与 M9 型走航式 ADCP 所测流量之间相关关系较好,为显著相关。

将 S3-SVR 型雷达波自动测流系统所测断面虚流量代入二项式函数公式中,得推算流量,计算相对误差即实测流量减去推算流量,具体计算结果见表 1。

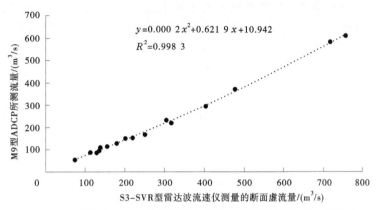

图 2　后朱楼村站 ADCP 实测流量与雷达波流速仪测量的流量关系

3.2　率定成果及误差分析

接下来针对函数关系线进行三项检验及系统误差、标准差及随机不确定度检验,成果见表 2。

表 2　三项检验结果

项目	符号检验	适线检验	偏离数值检验
实际计算值	0.25	0	1.30
置信水平 95% 情况下允许值	1.96	1.64	2.13
是否符合要求	符合	符合	符合

3.2.1　三项检验计算过程

（1）符号检验：

$$u = \frac{|k - 0.5n| - 0.5}{0.5\sqrt{n}} \tag{2}$$

已知 $n = 16$, $k = 7$,代入上式得 $u = 0.25$。

（2）适线检验：

$$u = \frac{0.5(n - 1) - k - 0.5}{0.5(n - 1)} \tag{3}$$

已知 $n = 16$, $k = 7$,代入上式得 $u = 0$。

（3）偏离数值检验：

$$S_{\bar{p}} = \frac{S}{\sqrt{n}} = \sqrt{\sum (p_i - \bar{p})/[n(n - 1)]} \tag{4}$$

$$t = \frac{\bar{p}}{S_{\bar{p}}} \tag{5}$$

已知 $n = 16$,代入上式得 $t = 1.30$。

3.2.2 系统误差、标准差及随机不确定度计算过程

（1）系统误差：

$$X''_y = \frac{\sum\limits_{i=1}^{N}(Q_i - Q_{ci})}{N} \tag{6}$$

式中：X''_y 为系统误差；Q_i 为第 i 实测点流量；Q_{ci} 为第 i 实测点流量 Q_i 相应的推算流量；N 为比测次数。

（2）标准差：

$$S_e = \sqrt{\frac{\sum\limits_{i=1}^{N}(Q_i - Q_{ci} - X''_y)^2}{N-1}} \tag{7}$$

式中：S_e 为标准差。

（3）随机不确定度：

$$X'_y = 2S_e = 2\sqrt{\frac{\sum\limits_{i=1}^{N}(Q_i - Q_{ci} - X''_y)^2}{N-1}} \tag{8}$$

式中：X'_y 为随机不确定度。

应用表 1 中数据，代入相应公式中，计算出标准差、系统误差与随机不确定度（见表 3）。

表 3　比测率定分析成果　　　　　　　　　　　　　　　　　　　　　%

三项检验	标准差	系统误差	随机不确定度
合格	5.6	1.3	11.2

按照《水文资料整编规范》（SL 247—2020）中对流速仪法测验精度的相关规定，比测率定分析成果达到三类精度水文站的精度指标要求。

3.3 比例系数确定

通过分析，雷达波流速仪与 ADCP 走航式的测验成果是密切相关的。从比测率定成果和精度指标来看，比测率定分析成果达到三类精度水文站的精度指标要求。将断面虚流量与实测流量的比值定义为比例系数，后朱楼村水文站雷达波流速仪的比例系数取各比测数据成果的平均值。因雷达波流速仪所测表面流速代表垂线平均流速，故比例系数也就是水面流速系数，水面流速系数为 0.75。

4　结　语

（1）近年来，中小河流水文站连续遭遇洪水过程，同时由于中小河流水文站覆盖面广且大多实行巡测方案，为弥补应急监测力量的不足，应用雷达波在线流量实时监测具有重要意义。为此，本文探讨在不同水位级情况下，将对雷达波在线流量监测数据进行系统修正的方法应用于实践。根据比测率定试验，断面实际流量区间在 57.1~612 m³/s，采用雷

达波测流成果计算断面流量共两种方法,一是应用相关线推求,二是采用比例系数即水面流速系数,进行修正。

(2)建议不断补充完善后朱楼村水文站不同水位级和流量级的比测分析工作,进一步优化雷达波流速仪的流速系数,不断提高工作效率,积极为地区防汛抗旱提供准确的水文数据和水文情报预报。

(3)雷达波流速仪的特点是测量速度快,适合在洪水期使用。由于测速时不受水面漂浮物、水质、水流状态的影响,而且流速愈大,漂浮物愈多,反射波愈强,有利于雷达波流速仪工作。雷达波流速仪与电波流速仪的原理相同,雷达波流速仪的成果应用对后朱楼村水文站后期开展电波流速仪的推广应用具有较好的参考意义。

利用暴雨资料推求设计洪水程序探讨

霍东亚

（菏泽市水文中心，菏泽 274000）

摘　要　在防洪评价中，经常需要利用长系列的暴雨资料推求设计洪水。基于重新编制的《山东省水文图集》中新的产汇流关系，对图集中暴雨推求洪水方法进行程序设计，编程实现图集中暴雨推求洪水的计算，使《山东省水文图集》在工程设计中的应用更加方便高效。

关键词　设计洪水；水文图集；单位线

近几十年来，全球气候变化，极端天气事件增多，人类活动影响不断积累和加剧，尤其是大规模农田水利工程建设、水土保持、整地改土和城市建设等，导致流域降水产流、汇流规律和水资源情势发生了很大变化。《山东省水文图集》（简称《水文图集》）于 1975 年出版，距今已近 50 年，已不能适应经济社会发展对水文参数成果的需求。根据新形势新要求，山东省水文中心于 2023 年初制定并通过了《山东省水文图集编制技术细则》（简称《细则》），同时启动新《水文图集》编制工作。水文分析计算中的暴雨推求洪水是《水文图集》中最核心的部分。在完成流域产流机制分析、流域产流模型分析、流域瞬时单位线汇流模型分析的基础上，重新编制的《水文图集》，对流域的暴雨径流关系、单位线关系进行了重新率定。基于新的产汇流关系，设计编程实现《水文图集》中暴雨推求洪水的计算，使《水文图集》在工程设计中的应用更加方便高效。

1　流域产流模型分析

以魏楼闸水文站为例，根据前期产流机制研究成果，魏楼闸站流域产流计算宜采用三参数降水径流相关法，即 $P+P_a-R$ 关系。

1.1　场次暴雨量 P 计算

建立降水径流关系相关图需要足够数量和代表性的观测资料，对于洪水预报方案（包括水库水文预报及水利水电工程施工期预报），要求使用不少于 10 年的水文气象资料，其中应包括大、中、小洪水各种代表性的场次洪水资料，湿润地区不应少于 50 次，干旱地区不应少于 25 次，当资料不足时，应使用所有洪水资料[1]。鉴于本流域实际发生雨洪情况，洪峰流量在两年一遇级别以上量级洪水全部选用。流域面雨量采用算术平均法计算。产流量对应的场次暴雨量计算时段为本场暴雨开始时间截至流量与起涨点流量基本相等的时刻，直接径流量对应的场次暴雨量计算时段为本场暴雨开始时间截至直接径流终止时间。

作者简介：霍东亚（1976—），女，高级工程师，主要从事水文水资源工作。

1.2　前期影响雨量 P_a 计算

1.2.1　流域最大损失量 I_m 计算

根据《细则》要求,分析流域最大损失量 I_m,选取久旱无雨后一次降水量较大且全流域产流的雨洪资料,计算流域平均降水量 P 及产流量 R,因久旱无雨,认为降雨开始时 P_a 约为 0,则

$$I_m = P - R - E \tag{1}$$

式中:E 为雨期蒸发量(实为降水开始至次洪结束时的蒸发量)。

综合考虑,确定魏楼闸站流域最大损失量 I_m。

1.2.2　土壤含水量日消退系数 K 计算

魏楼闸有 1980—2022 年蒸发资料。考虑到分析魏楼闸流域产流模型的雨洪资料都为汛期资料以及天然流域与现状下垫面及气候差异,采用魏楼闸站 1980—2022 年 5—9 月逐日蒸发资料,并折算成逐日 E601 型蒸发器蒸发量,在此基础上选取历年逐月最大日蒸发量,再由多年系列平均求得逐月最大日蒸发能力,然后根据公式 $K = 1 - E_M/I_m$ 计算得 5—9 月逐月土壤含水量日消退系数 K。

1.2.3　前期影响雨量计算

前期影响雨量计算至降水开始时刻。逐日 8 时的流域前期影响雨量 P_a 采用递推公式计算,每年自 5 月 1 日开始计算,赋 P_a 初值为 $I_m/2$,由此向后逐日推算。流域逐日 8 时前期影响雨量计算式为

$$P_{a,t+1} = K(P_{a,t} + P_t) \tag{2}$$

式中:$P_{a,t+1}$ 为第 $t+1$ 日 8 时的前期影响雨量,mm;$P_{a,t}$ 为第 t 日 8 时的前期影响雨量,mm;P_t 为第 t 日的面降雨量,mm;K 为土壤含水量日消退系数。

场次暴雨前期影响雨量 $P_{a,i}$ 计算公式如下:

$$P_{a,i} = \left(P_a + \sum P_{ti}\right) \times K^{\frac{I}{24}} \tag{3}$$

式中:$P_{a,i}$ 为降水开始时的前期影响雨量,mm;P_a 为 8 时的前期影响雨量,mm;$\sum P_{ti}$ 为 8 时至降水开始时的累积降水量,mm;K 为土壤含水量日消退系数;I 为 8 时至降水开始时的小时数。

P_a 和 $P_{a,i}$ 都以流域最大损失量 I_m 作控制。

1.3　径流量 R 及直接径流量 R_s 计算

根据前期产流机制研究成果,本流域基本无基流,场次洪水中包括地面径流、壤中水径流和地下水径流三部分。分割次洪水径流量采用流域平均时段退水曲线,若待分割洪水的起涨流量小于后继洪水的起涨流量,先用流域平均时段退水曲线将退水过程延长到与起涨流量基本相等值,场次洪水径流量从起涨点计算至流量与起涨点流量基本相等的时刻为止;划分直接径流与浅层地下径流采用斜线分割法,一般从洪水起涨点至直接径流终止点目估画一倾斜直线,该倾斜直线与洪水过程线包围部分即为直接径流量。

需要注意的是,当初期降水强度偏小时,洪水起涨较慢,后来强度较大,洪水上涨迅速,对于这样的洪水过程线,采用起涨点与直接径流终止点连线的方法,往往导致部分时段直接径流为负值这一不合理现象。为避免任意时刻直接径流量为负值,具体采用连接

明显起涨点和直接径流终止点的方法处理。显然,这样处理往往导致部分场次直接径流量在一定程度上偏小,具体处理时结合场次洪水过程线特征乘以一修正系数。本流域修正系数一般在 1.0~1.1。

2　流域瞬时单位线汇流模型分析

净雨过程指的是一次洪水径流量中直接径流在降雨过程中的时程分配。净雨过程计算采用降雨径流相关法和平均损失率法。首先根据 $P+P_a-R$ 关系点群中心线,由前期影响雨量 P_a 及时段雨量过程,推求得逐时段径流深;然后通过试算法扣除稳定下渗(浅层地下水径流和中慢速壤中流),得到逐时段直接净雨深。选用魏楼闸站流域 5 场次雨洪资料,在净雨过程和洪水过程分割成果基础上,分别采用矩法、优化法和人工调整法三种方法确定各场次雨洪瞬时单位线参数,通过分析不同方法的局限性和优劣(分析复合洪峰精度),确定了场次雨洪参数的初步确定方法,即采用系统微分响应率定,再根据需要进行人工调整最终定参的方法。

3　程序设计

3.1　程序总体设计

《水文图集》中暴雨推求设计洪水,主要包括净雨计算、瞬时单位线的选择和流量过程推求三部分。首先将 1975 年《水文图集》中率定的"暴雨径流关系""设计雨型""M_1 与单位线关系"录入数据文件。为方便试算,此次程序试算仍使用 1975 年《水文图集》的参数和关系线等数据文件,在新《水文图集》完成后进行相应替换。程序调用相应数据文件实现瞬时单位线推算设计洪水过程。

为保证程序使用的灵活性,"计算净雨"与"雨型分配"模块各自独立,即可以在相应文本框中手工录入 1 日净雨、2 日净雨、3 日净雨的值,运行"雨型分配"。根据流域面积"计算 M_1"与"选择单位线"各自独立,即可以在相应文本框中手工录入 M_1 的值,运行"选择单位线"。程序工作流程如图 1 所示。

3.2　暴雨径流关系查询及雨型分配模块设计

利用长系列水文降雨资料,对项目所在流域范围的当地暴雨洪水进行计算。暴雨历时按照《水利水电工程水文计算规范》(SL/T 78—2020)的规定,采用 P-Ⅲ型曲线进行频率分析计算,求得设计保证率的点雨量的最大 24 h、最大 3 d 设计暴雨量。根据暴雨点面系数,求得相应设计面雨量。根据确定的最大 24 h、最大 3 d 面雨量设计暴雨值、初始 P_a、相应暴雨径流关系线号,程序自动查询净雨量和分配雨型。

程序采用样条曲线的原理和公式,选择线号,将"暴雨径流相关表"数据拟合成样条曲线进行查询。查询出的点 $(R_1, H_1+P_{a_1})$、$(R_2, H_2+P_{a_2})$、$(R_3, H_3+P_{a_3})$ 在样条曲线上以红点显示。暴雨查净雨运行界面如图 2 所示。

3.3　单位线推求设计洪水

在程序中录入流域面积,计算出 M_1,自动选取调用数组变量中最接近的 M_1 值,调用"M_1 与单位线关系",与净雨变量相乘错时段叠加计算出流过程、洪峰流量和洪水总量。其中,净雨变量相乘错时段叠加生成瞬时单位线的部分代码如下:

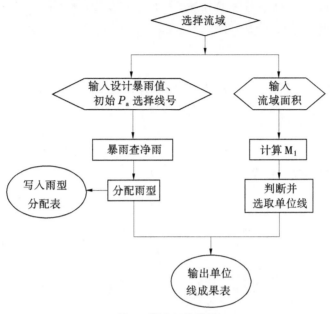

图 1　程序工作流程

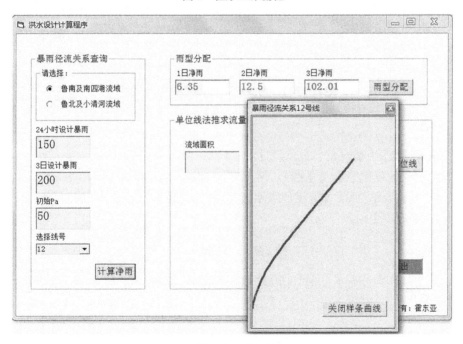

图 2　暴雨查净雨运行界面

```
Dim n1, n2,n3
……
For i = 1 To n1
    For j = 1 To n2
        If 1 <= i - j + 1 And i - j + 1 <=n3 Then
```

$$Qs1(i) = Qs1(i) + PP1(j) * F / 100 / 10 * U1(i - j + 1)$$
　　　　End If
　　Next j
　　Next i

单击"输出单位线成果表"按钮,在打开的"保存数据文件"对话框中选择文件保存路径及文件名,进行保存。程序输出的单位线成果表内容包括净雨分配过程、选用的单位线过程、设计洪水的流量过程线、洪峰流量和洪水总量。由于根据计算出的瞬时单位线参数M_1选用了 2 h 单位线、6 h 单位线两条单位线,因此输出的单位线成果表分别给出了两种单位线的所有计算结果。程序运行界面如图 3 所示。

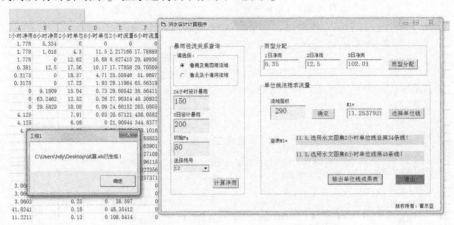

图 3　单位线推求设计洪水程序运行界面

4　结　论

对《水文图集》中暴雨资料推求设计洪水计算过程进行编程设计。录入设计暴雨值、相应初始 P_a、选定暴雨径流关系线号、流域面积,程序自动查询净雨和分配雨型,根据流域面积判断并选取单位线,计算设计洪水过程、洪峰流量和洪水总量,使新《水文图集》在工程设计中的应用更加方便高效。

参　考　文　献

[1] 中华人民共和国水利部.水文情报预报规范:GB/T 22482—2008[S].北京:中国标准出版社,2009.

临沂市变化环境下山丘区典型流域
产流机制辨析研究

邵秀丽　张聿超　崔海滨　屈传新

（临沂市水文中心，临沂 276000）

摘　要　受气候变化和人类活动双重影响，流域水循环过程发生了明显变化。变化环境下产流机制准确判别，对掌握流域水文循环及水资源管理、防洪减灾工作具有重要意义。本文以沙沟水库流域为研究对象，选取 1960—2020 年 11 场次暴雨洪水资料，计算流量过程线不对称系数、径流与降雨相关系数等指标，对气候、地理和下垫面特征、降雨径流关系进行综合分析，确定流域为以蓄满产流为主的产流模式。研究结果可为临沂市一般山丘区流域产流特征分析提供参考。

关键词　产流机制；水文循环；降雨径流

1　引　言

下垫面变化引起的产流能力变化，是现代水文分析中面临的重要问题。准确判别变化环境下产流机制，对掌握流域水文循环、水资源管理、防洪和减灾工作具有重要意义。本文以一般山丘区典型流域沙沟水库流域为例，选取 1960—2020 年中的 11 场次暴雨洪水资料，对流量过程线、气候、地理和下垫面特征、降雨径流关系进行分析，引入流量过程线不对称系数、径流量与降雨量相关系数、径流量与主时段雨强相关系数等指标，确定流域为以蓄满产流为主的产流模式。研究结果可为临沂市一般山丘区流域产流特征分析提供参考。

2　流域概况

沙沟水库流域位于沂水县沙沟村西南，属淮河区沭河水系，是一般山丘区中型代表性流域，其流域面积 164 km²。流域形状近似扇形，山高势陡，为纯山区，河流源短流急。流域上游多玄武岩、石灰岩，下游多片麻岩、花岗岩及砂岩。土壤多沙壤土，土质多瘠薄，水土流失较严重，生态环境和径流情势的改变较大。流域多年平均降水量 759.0 mm，6—9月降水量 557.6 mm，汛期降水量约占全年降水量的 74.0%。

沙沟水库水文站设立于 1960 年 5 月，是常年站，截至 2020 年底，具有洪水资料系列60 年。流域内雨量站有野坊、辉泉、梓罗峪和沙沟水库。流域内无蒸发监测资料，移用附

作者简介：邵秀丽（1982—），女，工程师，主要从事水资源调查评价、区域用水总量监测及核定、农业用水典型区监测等领域研究工作。

近跋山水库站蒸发资料。跋山水库站位于本站西南向 30 km 处。

具体采用的资料有:沙沟水库水文站反推入库洪水摘录表;野坊、辉泉、梓罗峪和沙沟水库 4 个雨量站逐日降水量表和降水量摘录表;跋山水库站逐日水面蒸发量表。

3 洪水资料选择

流域产流机制分析选用全流域降水量较大且峰后无雨的较大暴雨洪水资料,不同年代、不同量级的降水径流资料都有选用。基于此,洪水资料选择主要从 3 个方面考虑:一是量级较大,二是峰后无雨,三是全流域降水量都较大。

根据沙沟水库水文站洪水要素摘录表,统计历年最大洪峰流量(见表 1)。

表 1　沙沟水库水文站历年最大洪峰流量系列

年份	洪峰流量/(m³/s)	年份	洪峰流量/(m³/s)	年份	洪峰流量/(m³/s)
1961	273	1981	200	2001	362
1962	597	1982	200	2002	20.8
1963	1 888	1983	183	2003	72.2
1964	407	1984	661	2004	312
1965	1 467	1985	717	2005	167
1966	294	1986	61.1	2006	20.8
1967	374	1987	144	2007	312
1968	3.80	1988	322	2008	367
1969	224	1989	93.3	2009	167
1970	1 002	1990	423	2010	217
1971	409	1991	100	2011	161
1972	225	1992	173	2012	687
1973	306	1993	468	2013	62.7
1974	961	1994	295	2014	1.00
1975	87.5	1995	422	2015	43.2
1976	322	1996	807	2016	135
1977	72.2	1997	744	2017	379
1978	722	1998	2 096	2018	1 029
1979	656	1999	218	2019	988
1980	261	2000	146	2020	123

根据历年最大流量系列,进行频率适线,分析得沙沟水库水文站百年一遇洪峰流量 2 293.7 m³/s,50 年一遇洪峰流量 1 888.8 m³/s,20 年一遇洪峰流量 1 368.3 m³/s,10 年一遇洪峰流量 991.3 m³/s,5 年一遇洪峰流量 637.6 m³/s,3 年一遇洪峰流量 401.7 m³/s。

本站最大洪峰流量 2 096 m³/s(1998 年 8 月)稀遇程度超过 50 年一遇。本站 1961—2020 年系列 3 年一遇以上量级洪水资料统计情况见表 2。

表 2　沙沟水库水文站 1961—2020 年系列洪水量级统计(3 年一遇以上量级)

洪水等级	重现期 N/年	相应洪峰流量 Q_m/ (m^3/s)	发生 次数/次	洪峰流量(洪峰发生时间)/ (m^3/s)
特大洪水	$N \geqslant 50$	$Q_m \geqslant 1\ 888.8$	1	2 096(19980822)
大洪水	$20 \leqslant N < 50$	$1\ 368.3 \leqslant Q_m < 1\ 888.8$	2	1 888(19630719);1 467(19650815)
较大洪水	$10 \leqslant N < 20$	$991.3 \leqslant Q_m < 1\ 368.3$	2	1 002(19700729);1 029(20180626);
一般洪水	$5 \leqslant N < 10$	$637.6 \leqslant Q_m < 991.3$	11	961(19740724);800(19740813);722(19780701); 656(19790712);661(19840712);717(19850711); 807(19960725);744(19970820);641(19980723); 687(20120803);988(20190811)
	$3 \leqslant N < 5$	$401.7 \leqslant Q_m < 637.6$	7	597(19620713);407(19640716);409(19710801); 423(19900816);468(19930716);422(19950816); 432(20180819)

根据《水利水电工程等级划分及洪水标准》(SL 252—2017),山区、丘陵区水利水电工程永久性水工建筑物防洪标准一般在 10 年一遇以上,临时性水工建筑物洪水标准一般在 3 年一遇以上。综合考虑洪水发生量级、年代分布代表性和避免复式洪水等因素,剔除 407(19640716)、1 467(19650815)、800(19740813)、661(19840712)、641(19980723)、423(19900816)、422(19950816)、807(19960725)、2 096(19980822)、432(20180819)、988(20190811)11 场复式洪水后,表 2 中的 12 场洪水初步纳入分析范围。

继而,考虑峰后无雨及全流域降水较大两个因素,对初步入选的 12 场洪水进行进一步筛选。本流域所选洪水场次有限,雨洪对应关系好,对 12 场洪水中个别峰后有少量降雨且洪水过程易于分割的洪水也选入分析范围。1 888(19630719)受前期降水影响,降雨径流关系相对不好,不予纳入分析范围;687(20120803)虽存在复峰,但考虑到年代分布代表性,纳入分析范围。

最终确定 11 场洪水全部纳入产流机制分析范围,分别为 597(19620713)、1 002(19700729)、409(19710801)、961(19740724)、722(19780701)、656(19790712)、717(19850711)、468(19930716)、744(19970820)、687(20120803)、1 029(20180626)。对照表 2,所选 11 场洪水基本包含各级洪水量级,年代分布也较好。

4　流量过程线分析

所选 11 场暴雨洪水过程见图 1~图 11。以洪峰为中心,按 60 min 进行插补,确保插补点流量与洪峰流量对应。流域面雨量采用泰森多边形法计算,不同年代雨量站点数量不一,流域内各雨量站权重系数见表 3。

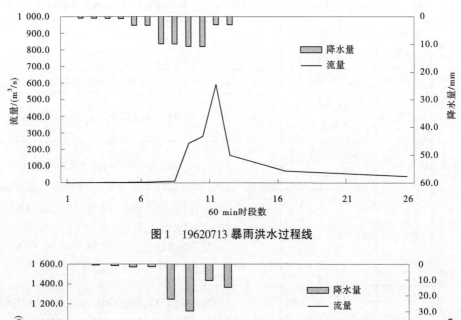

图 1   19620713 暴雨洪水过程线

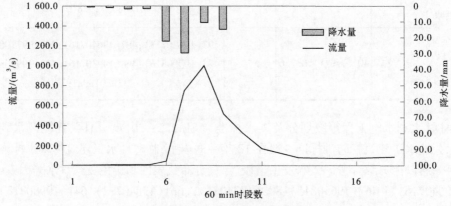

图 2   19700729 暴雨洪水过程线

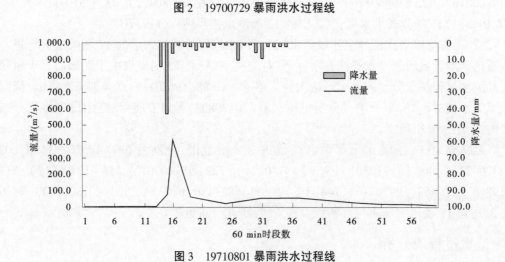

图 3   19710801 暴雨洪水过程线

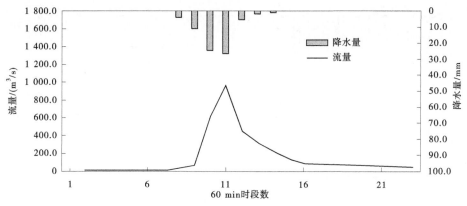

图4　19740724暴雨洪水过程线

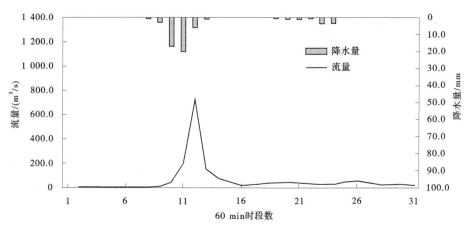

图5　19780701暴雨洪水过程线

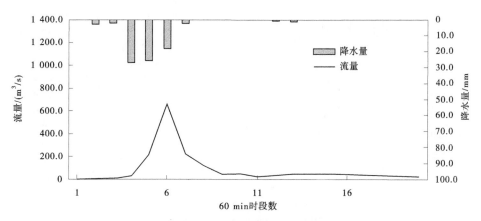

图6　19790712暴雨洪水过程线

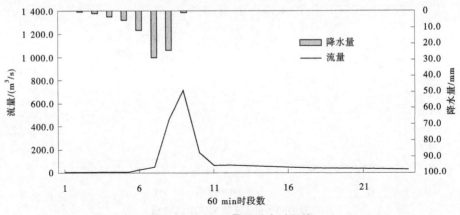

图 7   19850711 暴雨洪水过程线

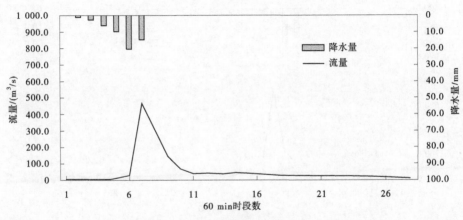

图 8   19930716 暴雨洪水过程线

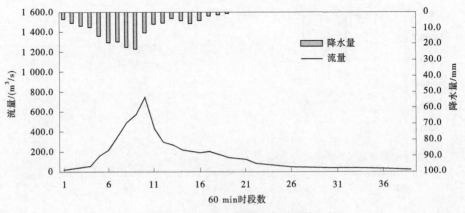

图 9   19970820 暴雨洪水过程线

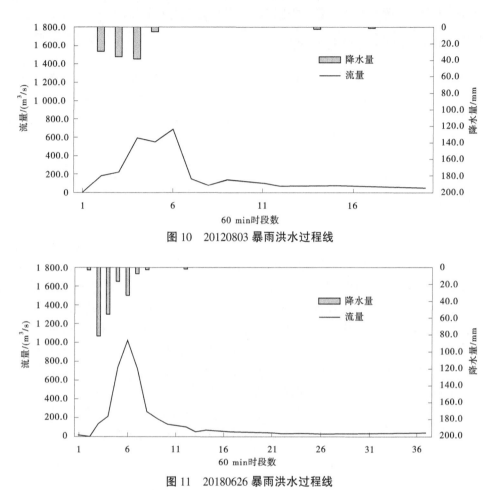

图 10　20120803 暴雨洪水过程线

图 11　20180626 暴雨洪水过程线

表 3　沙沟水库流域各雨量站权重系数

洪水场次	各雨量站权重系数				
	野坊	辉泉	梓罗峪	沙沟水库	合计
19620713				1.000	1.000
19630719			0.686	0.314	1.000
19700729;19710801;19740724;19780701		0.307	0.462	0.231	1.000
19790712;19850711;19930716; 19970820;20120803;20180626	0.232	0.215	0.415	0.138	1.000

由图 1~图 11 可知,11 场洪水中,除 19780701 和 19790712 两场洪水因暴雨过程持续时间较长导致洪水过程存在一定的对称性外,其他 9 场洪水基本都呈现出一定程度的不对称性,一般较大量级洪水过程线多呈缓涨缓落,特大洪水过程线洪峰附近呈现陡涨陡落现象,总体对称性一般都不好。

因此,从洪水过程线初步判断,本流域倾向于蓄满产流为主。

5 气候、地理和下垫面特征分析

从地理、气候来讲,沙沟水库流域位于淮河流域沭河水系,多年平均年降水量755.0 mm,多年平均年蒸发能力1 074.0 mm,多年平均年干旱指数1.4,属于半湿润地区。

从下垫面来讲,本流域属于一般山丘区,流域形状为扇形,流域长度15.5 km,流域平均宽度10.6 km,流域形状系数为0.36,河网密度0.38,不对称系数0.12,干流长度21.3 km,干流平均坡度0.010 1,河道弯曲系数1.52;沙沟水库大坝位于沭河上游的沂水县沙沟村西南,地处沂山西南麓的群山峻岭之中。河源位于沂山南坡石槽峪北山顶,山势北高南低,顺势东南流,三大支流在崖庄村前后先后汇入,组成近似长方形的流域。深山区主要在北部和西北部的沂山地带,约占10%以上,河谷平原约占5%,其余皆为浅山区。岩石有片麻岩、花岗岩、石英岩,砂岩分布较广,在张马、于沟、沙沟一带。石灰岩主要分布在辉泉到三泉的清水河流域。三泉附近有溶洞,有大泉、三泉等名泉,泉水涌旺,常年奔流;还有玄武岩、凝灰岩,主要在西南方的变山顶一带。土壤有沙壤土、黏土、黑土,以沙壤土最多,土层瘠薄。黏土主要在青石山一带,土壤较肥沃。种植的作物有地瓜、花生、玉米、谷子、小麦等。荒山大都绿化,主要有马尾松、洋槐树。山坡河谷、山涧也植有柳树、杨树、平柳、梧桐及各种经济果树。近年来修了许多塘坝和小水库,水土流失逐年有所减少,但由于沙丘山较多、岭地整平尚不标准,所以水土流失仍较多。该区风化壳厚度一般在10~25 m,受断裂影响裂隙发育,这种风化壳一般赋存浅层风化裂隙水。但这种浅层含水层不稳定,受季节影响较大,水位升降频繁,水量很不稳定,单井涌水量小于100 m^3/d。

可见,从气候、地理和下垫面条件来讲,本流域多属蓄满产流模式。

6 综合分析

本流域产流机制综合分析见表4。从多年平均年降雨量和多年平均年径流系数来看,本流域产流方式介于蓄满产流和超渗产流之间;但是从其他定性指标及综合性分析而言,本流域明显属于蓄满产流。

表4 沙沟水库流域产流机制分析

编号	对比分析内容	蓄满产流	超渗产流	本流域指标
1	多年平均年降水量	>1 000 mm	<400 mm	755 mm
2	多年平均年径流系数	>0.4	<0.2	0.27
3	流量过程线不对称系数	大	小	较大
4	降雨强度对产流影响	小	大	较小
5	影响产流因素	初始土湿和降水量	初始土湿和降雨强度	初始土湿和降水量
6	表层土质结构	疏松,不易超渗	密实,易超渗	疏松,不易超渗
7	缺水量	小,易蓄满	大,不易蓄满	小,易蓄满

续表4

编号	对比分析内容	蓄满产流	超渗产流	本流域指标
8	地下径流	比例大	比例小	比例较大
9	产流与降雨特征的关系	与降水量关系密切	与降雨强度关系密切	与降水量关系密切

本流域径流量与降水量、雨强之间的相关关系见图12。径流量与降水量相关系数为0.843;径流量与主时段雨强相关系数仅为0.146,可见,本流域径流量与降水量关系密切,而与主时段雨强关系相对不密切。

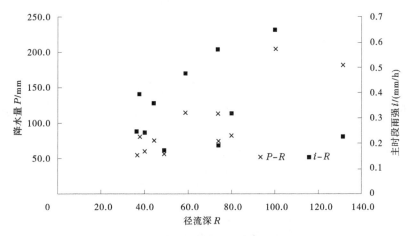

图12　沙沟水库水文站降雨径流关系

综合考虑本流域具体情况,流域位于淮河流域沭河水系,流域坡度大,岩石有片麻岩、花岗岩、石英岩,地表多为砂石风化层且厚度不大,地表风化层渗透系数略大,由于裂隙细小,透水性有限,受季节影响较大,水位升降频繁,水量很不稳定。当发生一般强度暴雨时,往往先入渗形成壤中流,河水起涨相对缓慢,流域蓄满之后洪水上涨迅速;当发生大暴雨或特大暴雨时,流域很快蓄满,洪水骤涨骤落;洪水退水尾部相对较长,一般持续数天时间。从本站流量资料来看,枯季一般都处于河干状态,汛期如果长时间不降水,河道也会出现河干状态,所以本流域基本无深层基流,场次洪水包括地面径流、壤中水径流和地下水径流三部分。

本次分析所选洪水基本包含各种量级洪水,其洪水过程线基本都表现出明显的蓄满产流模式,即本流域产流模式基本以蓄满产流为主,总径流由壤中水径流、地下水径流和地面径流组成。其影响总径流的因素是降水量、初始土壤含水量和雨期蒸散发量。

7　结　论

本次分析所选洪水基本包含各种量级洪水,其洪水过程线基本都表现出明显的蓄满产流模式,即本流域产流模式基本以蓄满产流为主,总径流由壤中水径流、地下水径流和地面径流组成。影响总径流的因素是降水量、初始土壤含水量和雨期蒸散发量。

参 考 文 献

［1］彭清娥,刘兴年,黄尔,等.山区流域强降雨情况产流模式研究:以涪江平通河流域为例[J].工程科学与技术,2019,51(3):123-129.

［2］金保明,高兰兰,李光敦.考虑蓄满产流机制的流域分布式产汇流模型[J].工程科学与技术,2019,51(3):114-122.

［3］杨春辉,李世勇,张强.基于退水影响的流域产流研究[J].东北水利水电,2023,41(9):13-15.

大数据技术在地下水中的应用探索

李　蔚

(临沂市水文中心,临沂 276000)

摘　要　地下水为重要供水水源之一,防控地下水污染、改善生态环境质量、提高地下水监测管理刻不容缓,水利部印发的《水文现代化建设技术装备有关要求》对水文现代化建设和应用作出了相应要求,以大数据理念为引领,根据临沂市国家地下水监测工程(水利部分)和省级地下水监测站,分析了地下水监测现状,介绍了基于大数据发展的地下水监测技术,并提出构建立体化运算模型的高效模式,以提升管理效率和社会服务水平。

关键词　地下水;监测技术;大数据;监测平台

1　引　言

地下水是水资源的重要组成部分,是支撑经济社会发展的重要自然资源,是维系良好生态环境的要素之一,也是抗旱应急的重要水源。《地下水管理条例》作为我国第一部地下水管理的专门行政法规,对强化地下水管理、防治地下水超采和污染产生了重要影响。水利部印发的《水文现代化建设技术装备有关要求》对水文现代化建设和应用作出了相应要求,大数据技术在地下水中的应用及推广已成为必然趋势,地下水监测数字化、信息化、智能化增强了水文测报和信息服务能力,为"双碳"目标的实现贡献了水文智慧。

2　地下水监测历史沿革

(1)萌芽阶段。临沂市地下水开发历史悠久。据史料记载,明天启二年(1622 年),费县东卞桥村(现属平邑)王氏出资打成深 10 m、直径 2.5 m 的大井。中华人民共和国成立后,农民有了自己的土地,打简易土、砖、石井抗旱浇地。一般井多分布于平原河边,用以饮水和浇菜,山区基本无灌溉用井。初期在全市部署了少量地下水位长期监测点,主要以生活和工农业生产为服务对象。

(2)探索阶段。20 世纪 70—80 年代,临沂市全区各级党、政部门,把打井当成战略措施来抓,从上到下层层建立抗旱打井机构,各级主要领导挂帅,各部门主要领导组成打井领导小组,以专业队为骨干,掀起打井高潮。为工农业生产的发展提供了较为可靠的水源保障。

(3)发展阶段。20 世纪 90 年代,地下水监测出现了经费不足、人才流失等问题,监测点数量有所缩减。但随着经济的发展,地下水开采量不断增长、地下水位下降、地下水水质变差等引发的环境问题越来越严重。因此,转变工作思路,开展地下水监测调查,由区

作者简介:李蔚(1986—),女,高级工程师,主要从事水文水资源研究工作。

域性监测向重点监测转变,地下水监测工作稳步发展。

（4）提高阶段。21世纪,随着临沂市地下水资源开发利用程度日益提高,由此引发的地质环境问题日趋突出,政府日益重视地下水监测工作,加大了监测井站网密度,优化完善地下水监测站网,尤其是重点地区监测站密度,大大提高了监测质量。地下水监测技术日益先进,自2005年开始启动了地下水自动化监测系统建设,开发了地下水监测信息服务系统,实现了地下水水温、水位的自动采集、传输、存储和分析,监测数据的时效性、准确性明显提升,引进了ArcGIS等分析软件,在研究工作中由过去的以描述为主的定性分析向以数据为基础的定量分析转变,取得了较为明显的成效。

3　地下水监测现状探析

3.1　地下水监测网概况

3.1.1　国家地下水监测工程监测站

根据《水利部 国土资源部关于国家地下水监测工程初步设计报告的批复》(水总〔2015〕250号),临沂市完成了国家地下水监测工程(水利部分)建设任务,即新建36处监测站、2处泉流量站及配套辅助设施建设等工作。共建成38个国家级地下水监测站(38个监测点),其中地下水位监测站点38个(含泉流量站2个),全部实现自动采集与传输,其中1个站点同步开展常规水质监测。

3.1.2　省级地下水监测站

临沂市共有地下水动态监测井36眼,其中基本井33眼,重点井3眼,主要分布在平原区,每5天监测一次地下水位,每年取样分析一次水化学常规项目。

3.2　地下水监测技术

地下水监测分为人工监测和自动化监测,目前水位、水温要素的监测方面自动化监测逐步替代了人工监测,水质、流量要素的监测方面仍以人工监测为主,水质仅在枣园监测站开展了自动化监测,2个泉流量站开展了流量自动监测。

（1）水位和埋深。地下水位和埋深是最基本的地下水动态监测要素,人工测量主要采用悬锤式水位计,自动化测量主要采用压力式水位计和浮子式水位计。地下水位监测具有适用性、及时性、灵活性和扩展性。地下水位监测系统主要由前端监控设备和中心控制平台构成。前端监控设备与中心平台之间的数据通信通过GSM/GPRS 3G/4G无线传输到中央机房的因特网。集成式的水位计内置锂电池供电,体积小,质量轻,在野外方便使用,不需要建站房,只需要将其放入监测井中,由监测井上方设立的设备外箱进行防护即可。水位计是根据水压与水深成正比的静水压力原理,采用水压敏感集成电路制造的。将水压测量传感器固定在井中观测点位,把测点上方的压力高度与传感器所在位置的标高累加,就可以测得当前地下水位标高值。通过大数据可以实时查看各监测点实时水位数据。

（2）水质污染监测。地下水水质一般采用现场人工取样、实验室分析的方式,使用便携式水质测量仪现场仅能测量pH、电导率和氧化还原点位等少数指标。自动化监测中电极法测量电导率已较普遍。大数据可以通过分析地下水污染物成分、含量等信息推断污染源,为污染治理提出指导策略和源头分析,以便在污染发生的早期及时得到控制,尽可能缩小污染扩散范围和程度,保护水资源。大数据技术拥有极强的云端存储和计算能力,应用于地下水污染监测领域,可以将繁杂庞大的数据统一整理分析并做出图表,以帮助应对策略分析。大数据技术通过部署在各处水源的探测器实时收集地下水污染物的含量、种类、浓度等数据,并分类存储到数据库中,然后通过云计算对数据进行分区计算和分析,把各种污染成分的浓度和污染等级反馈给相关部门以做应对。这种方式取代了传统的人工作业方式,通过海量数据和实时计算极大地提升了地下水水质评价的客观性和准确性。

(3)水温。地下水水温人工测量主要是使用温度计现场测量。自动测量仪器多使用半导体、铂电阻等类型的传感器,一般不单独安装,多与水位计一起构成多参数传感器。

(4)流量(开采量)。地下水流量监测主要是指泉流量的监测。测量方法多为明渠测流法,使用流速仪、堰槽、超声波等流量计进行测量。地下水水流监测是基于超声波回弹技术原理开发的,它使用超声波发射和接收器接收到的反射信号之间的时间差值来测量水流速度。

4　大数据监测平台的构建

构建大数据监测平台需要以大数据技术作为技术支持,以大数据库作为信息资源,以现代化通信设备作为媒介,搭建共享平台。在构建平台的过程中,需要从以下几方面开展:

(1)获取准确性、完整性数据。在地下水监测中,数据来源主要包括人工采集水域信息、周边水质、水源周边地貌,对网络渠道获取的排放物、污染物、天气情况等数据进行分析,利用传感器实时获取水质详细信息。构建数据库时,需要对信息进行动态化监测,对周边地貌地质、区域水源状况和污染信息等进行多元化数据采集。根据信息的特点、内容等进行归类、整理,最后进行标准量化存储。

(2)划分等级标准。根据水质的特征等对区域水质划分等级标准。利用大数据技术,对水质资料进行量化统一处理,以规范的形式对数据进行分布式存储,运用相关计算公式、计算模型等进行评估分析。

(3)构建监测评价模型。应用模型发挥其预警功能是评价水质并对其进行预测评估的基础。随着数据技术的不断发展,水源监测与信息数据技术充分结合,建立了符合监测的数学应用模型并对水质风险进行模糊性评价。在监测的过程中,广泛利用数学监测模型,构建对水质及周围环境进行综合评价的预警模型,不断完善与发展。

(4)监测、捕获异常数据。构建监测平台时,要保证数据平台具有远程数据监测的功能,对水质信息与动态化数据及时捕获异常,对数据进行智能计算,向监测终端传递异常信息发挥预警功能。在监测中可设置温度,当温度超过标准值时,平台及时显示异常信息,并在数据中显示详细的非法数值、仪表类型等。利用实时提醒功能,推送异常结果,并依次发出警告,在固定时间段向终端系统、管理者提供告警数据,为实施恰当的处理措施提供依据。

(5)基于大数据建立可实施的监测流程。监测流程设计主要以采集数据、处理分析结果和分析水质状态等为核心,以可视化的形式展示大数据监测结果,呈现真实状态与信息。设计大数据水质监测流程时,应合理安排基础层、数据层、中间层、表现层。基础层包括基础数据信息、信息传感器和检测仪等基本采集设备;数据层主要包括基础数据、水质数据等多元化数据库;中间层包括数据信息的挖掘和数据的管理,利用统计、监测、管理、计算等方式分析数据的价值及意义;表现层主要是以图示、图表的形式展示基本信息、呈现状态。

5 对数据快速专业化的分析和挖掘

大数据技术可以对地下水数据进行采集、分析、存储,进而深度挖掘和分析数据背后的深层价值。实现利用大数据技术服务水文监测,通过相关技术提升地下水监测数据的利用率。大数据技术的主要应用模式为对数据进行可视化分析,可利用可视化方式对数据进行利用,大数据技术的特点便是通过可视化方式提升数据分析的时效性,并且数据的呈现形式更加直观化、典型化、易被接受。利用大数据技术进行地下水自动化监测,可实现对水文数据的自动监测、获取、采集,并通过相关设备实现数据的实时传输,提供技术支持。大数据技术在地下水监测中通过挖掘算法对数据分析,并且迅速从不同类型、复杂的数据中获取、挖掘价值信息。

6 快速处理不同类型、复杂的数据

地下水的监测难度高于地表水,地下水各要素的变化和引发的环境变化在地下不容易直接观测。分析研究地下水引起的污染类型、超采导致的地面沉降变化趋势等,综合分析确定地面沉降的程度,合理开发利用地下水源。利用地下水需要以保护水资源为基础,以自动化设备监测水质变化、对水源进行动态化分析,及时掌握不同数据与信息。对此,便需要信息技术作为支持,充分利用大数据技术,保证监测站的密度、促进自动化监测的普及、迅速处理前端采集的数据。大数据技术具有兼容性、广泛性的应用特点,并在不断的实践中完善数据技术对地下水监测的服务价值。

7 结 语

大数据技术的发展极大提高了地下水监测水平,对地下水监测现状进行分析,并对大数据技术在地下水监测中的应用进行研究,在大数据技术的支持下,其通过立体化运算模型的构建,可对监测信息进行分类运算和发展趋势分析,可有效提升地下水数据监测的精度。

(1)推进自动化监测技术设备安全防护,提高监测能力。数据库系统安全防护,采取密码机制,实现身份认证、数据保护、安全审查等保障,建立数据库备份设备、设施,执行数据备份策略,对数据备份介质妥善保存;由于地下水水温有的很低,产生水汽,致使 RTU 不工作,主要从设备防水、防电、防雷、不间断电源供应等方面采取防护措施;通信网络的安全防护,可以通过启用安全协议机制,实现接入认证、信息完整性保护和信息源等功能,还可以采用端到端的密码机制、访问认证等安全策略保障数据传输的机密性。

(2)加强数据管理,实现监测系统共享。构建多级地下水数据库系统,包括基础信息数据库、实时监测信息数据库、整编数据库、分析成果数据库,多部门间联动磋商机制正在形成,建立数据共享服务平台正在建设,可实现水文全方位服务于社会的要求。

（3）建设专门性监测井，替换现有民用井。加快替换民用井监测的长期监测站点，避免因开采导致局部水位大幅度降落，影响监测数据的准确性和代表性，消除因生产井所属权变更或报废而无法监测造成数据中断的隐患，提升监测数据连续性和监测质量，改善监测站点管理和维护困难的现状。

参 考 文 献

[1] 任高京.地下水监测存在问题及对策[J].山西建筑,2018,44(12):220-221.

[2] 孙宁海,宗瑞英,李瑜.山东省地下水监测工作调查分析[J].山东水利,2022(1):11-13.

[3] 史晓亮,周政辉,王馨爽.基于遥感技术的干旱区地下水监测研究[J].人民黄河,2019(5):1-5.

[4] 田志仁,李名升,夏新,等.我国地下水环境监测现状和工作建议[J].环境监控与预警,2020,12(6):1-6.

[5] 左其亭,邱曦,钟涛."双碳"目标下我国水利发展新征程[J].中国水利,2021(22):29-33.

临沂水文站在线流量监测与实测流量比测分析

张　洪

(临沂市水文中心,临沂 276001)

摘　要　临沂水文站为国家重要水文站,设立于 1950 年 3 月,系沂河干流控制站,流域面积 10 315 km²,基本水尺河道断面宽约 1 450 m。2020 年,淮委水文局联合河南黄河水文科技有限公司在临沂站基本水尺断面安装 YRCC. RG-1/2/3 型雷达网络流量在线监测系统,创造性地将双系统组合雷达流量在线监测系统模式应用于较宽河段断面,实现了水位、流量数据在线监测。经近年连续比测分析,该系统运行稳定、能够实时上传流量监测数据,且与人工监测数据拟合度较高,能够满足临沂站洪水期预报预警功能,进一步比测率定后,可实现畅流期在线水位流量报汛及整编,提高突发暴雨洪水水文应急监测能力。

关键词　流量在线监测;比测分析;临沂水文站

1　引　言

临沂水文站为国家重要水文站,设立于 1950 年 3 月,是沂河干流控制站,流域面积 10 315 km²,大中型水库以下流域面积 5 194 km²,河道干流长 227. 8 km、平均坡度 0.96‰,流域形状呈扇形。

2020 年初,根据临沂水文站的实际情况,淮委水文局联合河南黄河水文科技有限公司安装了 YRCC. RG-1/2/3 型雷达网络流量在线监测系统,创造性地将双系统组合雷达流量在线监测系统模式应用于较宽河段断面,实现了水位、流量数据在线监测。该系统不间断地每 5 min 上报一个流量数据,较之人工流量测验 1~2 h 才能完成,时效性大为提高,同时精度能够满足防汛要求,很好地解决了该站人工流量监测存在时效性差等问题,提高了该站监测时效性,在 2020 年沂河"8·14"大洪水测报、2023 年"7·12"洪水测报及历年洪水调度中发挥了重要作用。经近年连续比测分析,该系统运行稳定、能够实时上传流量监测数据,且与人工监测数据拟合度较高,能够满足临沂站洪水期预报预警功能,进一步比测率定后,可实现畅流期在线水位流量报汛及整编,提高突发暴雨洪水水文应急监测能力。

2　系统在临沂水文站的安装设计

2.1　桥测双系统组合雷达流量在线监测系统设备安装

临沂水文站的测验河段基本顺直,断面位于国道 G327 线沂河大桥上游侧,断面宽

作者简介:张洪(1971—),男,临沂市水文局城区水文中心主任,高级工程师,主要从事水文水资源勘测研究工作。

（及主桥长）1 442 m，主槽相对固定，断面冲淤变化不大。为更好地解决断面较宽和测验精度问题，经综合分析，确定采用 YRCC. RG-1/2/3 型雷达网络流量在线监测系统中的桥测双雷达流量在线监测系统在线模式，将系统设备分为两组安装，两组在断面中间处有所交叉，采集数据由 2 套数据采集终端来完成。这样既可以有效地减小线路传输距离，又可以在一组故障的情况下另外一组仍可提供有效的测流数据。临沂站桥测双系统组合雷达流量在线监测系统安装示意图见图 1。

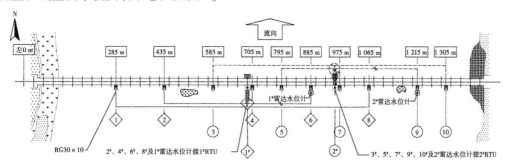

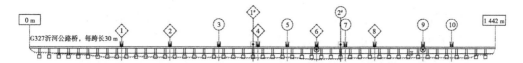

图 1　临沂站桥测双系统组合雷达流量在线监测系统安装示意图

2.2　雷达测流传感器布设

测流设备安装在公路桥侧面或下面，布置 10 条垂线，每条垂线对应安装 1 台非接触雷达测流传感器，10 条垂线的起点距分别是：$1^\#$-285 m、$2^\#$-435 m、$3^\#$-585 m、$4^\#$-705 m、$5^\#$-795 m、$6^\#$-885 m、$7^\#$-975 m、$8^\#$-1 065 m、$9^\#$-1 215 m、$10^\#$-1 305 m，雷达水位计安装在 $6^\#$ 垂线位置，此处水深最深，具体位置可在安装时适当微调。

2.3　流量计算模型

雷达测流传感器布设的位置和数量确定后，就可以由此建立相应的流量计算模型。本次系统构建中，流速采集（10 个传感器）分配为交叉（交叉断面 775 m 为洪水主流）独立运行的两个分系统，数据全部到达信息中心（或水文站）后，后台构建流量模型计算实时流量。当断面上下游河段水体表面出现畅流状态流场分布特征，水面流速超过一定阈值（一般为 0.3~0.5 m/s）时，能够启用雷达流量在线监测系统进行流量监测。

模型 I：两个分系统运行正常，全部 10 条垂线雷达测流传感器监测数据参加流量计算，其表达式为

$$Q_1 = K_1 \left(\alpha_{左} A_1 V_1 + \sum_{i=2}^{9} A_i \frac{V_i + V_{i-1}}{2} + \alpha_{右} A_{10} V_{10} \right) \tag{1}$$

式中：Q_1 为全系统在线流量；K_1 为全系统流量综合系数（断面实际流量与雷达波测流系统水面流速计算的虚流量比值）；$\alpha_{左}$、$\alpha_{右}$ 为左、右岸岸边流速系数；A_i 为第 i 和第 $i-1$ 条垂线间的面积，根据测时水位大断面资料计算；V_i 为第 i 条垂线的流速。

模型 II：两个分系统中系统 1 出现故障、系统 2 运行正常，采用系统 2 的 5 条垂线雷

达波测流传感器监测数据参加流量计算,其表达式为

$$Q_2 = K_2 \left(\alpha_{左} A_1 V_1 + A_2 \frac{V_1 + V_2}{2} + A_4 \frac{V_4 + V_6}{2} + A_6 \frac{V_4 + V_6}{2} + \alpha_{右} A_8 V_8 \right) \tag{2}$$

式中:Q_2 为系统1在线流量;K_2 为系统1流量综合系数;$\alpha_{左}$、$\alpha_{右}$ 为左、右岸岸边流速系数;V_i 为第 i 条垂线的流速。

模型Ⅲ:两个分系统中,系统2故障,系统1运行正常,采用系统1的5条垂线雷达波测流传感器监测数据参加流量计算,其表达式为

$$Q_3 = K_3 \left(\alpha_{左} A_3 V_3 + A_5 \frac{V_3 + V_5}{2} + A_7 \frac{V_5 + V_7}{2} + A_9 \frac{V_7 + V_9}{2} + \alpha_{右} A_{10} V_{10} \right) \tag{3}$$

式中:Q_3 为系统2在线流量;K_3 为系统2流量综合系数;$\alpha_{左}$、$\alpha_{右}$ 为左、右岸岸边流速系数;V_i 为第 i 条垂线的流速。

3　系统的先进性和创造性

(1)雷达传感器的优选。通过对多个国内外厂家雷达测流产品进行严格环境测试、稳定性测试和精度比测,选定了奥地利 SOMMER 公司的 RG-30 作为推广产品。

(2)雷达传感器的优化。通过独有的数字滤波技术,可以有效地排除降水、空中飞行物以及其他干扰因素对测量结果造成的不利影响。

(3)雷达传感器的组网。创造性地设计了双系统组合雷达流量在线监测系统模式,此组合方式为国内首次采用。

(4)雷达传感器的布设及计算模型的建立。根据断面形态和流速分布横向变化情况,确定探头布设的位置和数量,并由此建立相应的流量计算模型。

4　系统在临沂水文站的应用效果

临沂水文站非接触雷达在线测流系统于2020年7月上旬投入运行,经历了8月沂河大洪水的考验。2020年"8·14"典型暴雨洪水过程,临沂水文站采用传统测流车流速仪和 ADCP 桥测,人工实测流量19次,于14日19时7分采用 ADCP 法实测洪峰流量10 900 m³/s。桥测双系统组合雷达流量在线监测系统监测数据与人工实测数据高度拟合,高洪时系统运行稳定,精度可靠,达到了提高流量监测时效性的目的。2022年沂河路桥改造后,基本水尺兼雷达在线测流断面得到很好的清理整治,断面控制良好,重新安装设备后,可实现全量程监测,在2023年"7·12"洪水测报中发挥了重要作用。

5　比测分析

5.1　2020年"8·14"洪水测验比测分析

临沂水文站2020年人工实测流量与实时在线流量对照见表1。

表 1　临沂水文站 2020 年人工实测流量与实时在线流量对照

施测号数	施测时间				断面位置	测验方法	基本水尺水位/m	实测流量/(m³/s)	实时在线流量/(m³/s)	流量差值/(m³/s)	相对误差/%
	月	日	起止								
			时:分	时:分							
139	8	14	8:12	8:50	基	流速仪 10/0.6	58.99	1 380	1 400	20	1.4
140	8	14	11:17	11:33	基下 50 m	ADCP 走航式	61.16	6 010	6 200	190	3.2
141	8	14	13:17	13:33	基下 50 m	ADCP 走航式	62.92	8 800	9 110	310	3.5
142	8	14	14:40	15:36	基	流速仪 11/0.0	63.61	10 700	10 100	−600	−5.6
143	8	14	15:22	16:24	基下 50 m	ADCP 走航式	63.83	10 200	10 400	200	2
144	8	14	18:46	19:28	基下 55 m	ADCP 走航式	64.12	10 900	10 200	−700	−6.4
145	8	14	21:06	21:32	基下 48 m	ADCP 走航式	63.95	10 000	9 430	−570	−5.7
146	8	14	23:16	23:49	基下 55 m	ADCP 走航式	63.58	9 120	8 690	−430	−4.7
147	8	15	4:17	4:54	基下 55 m	ADCP 走航式	62.32	5 960	5 790	−170	−2.9
148	8	15	9:37	10:19	基下 50 m	ADCP 走航式	60.96	4 480	4 270	−210	−4.7
149	8	15	18:55	19:19	基下 50 m	ADCP 走航式	60.00	2 820	2 760	−60	−2.1
150	8	17	4:36	5:45	基	流速仪 11/14	58.83	1 050	1 030	−20	−1.9

在下组水位流量过程线(见图 2)中,圆点为人工实测流量数据,通过对 1 000 m³/s 流量以上的人工与自动数据进行分析计算,两者的相关系数为 0.997。

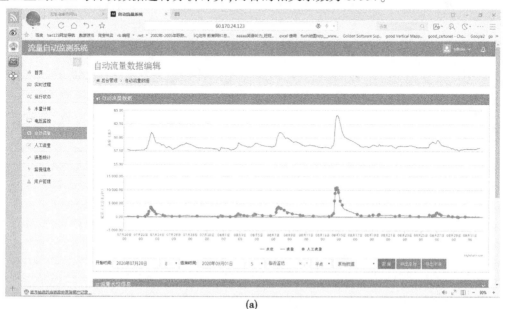

(a)

图 2　水位流量过程线

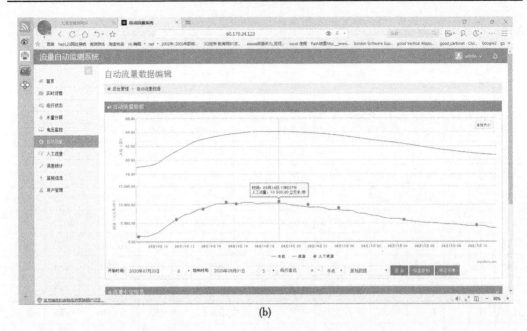

(b)

续图 2

图 3 为监测探头所测流速与走航 ADCP 所测相应位置水面表面流速的对比,从图 3 中可以看出流速分布合理,符合天然河道流速分布特性,且雷达探头与走航 ADCP 两者所测数据高度一致。

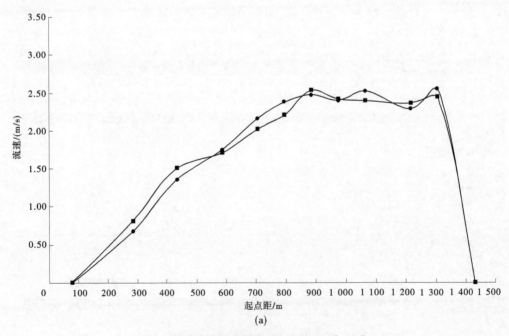

(a)

图 3　流速分布对比图(8 月 14 日 18 时 10 分)

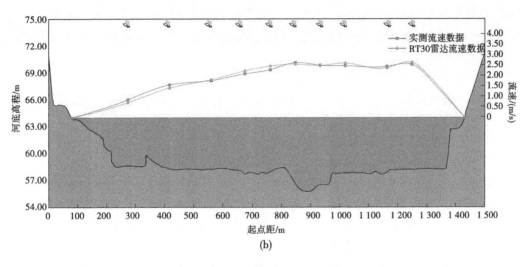

(b)

续图3

图4为人工实测流量与自动监测流量数据对比图,圆点的横坐标为人工实测流量,纵坐标为相应时间段的自动监测流量,直线为45°线,圆点越靠近直线,则数据精度越准。在图4中可以看出人工实测流量与自动监测流量数据相当接近。

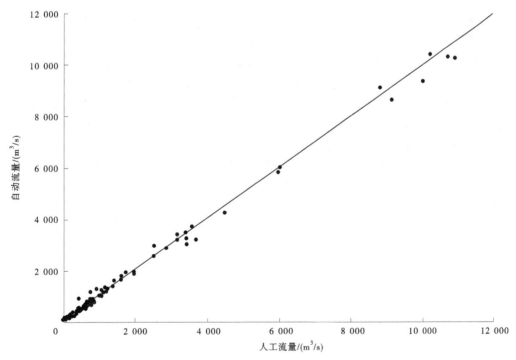

图4　人工实测流量与自动监测流量数据对比

5.2　2023年系统重置后比测分析

该系统2022年因临沂市沂河路桥改造施工拆除后于2023年在原断面位置重置并通过验收,因断面整治更加规整,小流量在线监测精度也有很大提升。经2023年实测数据分析,在线监测数据与实测数据拟合度进一步增强,通过对 50 m³/s 流量以上的人工实测数据与自动监测数据进行分析计算,两者的相关系数也达到了 0.997,进一步实现高、中、低水全量程测验。

5.2.1 沂河路桥改造前后大断面对照

2022 年沂河路桥改造后,基本水尺兼雷达在线测流断面得到很好的清理整治,断面控制良好,重新安装设备后,可实现全量程监测。

沂河路桥改造前后大断面对照图见图 5。

5.2.2 改装系统后洪水测验比测分析

2022 年沂河路桥改造后,大断面得到整治,在不受刘家道口枢纽回水影响时,低水、中水、高水雷达在线流量与实测流量比测均取得良好效果,精度较高,能满足在线水位流量报汛要求。临沂水文站 2023 年人工实测流量与实时在线流量对照见表 2。

5.2.3 改装系统后比测相关系数

通过对 50 m³/s 流量以上的人工实测数据与自动监测数据进行对比分析计算,两者的相关系数为 0.997,可以应用于自动监测报汛,进一步比测率定后,可实现畅流期在线水位流量整编。

6 结 语

双系统组合雷达流量在线监测系统模式应用于较宽河段断面,实现了水位、流量数据在线监测。该项技术是国内首次开发研制并投入应用的,可以很好地解决典型河段断面较宽在线监测等难题。临沂水文站非接触雷达在线测流系统于 2020 年 7 月上旬投入运行,经历了 8 月沂河大洪水的考验,大洪水时系统运行稳定,精度可靠,达到了提高流量监测实效性的目的,为防汛预警预报提供了及时的数据支撑。2022 年沂河路桥改造后,大断面得到整治,断面更加规整。该系统重置后,在不受刘家道口枢纽回水影响时,低水、中水、高水雷达在线流量与实测流量比测均取得良好效果。通过对 2023 年畅流期 50 m³/s 流量以上的人工实测数据与自动监测数据进行分析计算,两者的相关系数为 0.997,精度较高,能满足在线水位流量报汛要求。进一步比测率定后,可实现畅流期在线水位流量整编。

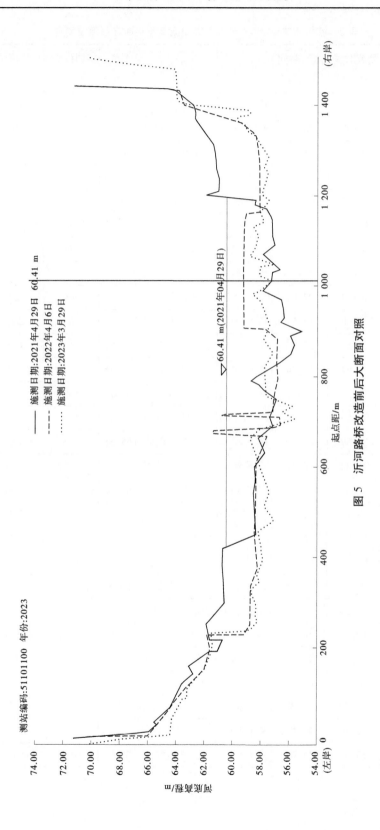

图 5　沂河路桥改造前后大断面对照

表 2　临沂水文站 2023 年人工实测流量与实时在线流量对照

序号	测次	日期	测流时间（时:分）	测流时间（时:分）	断面	测流方法	水位/m	实测流量/（m³/s）	在线流量/（m³/s）	相对误差/%
1	45	705	15:18	15:29	基下 80 m	ADCP 走航式	57.77	54	50.7	−6.11
2	47	711	19:00	20:02	基下 800 m	流速仪 10/12	58.45	242	250	3.31
3	48	712	09:58	11:59	基下 800 m	ADCP 走航式	58.9	488	498	2.05
4	49	712	22:44	23:22	基下 80 m	ADCP 走航式	58.74	532	511	−3.95
5	50	713	06:52	07:26	基下 80 m	ADCP 走航式	59.2	1 100	1 130	2.73
6	51	713	11:02	11:57	基下 80 m	ADCP 走航式	60.43	3 070	3 170	3.26
7	52	713	14:39	15:50	基下 800 m	ADCP 走航式	60.04	2 580	2 570	−0.39
8	53	713	21:41	22:14	基下 80 m	ADCP 走航式	59.5	1 670	1 530	−8.38
9	54	714	06:09	07:02	基下 800 m	ADCP 走航式	58.97	964	824	−14.52
10	55	714	16:40	16:56	基下 80 m	ADCP 走航式	58.31	308	260	−15.58
11	56	714	21:52	22:06	基下 80 m	ADCP 走航式	57.92	110	90.6	−17.64
12	59	720	09:54	10:04	基下 80 m	ADCP 走航式	58.06	127	112	−11.81
13	60	722	17:31	17:45	基下 80 m	ADCP 走航式	58.15	130	144	10.77
14	61	724	08:56	10:42	基下 800 m	流速仪 11/13	58.13	183	161	−12.02
15	62	728	17:59	18:20	基下 80 m	ADCP 走航式	58.38	426	369	−13.38
16	63	728	21:22	22:13	基下 80 m	ADCP 走航式	59.09	1 190	1 020	−14.29
17	64	729	08:37	10:00	基下 80 m	ADCP 走航式	58.62	486	436	−10.29
18	65	729	16:11	17:55	基下 800 m	流速仪 11/13	58.37	290	315	8.62
19	66	730	16:28	16:35	基下 80 m	ADCP 走航式	58.06	192	200	4.17
20	67	731	06:45	07:17	基下 80 m	ADCP 走航式	58.52	528	491	−7.01
21	68	731	19:03	19:36	基下 80 m	ADCP 走航式	58.34	362	327	−9.67
22	69	803	16:30	17:28	基下 80 m	流速仪 9/0.6	57.95	118	98.1	−16.86
23	71	806	13:45	14:14	基下 80 m	ADCP 走航式	59.03	1 140	1 020	−10.53
24	72	806	19:10	19:25	基下 80 m	ADCP 走航式	58.97	706	691	−2.12
25	73	807	04:54	06:21	基下 800 m	流速仪 11/13	58.31	330	315	−4.55
26	74	807	12:50	13:42	基下 800 m	流速仪 11/0.6	57.9	105	112	6.67
27	75	807	16:59	17:06	基下 80 m	ADCP 走航式	57.74	69.8	61.6	−11.75
28	76	810	10:54	11:05	基下 80 m	ADCP 走航式	57.92	61	70	14.75

马庄闸水文站自动蒸发系统比测分析

黄存月　黄　东

（菏泽市水文中心，菏泽 274000）

摘　要　介绍 HQZFZ-02 型全自动蒸发站的性能与原理，并通过与 E601 人工蒸发器对比观测，对 HQZFZ-02 型全自动蒸发站的观测成果进行分析，探讨其应用的可行性，以推进水文现代化建设，提高水文监测自动化水平。
关键词　HQZFZ-02 型全自动蒸发站；对比观测分析；马庄闸水文站

　　水面蒸发量是水文测验中的一项重要参数，是水文学研究中的一个重要课题。它是水库、湖泊等水体水量损失的主要部分，也是研究陆面蒸发的基本参证资料。在水资源评价、水文模型确定、水利水电工程和用水量较大的工矿企业规划设计和管理中都需要水面蒸发资料。

　　随着社会经济的发展，水文信息化技术快速发展，降水量、水位、流量基本已实现自动监测，水面蒸发量的自动观测需求也越迫切。为加快水文现代化建设，提高水文监测自动化水平，减轻观测站人员工作强度，菏泽市城区水文中心购置了一套 HQZFZ-02 型全自动蒸发站。

1　测站基本情况

　　马庄闸水文站降蒸观测场位于牡丹区佃户屯街道华师南路城区水文中心院内，为 12 m×12 m 标准观测场。场内设有雨量观测设备和蒸发观测设备。

　　观测场附近无大的建筑物，四周空旷，观测环境相对较好，观测数据相对稳定。但由于观测场的大小、环境及西边文化长廊的影响，在进行比测时会出现一些偏差。

2　全自动蒸发站的组成及工作原理

2.1　主要技术指标

　　（1）数字蒸发计分辨率：0.1 mm；测量精度：±0.1 mm。

　　（2）蒸发量测量范围：0~55 mm。

　　（3）数字雨量计分辨率：0.1 mm；测量精度：±0.1 mm（0.1~8 mm 雨强）。

　　（4）补水溢流：自动测量降雨量、溢流量，自动控制补水、溢流；可无限制记录蒸发量、雨量数据。

　　（5）电源电压：DC 12 V，太阳能光板功率 90 W；12 V 蓄电池容量 65 Ah。

　　（6）环境温度：-10~60 ℃。

作者简介：黄存月（1980—），女，工程师，主要从事水文测验与水资源管理工作。

（7）相对湿度：<90%（+25 ℃）。

（8）最大瞬时工作电流：<2 A。

（9）LCD 显示屏：可显示雨量、蒸发量、溢流量等。

（10）采集和存储间隔/单元：1 h（可以存储数据一年半）。

（11）输出：GPRS 信号输出。

2.2　系统组成

全自动蒸发站系统（简称蒸发站或系统）由浮子式数字水面蒸发计（简称蒸发计）、数字雨量计（简称雨量计）、自动补水装置、采集控制器（简称采集器）、上位机系统、太阳能供电系统组成（见图 1）。系统拓扑结构见图 2。

蒸发站是由 1 台数字式水位计、1 个由单片计算机为核心的电气控制装置和 E601 型蒸发桶组成的 1 台机电一体化的设备，它用于检测蒸发桶水位、控制补水泵和溢流阀动作，蒸发设备通过 GPRS 与终端服务器进行数据传输。

水位计由静水桶、光电旋转绝对式编码器、浮子、平衡锤、码盘、钢丝绳，以及光电旋转编码器保护罩、底座等组成。

控制水泵和电动阀的继电器在采集器内，继电器吸合时，水泵或者溢流阀开始工作；继电器断开时，停止工作。

蒸发站的静水桶埋于观测现场的土中，静水桶下部通过连通管与蒸发桶连接，与蒸发桶形成 U 形连通结构，实现两者水面同步变化。

雨量计：精度为 0.1 mm 的双翻斗雨量计，精度较高。经过模拟测试和现场实际测试可以满足自动蒸发观测要求。

2.3　系统功能

蒸发站系统以蒸发计、雨量计、溢流桶为基本观测工具，以采集器自动采集、处理、显示蒸发、降水、溢流过程信息，自动控制蒸发桶、排水过程。

2.4　数据传输与存储

采集器通过 RS485/232 通信接口与上位机系统连接，利用系统配套的应用软件、采用 GPRS 无线传输方式，通过 RTU 遥测终端将数据传输至服务器监测平台；实现了水面蒸发过程信息的远程监测传输及资料整编入库。

2.5　水位采集及自动补水、排水原理

2.5.1　水位传感器

水位的测量采用浮子式水位计的原理，水位的变化可以实时直接通过浮子传导至角度编码器，该编码器的分辨率是 80″，换算成水位时其最小分辨率可以达到 0.02 mm。

2.5.2　自动补水

无降水日时，采集器自动采集蒸发桶内水面高度变化并计算蒸发量。每当蒸发桶内水面高度降至约定值 20 mm（水位标志线以下 15 mm）时，采集器在观测日分界时刻（水文分界时刻为 8:00）控制补水泵工作，给蒸发桶、水圈自动补水，使桶内水位恢复至水位标志线高度 35 mm，然后，以补水后稳定水面的高度作为起算点，开始测量计算当日蒸发量。

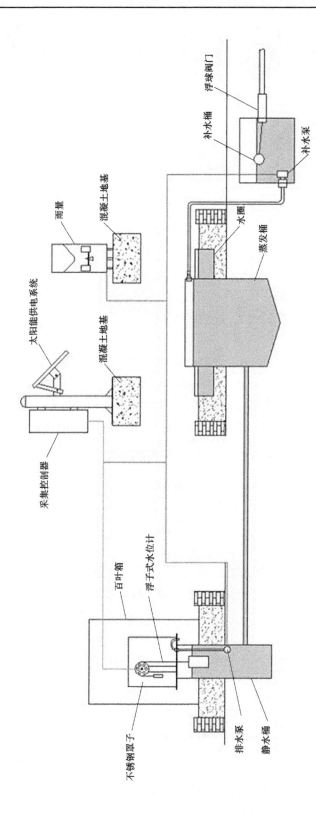

图 1 蒸发站的布局和结构原理

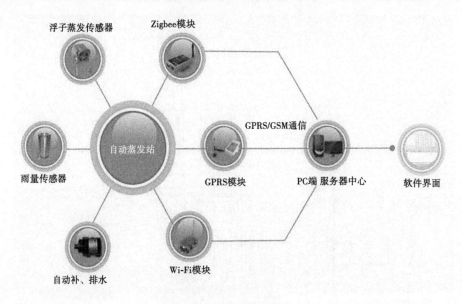

图 2　系统拓扑结构

2.5.3　自动排水

在降水日,当蒸发桶水位升高至约定值 55 mm(水位标志线以上 20 mm)时,采集仪驱动溢流阀打开,开始自动排水,当水位降至蒸发桶水位高度 35 mm 时,溢流阀自动关闭,停止排水。采集仪会自动记录排水前、后的水位值和排水过程中的降雨量,以此来计算当天的溢流量。本系统就是自动记录排水前、后的水位值,用来计算日蒸发量。

3　计算方法和过程

依据《水面蒸发观测规范》(SL 630—2013),蒸发量的计算公式为

$$蒸发量 = 起算水位值 - 当前水位值 + 降水量 - 溢流量 \tag{1}$$

即

$$E = h_t - h_0 + P - P_y \tag{2}$$

如图 3 所示,自动蒸发仪主要是由静水桶(直径 240 mm)和蒸发桶(直径 618 mm)组成,中间用管道连接,形成一个简单的连通器,可以保证两个桶的水面高度保持一致,传感器测量蒸发桶的水面高度变化。

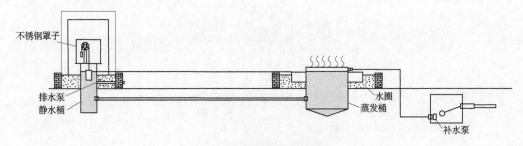

图 3　自动蒸发站基本原理

静水桶是密封的,可以认为其没有蒸发量,所以在整个系统中只有蒸发桶产生蒸发量。由于两桶之间的液面始终保持同一高度,在蒸发桶液面下降的过程中,静水桶的水会流向蒸发桶。故其蒸发量计算公式变为

$$蒸发量 = (起算水位值 - 当前水位值) \times 换算系数 + 降水量 \tag{3}$$

即

$$E = (h_t - h_0) \times K + P_i \tag{4}$$

出现溢流时蒸发量分段计算,上两式中:

E 为水面蒸发量,mm;h_t 为当前测量时刻(t)的蒸发桶水位,mm;h_0 为起算时刻的蒸发桶水位,mm;P_i 为被测时段内的降水量,mm;P_y 为被测时段内的溢流量,mm;K 为换算系数,取 1.15。其中 h_t、h_0 值由浮子式水位计自动测量,P_i 值由数字雨量计提供,P_y 值由系统自动测量。

换算系数 K 值来源说明:

蒸发量实际上是以一定时段内,蒸发掉的水量(体积)转换为蒸发器水体面积(与口径大小有关)上的水层深度来表示的。而整个自动蒸发仪上水量体积由蒸发桶和静水桶共同盛装,自动蒸发仪水位变化比人工观测的标准蒸发器实际变化要小,故自动蒸发仪水面高度变化反映在人工观测的蒸发器上有一定的换算系数。其换算系数计算如下:当一定时段内蒸发器中蒸发掉水体体积为 A mm^3,其自动蒸发仪液面下降 H_1 mm,而反映在人工观测的蒸发器上实际下降 H_2 mm,也就是说 $A = \pi \times (240^2 + 618^2) \times H_1$,$A = \pi \times 618^2 \times H_2$。故 $H_2 = [(240^2 + 618^2) / 618^2] \times H_1$,化简后 $H_2 = 1.150\,8H_1 \approx 1.15H_1$。

4　对比观测与分析

4.1　比测方法

将 2 套设备安装在同一观测场里,自动蒸发根据《降水量观测规范》(SL 21—2015)和《水面蒸发观测规范》(SL 630—2013)的要求安装。自动蒸发仪器自带 0.1 mm 高精度翻斗式雨量计、太阳能供电设备和 RTU。全自动蒸发仪通过自动采集计算,自动定时传输数据到数据处理平台上并存储到服务器。

人工观测:使用 E601 型人工观测设备,根据《降水量观测规范》(SL 21—2015)和《水面蒸发观测规范》(SL 630—2013)的要求进行人工观测、人工计算、纸质铅笔记录。

4.2　对比观测

自动蒸发系统于 2022 年 6 月 1 日正式开始比测,采用人工观测与自动蒸发系统观测同步进行。2022 年 6 月 1 日至 2023 年 7 月 30 日对人工观测蒸发和自动观测蒸发进行了数据比测,期间除去冰期和故障,共取得比测数据 233 组,比测方法符合《水面蒸发观测规范》(SL 630—2013)要求。

4.2.1　日蒸发量比测数据分析

4.2.1.1　日蒸发量误差分析

对 2022 年 6 月至 2023 年 7 月的自动蒸发系统和人工观测所监测的日蒸发量数据进行统计分析,结果见表 1。自动蒸发系统日蒸发量误差 0~1.0 mm,天数占观测期百分比为 93.2%,日最大误差为 2.1 mm。参照其他单位的比测成果,误差不超过±1.0 mm 的百

分比基本在 95% 左右,本站自动监测成果基本合理。经过分析,误差偏大的天数多为有雨日,人工观测降雨与蒸发站自带雨量器观测数值存在一定误差,导致误差累加偏大。

表 1　2022 年 6 月至 2023 年 7 月马庄闸站自动监测日蒸发量误差统计

误差统计	0~0.5 mm	0.6~1.0 mm	1.1~2.0 mm	2.1~3.0 mm	总天数/d	最大误差/mm
天数/d	180	37	13	3	233	2.1
占百分比/%	77.3	15.9	5.5	1.3		

4.2.1.2　逐日蒸发量相关曲线

将人工观测与自动观测的逐日蒸发量资料共 233 组数据绘制相关关系图(见图 4)。由图 4 可知,人工观测与自动监测的相关点在图上分布密集,呈直线趋势,建立人工蒸发量 y 对自动蒸发量 x 的回归直线方程,两者的相关系数 R^2 为 0.912,说明两种观测方式取得的监测数据存在明确的线性关系,斜率接近 1,且相关关系显著。

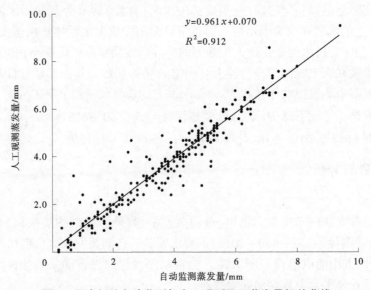

图 4　马庄闸站自动监测与人工观测逐日蒸发量相关曲线

4.2.2　旬蒸发量比测数据分析

4.2.2.1　旬蒸发量误差分析

对 2022 年 6 月至 2023 年 7 月的自动监测与人工观测所得的各旬蒸发量数据 36 组进行统计分析(见表 2)。

表 2　马庄闸站自动监测与人工观测旬蒸发量比对

时间		蒸发量		绝对误差/mm	相对误差/%
		自动	人工		
2022 年 6 月	上旬	52.9	53.7	−0.8	1.5
	中旬	66.5	67.2	−0.7	1.0
	下旬	47.4	51.1	−3.7	7.2

续表 2

时间		蒸发量		绝对误差/mm	相对误差/%
		自动	人工		
2022 年 7 月	上旬	38.9	38.7	0.2	0.5
	中旬	22.0	21.7	0.3	1.4
	下旬	33.0	32.1	0.9	2.8
2022 年 8 月	上旬	43.6	43.2	0.4	0.9
	中旬	43.2	40.5	2.7	6.7
	下旬	37.1	34.1	3	8.8
2023 年 5 月	上旬	29.5	28.5	1	3.5
	中旬	43.4	43.6	−0.2	0.5
	下旬	21.8	21.0	0.8	3.8
2023 年 6 月	上旬	42.9	40.4	2.5	6.2
	中旬	38.1	36.5	1.6	4.4
	下旬	52.3	51.5	0.8	1.6

　　自动监测与人工观测所得各旬蒸发量数据相对误差均在 10% 以内。相对误差较大的 2022 年 6 月下旬,2022 年 8 月中、下旬,2023 年 6 月上旬,相对误差在 6.2%~8.8%。期间以阴雨为主,在降雨量测量误差、蒸发水位测量误差、溢流测量误差三重叠加下,误差值较大;而且在降水和高湿度天气条件情况下,同样存在蒸发,在人工每日 8:00 进行观测的情况下,无法测出降水期间的蒸发量,人工观测存在一定的误差。基于以上原因,与人工观测数据相比,自动监测数据相对误差偏大,可认为是合理的。

4.2.2.2　旬蒸发量相关曲线

　　对人工观测与自动监测的各旬蒸发量资料共 17 组数据绘制相关关系图(见图 5)。由图 5 可知,人工观测与自动监测的相关点在图上分布密集,呈直线趋势,建立人工蒸发量 y 对自动蒸发量 x 的回归直线方程,两者的相关系数 R^2 为 0.962,说明两种观测方式取得的监测数据存在明确的线性关系,斜率接近 1,且相关关系显著。

4.2.3　月蒸发量比测数据分析

4.2.3.1　月蒸发量误差分析

　　对 2022 年 6 月至 2023 年 7 月部分月份的自动监测与人工观测的各月蒸发量 7 组数据进行统计分析(见表 3)。由表 3 可知,各月相对误差基本在 6% 以内,占 86%。其中,2022 年 11 月的相对误差较大。2022 年 11 月,马庄闸站降水天数较多,人工观测的蒸发量偏小,又因总蒸发量小,导致相对误差较大,其余月份所占比例均在 6% 以内,符合《水面蒸发观测规范》(SL 630—2013)的技术要求。

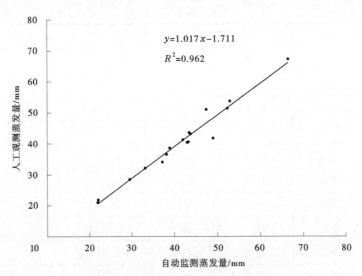

图5　马庄闸站旬蒸发量相关曲线

表3　马庄闸站自动监测与人工观测月蒸发量比对

时间	蒸发量/mm		绝对误差/mm	相对误差/%
	自动	人工		
2022 年 6 月	166.8	172	−5.2	3.0
2022 年 7 月	93.9	92.5	1.4	1.5
2022 年 8 月	123.9	117.8	6.1	5.2
2022 年 11 月	39.9	35.6	4.3	12.0
2023 年 5 月	94.7	93.1	1.6	1.7
2023 年 6 月	133.3	128.4	4.9	3.8
2023 年 7 月	114.1	110.9	3.2	2.9

4.2.3.2　月蒸发量相关曲线

将自动监测与人工观测月总蒸发量共 7 组比对数据绘制相关曲线(见图6)。由图6可知,人工观测与自动监测的相关点在图上分布密集,呈直线趋势,建立人工蒸发量 y 对自动蒸发量 x 的回归直线方程,两者的相关系数 R^2 为 0.993,说明两种观测方式取得的监测数据存在明确的线性关系,斜率接近 1,且相关关系显著。

5　影响观测结果的主要因素分析

5.1　资料收集方式、蒸发量计算方法对比

(1)自动监测。自动蒸发系统雨量计分辨率为 0.1 mm,量程为 0.1~8 mm 雨强,双翻斗设计,测量降雨量会有 ±0.1 mm 的误差,进而导致蒸发观测误差。

(2)人工观测。人工观测的蒸发器,于每日 08:00 采用测针进行人工观测一次,采用

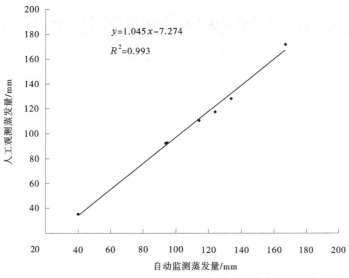

$$y=1.045x-7.274$$
$$R^2=0.993$$

图6　马庄闸站月蒸发量相关曲线

人工降雨量计算日蒸发量,如遇强降雨,则增加观测次数,还会有溢流。因不同人员,不同观测位置、不同视觉等都是影响蒸发读数的重要因素,会产生观测误差。

(3)人工观测,在加(吸)水或换水时容易产生误差。加(吸)水后,应该等蒸发桶水位平稳后再用测针量读蒸发桶水面高度。加水后,由于新加进去水的温度与蒸发桶里面的水温不一致,也会导致一定的误差。

5.2　环境因素影响

降蒸观测场内,自动监测和人工观测蒸发仪器位置不同,自动监测蒸发仪器周围相对空旷,无遮挡,通风良好;人工观测蒸发仪器西边有文化长廊,在17:00以后对蒸发仪器会有遮挡,且影响通风。

另外,由于观测场附近鸟类较多,它们在蒸发器内饮水也会造成相应的比测误差。

6　结　语

从以上分析可以看出,HQZFZ-02型全自动蒸发仪与人工观测所得马庄闸站的日、旬、月蒸发量的差别不明显,相关性显著。HQZFZ-02全自动蒸发仪从测验精度、设备的结构原理以及计算方法都基本能满足《降水量观测规范》(SL 21—2015)和《水面蒸发观测规范》(SL 630—2013)的要求。

自动蒸发系统运行一年来,中间曾因各种原因,造成数据传输中断,后经技术人员排除故障,加大维护保养,目前运行稳定,为大力推进水文现代化建设,提高水文监测自动化水平,解放基层人力资源,将基层"水文人"从每日需要职工驻守观测的模式中解放出来,采用自动化设备是基层水文的发展趋势。

参 考 文 献

[1] 中华人民共和国水利部. 水面蒸发观测规范:SL 630—2013[S]. 北京:中国水利水电出版社,2014.

人类活动与气候变化影响下淮河干流洪水演变规律研究

赵梦杰[1]　马亚楠[1]　杜宏杰[2]　陈华亮[2]　洪双玲[1]

(1. 淮河水利委员会水文局(信息中心),蚌埠 233000;
2. 安徽淮河水资源科技有限公司,蚌埠 233000)

摘　要　本文以淮河淮滨至洪泽湖区间为研究区域,利用搜集的长系列水文气象、大型水库、行蓄洪区、土地利用等资料,基于数学统计分析、Copula 函数、SWAT 模型、水文水动力学模型等,研究了降水量变化规律、淮河干流重要断面过流能力变化特征、淮河干流洪水传播时间变化特征、淮河干支流洪水遭遇规律等,定量评估了土地利用变化、水利工程建设运行对淮河干流洪水的影响,开展了气候变化背景下淮河干流洪水未来变化趋势情景分析,明晰了淮河干流洪水的时空演变规律及其内在驱动机制,以期为淮河流域水旱灾害防御及规划设计等提供技术支撑。

关键词　降水;淮干洪水;土地利用;水利工程;气候变化

1　引　言

　　淮河流域地处我国南北气候过渡带,由于自然、经济和社会的特殊条件,且受黄河长期夺淮的影响,淮河流域洪涝灾害频繁、水事复杂、治理困难。经过 70 多年的治理,淮河已基本形成由水库、河道堤防、行蓄洪区、湖泊等组成的防洪工程体系,防洪除涝标准显著提高,已建防洪工程在历次大洪水中发挥了重要作用,产生了巨大的社会经济效益。然而,不对称的河流水系、平原河道的复杂性、黄河夺淮遗留影响、淮河干流中游倒比降等因素决定了治淮的长期性、复杂性和艰巨性。在气候变化和高强度人类活动影响下[1],淮河干流洪水的发生时间、频率、量级、过程、组合遭遇等特征都将发生明显变化,闸坝群、行蓄洪区等不同扰动源组合的防洪工程和近期实施的 38 项治淮工程对河道水动力特征、淮河干流洪水演进等将产生复杂的影响,定量评估这些影响意义重大且非常必要。因此,通过开展淮河干流洪水时空演变规律及其驱动机制研究,进一步识别变化环境下降水和洪水演变规律,进一步明晰土地利用变化、水利工程建设运行对干流洪水的影响规律,进一步揭示气候变化背景下淮河干流洪水的未来变化趋势,以期为淮河流域水旱灾害防御及规划设计等提供技术支撑。

2　降水和干支流洪水演变规律分析

2.1　降水量变化规律

　　选取淮河流域代表性雨量站 1960—2015 年的降水量数据,使用 M-K 趋势分析法[2],

基金项目:国家重点研发计划项目(2017YFC0405601)。

作者简介:赵梦杰(1990—),男,工程师,主要从事洪水预报、水文水资源等方面的研究工作。

对研究区域全年及汛期降水量进行研究,结果表明大部分站点年降水量呈下降趋势,小部分站点呈上升趋势,汛期降水量结果相同,但都未通过显著性检验,表明气候变化的趋势性不明显。

选取 1954—2020 年年最大 30 d 降水量数据,分别绘制淮河流域、淮河水系、沂沭泗水系年最大 30 d 降水量逐年变化过程,从拟合的线性关系式可以看出,淮河流域、淮河水系、沂沭泗水系年最大 30 d 降水量均呈减少趋势,年减少速率分别为 0.30 mm(见图 1)、0.16 mm、0.44 mm,减少趋势不明显;年最大 30 d 降水量累积曲线图几乎均呈现一条直线,未出现明显突变点。虽然年最大 30 d 降水量未出现明显的减少趋势与突变年份,但典型洪水年的年最大 30 d 降水暴雨中心变化大,降水空间分布有明显差异(见图 2),从而导致流域水文情势有明显区别[3]。

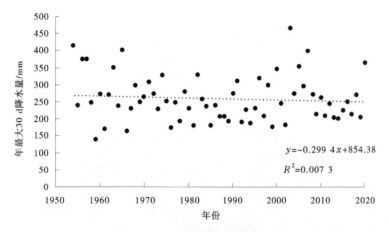

图 1　淮河流域年最大 30 d 降水量逐年变化过程

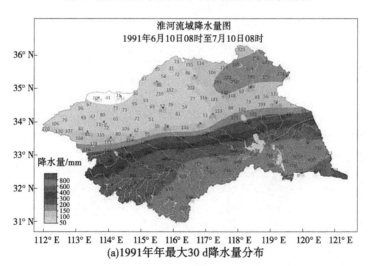

(a)1991年年最大 30 d 降水量分布

图 2　典型洪水年年最大 30 d 降水量分布

(b)2003年年最大30 d降水量分布

(c)2007年年最大30 d降水量分布

(d)2020年年最大30 d降水量分布

续图2

2.2　淮河干流重要断面过流能力变化特征

根据淮河干流王家坝(总)、润河集、鲁台子、蚌埠(吴家渡)、小柳巷站2020年实测水文资料,与近30年的典型洪水年(1991年、2003年、2007年)进行对比分析,研究淮河干流5个重要控制断面过流能力变化规律。

2.2.1　王家坝(总)站

王家坝(总)站流量由淮河干流王家坝站、官沙湖分洪道钐岗站、洪河分洪道地理城站和蒙洼蓄洪区王家坝进水闸4个断面流量组成。根据2020年实测水位流量资料,与1991年、2003年、2007年王家坝(总)站水位流量进行对比分析,2020年王家坝(总)站的水位流量关系特征表现为"低于警戒水位时过流能力增加,高于警戒水位时过流能力减少。流量在3 000 m³/s以下时水位低于典型年水位,流量在3 500 m³/s以上时水位高于典型年水位"。进一步定量分析表明,水位在27.50 m(警戒水位)以下时,同级水位情况下流量增加180~880 m³/s;水位在28.00 m以上时,同级水位情况下流量减少20~1 180 m³/s。流量在1 500~3 000 m³/s时,同级流量水位降低0~2.09 m;流量在3 500~7 000 m³/s时,同级流量水位抬升0~0.5 m。

2.2.2　润河集站

与1991年、2003年、2007年相比,2020年润河集站的水位流量关系特征表现相对复杂。通过2020年与1991年、2003年、2007年平均差值来看,总体上表现为"同级水位情况下2020年流量增加,即2020年过流能力明显增大;同级流量情况下2020年水位低于典型年"。

2.2.3　鲁台子站

与1991年、2003年、2007年相比,2020年鲁台子站的水位流量关系特征表现为"无论涨水段还是退水段,同级水位情况下2020年流量大幅增加,即2020年过流能力明显增大。无论涨水段还是退水段,同级流量情况下2020年水位低于典型年"。

2.2.4　蚌埠(吴家渡)站

与1991年、2003年、2007年相比,2020年蚌埠(吴家渡)站的水位流量关系特征表现为"无论涨水段还是退水段,同级水位情况下2020年流量大幅增加,即2020年过流能力明显增大。无论涨水段还是退水段,同级流量情况下2020年水位低于典型年"。

2.2.5　小柳巷站

与1982年、2003年、2007年相比,2020年小柳巷站的水位流量关系特征表现为"水位在16.00 m以上时,同级水位情况下2020年流量减少,即2020年过流能力减小。流量大于5 500 m³/s时,同级流量情况下2020年水位高于典型年,即大流量时水位壅高"。

2.3　淮河干流洪水传播时间变化特征

1991年江淮发生洪水,国务院确定了以防洪为主要内容的治淮19项骨干工程。2003年淮河大水后,国务院确定把淮河治理作为近期全国水利建设的重点,力争在2007年前完成原定2010年完成的19项治淮工程建设任务。2007年大洪水后,又进一步开展了治淮38项工程建设。将淮河干流划分为王家坝—润河集、润河集—鲁台子、鲁台子—蚌埠(吴家渡)、蚌埠(吴家渡)—小柳巷4个研究河段,以不同年份洪水演进过程及主要控制站实测水文资料为基础,分析计算各河段整治前后洪水传播时间变化特征。

治理前,王家坝—润河集、润河集—鲁台子、鲁台子—蚌埠(吴家渡)、蚌埠(吴家渡)—小柳巷各河段洪水平均传播时间分别为 36.0 h、36.0 h、60.0 h、44.0 h;治理后,各河段洪水平均传播时间为 24.2 h、25.6 h、40.8 h、30.5 h。各河段治理后的洪水平均传播时间比治理前分别缩短约 11.8 h、10.4 h、19.2 h、13.5 h;单位河长洪水传播时间缩短值分别为 0.166 h/km、0.151 h/km、0.148 h/km、0.144 h/km。淮河干流中游河段治理前后各河段洪水传播时间见表 1。根据治理前后平均传播时间可知,河道整治后,2006—2017 年洪水传播时间具有明显缩短趋势。根据单位河长洪水传播时间缩短值可知,中下游缩短幅度小于中上游,上下游变化幅度不一致。

表 1 淮河干流中游各河段洪水传播时间

研究河段	河长/km	治理前平均传播时间 (1991 年)/h	治理后平均传播时间 (2006—2020 年)/h	缩短传播 时间/h
王家坝—润河集	71	36.0	24.2	11.8
润河集—鲁台子	69	36.0	25.6	10.4
鲁台子—蚌埠(吴家渡)	130	60.0	40.8	19.2
蚌埠(吴家渡)—小柳巷	94	44.0	30.5	13.5

2.4 淮河干支流洪水遭遇规律

基于流域内的降雨资料、下垫面资料及重要控制断面的流量资料,利用 Copula 函数[4-5]建立洪水发生时间及量级的联合分布来分析干流洪水与各主要支流洪水的遭遇规律。研究结果表明:①时间遭遇方面,淮河主要干支流洪水遭遇主要集中于 6—8 月,淮河干流(淮滨站)与洪河(班台站)洪水遭遇主要集中于 6 月中旬至 8 月上旬,淮河干流(王家坝站)与史河(蒋家集站)洪水遭遇主要集中于 6 月下旬至 7 月下旬,淮河干流(润河集站)与沙颍河(周口站)、淠河(横排头站)洪水遭遇主要集中于 7 月,淮河干流(鲁台子站)与涡河(蒙城闸站)洪水遭遇主要集中于 7 月上旬至 8 月下旬。②量级遭遇方面,随着遭遇量级的增加,遭遇概率均呈现逐渐减少的现象,且从整体趋势来看,淮河干流(淮滨站)与洪河(班台站)的各量级之间的遭遇概率均大于其余干支流遭遇情况,淮河干流(润河集站)与沙颍河(周口站)各量级遭遇概率最小。

3 人类活动和气候变化对淮干洪水影响情境分析

人类活动和气候变化是直接影响流域径流过程的重要因素[6],人类活动包括土地利用变化、水利工程兴建等,这些均使得天然的径流过程受到扰动。分析人类活动对淮河干流洪水的影响,利用实测的长序列降雨、气象数据驱动率定好的 SWAT 日模型,基于流域设计暴雨计算结果,量化分析土地利用变化对不同频率设计暴雨对应洪水的影响;基于模型输出的不受水利工程影响下的天然径流序列,通过选定的水文指标,将干支流站点的实测流量与水文模型还原的流量数据对比,分析水利工程对流域产汇流的影响。

由于全球气候变化的影响,气候系统内各要素值也随全球地表温度的升高产生相应变化。水文循环是气候系统能量转换的主要载体,气候系统内部能量的变化势必对水文循环各个过程产生巨大的调控作用。在气候变化极速加剧的形势下,极端事件发生频率将更加频繁,水资源供需矛盾将会更加突出。因此,研究水文循环及水资源对未来气候变化的响应具有重要意义。研究气候变化对水文水资源的影响通常按照以下步骤:①定义气候变化情景;②建立、验证流域水文模型;③将气候情景作为水文模型的输入,模拟水循环过程。分析气候变化对淮河干流洪水的影响,以未来气候模式不同排放情景下的降雨、温度作为输入,可研究气候变化下流域的径流演变规律[7]。

3.1　土地利用变化对干流洪水的影响

利用实测的长序列降雨,通过 P-Ⅲ 曲线频率计算推求设计频率为 10%、5%、2%、1% 的设计暴雨量。选定 1970 年、1980 年、1990 年、2000 年作为典型年,通过同频率放大法得到设计暴雨过程。将设计暴雨输入到 1980 年、2015 年两种土地利用条件下的 SWAT 模型中进行径流模拟,得到不同设计频率下的两套设计洪水序列(序列 A:1980 年土地利用;序列 B:2015 年土地利用)。基于这两套设计洪水序列,通过比较研究区域内 A、B 序列洪水的径流深、洪峰流量、设计洪水过程线,分析土地利用变化对于设计洪水的影响。

以小柳巷站为例,通过设计暴雨得到 1980 年、2015 年两种土地利用条件下 1970 年、1980 年、1990 年、2000 年设计洪水的洪峰及不同时段的洪量。结果表明:对于 1970 年典型,土地利用变化前后相同频率下序列 B 的设计洪量序列较序列 A 的设计洪量值减少,其变化范围在 0~10%,且 50 年一遇、20 年一遇的设计洪水变化范围大于 100 年一遇的设计洪水变化范围。对于 1980 年典型,土地利用变化前后,相同频率下序列 B 的设计洪量序列较序列 A 的设计洪量值减少,其变化范围在 0~7%,且 50 年一遇、20 年一遇的设计洪水变化范围大于 100 年一遇的设计洪水变化范围。对于 1990 年典型,土地利用变化前后相同频率下序列 B 的设计洪量序列较序列 A 的设计洪量值减少,其变化范围在 0~9%,100 年一遇的设计洪水变化最大。对于 2000 年典型,土地利用变化前后相同频率下序列 B 的设计洪量序列较序列 A 的设计洪量值减少,其变化范围在 0~1%,且频率越大,减少的越多。

3.2　水利工程建设运行对干流洪水的影响

3.2.1　水文指标改变度计算及评估分析

以淮河干流王家坝站、鲁台子站、蚌埠(吴家渡)站为研究对象,选取与洪水有关的水文指标,从流量、时间、频率、历时等方面定量评价水利工程建设运行对干流洪水的影响。以还原后的 1954—2015 年流量过程为各指标影响前的水文序列,以实测的 1954—2015 年流量过程为受影响后的水文序列,计算各指标的水文指标改变度,计算结果见表 2~表 4。研究结果表明:蚌埠(吴家渡)站水文改变度最大,从下游往上游,改变度呈减小的趋势,在空间上存在一定的累积效应。在年极端流量方面,水利工程在汛期的拦蓄使得干流主要控制站年最大 1 日流量均有不同程度的减小;在年极端流量发生时间方面,水利工程建设运行对各站年最大 1 日流量发生时间改变不大;在高流量次数方面,各主要控制站高流量次数均较天然情况有所减少;在高流量历时方面,水利工程调蓄作用有效地削弱了高流量的历时。

表 2　王家坝站水文指标变化统计

指标	均值		改变值	改变率/%	水文改变度/%
	无水库	有水库			
最大 1 日流量/(m³/s)	4 017	3 250	767	19.09	18.18
高流量次数/次	5.5	4.7	0.8	14.87	16.67
高流量历时/h	11.2	6.9	4.3	38.56	45.45

表 3　鲁台子站水文指标变化统计

指标	均值		改变值	改变率/%	水文改变度/%
	无水库	有水库			
最大 1 日流量/(m³/s)	6 411	3 972	2 439	38.04	22.73
高流量次数/次	4.0	2.4	1.6	39.60	28.13
高流量历时/h	15.2	18.0	2.7	18.06	39.13

表 4　蚌埠(吴家渡)站水文指标变化统计

指标	均值		改变值	改变率/%	水文改变度/%
	无水库	有水库			
最大 1 日流量/(m³/s)	7 679	4 226	3 453	44.96	33.33
高流量次数/次	3.4	2.6	0.8	24.15	5.882
高流量历时/h	29.0	21.5	7.6	26.10	61.9

3.2.2　大型水库调度对淮干洪水影响分析

　　根据《淮河大型水库群联合调度方案》,列入联合调度的水库主要有板桥、薄山、宿鸭湖、鲇鱼山、梅山、响洪甸、白莲崖、磨子潭、佛子岭。其中,鲇鱼山、梅山两水库属于并联水库,板桥、薄山两水库出库流量汇入宿鸭湖水库,白莲崖、磨子潭两水库出库流量汇入佛子岭水库,佛子岭水库与响洪甸水库属于并联水库。此外,南湾水库位于淮河上游且库容较大,对淮河干流洪水影响较大,所以经综合考虑,选择鲇鱼山、梅山、宿鸭湖、响洪甸、佛子岭、南湾共 6 座水库进行重点分析。统计以上大型水库的场次洪水,通过马斯京根法流量演算,分析了大型水库调度对下游控制站的影响,即得到了水库下泄流量演进至下游重要控制断面坦化后的流量大小,建立了水库下泄洪峰流量与下游重要控制断面坦化后最大流量相关关系,发现两者呈现较好的线性关系。根据拟合的关系式可知,鲇鱼山、梅山两水库合计少下泄 1 000 m³/s,减少淮河干流流量约 750 m³/s;宿鸭湖水库少下泄 1 000 m³/s,减少淮河干流流量约 830 m³/s;响洪甸、佛子岭两水库合计少下泄 1 000 m³/s,减少淮河干流流量约 360 m³/s;南湾水库少下泄 1 000 m³/s,减少淮河干流流量约 900 m³/s。

3.2.3　行蓄洪区运用对淮干洪水影响分析

　　构建耦合行蓄洪区的淮河干流淮滨—小柳巷河段水文水动力学模型,并对模型进行了参数率定,验证结果表明模型对一般大中型洪水拟合效果较好。基于典型洪水年 2003 年、2007 年、2020 年的实测洪水过程和历史资料[8-9],分析了各行蓄洪区运用对其附近控制站的影响,得到了淮河干流行蓄洪区运用与干流河道水位的响应关系。研究结果表明,单个行蓄洪区运用对附近控制站短时间内水位的影响规律为:①蒙洼典型年的运用降低附近控制站水位 0~20 cm;②南润段典型年的运用降低附近控制站水位 0~50 cm;③邱家湖典型年的运用降低附近控制站水位 20~50 cm;④姜唐湖典型年的运用降低附近控制站水位 20~50 cm;⑤城东湖典型年的运用降低附近控制站水位 25~30 cm;⑥上、下六坊堤典型年的运用降低附近控制站水位 10~60 cm;⑦荆山湖典型年的运用降低附近控制站水位 0~65 cm。行蓄洪区的联合运用对淮河干流重要控制站水位综合影响研究表明,典型年王家坝水位降幅为 13~26 cm,润河集站水位降幅 9~18 cm,正阳关站水位降幅 15~40 cm,蚌埠(吴家渡)站水位降幅 17~39 cm。

3.3　气候变化背景下淮河干流洪水未来变化趋势分析

本研究采用 CMIP5(耦合模式比较计划)中英国 Hadley 气候中心开发的大气环流模式 HadGEM2-ES 作为未来气候模式,将 1961—1990 年作为气候基准期,2016—2045 年(2030S)和 2046—2075 年(2060S)作为未来时期的预估时间段,分析在 3 种排放情景(RCP2.6、RCP4.5、RCP8.5)下的气候变化趋势。结合使用空间插值 IDW 方法、Delta 方法和 KNN-CADv4 天气发生器将气候模式输出的大尺度日降水、温度降解到区域尺度,并驱动率定过的淮河流域分布式模型 SWAT,给出未来淮河流域气候变化导致的干支流洪水发展趋势。

将 3 种排放情景下的逐日降雨、最高最低温度降尺度数据输入模型数据库,模拟生成淮河流域干流主要站点未来时期的流量序列。基于年最大值取样法,构建未来流量数据的年最大日流量序列,绘制历史时期(1956—2015 年)、未来时期(2016—2075 年)3 种排放情景下的年最大日流量的经验累积分布曲线。

将未来情景下的年最大日流量延长到历史时期序列后,采用 1954—2075 年共 122 年的数据重新分析计算,得到干流息县、淮滨、王家坝、鲁台子、蚌埠和小柳巷的最大 7 d、15 d、30 d 的设计值。通过将历史序列(1954—2015 年)与未来序列(1954—2075 年)计算的设计值进行对比,发现:①未来气候变化影响下序列的洪量均值大体上存在不同程度上的升高,且未来温室气体排放浓度越高,均值越高,RCP8.5 情景下的序列均值略高于 RCP4.5、RCP2.6 情景;②未来气候变化影响下序列的变异系数 C_v 大体上低于历史序列,说明未来序列的洪量数据离散程度减小;③在均值 E_x、C_v、C_s 的共同影响下,未来序列存在高重现期(5 年、10 年、20 年)的洪量设计值较历史时期设计值增大,低重现期(50 年、100 年)的洪量设计值较历史时期减小的规律。

4　结语与展望

本文以淮河淮滨至洪泽湖区间为研究区域,利用搜集的长系列水文气象、大型水库、行蓄洪区、土地利用等资料,基于数学统计分析、Copula 函数、SWAT 模型、水文水动力学模型等,研究了降水量变化规律、淮河干流重要断面过流能力变化特征、淮河干流洪水传播时间变化特征、淮河干支流洪水遭遇规律等,定量评估了土地利用变化、水利工程建设运行对淮河干流洪水的影响,开展了气候变化背景下淮河干流洪水未来变化趋势情景分析,从降水、洪水时空分布、下垫面变化、工程响应等方面系统揭示了变化环境下淮河干流洪水时空演变规律及其驱动机制。

淮河流域地处我国南北气候过渡带,特殊的气候条件及位置导致洪涝灾害多发频发,随着经济社会的持续发展,对重点区域重要城市的防洪要求进一步提高,近些年极端天气呈现频发多发态势,在气候变化和人类活动的双重影响下,淮河干流洪水过程和时空遭遇规律随着时间推移仍将继续发生深刻变化,后续还需要选取更长系列的水文气象及下垫面数据进一步深入研究有关规律,以期为淮河流域水旱灾害防御及规划设计等提供科学依据。

参 考 文 献

[1] 刘思敏,王浩,严登华,等.气候变化背景下淮河流域场次暴雨事件时空演变分析[J].冰川冻土,2016,38(5):1264-1272.

[2] 王乐,刘德地,李天元,等.基于多变量 M-K 检验的北江流域降水趋势分析[J].水文,2015,35(4):85-90.

[3] 赵梦杰,徐时进,王凯,等.王家坝以上流域降水量与年最大洪峰流量响应关系研究[J].治淮,2020(1):16-18.

[4] 郭生练,闫宝伟,肖义,等.Copula 函数在多变量水文分析计算中的应用及研究进展[J].水文,2008(3):1-7.

[5] 冯颖,石朋,王凯,等.淮河干流与洪河洪水遭遇规律研究[J].三峡大学学报(自然科学版),2018,40(6):1-5.

[6] 戴韵秋,石朋,胡健伟,等.气候变化和人类活动对流域径流的影响分析:以沙颖河为例[J].三峡大学学报(自然科学版),2018,40(1):15-132.

[7] 陈琛,石朋,瞿思敏,等.未来气候模式下淮河流域极端降水量的时空变化分析[J].西安理工大学学报,2019,35(4):494-500.

[8] 水利部水文局,水利部淮河水利委员会.2003 年淮河暴雨洪水[M].北京:中国水利水电出版社,2006.

[9] 水利部水文局,水利部淮河水利委员会.2007 年淮河暴雨洪水[M].北京:中国水利水电出版社,2010.

日照市 2023 年雨水情特性分析

张艳秋　张　雷　冷　雪　杨宗坤　高婷婷

（日照市水文中心，日照 276826）

摘　要　根据 2023 年日照市雨水情数据，结合历史水文资料，运用水文统计分析方法，对日照市 2023 年全年雨情、水库水情、河道水情、地下水情况进行分析，为科学防洪与合理调配水资源提供数据支撑，为今后防汛抗旱工作提供经验和参考。

关键词　2023 年；日照市；雨水情；分析

1　概　述

日照市地处我国东部沿海中段、山东半岛南翼的黄海之滨，属暖温带半湿润季风区大陆性气候，由于沿海，受海洋性气候影响较大。全年降水量年际变化大，年内分配不均，雨季一般集中在 6—9 月。水汽来源主要是西太平洋低纬度暖湿气团的侵入和台风倒槽输送的大量水汽。

2023 年，日照市平均降水量 834.4 mm，比历年偏多 2.0%。汛前降水量 139.1 mm，占年降水量的 16.7%，比历年同期偏少 4.1%；汛期降水量 656.8 mm，占年降水量的 78.7%，比历年同期偏多 10.7%；汛后降水量 38.5 mm，占年降水量的 4.6%，比历年同期偏少 51.7%。

日照市多条河流出现了明显的洪水过程，付疃河、绣针河、沭河、三庄河等主要河道水文站共发生洪水 143 次，最大洪峰流量为 444 m³/s，出现在付疃河夹仓水文站 7 月 10 日 21 时 39 分；13 座大中型水库累计进水约 2.43 亿 m³。

2　雨情分析

2.1　降水量

2023 年，日照市平均降水量 834.4 mm，比历年偏多 2.0%，比 2022 年偏少 15.5%。岚山区降水量最大 938.8 mm，山海天降水量最小 679.3 mm。与历年相比，除高新区和山海天分别偏少 9.2% 和 21.1% 外，其他区（县）均偏多，东港区、岚山区、莒县、五莲县、开发区均偏多不足一成。2023 年日照市及各区（县）降水量与历年、2022 年降水量比较见表 1。

日照市 2023 年降水量与历年平均降水量、2022 年降水量对比见图 1。

作者简介：张艳秋（1973—），女，工程师，主要从事水文水资源、水文情报预报、水利信息化等研究工作。

表 1　2023 年日照市及各区(县)降水量与历年平均降水量、2022 年降水量比较

区(县)	2023 年降水量/mm	历年平均降水量/mm	变化量/mm	变化幅度/%	2022 年降水量/mm	变化量/mm	变化幅度/%
东港区	902.6	853.2	49.4	5.8	1 035.4	−132.8	−12.8
岚山区	938.8	877	61.8	7.0	1 116.5	−177.7	−15.9
莒县	790.7	778.2	12.5	1.6	939.4	−148.7	−15.8
五莲县	806.6	795.1	11.5	1.4	975.1	−168.5	−17.3
开发区	865.7	864.6	1.1	0.1	981.5	−115.8	−11.8
高新区	785.8	865.6	−79.8	−9.2	842.9	−57.1	−6.8
山海天	679.3	861.1	−181.8	−21.1	810.4	−131.1	16.2
全市平均	834.4	818.3	16.1	2.0	987.1	−152.7	−15.5

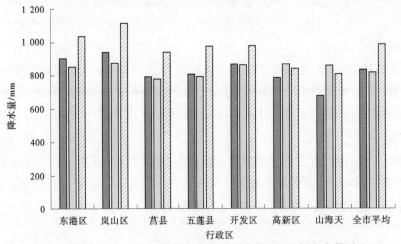

图 1　日照市 2023 年降水量与历年平均降水量、2022 年降水量对比

2.2　时空分布

2023 年降水空间分布不均匀,全市大部分地区降水量在 700~900 mm。东港区中部、岚山区南部、五莲县中南部、莒县西南部降水量较大,在 900 mm 以上;莒县西北部、东北部降水量较小,在 700 mm 以下。东港区西高家沟降水量最大,为 1 138.0 mm,莒县管帅降水量最小,为 491.0 mm,最大点是最小点的 2.3 倍。

降水时间分布不均匀,月度降水分配差异较大。与历年同期相比,1—5 月、8 月、10—12 月降水量分别偏少 4.1%、6.1%、51.7%;6 月、7 月、9 月降水量分别偏多 32.6%、3.9%、38%。汛前降水量 139.1 mm,占全年总降水量的 16.7%,比历年同期偏少 4.1%;汛期降水量 656.8 mm,占全年总降水量的 78.7%,比历年同期偏多 10.7%;汛后降水量 38.5 mm,占年降水量

的 4.6%,比历年同期偏少 51.7%。日照市逐月降水量及距平图见图 2。

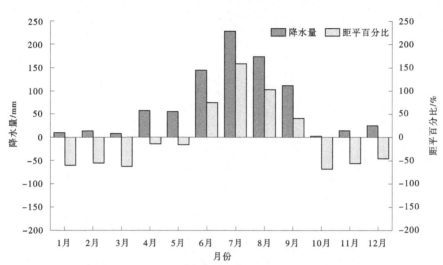

图 2　日照市逐月降水量及距平图

2.3　降水过程

2023 年,全市共发生 19 次降水过程,主要发生在 6—9 月,时间分布极不均匀。其中,4 次强降水过程为:①6 月 28 日 8 时至 29 日 8 时,全市平均降水量 85.2 mm,最大点降水量出现在莒县招贤雨量站,为 148.5 mm;②7 月 10 日 8 时至 13 日 8 时,全市平均降水量 86.0 mm,最大点降水量出现在东港区日照水库雨量站,为 213.5 mm;③8 月 26 日 8 时至 28 日 8 时,全市平均降水量 86.8 mm,最大点降水量出现在东港区独垛雨量站,为 121.5 mm;④9 月 19 日 8 时至 20 日 8 时,全市平均降水量 57.7 mm,最大点降水量出现在莒县东莞雨量站,为 92.5 mm。

3　水库水情

3.1　水库蓄水

2023 年,全市 13 座大中型水库总蓄水量在 1—6 月总体呈持续下降趋势,受降雨影响,6 月下旬各水库水位开始明显上涨,一直持续到 10 月 1 日,13 座大中型水库达到汛期最高蓄水量 4.79 亿 m³。截至 12 月 31 日 8 时,全市 13 座大中型水库总蓄水量 4.10 亿 m³,比 2022 年同期减少 14 872 万 m³,比 2022 年同期偏少 26.6%,比历年同期偏多 21.1%。

全市 13 座大中型水库蓄水量总体偏少,与历年同期相比,全年逐月蓄水量偏多 23.1%~65.0%;与去年同期相比,1—7 月偏少 5.1%~29.4%,8—12 月偏少 18.6%~25.8%。全市大中型水库月初蓄水量与历年及 2022 年同期对比见图 3。

3.2　水库来水

全市 13 座大中型水库全年总来水量 2.43 亿 m³,其中 3 座大型水库总来水量 1.80 亿 m³,占总来水量的 74.1%,10 座中型水库总来水量 0.63 亿 m³,占总来水量的 25.9%;全市 13 座大中型水库全年总放水量 3.92 亿 m³。汛期受降雨影响,全市 13 座大中型水库累计来水量 2.16 亿 m³,其中 6 月 1 454 万 m³,7 月 8 165 万 m³,8 月 7 568 万 m³,9 月 4 425 万 m³。

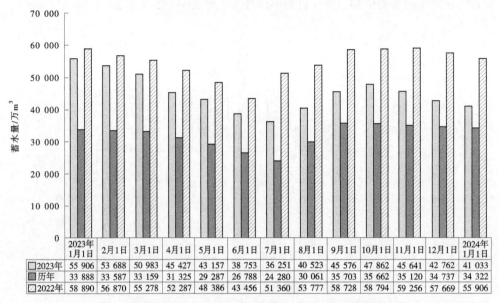

图 3 全市大中型水库月初蓄水量与历年及 2022 年同期对比

4 河道水情

2023 年,受降雨及水利工程调度影响,付疃河、绣针河、沭河、三庄河等主要河道水文站共发生洪水 143 次,发生 20 场以上洪水的水文站有 2 个,发生 10~19 场以上洪水的水文站有 5 个,发生 3~9 场洪水的水文站有 6 个,最大洪峰流量为 444 m^3/s,出现在付疃河夹仓水文站(7 月 10 日 21 时 39 分)。全市主要河道年最大流量见表 2。

表 2 全市主要河道年最大流量

行政区划	河名	站名	洪水场次	年最大流量/(m^3/s)	时间
东港区	三庄河	三庄	12	35.1	8 月 28 日 04:01
	付疃河	付疃	7	60.3	7 月 11 日 05:57
	付疃河	夹仓	12	444	7 月 10 日 21:39
	鲍疃河	陈疃	21	101	7 月 23 日 18:27
	巨峰河	李家谭崖	7	80.1	7 月 10 日 22:26
岚山区	绣针河	大朱曹	18	56.2	8 月 28 日 01:30
	浔河	中楼	27	314	7 月 10 日 22:34
莒县	沭河	莒县	10	131	6 月 29 日 11:28
	袁公河	聂家洪沟	3	29.6	7 月 13 日 12:15
	柳青河	黄花沟	5	66.9	7 月 13 日 10:50

续表2

行政区划	河名	站名	洪水场次	年最大流量/(m³/s)	时间
五莲	潍河	管帅	5	15.8	7月29日10:54
	中至河	圣旨崖	5	18.7	6月29日03:28
山海天	潮白河	两城	11	216	8月21日12:38

5　地下水情

2023年沿海区域地下水平均水位为3.00 m,地下水平均埋深为3.81 m。按月份分析,全年地下水月平均水位,7月最高,为3.58 m;3月最低,为2.58 m。1—5月地下水位整体呈现下降趋势,6月随着降水逐渐增多,地下水位开始回升,受汛期降水影响,6—9月地下水位整体呈现上升趋势,10月随着降水逐渐减少,地下水有效降水入渗补给也随之减少,10—12月地下水位呈现下降趋势,12月地下水平均水位为2.71 m,较1月下降0.20 m。

2023年,日照市沿海区域地下水氯离子含量变化分析表明,日照市沿海区域未发生海水入侵继续扩大现象,与2022年比较,总体基本保持相对稳定,与近10年变化比较,总体呈减退趋势。2023年日照市沿海区域地下水变化分析统计见表3。2023年日照市沿海区域逐月地下水随降水变化过程见图4。

表3　2023年日照市沿海区域地下水变化分析统计

项目	1月	2月	3月	4月	5月	6月	7月	8月	9月	10月	11月	12月	年变幅	年平均
水位/m	2.91	2.76	2.58	2.73	2.65	2.85	3.58	3.39	3.51	3.35	3.03	2.71	-0.2	3
埋深/m	3.9	4.05	4.23	4.08	4.17	3.96	3.23	3.42	3.3	3.46	3.78	4.1	0.2	3.81
降水量/mm	9.3	16	13.5	53.8	66.5	154.6	221	168.7	120	3.2	10.6	25.5	—	71.9

6　结　语

2023年,日照市降水量较历年偏多,降水时空分布不均匀,主汛期降水偏多,南部沿海多于内陆,与往年受1~2个台风影响相比,2023年日照市汛期基本上没受台风直接影响。通过对日照市2023年水文特征进行调查分析,进一步了解日照区域暴雨洪水发展演变规律,可为今后的水情预测预报工作积累经验,为日照市的防汛抗旱减灾、水资源合理利用与开发以及社会公益服务等方面提供科学依据和有力支撑。

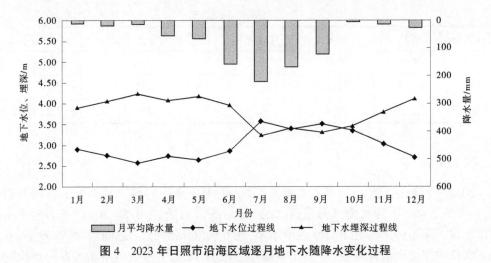

图 4　2023 年日照市沿海区域逐月地下水随降水变化过程

参 考 文 献

［1］中华人民共和国水利部.2021 年度《中国水资源公报》发布［J］.水资源开发与管理,2022,8(7):85.

［2］王蒙,张恒德,包红军.2020 年淮河流域梅汛期极端暴雨洪涝雨水情分析［J］.水文,2022,42(3):95-
　　101.

日照市水体动态遥感监测及应用分析

张　雷　张艳秋　毕永传　韩立光　牟　佳

（日照市水文中心，日照 276826）

摘　要　本研究尝试将遥感技术引入陆域水体的监测体系中，实现区域水体空间范围的快速动态测绘，并结合观测站点数据探究水体时空变化与管理措施间的相关关系。分析了提出的监测方法在水资源管理中的应用潜力，为相关部门更好地管理和利用好水资源提供技术支撑。

关键词　遥感监测；水体面积；降水蓄水；动态变化

动态掌握区域地表水资源的贮存情况并分析其与自然和人为管理措施的相关关系，进而制定和调整水利管理措施，对于实现水资源的科学管理和持续利用意义重大。以往的水资源调查以现场调研为主，该方法所消耗的人力和物力资源巨大，所需时间周期也较长，严重制约大范围水体分布状况的动态更新。遥感技术具有覆盖范围大、周期短和获取性强等优点，可实现大范围水体时空分布的自动快速测绘，有助于管理部门掌握区域内水资源的近实时分布状况并快速决策。因此，将遥感技术引入水利监测体系中，与站点实测数据形成相互补充，可以更好地完善水资源监测系统。

1　研究区概况

日照市位于山东省的东部沿海，东靠黄海、南接连云港、西接临沂、北靠青岛和潍坊。全市陆域总面积约为 5 358.79 km²，海域总面积约为 6 000 km²。日照市地形以丘陵为主，总体地势呈现起伏波动的状况，最高点为五莲县的马耳山，最低点为东港区的东海峪村。该市的气候为温带季风气候，夏季高温多雨、冬季寒冷干燥。日照全市的河流分属沭河、潍河和东南沿海水系，全市拥有 13 座大中型水库，分别是日照水库、青峰岭水库、小仕阳水库、马陵水库、巨峰水库、峤山水库、户部岭水库、长城岭水库、石亩子水库、学庄水库、河西水库、小王疃水库和龙潭沟水库。

水资源关系到经济社会发展及饮水安全，是生态环境的重要调控者，与人们的生活水平有着直接联系[1]。传统方法的监测和分析过程复杂、耗时长，需要大量的人力、物力，还会受到气候、地理位置等自然条件的限制[2]。本研究以日照市为研究区，初步探索遥感技术在该市动态监测陆域范围内水体动态变化的可能，并分析水体面积的变化与实测降水和水库蓄水量间的关系，探明日照市水资源管理的成效。

作者简介：张雷（1977—），男，高级工程师，主要从事水文水资源、水文情报预报、水利信息化等研究工作。

2　数据来源与研究方法

2.1　数据来源

本研究所使用的数据年限跨度为 2020—2022 年,获取方式为站点实测和遥感观测两种。站点观测数据包括日照市全市范围季度平均降水量和 13 座大中型水库季末蓄水量。遥感观测所使用的数据源为哨兵二号卫星。该系列卫星由欧空局发射,携带一台多光谱成像仪,具有 13 个波段,空间分辨率为 10~60 m,时间分辨率为 5 d。本研究选用 2020—2022 年覆盖日照市的 2 274 景 L2A 级别影像,并根据其质量波段去除云和雪等干扰像素。

2.2　研究方法

本研究计算 2020—2022 年每年中 4 个季度的平均降水量和各季度末的水库蓄水量,并对预处理后的各景影像分别通过阈值法提取地表水体,该方法由 Zou 等(2019)[3] 提出,Deng 等(2019)[4] 改进,具体实现步骤如下:

首先,分别对各景影像计算归一化植被指数(NDVI)、增强型植被指数(EVI)、改进归一化水体指数(mNDWI)和自动水体提取指数($AWEI_{nsh}$ 和 $AWEI_{sh}$),计算公式如下:

$$NDVI = \frac{(nir - red)}{(nir + red)} \tag{1}$$

$$EVI = 2.5 \times \frac{(nir - red)}{(1 + nir + 6 \times red - 7.5 \times blue)} \tag{2}$$

$$mNDWI = \frac{(green - swir1)}{(green + swir1)} \tag{3}$$

$$AWEI_{nsh} = 4 \times (green - swir1) - 0.25 \times nir + 2.75 \times swir2 \tag{4}$$

$$AWEI_{sh} = blue + 2.5 \times green - 1.5 \times (nir + swir1) - 0.25 \times swir2 \tag{5}$$

式中:blue、green、red、nir、swir1、swir2 分别对应蓝、绿、红、近红外、第一和第二个短波红外波段。

其次,按照设置的阈值分割规则获取各景影像上的水体像素,具体规则如下:

$$\text{水体像素} = (mNDWI > EVI) \text{ 或} (mNDWI > NDVI) + (EVI < 0.1) +$$
$$\{[(AWEI_{nsh} > 0.05) + (AWEI_{nsh}/AWEI_{sh} > 1)] + (AWEI_{sh} > 0.05)\} \tag{6}$$

最后,分析计算每个季度内各景影像中水体出现的概率。当单像素水体出现概率大于 0.75 时,则判定该像素在该季度为永久性水体;当概率为 0.25~0.75 时,则判定该像素为季节性水体。在获得年度各季度永久性和季节性水体后,本研究分别统计两种不同水体的面积,分析日照市 2020—2022 年 3 年间各季度地表水体的时空演变趋势及与降水量和水库蓄水量间的相关关系。

3　结果分析

3.1　近 3 年日照市季度降水变化分析

图 1 所示为 2020—2022 年每年中 4 个季度平均降水量的变化情况。总体来看,日照市在过去的 3 年降水主要集中于第三季度(7—9 月),第一季度(1—3 月)的降水较少。日照市 3 年平均降水量为 90.41 mm,其中 2020 年平均降水量为 105.08 mm,2021 年平均降水量为 83.89 mm,2022 年平均降水量为 82.26 mm,3 年的平均降水量呈现递减趋势。

3 年间第一季度的平均降水量为 21.28 mm,第二季度的平均降水量为 88.36 mm,第三季度的平均降水量为 221.11 mm,第四季度的平均降水量为 30.90 mm。与年均降水量相似,2020—2022 年 3 年间,各个季度的季均降水量也呈现逐年下降的趋势,其中 2022 年第一季度季平均降水量仅为 9.03 mm,全市出现干旱状况。由此可见,受制于区域季节性降水影响,日照市春季降水递减,干旱出现的概率增加。

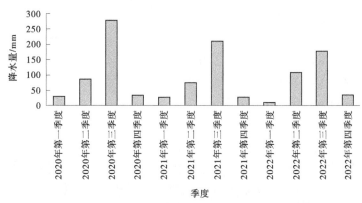

图 1　2020—2022 年日照市季平均降水量变化柱状图

3.2　近 3 年日照市季度水库蓄水量变化分析

图 2 所示为 2020—2022 年日照市季末 13 座大中型水库蓄水量变化情况。与季平均降水量不同,水库蓄水量在近 3 年呈现递增的趋势。2020—2022 年日照市 4 个季度季末水库平均蓄水量为 51 233.08 万 m³,其中 2020 年为 47 340.50 万 m³,2021 年为 51 771.75 万 m³,2022 年为 54 587.00 万 m³。就全年范围 4 个季度来看,第二季度的水库蓄水量最低,3 年的平均值为 41 039.67 万 m³,第三季度的水库蓄水量最高,三年的平均值为 59 810.33 万 m³,第一季度和第四季度则处于中间水平,分别为 47 512.67 万 m³ 和 56 569.67 万 m³。大中型水库蓄水量的递增说明日照市水利工程管理措施具有显著成效,通过防洪调度、河流引水、流量控制等措施,有效解决降水减少所引发的可能的干旱问题,能够保证全市范围内工农业和生活用水的需求。

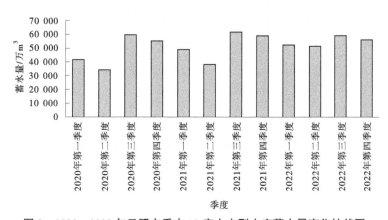

图 2　2020—2022 年日照市季末 13 座大中型水库蓄水量变化柱状图

3.3 日照市地表水体时空演变分析

永久性水体主要分布在该市的北部和中部地区,多为流经该市的河流和人工修建的水库。季节性水体则零星分布在各个河流水系的周边并在一年内呈现季节性变化。图 3 为 2020—2022 年日照市永久性水体面积变化柱状图。3 年间,日照市永久性水体面积的均值为 1 192.50 km²,其中 2020 年为 1 203.94 km²,2021 年为 1 218.02 km²,2022 年为 1 155.55 km²。从季节性分布来看,永久性水体在第四季度面积最大,三年平均值为 1 301.26 km²,第二季度面积最小,3 年平均值为 1 044.08 km²。图 4 为 2020—2022 年日照市季节性水体面积变化柱状图。3 年间,日照市季节性水体面积的均值为 545.45 km²,其中 2020 年为 642.63 km²,2021 年为 540.41 km²,2022 年为 453.30 km²。从季节性分布来看,永久性水体在第一季度面积最大,3 年平均值为 809.06 km²,第二季度面积最小,3 年平均值为 516.09 km²(见图 5~图 7)。

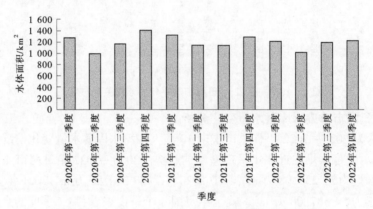

图 3　2020—2022 年日照市永久性水体面积变化柱状图

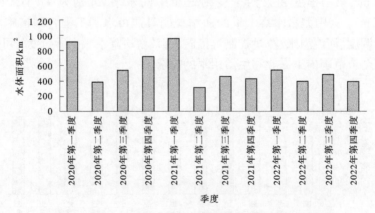

图 4　2020—2022 年日照市季节性水体面积变化柱状图

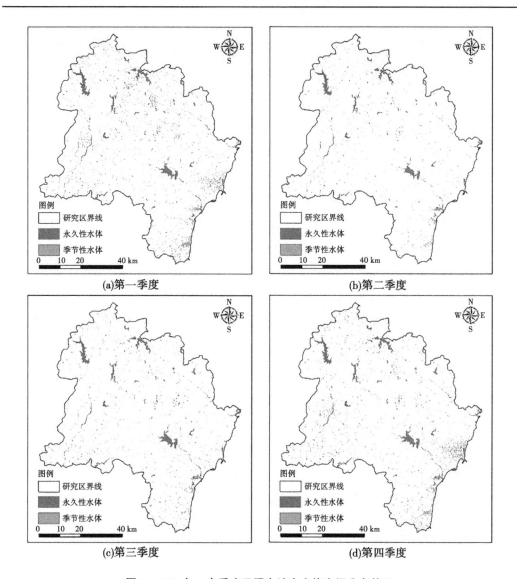

图5　2020年4个季度日照市地表水体空间分布状况

3.4　地表水体时空演变与降水量和水库蓄水量的相关关系

图8所示为2020—2023年季平均降水量与永久性、季节性水体面积相关关系。本研究发现,日照市永久性水体面积和季节性水体面积与季平均降水量没有明显的相关关系。这主要是由于降水长期处于相对稳定水平,不足以影响到陆域水体季度间剧烈变化。此外,该市无大型天然湖泊和湿地等,主要陆域水体为人工水库和河流,受制于蓄水、排水等管理措施,该部分水体常出现异于自然变化过程的状态。季末13座大中型水库蓄水量与永久性水体面积和季节性水体面积对比散点图(见图9)也证实这一观点,水库和河道的永久性水体面积与水库蓄水量间呈现明显的正相关关系,而季节性水体面积则与水库蓄水量间无相关关系。

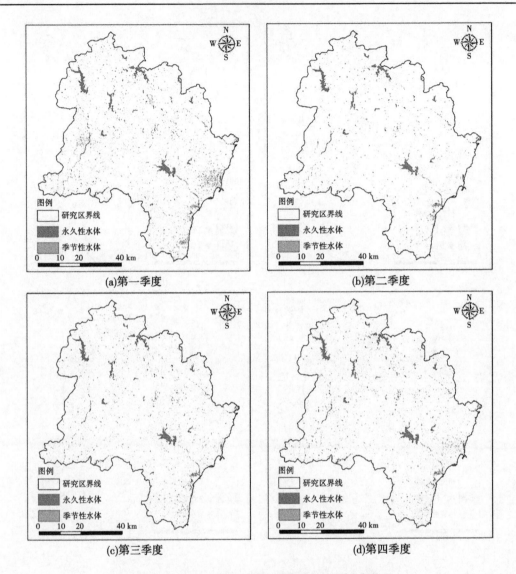

图6　2021年4个季度日照市地表水体空间分布状况

4　结　论

本研究以日照市为研究区,探究遥感技术在水文水资源监测上的应用潜力,结果发现:

(1)遥感技术可以快速有效地进行陆域开放性水体的监测并实现动态更新。

(2)近年来,日照市降水呈现逐年减少趋势,对大中型水库蓄水不利,但水行政部门的管理措施有效保证区域水资源安全利用和可持续发展。未来水行政主管部门应将遥感技术纳入水资源监测体系中,实现季度甚至月度尺度区域永久性、季节性水体范围的动态更新和预警,为水资源保护利用政策的制定、实施和调整提供基础数据支撑。

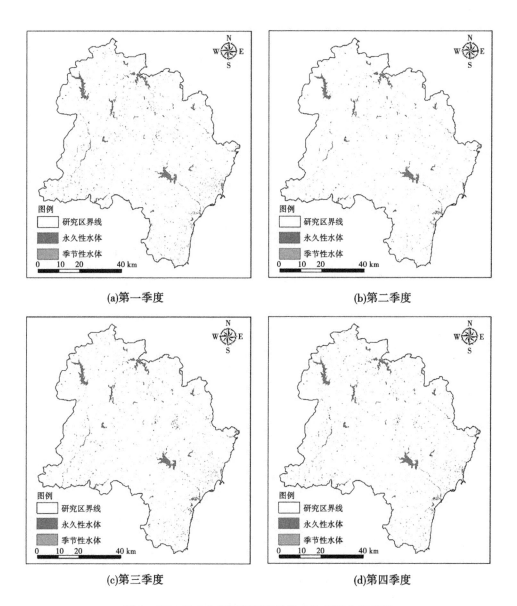

(a)第一季度　　　　　　　　　　　　　(b)第二季度

(c)第三季度　　　　　　　　　　　　　(d)第四季度

图7　2022年4个季度日照市地表水体空间分布状况

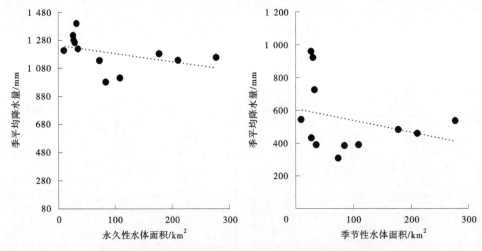

图 8　季平均降水量与永久性、季节性水体面积对比散点图

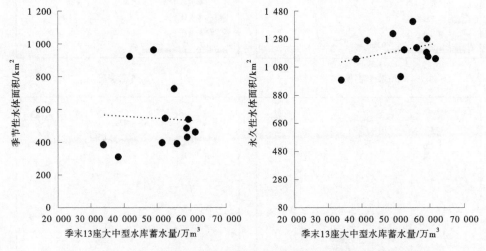

图 9　季末 13 座大中型水库蓄水量与永久性、季节性水体面积对比散点图

参 考 文 献

［1］张建龙.水资源动态配置及严格管理模式研究［D］.西安:西安理工大学,2011.

［2］张继贤.水资源环境遥感监测与评价［M］.北京:测绘出版社,2005.

［3］Zou Z, Dong J, Menarguez M A, et al. Continued decrease of open surface water body area in Oklahoma during 1984—2015［J］. Science of the Total Environment, 2017(595): 451-460.

［4］Deng Y, Jiang W, Tang Z, et al. Long-term changes of open-surface water bodies in the Yangtze River basin based on the Google Earth Engine cloud platform［J］. Remote Sensing, 2019, 11(19): 2213.

日照水库调水优化调度分析及建议

张 雷 毕永传 张艳秋 杨宗坤 赵红霞

（日照市水文中心，日照 276826）

摘 要 近年蓬勃发展的临港工业对日照水资源供应提出了更高要求。将沭河流域小仕阳水库地表水资源调水入付疃河流域日照水库，通过日照水库调蓄后再供至日照主城区，分析测算日照水库调度用水量，缓解城市缺水，最大限度地实现区域水资源供需平衡，对促进日照市经济可持续发展的意义重大。本文对落实科学实施调水进行分析研究，为调水工程的科学运行管理提供参考。
关键词 日照水库；调水分析；水量平衡；意见建议

1 概 况

日照市地处我国东部沿海中段，属暖温带半湿润季风区大陆性气候，是鲁东南沿海新兴的港口城市，位于山东半岛蓝色经济区和鲁南临海经济带，拥有深水码头、铁路、高速公路等基础设施，区位优势显著。但随着临港工业经济的发展和人们生活水平的提高，对水资源的需求急剧增长，加之水资源时空分布严重不均，区域性和季节性缺水突出，水资源短缺问题日益凸显，成为日照市水资源的主要矛盾，这一矛盾日益成为日照市经济社会发展的瓶颈之一。

经调研，日照市水资源与生产力要素的空间分布不协调问题十分突出，西北部沭河流域莒县水资源丰富、开发条件好而利用率相对不高，东南部付疃河流域经济发达，人口和企业密集，城市供水能力却严重不足。因此，为缓解日照市区水资源短缺现状，解决水资源空间分布不均衡问题，实现区域内水资源合理配置和高效利用，日照市于 2024 年 4 月实行跨流域调水，将沭河流域仕阳水库地表水调水入付疃河流域日照水库，通过日照水库调蓄后再供至日照市区。

为落实科学推进实施调水工作，提供高质量发展和生态环境保护所需的水安全保障，本文结合历史水文资料，运用调查法、类比分析法、水文统计法等，对日照水库、小仕阳水库水资源供需平衡进行分析，对日照水库在不来水、不调水、实施调水情况下，分别进行未来趋势展望，并对调水存在的相关热点问题提出建议，为日照市实施跨流域调水工作的科学运行和管理提供参考。

2 日照水库蓄水和来水分析

2.1 水库历年蓄水情况

根据日照水库多年逐月平均水位分析，日照水库历年 4 月平均水位 37.32 m，蓄水量

作者简介：张雷（1977—），男，高级工程师，主要从事水文水资源、水文情报预报、水利信息化等研究工作。

8 093 万 m³;5 月平均水位 36.89 m,蓄水量 7 390 万 m³;6 月平均水位 36.38 m,蓄水量 6 635 万 m³,7 月平均水位 36.79 m,蓄水量 7 242 万 m³(见图 1)。

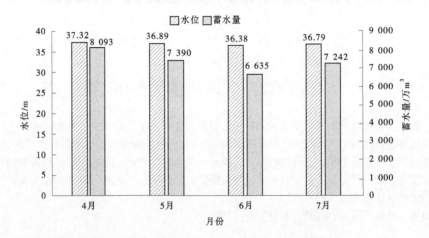

图 1　日照水库历年 4—7 月平均水位和蓄水量

2.2　历年入库径流量年内变化

　　日照水库入库径流量年内变化趋势基本相似,径流量年内分配近似呈现单峰型分布,其径流量 1—3 月处于最低值,4—6 月开始缓慢上升,7 月、8 月急剧增加,9 月上旬达到峰值,随后在 9 月中旬开始减少,至 10—12 月缓慢下降。其中,水库全年的入库径流量主要集中在 7 月、8 月,分别占全年径流量的 31%、34%(见图 2)。

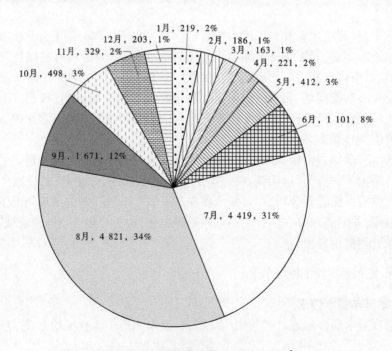

图 2　日照水库历年平均来水量　(单位:万 m³)

2.3　水库历年 4—8 月来水情况

根据日照水库历年 4—8 月平均来水量分析,预计 4 月来水 221 万 m³,5 月来水 412 万 m³,6 月来水 1 101 万 m³,7 月来水 4 419 万 m³,8 月来水 4 821 万 m³(见图 3)。

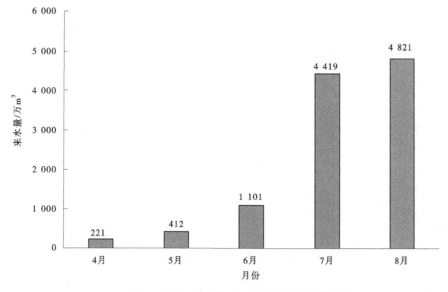

图 3　日照水库历年 4—8 月平均来水量统计

3　水库现状雨水情分析

3.1　水库雨情分析

受气象、水文地质和地理位置的影响,日照市水资源分布不均,降水年际变化较大,丰枯水年交替发生。在统计资料系列中,全市年平均降水量 1964 年最大,为 1 215.3 mm,1983 年最小,为 541.2 mm,丰枯值比 2.25。年内降水多集中于汛期(6—9 月),占全年降水总量的 72.7%。全市多年降水量地区分布也不均匀,由东南沿海向西北内陆逐渐减少,降水中心位于日照水库。2024 年以来,全市平均降水量 68.7 mm,较常年同期偏少 2.2%,较去年同期偏少 10.6%,其中日照水库流域平均降水 65.2 mm,降水总体降水偏少。

3.2　水库蓄水量预测分析

截至 2024 年 4 月 21 日,日照水库水位 35.11 m,库容 4 941 万 m³,可供水量为 4 190 万 m³。较 2024 年 1 月 1 日 8 时的 8 617 万 m³,减少 42.7%,较 2023 年 4 月 21 日蓄水量 11 417 万 m³,减少 56.7%。

3.2.1　水库不来水情况下蓄水量预测

在日照水库不来水、不调水、不考虑蒸发渗漏等损耗的情况下,按照目前日供水量 52 万 m³ 计算,预测 6 月 1 日水库蓄水量降至 2 078 万 m³,水库可供水量仅剩余 1 327 万 m³,7 月中旬日照水库将无水可供,供水形势将十分严峻。

3.2.2　水库按多年平均来水情况下蓄水量预测

在日照水库不调水的情况下,根据日照水库历年 4—8 月平均来水量分析,6 月下旬

水库蓄水量将达到 2 101 万 m³,7 月上旬水库蓄水量开始提高,7 月下旬水库蓄水将达到
4 908 万 m³,蓄水不足状况得到扭转;8 月下旬日照水库蓄水将达到 8 117 万 m³(见图 4),
水库蓄水量将呈现大幅上升趋势,水库可供水充足,供水形势得到全面扭转。

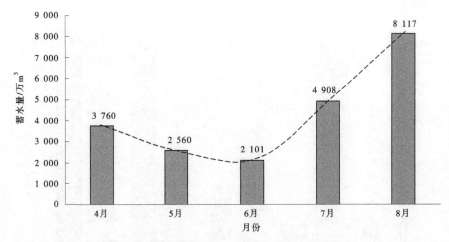

图 4　考虑来水情况下日照水库 4—8 月蓄水量趋势

3.2.3　水库在多年平均来水维持调水情况下蓄水量预测

按当前日照水库调水量 20 万 m³/日分析,6 月下旬水库蓄水量将达到 4 052 万 m³,蓄
水不足状况得到扭转;7 月水库蓄水量将持续提升,8 月下旬日照水库蓄水量将达到
11 308 万 m³,水库可供水充足(见图 5)。

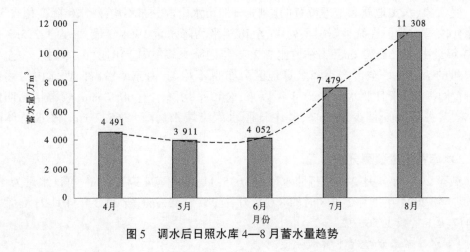

图 5　调水后日照水库 4—8 月蓄水量趋势

4　意见建议

(1)实施流域内调水和跨流域调水,实现水资源合理配置,是缓解区域水资源短缺的
有效措施。沭水东调工程最大调水能力可达 80 万 m³/日,实现青峰岭水库、仕阳水库、日
照水库 3 座大型水库 3 库联通。建议利用青峰岭、仕阳水库现有水资源,缓解日照水库供

水压力,满足日照水库水源地生态保障、供水安全和主城区生产生活用水需求。

(2)仕阳水库调水能够满足当前供需矛盾,调水既可为仕阳水库腾空库容迎汛,又可为日照市区城市供水和水库河道生态补水,建议继续实施。

(3)为充分发挥调水工程的综合效益,可采取分段调水的方式,根据水库来水差异进行优化调节,保障区域水资源可持续利用。

(4)加强供水工程管理,严格落实沭河流域水量调度方案。加强调水水库的运行管理,及时监测水库水量、水质变化情况,建立水量、水质监测机制,保障水库水源地的供水功能和下游河道的健康安全。

(5)调水线路中的三庄河至日照水库自流段,由于地表水与地下水水力联系密切,影响输水损失量的主要因素是河道下垫面条件,其中流量越大,输水损失率越小,河道下垫面越湿润,损失率越小。因此,建议尽量加大输水流量、缩短输水时间,将输水损失降到最低。

参 考 文 献

[1] 中华人民共和国水利部.2021 年度《中国水资源公报》发布[J].水资源开发与管理,2022,8(7):85.
[2] 邹连文,陈干琴,王娟,等.山东省年降水量系列代表性及多年变化的初步分析[J].水文,2005(6):58-61.

受水利工程影响的山溪性河道的落差指数法分析

——以林子水文站为例

王勇成　　万永智　　马庆楼

（江苏省水文水资源勘测局徐州分局，徐州 221000）

摘　要　本文选取 2018—2020 年林子水文站符合分析条件的流量测次共 203 次，进行落差指数法分析。受下游橡胶坝控制，发现不同落差下 Z-C-q 散点分布规律不同。通过对不同落差散点进行分段，共建立了 4 条落差指数法 Z-C-q 关系线，推求流量的精度得到了有效提高。本文为受橡胶坝影响的山溪性河道的落差指数法分析提供了有益借鉴。

关键词　落差指数法；分段；橡胶坝影响

1　测站说明

林子水文站位于邳州市岔河镇林子村东南约 2 km 的邳苍分洪道上。该站设立于 1960 年，为汛期水文站，当时站名叫艾山站，1961 年上迁 500 m，改名为林子站，1971 年下迁 800 m，1972 年分东、西泓。测验项目有降水量、水位、径流量、地下水。邳苍分洪道为大运河的主要支流之一，分泄分洪道洪水及邳苍地区西加河、汶河、东加河、涑河、坦河、燕子河等区间来水，于邳州滩上集北汇入大运河，流域面积 2 450 km²。测验河段顺直长度 2 200 m 左右，中泓偏右岸，河宽 190 m 左右。基本水尺断面上游顺直河段长度在 1 100 m 左右，上游 850 m 处设有上比降水尺断面并建有遥测水位自记台；下游顺直河段长度在 1 100 m 左右，基本水尺断面处建有遥测水位自记台。基下 3 km 建有倚宿橡胶坝，林子（西泓）站流量测验常年受倚宿橡胶坝调节影响，不同落差下 Z-C-q 散点分布规律不同。林子水文站（西泓）测验平面图见图 1。

2　资料选用

本次流量测验数据全部来源于林子水文站（西泓）缆道测流以及 ADCP 测流，水位数据来源于西泓上游以及基本断面遥测自记水位计。主要使用上下游落差在 0.005 m 以上，且流量在 20 m³/s 以上的流量测次进行分析。2018—2020 年林子水文站（西泓）符合分析条件的流量测次共 203 次，所分析资料的水位处于 24.89~29.35 m，流量处于 20.9~1 180 m³/s。2019 年 8 月 11 日，受台风"利奇马"影响，林子迎来 50 年一遇洪水，洪水期间施测流量 55 次，积累了高水部分实测资料。原始数据见表 1。

作者简介：王勇成（1980—），男，工程师，主要从事水文测验及站网管理工作。

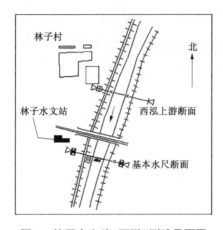

图1 林子水文站(西泓)测验平面图

表1 林子水文站(西泓)落差指数法原始数据表格

测次	基本水尺断面水位 Z/m	$(Z-24)$/m	上游水位 Z_U/m	水位差ΔZ/m	实测流量 $Q_{实}$/(m³/s)
2018047	26.44	2.44	26.45	0.01	168
2018048	26.29	2.29	26.33	0.04	141
2018049	26.49	2.49	26.545	0.055	220
2019055	26.62	2.62	26.73	0.11	289
2019056	26.67	2.67	26.79	0.12	297
2019057	27.03	3.03	27.22	0.19	418
…	…	…	…	…	…
2020059	28.22	4.22	28.39	0.17	587
2020060	28.23	4.23	28.40	0.17	614
2020061	28.14	4.14	28.31	0.17	606
2020062	28.01	4.01	28.18	0.17	558
2020063	28.00	4.00	28.16	0.16	570
2020064	27.85	3.85	28.005	0.155	528

3 分段依据与优劣势分析

通过对不同落差散点进行分段,使得落差指数法定线基于较为一致的水力条件,水位的测验以及落差大小的计算精度亦较为一致,测验所定推流曲线的推流精度有望得到提高。对比不分段的落差指数法定线,其应用条件受落差大小影响,采用不同的拟合公式推流,应用起来较为复杂一些,比前者增加了对河段落差大小判断这一环节。分段定线后,定线的整体性不如分段前,存在不同落差指数法所定曲线的衔接问题,但基于目前测站搜集的实测资料情况可以大体判断,当上下游落差较小时,落差计算的误差将较大,定线误差随之增大,因此依据落差大小,对参与定线的落差散点进行分段,拟合不同的落差指数法推流曲线,可以初步解决由此带来的较大误差。

4　综合定线法与落差分级定线法比较

综合定线法:主要是收集有较大流量时河段的落差,根据实测流量,建立基本水尺断面水位 $Z-C$(C 为常数)与校正流量因素 q($Q/\Delta Z^\beta$)的相关关系[1],并根据相关关系的好坏确定落差指数 β,再由公式求的校正流量因素 q 乘以 ΔZ^β,从而得到落差指数法推求的理论流量 $Q_{推}$,将实测流量推出的 q 与线上算得的 q' 进行对比,得到相对误差的均值 $\bar{p}$、实测点标准差 S_e 以及置信水平为95%的随机不确定度 X'_q 这3个指标,根据这3个指标值的大小,判断落差指数法定线推流的精度是否符合规范要求。综合定线法的特点是以一条 $Z-C-q$ 关系线拟合所有基本水尺断面水位 Z 与校正流量因素 q 的相关关系,只有一个落差指数 β。

落差分段定线法:定线之前,根据测验河段落差的大小结合散点图中散点(x,y)的分布规律,其中 $x=Z-24$,$y=q$,将实测资料按落差大小分组,对分好的各组再参照综合定线的方法分别定线。落差分段定线方法基于具有相近落差的散点往往对应相似的水情与橡胶坝运行工况,是对现实情况的细化与分段模拟。落差分段定线法的特点是以多条 $Z-C-q$ 关系线拟合不同落差下基本水尺断面水位 $Z-C$ 与校正流量因素 q 的相关关系,每条 $Z-C-q$ 关系线都对应一个落差指数 β。

5　定线成果比较

本文通过综合定线法与落差分段定线法的散点图以及两种方法的定线精度对比,对两种定线成果进行比较。具体见图2~图6、表2。

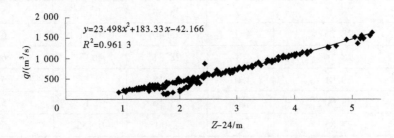

图2　林子水文站(西泓)落差指数法 $Z-24-q$ 关系综合线

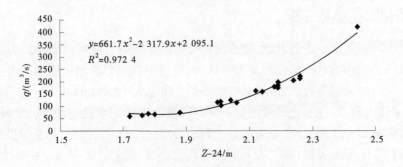

图3　林子水文站(西泓)落差指数法 $Z-24-q$ 关系1号线

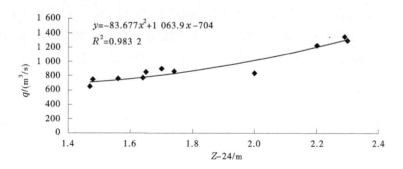

图 4　林子水文站(西泓)落差指数法 Z-24-q 关系 2 号线

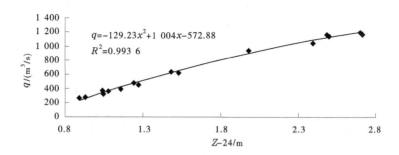

图 5　林子水文站(西泓)落差指数法 Z-24-q 关系 3 号线

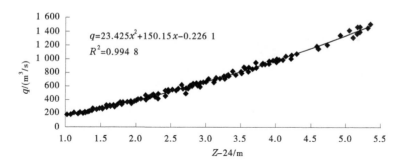

图 6　林子水文站(西泓)落差指数法 Z-24-q 关系 4 号线

表 2　综合定线法与落差分段定线法精度对比

线名	测点数 n	落差指数 β	相对误差均值 $\bar{p}$/%	标准差 S_e/%	95%随机不确定度 X'_q/%	相对误差≥10%的测点数	占比/%	相对误差最大值/%	适用落差范围/m
综合线	203	0.36	0.5	16.7	33.4	63	31	63.1	$0<\Delta Z$
1 号线	20	0.20	-1.5	7.5	15.0	2	10	-12.6	$\Delta Z<0.03$
2 号线	12	0.70	-0.7	5.5	11.0	1	8	-10.8	$0.03\leq\Delta Z<0.05$
3 号线	16	0.57	-0.3	5.7	11.4	2	13	10.4	$0.05\leq\Delta Z<0.10$
4 号线	155	0.30	0.1	4.0	8.0	2	1	11.6	$0.10\leq\Delta Z$

通过图 2~图 6 可以看出:落差分段定线法使得 Z-24 与 q 的相关系数 R^2 得到了一定程度的提高,原来的相关系数 $R^2 = 0.961\ 3$,落差分段定线后各相关线的 R^2 介于 $0.972\ 4$ 与 $0.994\ 8$ 之间,数据分段后同一落差段内的数据更具相关性。通过表 2 可以看出:落差分段定线后,定线的标准差 S_e 和 95% 随机不确定度 X'_q 大幅度降低,4 号线的定线精度甚至达到了一类精度站定线精度指标[2]。相对误差超 10% 的测点数由原来的 63 个减少为 7 个,相对误差的最大值由 63.1% 降为 -12.6%,推求流量的精度得到大幅度提高。

6　总结与展望

本文根据不同落差,分段分指数定线,相对于传统的不分段并且只有一个落差指数 β 的定线方法,能够明显提高定线与推求流量的精度。若在此基础上继续积累资料,对 1 号线至 3 号线进一步完善,则有望通过西泓上游断面与基本水尺断面两组水位,实现流量的实时在线,为防汛决策提供及时、准确的数据支撑,同时为受橡胶坝影响的山溪性河道的落差指数法分析提供有益借鉴。

参 考 文 献

[1] 中华人民共和国住房和城乡建设部. 河流流量测验规范:GB 50179—2015[S]. 北京:中国计划出版社,2015.
[2] 中华人民共和国水利部. 水文资料整编规范:SL/T 247—2020[S]. 北京:中国水利水电出版社,2021.

回归分析法拟合水位流量单一线方程研究

彭雪勇[1] 许 攀[1] 庄万里[2]

(1. 江苏省骆运水利工程管理处,宿迁 223800;
2. 江苏省骆马湖水利管理局,宿迁 223800)

摘 要 本文以最小二乘法为理论基础,提出了水位流量单一线多项式方程系数的算法,同时给出在 WPS 办公软件上快速实施算法的具体计算步骤,使用文中计算步骤对嶂山闸(闸下游)站水位流量单一线定线,定线精度优良,步骤简单,人工计算量远小于图解分析法。

关键词 流量;定线;最小二乘法;克莱姆法则

1 引 言

水文资料整编时,当水位流量呈单一线关系时,可以用图解分析法或回归分析法拟合水位流量关系曲线,近几年水文资料整编实践中发现大多数测站使用图解分析法定线,使用回归分析法的极少,原因是现阶段普遍认为图解分析法简单、直观,不需要做复杂计算,但是图解分析法定线需要人工绘图,人工判断曲线拟合的优劣,无法适应水文资料整编工作自动化、程序化;回归分析法虽然计算量大,计算过程繁杂,但是它基于最小二乘法原理展开,能够得到使误差平方和最小的流量计算公式,同时,回归分析法是水位流量关系定线自动化、程序化基本方法,因此回归分析法定线是很有研究价值的。根据《水文资料整编规范》(SL/T 247—2020)第 6.4.4 节[1]:可以用指数方程、对数方程或多项式方程来拟合水位流量关系曲线,用方程式拟合水位流量关系曲线最主要的任务是用实测资料估计方程式的系数。这 3 种方程式系数的估计方法类似,本文将介绍估计多项式方程系数的理论和方法。根据文中给出的方法可以编程计算,也可以在 WPS 办公软件上计算,本文给出了在 WPS 办公软件上估计多项式方程系数的步骤和计算实例,按照文中步骤操作,可以快速完成水位流量单一线定线工作。

2 多项式方程系数估计方法

2.1 估计多项式方程系数的正规方程组

《水文资料整编规范》(SL/T 247—2020)第 6.4.4 节[1]给出的多项式方程式如下:

$$Q_c = a_0 + a_1 Z_e + a_2 Z_e^2 + \cdots + a_m Z_e^m \tag{1}$$

作者简介:彭雪勇(1969—),男,工程师,主要从事水文测验、水文资料整编与水资源管理工作。

式中：Q_c 为计算流量，m^3/s；Z_e 为实测流量的相应水位与一常数之差，m；a_0、a_1、a_2、$\cdots$、a_m 为系数；m 为多项式次数。

用实测资料估计多项式系数可以根据最小二乘法原理求得，即应该使实测流量与计算流量之差的平方和最小[2]，即

$$S = \sum_{i=1}^{n}\left(Q_i - Q_{ci}\right)^2 = \min \tag{2}$$

式中：S 为实测流量与计算流量之差的平方和；i 为流量测验次序；n 为流量测验总次数；Q_i 为第 i 次实测流量；Q_{ci} 为第 i 次实测流量对应的计算流量。

要使式（2）成立，则 S 对 a_0、a_1、a_2、$\cdots$、a_m 的偏导数必须同时为 0，经整理化简后可得到下列正规方程组：

$$\left.\begin{aligned}
a_0\sum_{i=1}^{n}Z_{ei}^{0} + a_1\sum_{i=1}^{n}Z_{ei}^{1} + a_2\sum_{i=1}^{n}Z_{ei}^{2} + \cdots + a_m\sum_{i=1}^{n}Z_{ei}^{m} &= \sum_{i=1}^{n}Q_iZ_{ei}^{0}\\
a_0\sum_{i=1}^{n}Z_{ei}^{1} + a_1\sum_{i=1}^{n}Z_{ei}^{2} + a_2\sum_{i=1}^{n}Z_{ei}^{3} + \cdots + a_m\sum_{i=1}^{n}Z_{ei}^{m+1} &= \sum_{i=1}^{n}Q_iZ_{ei}^{1}\\
a_0\sum_{i=1}^{n}Z_{ei}^{2} + a_1\sum_{i=1}^{n}Z_{ei}^{3} + a_2\sum_{i=1}^{n}Z_{ei}^{4} + \cdots + a_m\sum_{i=1}^{n}Z_{ei}^{m+2} &= \sum_{i=1}^{n}Q_iZ_{ei}^{2}\\
&\vdots\\
a_0\sum_{i=1}^{n}Z_{ei}^{m} + a_1\sum_{i=1}^{n}Z_{ei}^{m+1} + a_2\sum_{i=1}^{n}Z_{ei}^{m+2} + \cdots + a_m\sum_{i=1}^{n}Z_{ei}^{m+m} &= \sum_{i=1}^{n}Q_iZ_{ei}^{m}
\end{aligned}\right\} \tag{3}$$

式中：Z_{ei} 为第 i 次实测流量的相应水位与一常数之差，m。

正规方程组（3）有 $m+1$ 个未知数，即 a_0、a_1、a_2、$\cdots$、a_m，有 $m+1$ 个方程，有唯一解[3]。方程组（3）有多种求解方法，为了能够在 WPS 办公软件上快速求解，本文将介绍使用克莱姆法则求解。

为了便于使用克莱姆法则求解方程组（3），先把它写成矩阵形式：

$$AX = B \tag{4}$$

式中：A 为系数矩阵；X 为未知数矩阵；B 为常数项矩阵。

$$A = \begin{pmatrix} a_{11} & a_{12} & \cdots & a_{1,m+1}\\ a_{21} & a_{22} & \cdots & a_{2,m+1}\\ \vdots & \vdots & & \vdots\\ a_{m+1,1} & a_{m+1,2} & \cdots & a_{m+1,m+1} \end{pmatrix} = \begin{pmatrix} \sum_{i=1}^{n}Z_{ei}^{0} & \sum_{i=1}^{n}Z_{ei}^{1} & \cdots & \sum_{i=1}^{n}Z_{ei}^{m}\\ \sum_{i=1}^{n}Z_{ei}^{1} & \sum_{i=1}^{n}Z_{ei}^{2} & \cdots & \sum_{i=1}^{n}Z_{ei}^{m+1}\\ \vdots & \vdots & & \vdots\\ \sum_{i=1}^{n}Z_{ei}^{m} & \sum_{i=1}^{n}Z_{ei}^{m+1} & \cdots & \sum_{i=1}^{n}Z_{ei}^{m+m} \end{pmatrix} \tag{a}$$

$$\boldsymbol{B} = \begin{pmatrix} b_1 \\ b_2 \\ \vdots \\ b_{m+1} \end{pmatrix} = \begin{pmatrix} \sum_{i=1}^{n} Q_i Z_{ei}^0 \\ \sum_{i=1}^{n} Q_i Z_{ei}^1 \\ \vdots \\ \sum_{i=1}^{n} Q_i Z_{ei}^m \end{pmatrix} \qquad (b)$$

$$\boldsymbol{X} = (x_1 \quad x_2 \quad \cdots \quad x_{m+1}) = (a_0 \quad a_1 \quad \cdots \quad a_m) \qquad (c)$$

矩阵 $\boldsymbol{A}$ 中元素 $a_{k,l}(k=1,2,\cdots,m+1; l=1,2,\cdots,m+1)$ 按下式计算：

$$a_{k,l} = \sum_{i=1}^{n} Z_{ei}^{k+l-2} \qquad (5)$$

矩阵 $\boldsymbol{B}$ 中元素 $b_k(k=1,2,\cdots,m+1)$ 按下式计算：

$$b_k = \sum_{i=1}^{n} Q_i Z_{ei}^{k-1} \qquad (6)$$

矩阵 $\boldsymbol{X}$ 中元素 $x_k(k=1,2,\cdots,m+1)$ 是公式(1)中多项式的系数。

2.2　克莱姆法则

设有线性方程组：

$$\begin{cases} a_{11}x_1 + a_{12}x_2 + \cdots + a_{1n}x_n = b_1 \\ a_{21}x_1 + a_{22}x_2 + \cdots + a_{2n}x_n = b_2 \\ \vdots \\ a_{n1}x_1 + a_{n2}x_2 + \cdots + a_{nn}x_n = b_n \end{cases} \qquad (7)$$

如果其系数行列式不等于零，即

$$D = \begin{vmatrix} a_{11} & a_{12} & \cdots & a_{1n} \\ a_{21} & a_{22} & \cdots & a_{2n} \\ \vdots & \vdots & & \vdots \\ a_{n1} & a_{n2} & \cdots & a_{nn} \end{vmatrix} \neq 0$$

那么，方程组(7)有唯一解：

$$x_1 = \frac{D_1}{D}, x_2 = \frac{D_2}{D}, \cdots, x_n = \frac{D_n}{D}$$

其中 $D_j(j=1,2,\cdots,n)$ 是用方程组右端的常数项代替系数行列式 D 中第 j 列元素后所得到的 n 阶行列式的值[4]，即

$$D_j = \begin{vmatrix} a_{11} & a_{12} & \cdots & a_{1,j-1} & b_1 & a_{1,j+1} & \cdots & a_{1n} \\ a_{21} & a_{22} & \cdots & a_{2,j-1} & b_2 & a_{2,j+1} & \cdots & a_{2n} \\ \vdots & \vdots & & \vdots & \vdots & \vdots & & \vdots \\ a_{n1} & a_{n2} & \cdots & a_{n,j-1} & b_n & a_{n,j+1} & \cdots & a_{nn} \end{vmatrix}$$

3　用 WPS 办公软件估计多项式方程系数

选定多项式(1)的次数 m ,用式(5)计算方程组(4)的系数矩阵 A 中的各个元素值,构建矩阵 A ,用式(6)计算方程组(4)的常数项矩阵 B 中的各个元素值,构建矩阵 B 。将矩阵 A 中元素按照次序放置在 WPS 表格的一个 $(m+1) \times (m+1)$ 区域内,假设多项式(1)的次数为4,项数为5,矩阵 A 中元素放置在 A1:E5 区域,选中某单元格,假设选中单元格 A6,调用函数 MDETERM(A1:E5),可计算出矩阵 A 的行列式值,计算结果会显示在单元格 A6 内,我们把它记作 D 。

当 $D = 0$ 时,方程组(4)无解;当 $D \neq 0$ 时用矩阵 B 中元素依次替换矩阵 A 中第 $j(j = 1,2,\cdots,m+1)$ 列元素可得矩阵 A_j :

$$A_j = \begin{pmatrix} a_{11} & a_{12} & \cdots & a_{1,j-1} & b_1 & a_{1,j+1} & \cdots & a_{1,m+1} \\ a_{21} & a_{22} & \cdots & a_{2,j-1} & b_2 & a_{2,j+1} & \cdots & a_{2,m+1} \\ \vdots & \vdots & & \vdots & \vdots & \vdots & & \vdots \\ a_{m+1,1} & a_{m+1,2} & \cdots & a_{m+1,j-1} & b_{m+1} & a_{m+1,j+1} & \cdots & a_{m+1,m+1} \end{pmatrix}$$

重复上文方法依次计算 A_j 的行列式值 D_j $(j = 1,2,\cdots,m+1)$,根据克莱姆法,则有:

$$x_1 = a_0 = \frac{D_1}{D}, x_2 = a_1 = \frac{D_2}{D}, \cdots, x_{m+1} = a_m = \frac{D_{m+1}}{D}$$

a_0 、a_1 、$\cdots$ 、a_m 就是我们要估计的多项式方程系数。

4　计算实例

4.1　嶂山闸站简介

嶂山闸为骆马湖泄洪的大型水工建筑物,闸下游为新沂河,嶂山闸水文站测流断面在闸下 473 m 处,该站所处河段河道顺直匀整,河床基本稳定,河槽控制良好,水位流量呈单一线关系。

4.2　嶂山闸站 2020 年水位流量单一线定线计算步骤

2020 年嶂山闸水文站共有实测流量 19 次(见表 1),测流断面为近似矩形断面,河底平均高程大约为 14.00 m,水位常数初步选为 14.00 m。因水位流量单一线关系良好,我们选用式(1)拟合水位流量关系曲线,初步选用最简单的二次三项抛物线方程:

$$Q_c = a_0 + a_1 Z_e + a_2 Z_e^2 \tag{8}$$

估计上式中系数 a_0 、a_1 、a_2 的正规方程组设为

$$AX = B \tag{9}$$

式中: $X = (a_0 \quad a_1 \quad a_2)$ 。按以下步骤估计系数 a_0 、a_1 、a_2 的值。

表 1　嶂山闸（闸下游）站流量定线计算

测次	水位/m	流量 $Q/(\mathrm{m^3/s})$	Z_e/m	Z_e^2	Z_e^3	Z_e^4	$Q\cdot Z_e$	$Q\cdot Z_e^2$
1	15.57	576	1.57	2.46	3.87	6.08	904	1 420
2	16.17	1 070	2.17	4.71	10.22	22.17	2 322	5 039
3	17.61	2 530	3.61	13.03	47.05	169.84	9 133	32 971
4	18.49	3 520	4.49	20.16	90.52	406.43	15 805	70 964
5	17.16	2 080	3.16	9.99	31.55	99.71	6 573	20 770
6	15.86	820	1.86	3.46	6.43	11.97	1 525	2 837
7	20.11	5 520	6.11	37.33	228.10	1 393.69	33 727	206 073
8	18.66	3 610	4.66	21.72	101.19	471.57	16 823	78 393
9	18.20	3 100	4.2	17.64	74.09	311.17	13 020	54 684
10	18.40	3 360	4.4	19.36	85.18	374.81	14 784	65 050
11	16.18	1 100	2.18	4.75	10.36	22.59	2 398	5 228
12	17.53	2 550	3.53	12.46	43.99	155.27	9 002	31 775
13	17.66	2 670	3.66	13.40	49.03	179.44	9 772	35 766
14	16.53	1 530	2.53	6.40	16.19	40.97	3 871	9 793
15	18.70	3 660	4.7	22.09	103.82	487.97	17 202	80 849
16	19.22	4 400	5.22	27.25	142.24	742.48	22 968	119 893
17	18.66	3 680	4.66	21.72	101.19	471.57	17 149	79 913
18	15.54	530	1.54	2.37	3.65	5.62	816	1 257
19	16.66	1 580	2.66	7.08	18.82	50.06	4 203	11 179
合计		47 886	66.91	267.37	1 167.51	5 423.40	201 997	913 855

4.2.1　构建方程组（8）的系数矩阵 A 并计算 A 的行列式的值

在表 1 中依次计算 Z_e 的 1~4 次方的值，并求和。根据表 1 中合计栏数据构建方程组（9）的系数矩阵 A：

$$A = \begin{pmatrix} 19 & 66.91 & 267.37 \\ 66.91 & 267.37 & 1\ 167.51 \\ 267.37 & 1\ 167.51 & 5\ 423.40 \end{pmatrix}$$

在 WPS 表格中调用函数 MDETERM( ) 计算矩阵 A 的行列式值得：

$$D = 31\ 745$$

4.2.2　构建方程组（9）的常数项矩阵 B

根据表 1 中第 3、8、9 列合计栏数据，可以构建方程组（8）的常数项矩阵 B：

$$B = \begin{pmatrix} 47\ 886 \\ 201\ 997 \\ 913\ 855 \end{pmatrix}$$

4.2.3　构建矩阵 $A_i(i=1,2,3)$ 并计算 A_i 的行列式值

用矩阵 B 中元素依次替换矩阵 A 中第 i $(i=1,2,3)$ 列元素得矩阵 $A_i(i=1,2,3)$。

$$A_1 = \begin{pmatrix} 47\,886 & 66.91 & 267.37 \\ 201\,997 & 267.37 & 1\,167.51 \\ 913\,855 & 1\,167.51 & 5\,423.40 \end{pmatrix}$$

$$A_2 = \begin{pmatrix} 19 & 47\,886 & 267.37 \\ 66.91 & 201\,997 & 1\,167.51 \\ 267.37 & 913\,855 & 5\,423.40 \end{pmatrix}$$

$$A_3 = \begin{pmatrix} 19 & 66.91 & 47\,886 \\ 66.91 & 267.37 & 201\,997 \\ 267.37 & 1\,167.51 & 913\,855 \end{pmatrix}$$

在 WPS 表格中调用函数 MDETERM( ) 计算 $A_i(i=1,2,3)$ 的行列式值 $D_i(i=1,2,3)$：

$$D_1 = -20\,823\,574, D_2 = 22\,573\,031, D_3 = 1\,516\,345$$

式(7)中系数值为

$$a_0 = \frac{D_1}{D} = -656, a_1 = \frac{D_2}{D} = 711, a_2 = \frac{D_3}{D} = 47.8$$

嶂山闸(闸下游)站流量可用下式计算：

$$Q_c = -656 + 711Z_e + 47.8Z_e^2 \tag{10}$$

4.3　嶂山闸(闸下游)站流量定线成果评价

4.3.1　定线精度

表2为计算流量误差分析计算表,定线标准差 $S_e = 2.59\%$,随机不确定度 $X'_Q = 5.18\%$；系统误差-0.19%;均符合《水文资料整编规范》(SL/T 247—2020)第5.3.2节要求。

4.3.2　符号检验

表2中相对误差为正数有8次,测验总次数为19,统计量 $u=0.47$ 、 $\alpha=0.25$ 时, $u_{1-\frac{\alpha}{2}} = 1.15$, $u<u_{1-\frac{\alpha}{2}}$,符号检验通过。

表2　嶂山闸(闸下游)站2020年水位流量关系线误差分析计算

测次	水位/m	流量 Q/(m^3/s)	Z_e/m	计算流量 Q/(m^3/s)	相对误差/%
18	15.54	530	1.54	552	-4.04
1	15.57	576	1.57	578	-0.36
6	15.86	820	1.86	832	-1.42
2	16.17	1 070	2.17	1 112	-3.77
11	16.18	1 100	2.18	1 121	-1.89
14	16.53	1 530	2.53	1 449	5.61
19	16.66	1 580	2.66	1 573	0.41
5	17.16	2 080	3.16	2 068	0.58

续表 2

测次	水位/m	流量 $Q/(\text{m}^3/\text{s})$	Z_e/m	计算流量 $Q/(\text{m}^3/\text{s})$	相对误差/%
12	17.53	2 550	3.53	2 449	4.10
3	17.61	2 530	3.61	2 534	−0.14
13	17.66	2 670	3.66	2 587	3.23
9	18.20	3 100	4.2	3 173	−2.31
10	18.40	3 360	4.4	3 398	−1.11
4	18.49	3 520	4.49	3 500	0.57
8	18.66	3 610	4.66	3 695	−2.31
17	18.66	3 680	4.66	3 695	−0.41
15	18.70	3 660	4.7	3 742	−2.18
16	19.22	4 400	5.22	4 358	0.97
7	20.11	5 520	6.11	5 473	0.86
				系统误差/%	−0.19
				标准差/%	2.59

4.3.3　适线检验

表 2 中各测次按相应水位从低到高排列,共有实测资料 19 次,当相对误差正负符号变换次数为 7、统计量 $u=0.71$、$\alpha=0.10$ 时,$u_{1-\alpha}=1.28$,$u<u_{1-\alpha}$,适线检验通过。

4.3.4　偏离数值检验

当偏离数值检验统计量 $t=-0.35$、显著水平 $\alpha=0.10$、自由度 $k=18$ 时,$t_{1-\frac{\alpha}{2}}=1.74$,$|t|<t_{1-\frac{\alpha}{2}}$,偏离数值检验通过。

式(9)作为嶂山闸(闸下游)站 2020 年水位流量关系线,定线精度合格,三项检验通过,可以用来推流。

5　结　语

本文给出水位流量单一线多项式方程系数的估计方法,并给出在 WPS 办公软件上的计算步骤,通过实例计算发现计算步骤简单、定线精度高、人工计算量很小,建议水文资料整编时使用;本文给出的计算方法也可以编程运算,软件开发人员可以尝试用文中算法开发水位流量单一线自动定线软件。

参 考 文 献

[1] 中华人民共和国水利部. 水文资料整编规范:SL/T 247—2020[S]. 北京:水利电力出版社,2021.

[2] 黄振平,陈元芳. 水文统计学[M]. 北京:水利电力出版社,2017.

[3] 严义顺. 水文测验学[M]. 北京:水利电力出版社,1983.

[4] 同济大学数学教研室. 线性代数[M]. 北京:高等教育出版社,1987.

近 20 年沂沭泗流域陆地水储量变化及分布

王晓书 曹 晴 于百奎 王秀庆 杜庆顺

(沂沭泗水利管理局水文局(信息中心),徐州 221018)

摘 要 首次使用 GRACE 卫星数据对沂沭泗流域近 20 年陆地水储量变化及分布情况进行计算,得出沂沭泗流域平均水储量 2023 年相比 2003 年减少约 47.76 亿 m^3,其中 2012 年相比 2003 年减少约 103.48 亿 m^3,2003 年相比 2013 年增加约 55.72 亿 m^3,推测南水北调东线一期施工对流域水储量有较大影响,特别是受水区最多的南四湖流域增加明显。

关键词 陆地水储量;GRACE;沂沭泗流域

1 背 景

长期以来,全球及区域大尺度陆地水储量研究主要以水文过程模型(如 Global Land Data Assimilation System, GLDAS)模拟为主[1],但是受观测资料和模型参数等因素的影响,模拟结果不确定性较大。GRACE(Gravity Recovery and Climate Experiment)重力卫星的发射成功,其采用的近极低轨道星载 GPS 跟踪、非保守力加速仪以及高精度星间距离测量等新技术,显著提高了重力场观测的精度和时空分辨率,从而为大、中尺度区域陆地水储量变化研究提供了新的途径[2]。目前,沂沭泗流域水资源量统计计算通过水文站流量监测,尚未从大尺度角度分析水资源量变化分布情况。此外,南水北调东线工程调水途经沂沭泗流域,南水北调对沂沭泗流域陆地水储量的影响尚未有一个定量的讨论。沂沭泗流域高程和主要河流湖泊分布见图 1。

2 数据和方法

2.1 GRACE 数据

GRACE 重力卫星由美国航天局(NASA)及德国空间飞行中心(DLS)联合研发发射,采用两颗低高度(300~500 km)、近极轨道小卫星,通过搭载在卫星上的精密测距系统测量卫星间距离变化反演全球重力场变化[3]。由于地球不是一个完美的球形,两颗卫星一前一后受到地球的引力不同,距离会发生微小变化,通过测量这个微小变化可以反推出不同区域的重力。

GRACE 重力卫星的优势在于能不受陆地条件的限制进行连续、快速和重复观测,由 GRACE 重力卫星解算得到的时变重力场信号,近年来已被广泛地应用到区域地下水储量变化及河流、冰川的质量迁移等方面的研究,在研究陆地水质量迁移方面,相较于传统的以大气和水文观测资料为基础,将地基观测、遥感卫星观测结果结合相应物理规律以及水文模式等研究而言,GRACE 卫星重力能有效弥补测量范围不深、空间分布不均匀、资料获

作者简介:王晓书(1995—),男,工程师,主要从事水文水资源、遥感水文、智慧水利等研究工作。

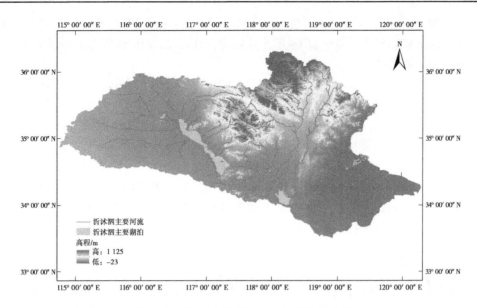

图1　沂沭泗流域高程和主要河流湖泊分布

取不充分以及水文模型分布不均匀等问题造成的数据不均匀,能得到全球分布均匀且观测尺度统一的数据[4-5]。一般认为,在季节性或更短的时间尺度上,这种剩余的重力场变化在陆地区域主要与水储量变化相关。

GRACE重力卫星每30 d产出一组数据,基本在每月中旬生成一幅数据地图。主要有3个数据中心进行数据解算并发布相关成果:美国得克萨斯大学空间研究中心、德国波茨坦地学中心以及喷气动力实验室。GRACE重力卫星于2002年3月17日发射。

本文使用的数据是CSR发布的数据,空间分辨率为0.25°×0.25°。图2展示了2002年3月至今GRACE重力卫星传来的数据底图在每年的分布数量,共计230幅图像。由于各种原因(如仪器故障、数据传输中断等),GRACE重力卫星获取的数据中可能存在缺失值。

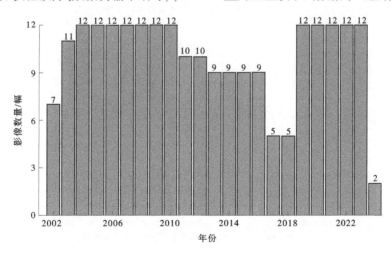

图2　2002年至今CSR发布GRACE数据年分布

2017 年和 2018 年影像数量最少,是因为 GRACE 重力卫星于 2017 年 6 月结束,GRACE-Follow On(GRACE-FO)任务于 2018 年 5 月启动,2017—2018 年缺失近 1 年数据。

2.2　水储量计算方法

CSR 发布的数据形式是陆地水储量异常(TWSA),网格(包括校正后的网格)都是相对于 2004 年 1 月到 2009 年 12 月的平均基线的地表质量偏差异常,发布的数据单位为等效水量(cm),这里用等效水柱高来衡量地球系统表面及浅层地下区域质量变化。

本文中区域内一段时间陆地水储量变化值(ΔTWS)(m^3)计算如下:

$$\Delta TWS = (TWSA_{end} - TWSA_{start})/100 \cdot S \qquad (1)$$

式中:$TWSA_{end}$ 为时段末陆地水储量异常值,cm;$TWSA_{start}$ 为时段初陆地水储量异常值,cm;S 为区域面积,m^2。计算每年陆地水储量变化量时,$TWSA_{end}$ 选取当年 12 月数值,$TWSA_{start}$ 选取当年 1 月数值。

3　结果与讨论

沂沭泗流域月平均水储量变化的结果如图 3(a)所示,因为计算变化的基准值是 2004

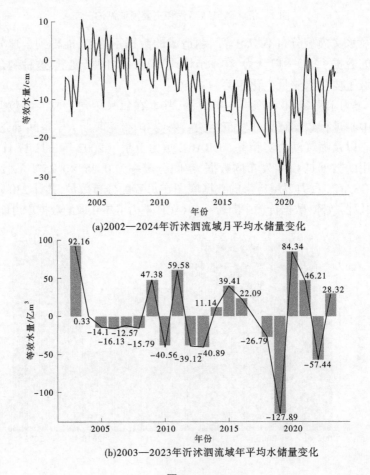

(a)2002—2024年沂沭泗流域月平均水储量变化

(b)2003—2023年沂沭泗流域年平均水储量变化

图 3

年1月到2009年12月的平均值,从图3(a)中可以看出,2009之后的月平均水储量变化大多数数据在基准值以下。2005—2020年,沂沭泗流域月水储量减小的趋势加剧,2020年之后月水储量减小的趋势缓和。

从沂沭泗流域年平均水储量变化的结果来看[见图3(b)],2003年沂沭泗流域平均年水储量增加最大,增加了92.16亿m³等效水量,2019年沂沭泗流域年平均水储量减少最大,减少了127.89亿m³等效水量,年平均水储量增加的年份与减少的年份数量近乎一致。从沂沭泗流域年平均水储量变化的分布图来看(见图4),2003年是水储量增加最大的一年,水储量增加的区域集中在流域的西北部,南四湖上级湖湖西和湖西北区域,2019年是水储量减少最大的一年,流域内无水储量增加片区,越靠近流域中部,水储量减少幅度最大。近20年流域水储量增加的片区几乎均集中在南四湖上级湖周边,沂沭河、骆马湖片区大部分区域水储量减少趋势明显。

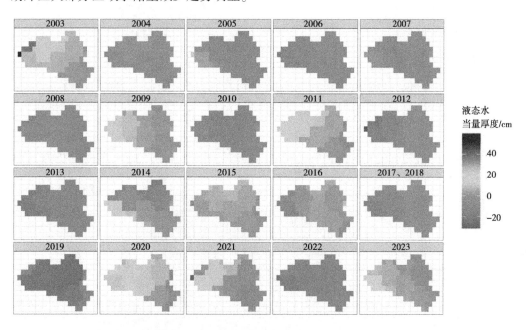

图4　2003—2024年沂沭泗流域年平均水储量变化分布

南水北调东线一期工程于2002年开工,2013年建成投运,因此以2013年为界,分别对比2013年前10年和后11年沂沭泗流域水储量变化,分析南水北调对沂沭泗流域水储量的影响。2003—2012年沂沭泗流域水储量整体呈现下降趋势,水储量下降情况从西向东逐渐减弱,南四湖上级湖西部水储量下降最明显[见图5(a)]。沂沭泗流域平均水储量2012年相比2003年减少约12.77cm等效水量,合计约103.48亿m³水量。

南水北调东线一期工程建成运行后11年(2013—2023年),沂沭泗流域水储量呈现整体增长的趋势,水储量增加的情况从流域东部向西部逐渐增强,特别是在2003—2012年水储量下降最多的南四湖上级湖西部区域,增加幅度最大[见图5(b)]。沂沭泗流域平均水储量2023年相比2013年增加约6.76cm(等效水量),合计约55.72亿m³水量。

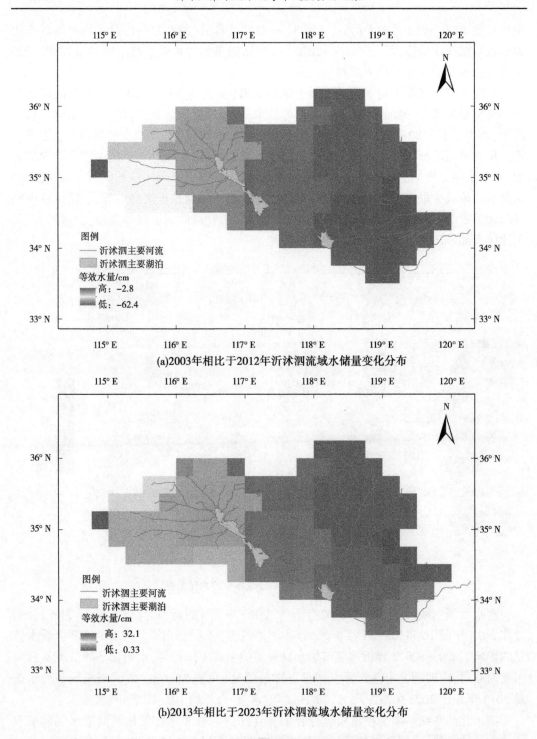

(a)2003年相比于2012年沂沭泗流域水储量变化分布

(b)2013年相比于2023年沂沭泗流域水储量变化分布

图 5

　　2023 年相比于 2003 年沂沭泗流域水储量整体下降,下降情况从西向东逐渐减弱,南四湖上级湖湖西区域水储量下降最为明显(见图 6)。沂沭泗流域平均水储量 2023 年相比于 2003 年减少约 6.04 cm(等效水量),合计约 47.76 亿 m³ 水量。

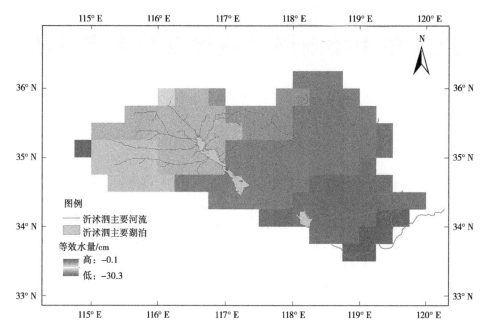

图6　2003年相比于2023年沂沭泗流域水储量变化分布

4　结　语

沂沭泗流域平均水储量2023年相比于2003年减少约47.76亿 m^3，其中2012年相比于2003年减少约103.48亿 m^3，2023年相比于2013年增加约55.72亿 m^3。南水北调受水区最多的南四湖流域在南水北调工程运行后的11年，陆地水储量出现明显增加，增幅流域最大。后续，结合流域降水、径流资料进一步分析南水北调工程对沂沭泗流域水储量的影响，以及水储量趋势变化。

参 考 文 献

[1] Chen J L, Rodell M, Wilson C R, et al. Low degree spherical harmonic influences on Gravity Recovery and Climate Experiment(GRACE) water storage estimates[J]. Geophysical Research Letters, 2005,32 (14):L14405.

[2] Houborg R, Rodell M, Li B L, et al. Drought indicators based on model-assimilated Gravity Recovery and Climate Experiment(GRACE) terrestrial water storage observations[J]. Water Resources Research,2012, 48(7):W07525.

[3] Tapley B D, Bettadpur S, Ries J C, et al. GRACE measurements of mass variability in the Earth system [J]. Science,2004,305(5683):503-505.

[4] 许民,叶柏生,赵求东. 2002—2010年长江流域GRACE水储量时空变化特征[J]. 地理科学进展, 2013,32(1):68-77.

[5] Houborg R, Rodell M, Li B L,et al. Drought indicators based on model-assimilated Gravity Recovery and Climate Experiment(GRACE) terrestrial water storage observations[J]. Water Resources Research,2012, 48(7):W07525.

2023 年魏楼闸堰闸流量系数率定分析

史鲁豪

（菏泽市水文中心,菏泽 274000）

摘　要　魏楼闸水文站位于洙赵新河干流,为省级重点站。2021 年魏楼闸重建后,闸孔、闸底、上下游河道断面等均发生了不同程度的变化,为充分利用现有的水工建筑物测流,减少工作量,提高测验精度,以适应防洪、水资源管理的需要,须实测流量以率定流量系数,找出流量系数与某些相关因素(如水头、上下游水位差、闸门开启高度等)之间的关系。结合 2023 年魏楼闸站流量系数率定工作实际情况,介绍堰闸流量系数率定的实用方法。

关键词　堰流;自由孔流;淹没孔流;流量系数

1　基本情况

1.1　堰闸工程及水文监测工程情况

在实施流量系数率定之前,首先现场踏勘,搜集工程指标,对魏楼闸工程概况进行调查,全面掌握水文监测工程建设情况。2023 年度流量实测以建设完成的缆道测流断面作为堰闸流量系数率定的基本测流位置,用闸上、闸下的直立式水尺进行水位观测。基本情况见表 1。

表 1　魏楼闸工程概况及测流断面情况

类型	闸孔数/个	闸孔净宽/m	闸孔高度/m	闸底高程/m	测流断面位置
平底闸	7	7.00	4.70	3.38	闸下 240 m

1.2　闸门开启高度及水位观测

根据流量系数率定需求,要测定闸门开启高度和闸上、闸下水位变化过程。为准确测定闸门开启高度,在每孔闸门翼墙处均设有米尺牌;观测水位所用闸上水尺断面位置距闸孔 50 m,闸下水尺断面距闸孔 240 m,水流较平稳,不易受水流行进流速及水跃影响,符合规范要求。闸上、闸下各支水尺汛前由校核水准点用四等水准测量方法引测水尺零点高程。其间,利用观测的水尺读数加上测定的水尺零点高程得到各时刻的水位。

1.3　流量测验

为正确地布设测速垂线,首先对流速仪测流断面进行大断面测量,主要河道内测深垂线间距一般为 3.00 m,以控制断面变化的转折点,并绘制出大断面(见图 1)。根据断面形状及水位变化情况确定测速垂线的数目及位置。测速垂线布设原则采用均匀分布,以

作者简介:史鲁豪(1983—),男,工程师,长期从事水文测验、资料整理工作。

控制横向流速分布。

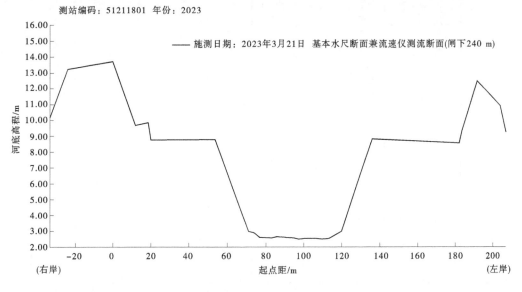

测站编码：51211801　年份：2023

—— 施测日期：2023年3月21日　基本水尺断面兼流速仪测流断面(闸下240 m)

图1　洙赵新河魏楼闸(闸下游)站大断面

由于用流速仪测流缆道测流,流量施测采用悬索悬吊 75 kg 铅鱼,垂线流速测点采用常测法,即根据不同情况采用一点法或多点法。测点深度由电动缆道数字计数表控制,测速历时设置为 100 s。截至 11 月 1 日,2023 年流速仪实测流量共 61 次。

1.4　流态观测与判别

魏楼闸站的出流主要有堰流、自由孔流、淹没孔流 3 种形式。流态观测主要以目测为主,当遇到不易识别的流态时,孔堰流分界点 E/H_u 的值采用 0.68。孔流时,闸下水头小于闸门开启高度,闸门出流不受下游水位影响,判定为自由孔流;当闸下水头大于闸门开启高度时,判定为淹没孔流。实测流量根据闸门开启情况初步判定,包括堰流 10 次、淹没孔流 37 次、自由孔流 14 次。

2　流量系数率定

2.1　流量系数 M_1、M_2 的计算

自由孔流流量系数推求采用以下公式：

$$Q_1 = M_1 BE \sqrt{H_u} \tag{1}$$

淹没孔流流量系数推求采用以下公式：

$$Q_2 = M_2 BE \sqrt{\Delta Z} \tag{2}$$

式中：Q_1、Q_2 为流量,m³/s;M_1、M_2 为流量系数;B 为闸孔开宽,m;E 为闸门开高,m;H_u 为闸上水头,m;ΔZ 为闸上、闸下水位差,m。

根据流态计算流量系数 M_1、M_2 值,魏楼闸站堰闸流量率定成果见表 2。

表 2　魏楼闸站堰闸流量率定成果

堰闸名称：节制闸（跌水壁闸）　　闸门型式及堰顶型状：直升，矩形　　闸底及堰顶高程：3.38 m

测站编码：51211801　　共 7 孔　每孔宽：7.0 m

年份：2023

率定次序	施测时间 月	施测时间 日	起 时:分	止 时:分	水位/m 闸上游	水位/m 闸下游	水头/m 闸上游	水头/m 闸下游	水位差/m	闸门开启高度/m	闸门开启孔数/个	闸门开启总宽或平均堰宽/m	闸孔过水面积/m²	实测流量/(m³/s)	流态	采用公式编号	流量系数 相关因素 代号	流量系数 相关因素 数值	流量系数 系数	测流断面位置	检测方法	断面面积/m²	平均流速/(m/s)	附注
1	5	5	12:12	13:20	6.05	4.55			1.50	0.50	1	7.0	3.50	13.8	淹孔	2	$E/\Delta Z$	0.333	3.22	闸下 240 m	流速仪 5/10	90.9	0.15	
2	7	3	08:42	09:18	6.67	4.37			2.30	0.23	3	21.0	4.83	23.0	淹孔	2	$E/\Delta Z$	0.100	3.14	闸下 240 m	流速仪 5/0.0	82.7	0.28	
3	7	3	17:12	17:48	6.63	4.62			2.01	0.23	3	21.0	4.83	21.1	淹孔	2	$E/\Delta Z$	0.114	3.08	闸下 240 m	流速仪 5/0.0	96.9	0.22	
4	7	13	09:24	09:54	6.89	3.57	3.51			0.50	1	7.0	3.50	13.7	自孔	1	E/H_u	0.142	2.09	闸下 240 m	流速仪 5/0.0	41.0	0.33	
5	7	15	17:28	17:54	5.28	3.58	1.90			0.50	1	7.0	3.50	9.70	自孔	1	E/H_u	0.263	2.01	闸下 240 m	流速仪 5/0.0	43.1	0.23	
6	7	16	09:00	09:30	4.69	3.44	1.31			0.50	1	7.0	3.50	7.38	自孔	1	E/H_u	0.382	1.84	闸下 240 m	流速仪 5/0.0	36.4	0.20	
7	7	29	08:12	09:00	6.37	4.01			2.36	0.43	3	21.0	9.03	36.6	淹孔	2	$E/\Delta Z$	0.182	2.64	闸下 240 m	流速仪 5/0.6	63.7	0.57	
8	7	29	16:42	17:10	5.81	4.34			1.47	0.43	3	21.0	9.03	30.9	淹孔	2	$E/\Delta Z$	0.293	2.82	闸下 240 m	流速仪 5/0.6	82.0	0.38	

续表 2

率定次序	施测时间 日	施测时间 月	起止 起 时:分	起止 止 时:分	水位/m 闸上游	水位/m 闸下游	水头/m 闸上游	水头/m 闸下游	水位差/m	闸门开启高度/m	闸门开启孔数/个	闸门开启总宽或平均堰宽/m	闸孔过水面积/m²	实测流量/(m³/s)	流态	流量系数 采用公式编号	流量系数 相关因素 代号	流量系数 相关因素 数值	流量系数 系数	测流断面位置	检测方法	断面面积/m²	平均流速/(m/s)	附注
9	30	7	06:00	06:34	5.26	5.08			0.18	1.00	5	35.0	35.0	43.5	淹孔	2	$E/\Delta Z$	5.56	2.93	闸下 240 m	流速仪 5/0.6	127	0.34	
10	30	7	13:00	14:30	5.20	5.01			0.19	1.00	5	35.0	35.0	47.8	淹孔	2	$E/\Delta Z$	5.26	3.13	闸下 240 m	流速仪 5/0.6	121	0.40	
11	25	8	08:39	09:10	5.21	3.28	1.83			0.20	2	14.0	2.80	7.41	自孔	1	E/H_u	0.109	1.96	闸下 240 m	流速仪 5/0.5	29.4	0.25	
12	27	8	09:24	09:54	7.11	3.58	3.73			0.50	2	14.0	7.00	25.0	自孔	1	E/H_u	0.134	1.85	闸下 240 m	流速仪 5/0.6	42.1	0.59	
13	27	8	14:30	14:54	7.07	3.86	3.69			0.50	1	14.0	7.00	24.3	自孔	1	E/H_u	0.136	1.81	闸下 3 000 m	流速仪 5/0.6	56.3	0.43	
14	27	8	16:24	17:00	7.07	3.88	3.69			0.50	2	14.0	7.00	27.9	自孔	1	E/H_u	0.136	2.08	闸下 240 m	流速仪 5/0.6	57.6	0.48	
15	8	9	17:42	18:18	6.01	3.52			2.49	0.10	2	14.0	1.40	7.42	淹孔	2	$E/\Delta Z$	0.040	3.36	闸下 240 m	流速仪 5/0.6	38.7	0.19	
16	20	9	10:00	10:42	6.70	3.41	3.32			0.05	2	14.0	0.70	8.10	自孔	1	E/H_u	0.015	6.35	闸下 240 m	流速仪 5/0.6	35.5	0.23	

2.2　流量系数定线

将实测点数据资料依据 E/H_u 与 M_1 值点绘出 E/H_u-M_1 关系点,分析分布趋势,定出 E/H_u-M_1 关系曲线图(见图2);同理,将实测点数据资料依据 $E/\Delta Z$ 与 M_2 值点绘出 $E/\Delta Z$-M_2 关系点,分析分布趋势,定出 $E/\Delta Z$-M_2 关系曲线图(见图3)。

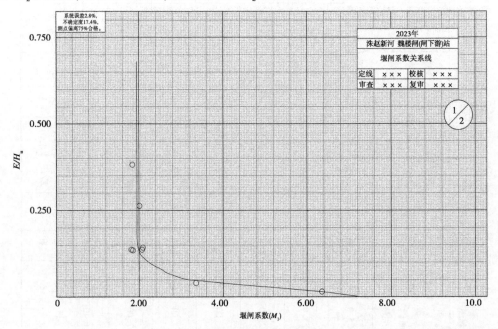

图2　E/H_u-M_1 关系曲线

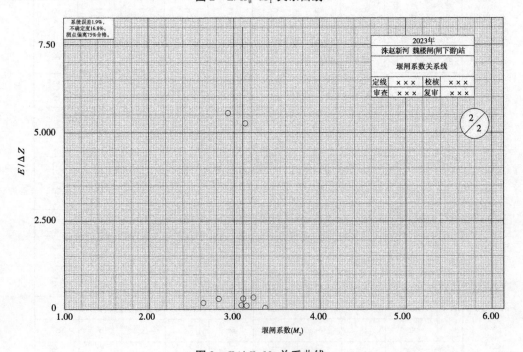

图3　$E/\Delta Z$-M_2 关系曲线

2.3　流量系数检验和随机不确定度估算

（1）3 种检验：淹没孔流和自由孔流率定用实测点数均少于 10 次，均不做符号、适线、偏离数值 3 种检验。

（2）关系曲线测点标准差计算采用以下公式：

$$S_e = \left[\frac{1}{n-2} \sum_{i=1}^{n} \left(\frac{M_i - M_{ci}}{M_{ci}} \right)^2 \right]^{\frac{1}{2}} \tag{3}$$

式中：S_e 为实测点标准差；M_i 为第 i 次实测率定流量系数；M_{ci} 为第 i 次实测率定流量系数相应的曲线上的流量系数；n 为测点总数。

计算自由孔流、淹没孔流曲线标准差分别为 8.7%、8.4%。

（3）不确定度按下式计算：

$$X'_M = 2S_e \tag{4}$$

式中：X'_M 为 置信水平为 95% 的随机不确定度。

计算自由孔流、淹没孔流随机不确定度分别为 17.4%、16.8%。

（4）系统误差采用实测点对关系曲线的相对误差的平均值。计算自由孔流、淹没孔流系统误差分别为 2.8%、1.9%。

3　成果及建议

通过对 2023 年选取的实测点据率定，率定通过检验，满足《水文资料整编规范》（SL/T 247—2020）中三类精度水文站的标准要求，率定实测点据时间跨度范围内，若本闸站闸门开启孔数、高度无变动，视为控制条件不变，可以用率定流量系数线推求相应流量。2023 年度实测流量后，根据闸门情况，初步判定为自由孔流、淹没孔流的实测点据因下游水利工程影响、闸门开启高度观测误差、不同型号流速仪操作系统流速信号计数误差等，自由孔流、淹没孔流率定流量系数曲线关系点比较散乱。2023 年度率定时，自由孔流和淹没孔流分别选 8 次实测率定点方满足规范要求。建议 2024 年做好下游影响流量变化的控制河道变化情况记录，提高闸门开启高度观测精度，减小不同型号流速仪操作系统流速信号计数误差继续进行堰闸流量系数率定，以增大关系曲线控制范围，并对 2023 年测验成果进行校对。

参 考 文 献

［1］王飞，李慧玲，李国志，等.2013 年杨家河堰闸率定成果分析［J］.内蒙古水利，2014(11)：17-18.

［2］张文春，蒋憬，吴锦奎，等.嘉峪关水文站堰闸推流探讨［J］.水力发电，2015(11)：29-33.

沂河埠上站年径流-泥沙变化关系研究

刘　淼　黄　炜　欣尚　韬　包　瑾

(江苏省水文水资源勘测局,南京 210029)

摘　要　准确掌握径流-泥沙关系,对流域河道清淤治理与水资源质量评价具有重要意义。本文采用 Pearson 积矩相关系数法、Spearman 秩相关法,对沂河径流-泥沙相关性进行分析,采用线性回归法、滑动平均法、Mann-Kendall 法、有序聚类法对径流-泥沙年际变化趋势显著性及序列突变年份进行检验。研究表明,径流量、含沙量年内分配极不均匀,但分配趋势同步;年径流量与年输沙量年际相关性较差,且二者变化趋势整体呈现不一致性;径流量序列在1990 年发生显著跳跃,且整体出现逐年递增的趋势;输沙量在1999 年发生显著跳跃,整体呈现小幅下降趋势。本次研究成果可为今后沂河流域水沙治理提供有力的数据支持。

关键词　径流量;含沙量;输沙量;趋势检验

1　引　言

流域水沙变化不仅与河道演变、河道治理、洪涝灾害等过程紧密相关,同时影响着水资源保护和利用、水利规划等诸多方面[1]。在自然条件下,流域水沙变化通常主要受气候变化的影响,随着大规模的人类活动作用,如快速发展下的建筑工程产沙、人口增长下的需水量增加、大型水利工程拦水拦沙,以及水土保持、植被恢复等生态工程实施的减水减沙,极大地改变了地表水文过程和河道泥沙输移过程,流域径流泥沙发生显著变化[2]。泥沙的运动是随着径流的变化而变化的,一般情况下,流域内的径流与泥沙呈正相关关系,径流的变化决定了泥沙的变化。中国学者对流域水沙进行了大量的研究,但对沂沭泗流域水沙特征研究稍有欠缺,几乎处于空白状态。本文采用流域内沂河代表站埠上站实测水文资料,对径流-泥沙关系展开研究,以对区域水土保持、河道冲淤变化、水资源质量评价、水资源管理等提供有力的技术支撑,为沂沭泗流域水资源优化配置提供理论依据。

2　研究区域概况

2.1　流域概况

沂河古称沂水,源出山东省沂源县鲁山南麓,经沂水、沂南、临沂、郯城,于邳州市埠上镇齐村进入江苏省境内,在新沂苗圩附近注入骆马湖,全长 333 km,流域面积 11 820 km²[3]。沂河埠上水文站位于邳州市埠上镇 310 公路沂河大桥北侧,上游距山东省界 5 km,沂河埠上站位置见图 1。

作者简介:刘淼(1982—),女,高级工程师,主要从事水文水资源分析评价工作。

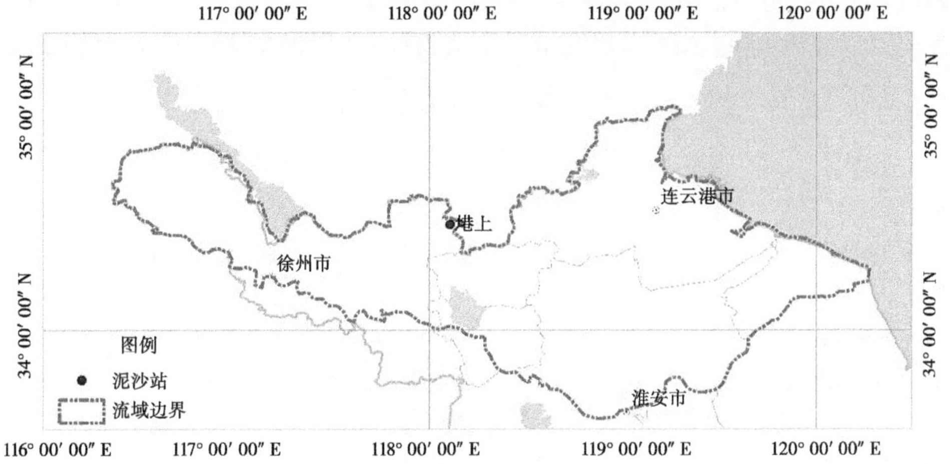

图 1　沂河塂上站位置

2.2　水文气象

沂沭泗流域属暖温带半湿润季风气候区，具有大陆性气候特征。夏热多雨，冬寒干燥，春季多风，秋季少雨，冷暖和旱涝较为突出。年平均气温 13～16 ℃，由北向南，由沿海向内陆递增。沂沭泗流域多年平均降水量 830 mm，最大年降水量为 1 098 mm(1964 年)，最小年降水量为 492 mm(1988 年)。汛期(6—9 月)降水量 592 mm，占全年降水量的 71.3%。1977—2022 年，塂上站实测最大流量 7 420 m^3/s，相应水位 34.76 m，发生于 2020 年 8 月 15 日。

3　资料及方法

3.1　资料来源

本次研究所采用的水文资料均来自江苏省塂上水文站的实测径流、泥沙资料(1977—2022 年)，经过一致性、可靠性、代表性审查，研究区所用水文站资料基本情况见表 1。本文利用塂上站年和月尺度的径流和泥沙资料，分析水沙年际和年内变化特征。

表 1　江苏省沂河代表站塂上站资料情况统计

序号	项目	资料年份	统计年数/年
1	径流	1977—2022	43
2	泥沙	1977—2022	43

3.2　研究方法

采用 Pearson 积矩相关系数法和 Spearman 秩相关法，对沂河塂上站径流-泥沙相关性进行分析，年际变化关系分析采用线性回归法、滑动平均法，年际变化趋势显著性及序列突变年份检验采用 Mann-Kendall 法和有序聚类法。

3.2.1　Pearson 积矩相关系数法

Pearson 积矩相关系数法是检测 X 和 Y 两组或者几组序列是否相关及相关性质的一

种很有效的方法,分为正相关和负相关,多用于统计学中,统计上一般以 ρ 值作为整体相关指标值,以 R 表示样本相关系数值,R 的正负表明了不同相关关系,具体计量公式如下:

$$R = \frac{\sum\limits_{i=1}^{n}(x_i - \bar{x})(y_i - \bar{y})}{\sqrt{\sum\limits_{i=1}^{n}(y_i - \bar{y})}\sqrt{\sum\limits_{i=1}^{n}(x_i - \bar{x})}} \tag{1}$$

式中:R 的取值区间是 $[-1,1]$,相关程度取决于 $|R|$,其大小越接近 1,相关性越好,越接近于 0,相关性越差。

3.2.2　Spearman 秩相关法

Spearman 秩相关法是常用的序列相关性检验法,先将检验的序列从小到大排列,然后给排好的序列编秩,用等级相关系数作为检验统计量,利用两个变量秩次排列的一致性来表示两个变量之间的相关程度,也可以辨别出序列在变化趋势方面的一致性。Spearman 秩相关法在将 X 和 Y 两序列升序后,对其检验统计量 R 值进行计算,具体计算公式如下:

$$R_S = 1 - \sum d^2/(n^3 - n) \tag{2}$$

如果计算的秩次较多,统计量则变为校正值 R_{Sc},构造统计量为

$$R_{Sc} = \frac{\dfrac{n^3 - n}{6} - (T_x + T_y) - \sum d^2}{\sqrt{\left[\dfrac{n^3 - n}{6} - 2T_x\right]\left[\dfrac{n^3 - n}{6} - 2T_y\right]}} \tag{3}$$

式中:n 为对子数;d 为每配对秩次之差;$T_x = \sum(t_j^3 - t_j)/12$,$t_j$ 为 X 中的第 j 个相同秩次的个数[4]。

3.2.3　有序聚类法

有序聚类法是聚类分析的方法之一,要求样品按一定的顺序排列,分类时是不能打乱次序的,即同一类样品必须是互相邻接的[5]。如果用 $X_1, X_2, \cdots, X_n$ 表示 n 个有序的样品,则每一类必须是这样的形式:$\{X_i, X_{i+1}, \cdots, X_{i+k}\}$,其中,$1 \leqslant i \leqslant n$,$k \geqslant 0$ 且 $i + k \leqslant n$,即同一类样品必须是相互邻接的。研究这样的分类问题称为有序聚类法,该方法是由 Fisher 在 1958 年提出的。

有序样品的分类实质上是找一些分点,将有序样品划分为几个分段,每个分段看作一个类,所以分类也称为分割。显然分点取在不同的位置就可以得到不同的分割。通常寻找最好分割的一个依据就是使各段内部样品之间的差异最小,而各段样品之间的差异较大,所以有序聚类法又称为最优分割法。

4　径流-泥沙关系研究

4.1　年内变化关系

沂河埠上站多年平均年径流量 14.1 亿 m³,汛期 7—9 月径流量 10.5 亿 m³,占全年径流量的 74.6%,其他月径流量不足年径流量的 10%。其中,8 月径流量最大,占全年径流

量的 34.6%;最小月径流量一般出现在 3 月,占全年径流量的 0.3%。受降水、上游来水及水利工程调度影响,径流量最大、最小月极值比为 103。根据监测数据分析,含沙量数据仅出现在每年 5—10 月,其他月份接近 0,最大值为 0.276 kg/m³,出现在 8 月。年内分配径流量与含沙量变化趋势基本同步。沂河堁上站多年平均径流量-含沙量年内分配过程见图 2。

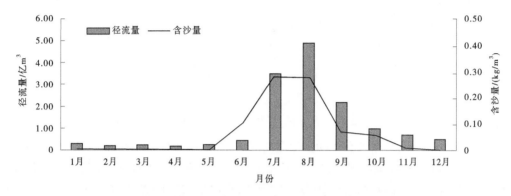

图 2　沂河堁上站多年平均径流量-含沙量年内分配过程

4.2　年际变化关系

沂河堁上站年径流量最大值为 44.2 亿 m³,出现在 2005 年,最小值为 0.26 亿 m³,出现在 2014 年,多年平均年径流量 14.1 亿 m³;而输沙量最大值为 251.3 万 t,出现在 1990 年;最小值为 0,出现在 1983 年、1999 年、2002 年等。从数据看,径流量与输沙量变化趋势并不匹配,计算得径流量、输沙量的变差系数 C_v 值分别为 0.79、1.30。输沙量的 C_v 值明显大于径流量,说明输沙量与径流量相比,数据波动性更大,更不稳定。沂河堁上站逐年径流量-输沙量过程见图 3。

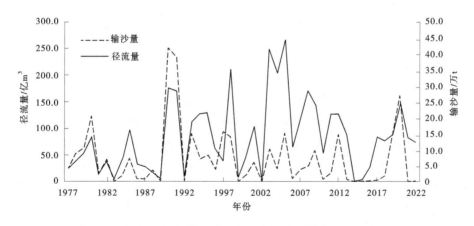

图 3　沂河堁上站逐年径流量-输沙量过程

采用 Pearson 积矩相关系数法和 Spearman 秩相关法对径流量与输沙量的相关性进行分析。Pearson 积矩相关系数法计算得到的二者的相关系数 $R=0.542$,Spearman 秩相关法计算得到的二者的相关系数 $R=0.677$,相关性均较差。年输沙量-年径流量线性回归关系见图4。

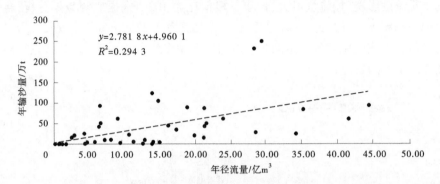

图4　年输沙量-年径流量线性回归关系

为进一步分析两组序列在年际变化之间的关系,采用线性回归法、5年滑动平均法对径流量、输沙量的趋势做深入研究。由图5可以看出,1977—1994年,径流量逐年递增;1995—2002年,径流量逐年递减;2003—2005年,径流量大幅递增;2006—2017年,径流量逐年递减;2018—2022年,径流量迎来小幅回升。序列整体呈现逐年递增的趋势,增加率平均值为0.18亿 m³/a。

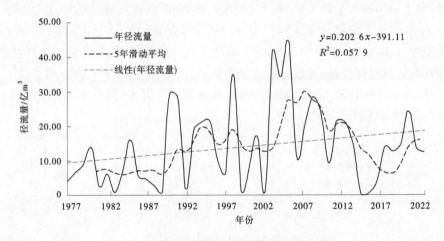

图5　年径流量线性回归及滑动平均分析法

由图6可以看出,在1980年、1990年、2020年输沙量突然增大。据调查,这与上游水利工程及农田建设有关,水利工程建设导致输沙量与径流量趋势明显不一致。输沙量的5年滑动平均显示,1977—2012年呈现平稳态势,2013—2019年呈现逐年小幅上升趋势,2020—2022年呈现逐年下降趋势,变化幅度较之前剧烈。输沙量整体随年份呈现小幅下降趋势,递减率平均值为0.54万 t/a。

4.3　趋势及突变年份检验

采用 Mann-Kendall 法对径流量及输沙量进行变化趋势显著性检验,检验结果见表2。径流量 Mann-Kendall 法检验参数为 $|U| = 1.51$,小于置信水平 $\alpha = 0.05$ 时的标准值1.96,说明序列呈现上升趋势,但趋势不显著;有序聚类秩和检验显示序列在1990年发生

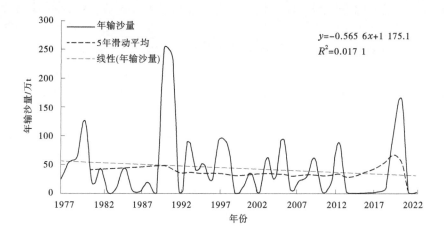

图6 年输沙量线性回归及滑动平均分析法

显著跳跃,1977—1990 年阶段的年径流量平均值为 6. 21 亿 m³,1991—2022 年阶段的年径流量平均值为 17. 2 亿 m³。

输沙量 Mann-Kendall 法检验参数为 |U| =-1. 54,小于置信水平 α=0. 05 时的标准值 1. 96,说明序列呈现下降趋势,但趋势不显著;有序聚类秩和检验显示序列在 1999 年发生显著跳跃,1977—1999 年阶段的年输沙量平均值为 58. 5 万 t,2000—2022 年阶段的年输沙量平均值为 31. 0 万 t。

表2 径流量、输沙量趋势检验参数统计

项目	Mann-Kendall 法	突变分析		趋势	显著性
	$U_{(\alpha/2)}$ = 1. 96	突变年份	阶段均值		
径流量	1. 51	1990	6. 21 亿 m³	增加	不显著
			17. 2 亿 m³		
输沙量	-1. 54	1999	58. 5 万 t	减少	不显著
			31. 0 万 t		

5 结论及建议

本文采用多种方法对沂河埠上站的径流-泥沙关系进行深入分析,主要得出以下结论:

(1)径流量、含沙量年内分配极不均匀,但径流量与含沙量变化趋势基本同步。径流量、输沙量的变差系数 C_v 分别为 0. 79、1. 30,Pearson 积矩相关系数法获得的径流量与输沙量相关系数 R=0. 542,Spearman 秩相关法获得的相关系数 R=0. 677,二者相关性较差。

(2)径流量与输沙量年际变化趋势整体呈现不一致性;径流量呈现逐年递增的趋势,

增加率平均值为 0.18 亿 m^3/a，输沙量随年份呈现小幅下降趋势，递减率平均值为 0.54 万 t/a。

（3）径流量序列在 1990 年发生显著跳跃，1977—1990 年阶段的年径流量平均值为 6.21 亿 m^3，1991—2022 年阶段的年径流量平均值为 17.2 亿 m^3；输沙量在 1999 年发生显著跳跃，1977—1999 年阶段的年输沙量平均值为 58.5 万 t，2000—2022 年阶段的年输沙量平均值为 31.0 万 t。

（4）本次研究认为人类活动对流域径流量、含沙量的影响很大，建议今后继续收集资料，对其成因和影响程度深入研究。

参 考 文 献

［1］张闻多，熊东红，张宝军，等. 1980—2018 年拉萨河径流泥沙变化［J］.山地学报，2022(5):670-681.

［2］罗国平.水文测验［M］.北京:中国水利水电出版社，2017.

［3］周保太，周德胜. 沂河堰上站断面水位流量关系分析［J］.科学传播，2014(10):130,140.

［4］王海峰.近 60 年杂木河流域年径流-泥沙变化关系研究［J］.水利建设与管理，2023,4(10):57-62.

［5］管宇.数据挖掘中一种新的有序聚类方法［J］.中国管理科学，2011(10):74-78.

沂沭河流域水位监测自动化应用分析与研究

杨慧玲　　周　亮　　屈传新

（临沂市水文中心，临沂 276000）

摘　要　人工水位观测由于受到天气状况、标识设置、遮光、波浪壅水、观测时间等因素的影响而存在一定误差。浮子水位计（WFH-2A）是一种新型的水位自记设备，因具有高精度、时效性等优点被广泛应用，成为人工水位观测的有效补充。本文通过对整年度临沂市 9 个分布于主要水库坝上和闸上水文站实测水位资料的比测分析，发现浮子水位计（WFH-2A）精度完全满足《水位观测标准》（GB/T 50138—2010）要求，并能满足高精度水位资料收集工作的需求。这对于对加快临沂市水文现代化、信息化建设具有重要意义。

关键词　水文观测；浮子水位计（WFH-2A）；比测分析

自记水位计的数据摘录成果能反映水位变化的完整过程，并满足计算日平均水位、统计特征值和推算流量的需要。以往主要采用人工观测手段进行水位观测，传统方法使得数据的及时性和有效性面临巨大考验。近年来，随着水位受风浪影响比较大，冬季结冰需打冰作业，劳动强度大，水位观测过程历时长且观测难度大。临沂市水文中心为了保证水情测验的准确性与及时性，推进自记水位资料用于水文资料整编，测站引进浮子水位计（WFH-2A），可全程监控坝上水位，及时记录修正值，与人工观测过程相符，精度满足规范要求，冬季不再每日观测打冰作业，极大地减轻了外业工作量，同时减轻人工观测劳动强度；为水文测验方式的改革奠定基础。

1　研究背景

本次研究选取多处自记水位计水位观测点，分别分布在临沂市主要水库和河道，进行人工和自记水位比测结果误差计算和误差分析，提升水位计的应用效果，从而使自记水位计成为水文中心主要的水位观测仪器，这对于降低水位观测工作强度、缩短测报历时，以及水位观测数字化、自动化的实现等都具有积极意义，此外还有助于降低因观测经验缺乏和偶然原因等导致的观测误差，改善水文中心水位测报条件，推进自记水位资料用于水文资料整编，保证水情测验的准确性与及时性有重要的意义。

2　材料与方法

2.1　采用仪器设备

WFH-2A 型全量机械编码水位计执行并符合《水位测量仪器　第 1 部分：浮子式水位计》（GB/T 11828.1—2019）要求，用于观测江河、湖泊、水库、水渠、地下水等水体水位的

作者简介：杨慧玲（1984—），女，工程师，主要从事水土保持监测与水文测验工作。

变化,并将这种变化通过机械编码的方式转换为开关数字量输出,可供水文站网、防汛、水资源水环境监测以及相关科研部门进行水位数据的采集、传输、处理、显示、记录和存储等。WFH-2A 型可全天候稳定工作,测量结果准确可靠;非接触式探测方式使之应用范围更为广泛,甚至可用于有污染物或沉淀物的复杂水环境。

2.2　比测自记水位计的分布

9 处自记水位计分别位于跋山水库、岸堤水库、唐村水库、许家崖水库、沙沟水库、陡山水库、会宝岭水库(南库)7 座大型水库坝上和刘家道口(沂)、大官庄(新)(溢)两处闸坝站闸上,常年有水。比测设备位置见图 1。水位计于 2010 年 8 月至 2020 年 12 月之间建成。自记水位计基本情况见表 1。

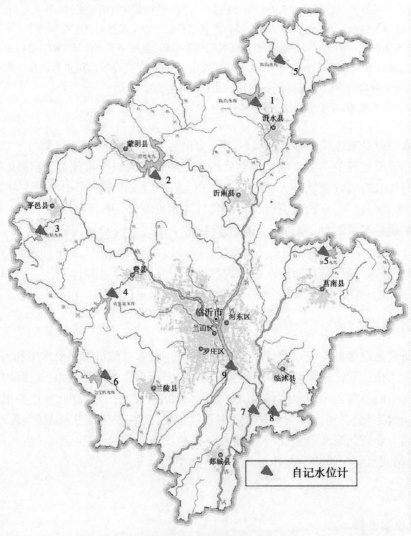

图 1　比测设备位置

表 1　自记水位计基本情况

序号	站名	断面位置	坐标		建成时间
			东经	北纬	
1	跋山水库(坝上)	山东省沂水县沂水镇跋山水库	118°55″	35°90″	2016 年 10 月
2	岸堤水库(坝上)	山东省蒙阴县垛庄镇岸堤水库	118°13″	35°68″	2020 年 12 月
3	唐村水库(坝上)	山东省平邑县流峪镇唐村水库	117°55″	35°42″	2010 年 8 月
4	许家崖水库(坝上)	山东省费县费城街道许家崖水库	117°88″	35°20″	2016 年 6 月
5	陡山水库(坝上)	山东省莒南县大店镇陡山水库	118°87″	35°33″	2019 年 5 月
6	会宝岭水库(南库)(坝上)	山东省兰陵县尚岩镇会宝岭水库	117°83″	34°90″	2010 年 8 月
7	大官庄(新)(闸上游)	山东省临沭县石门镇大官庄	118°55″	34°80″	2019 年 8 月
8	大官庄(溢)(闸上游)	山东省临沭县石门镇大官庄	118°55″	34°80″	2016 年 10 月
9	刘家道口(沂)(闸上游)	山东省郯城县李庄镇刘家道口村	118°43″	34°93″	2010 年 8 月

2.3　自记水位计的不确定度计算及精度评定方法

可按水位变幅分几个测段分别进行观测,每段校测次数应在 30 次以上。

根据《水位观测标准》(GB/T 50138—2010),一般水位站置信水平 95% 的综合不确定度不超过 3 cm,系统误差不超过 ±1 cm;水面波浪大的地区,综合不确定度可放宽至 5 cm。采用自动监测设备监测水位时,其不确定度按下列方法估算。

(1)系统不确定度按下式计算:

$$X_y'' = \frac{\sum\limits_{i=1}^{N}(P_{yi} - P_i)}{N} \tag{1}$$

式中:X_y'' 为系统不确定度,即系统误差;P_{yi} 为自动监测水位;P_i 为人工校测水位;N 为校测次数。

(2)随机不确定度按下式计算:

$$X_y' = 2 \times \sqrt{\frac{\sum\limits_{i=1}^{N}(P_{yi} - P_i - X_y'')^2}{N - 1}} \tag{2}$$

式中:X_y' 为随机不确定度。

(3)综合不确定度按下式计算:

$$X_z = \sqrt{X_y'^2 + X_y''^2} \tag{3}$$

3 结果分析

3.1 浮子式自记水位计计算结果评定

通过人工和自记水位计的比较，计算综合不确定度和系统误差，计算结果均合格。2021—2022 年自记水位计观测数据与校测水位对比分析，分析结果见表 2。

表 2 水位计不确定度计算结果

序号	站名	校测时间	水位范围/m	校测次数	综合不确定度/cm	系统误差/cm	结果评定
1	跋山水库（坝上）	2021 年 4 月 21 日至 2022 年 10 月 1 日	171.38~177.03	527	1.74	0.43	合格
2	岸堤水库（坝上）	2021 年 1 月 1 日至 2022 年 10 月 1 日	171.00~175.72	417	0.94	0	合格
3	唐村水库（坝上）	2021 年 1 月 1 日至 2022 年 10 月 1 日	183.20~185.89	356	1.06	-0.07	合格
4	许家崖水库(坝上)	2021 年 1 月 1 日至 2022 年 10 月 1 日	143.18~147.00	517	0.73	0.02	合格
5	陡山水库（坝上）	2021 年 1 月 1 日至 2022 年 10 月 31 日	121.27~126.12	498	0.87	0.00	合格
6	会宝岭水库（南库）（坝上）	2021 年 1 月 1 日至 2022 年 10 月 1 日	72.65~75.39	295	2.18	0.79	合格
7	大官庄（新）（闸上游）	2020 年 8 月 14 日至 2022 年 10 月 31 日	47.24~56.59	767	1.59	-0.21	合格
8	大官庄（溢）（闸上游）	2020 年 8 月 14 日至 2022 年 10 月 31 日	47.93~56.84	759	1.54	0.12	合格
9	刘家道口（沂）（闸上游）	2020 年 8 月 12 日至 2022 年 11 月 21 日	54.15~61.74	622	0.70	-0.02	合格

3.2 浮子式自记水位计的水位比测分析

2021—2022 年不同站点自记水位与校测水位过程线及相关线对比见图 2~图 10。

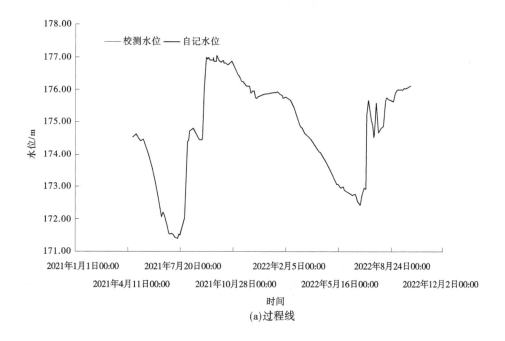

(a)过程线

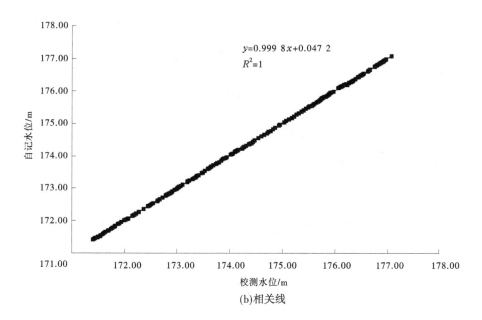

(b)相关线

图2　跋山水库自记水位与校测水位过程线及相关线对比

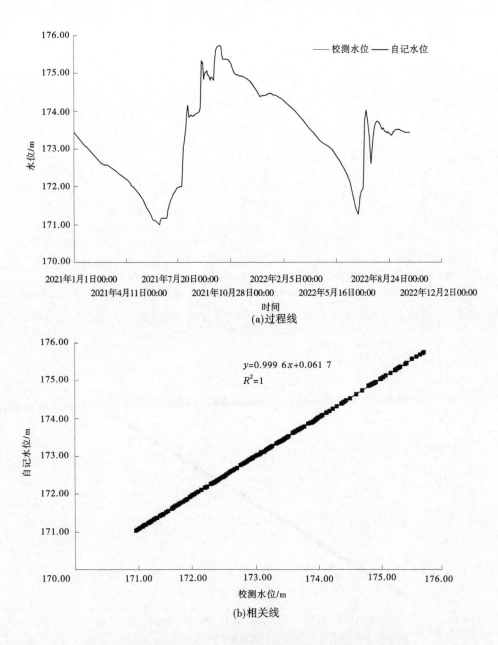

图3　岸堤水库(坝上)自记水位与校测水位过程线及相关线对比

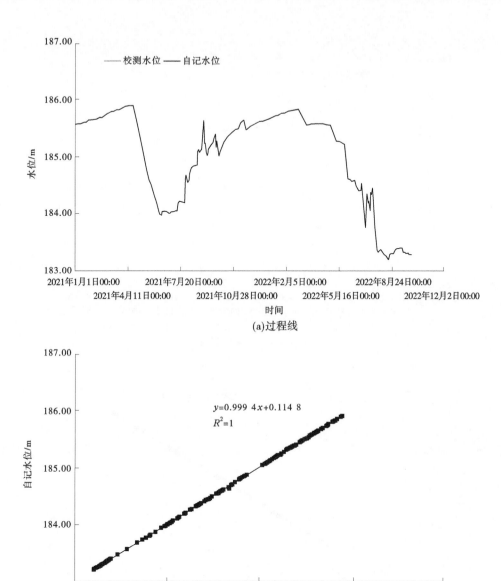

图 4 唐村水库(坝上)站自记水位与校测水位过程线及相关线对比

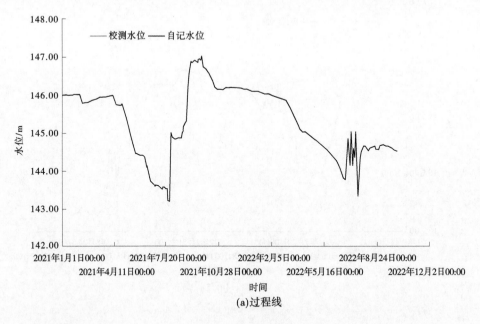

(a)过程线

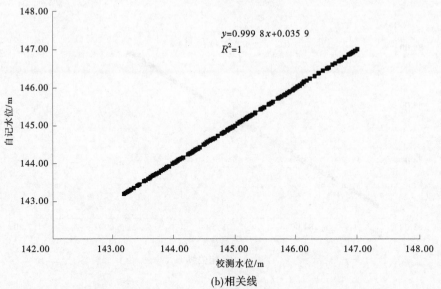

(b)相关线

图 5　许家崖水库(坝上)自记水位与校测水位过程线及相关线对比

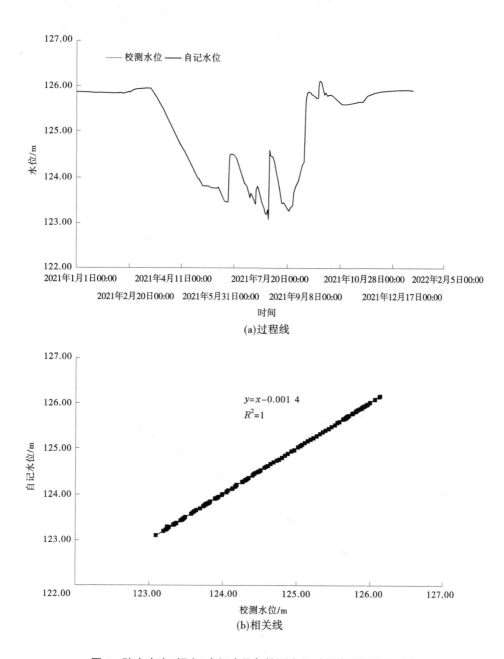

图6　陡山水库(坝上)自记水位与校测水位过程线及相关线对比

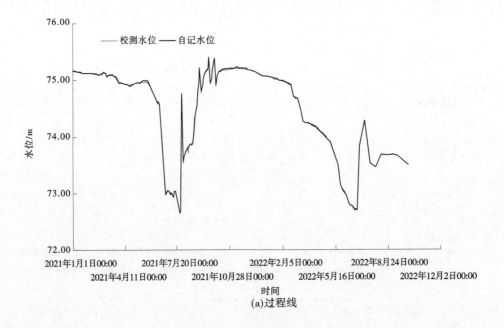

(a)过程线

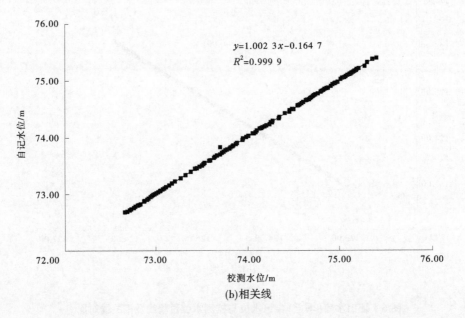

(b)相关线

图 7 会宝岭水库(南库)(坝上)自记水位与校测水位过程线及相关线对比

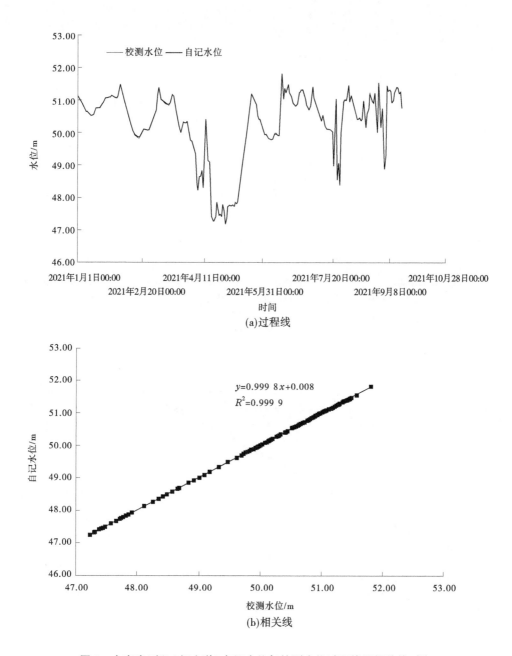

(a)过程线

(b)相关线

图 8　大官庄(新)(闸上游)自记水位与校测水位过程线及相关线对比

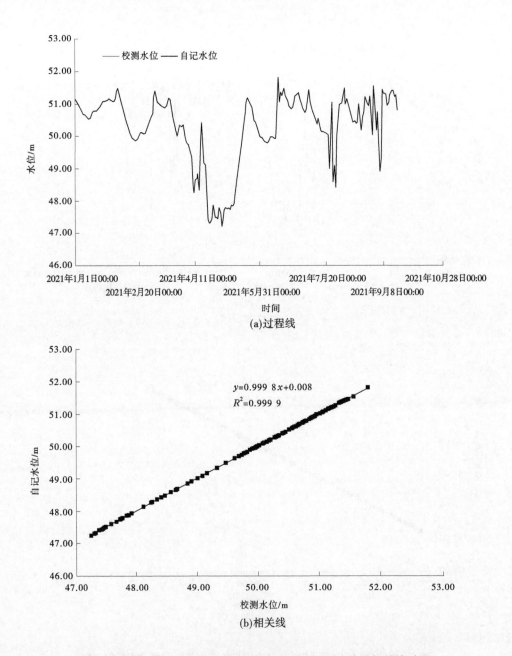

(a)过程线

(b)相关线

图 9　大官庄(溢)(闸上游)自记水位与校测水位对比线及相关线过程

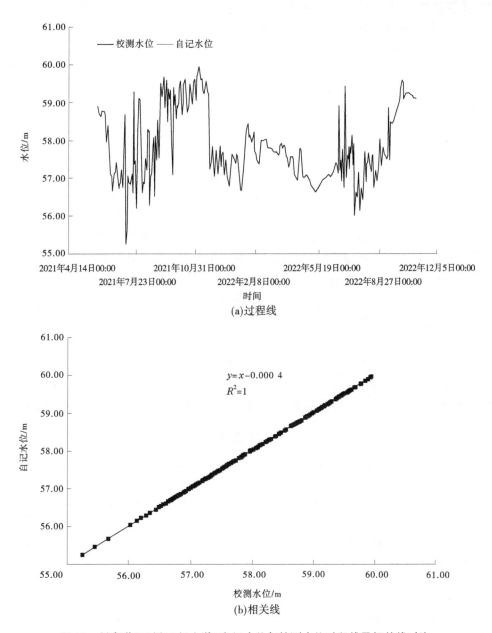

图 10　刘家道口(沂)(闸上游)自记水位与校测水位过程线及相关线对比

4　结论与建议

本文通过浮子式水位计误差管控、库水位实测值与记录修正水位进行同步对比测验,按《水位观测标准》(GB/T 50138—2010)中的自记水位计的不确定度计算及精度评定方法,得出置信水平 95% 的综合不确定度不超过 3 cm,水面波浪大的地区,综合不确定度可放宽至 5 cm。

4.1　不确定度

经过综合分析,跋山水库(坝上)、刘家道口(沂)(闸上游)、岸堤水库(坝上)、唐村水库(坝上)、许家崖水库(坝上)、大官庄(新)(闸上游)、大官庄(溢)(闸上游)、陡山水库(坝上)、会宝岭水库(南库)(坝上)站等 9 处自记水位计运行稳定,自记水位观测精度均满足《水位观测标准》(GB/T 50138—2010)中关于自记水位计在置信水平 95% 的综合不确定度应为 3 cm、系统误差应为 ±1 cm 的要求,可以替代人工观测,其成果可用于水文资料整编及水情报汛。

4.2　比测分析

自记水位计作为一种新型的水位观测仪器,在正常运行条件下,即无结冰、水草、大风、淤堵等造成自记水位计无代表性情况,观测精度即可满足水位观测规范要求。如遇断面河势突变、恶劣气候及观测环境改变等情形,自记水位计水位观测与人工水位观测结合使用,在脱流或故障时通过人工方式加以补测,保证水位观测数据的完整性与可靠性。消除了人工测量库水位受风浪影响时入库流量有时出现负值的现象,提高了库水位监测精度,同时减轻人工观测劳动强度。在非汛期实用性颇强,竖井里温度较高,水体不结冰,无须进行记录量分析修正,冬季不再每日观测打冰作业,极大地减轻了外业工作量,为水文测验方式的改革奠定了基础。

4.3　建议

对自记水位计的观测数据及时进行整理、计算和分析,掌握观测中存在的问题和该站特性及气候条件对仪器的影响,发现问题,及时解决,查找原因,继续收集分析水文资料,使先进仪器设备在水文工作中发挥更大作用,为水文测验方式改革提供参考依据。

参 考 文 献

[1] 中华人民共和国住房和城乡建设部.水位观测标准:GB/T 50138—2010[S].北京:中国计划出版社,2010.

[2] 卡地尔丁·买买提吐尔地.水文站雷达记录水位和人工观测水位对比探讨[J].能源与节能,2019(2):95-96.

[3] 石牡丽,李培侠,王建宏.凤州水文站雷达水位计采集水位与人工观测水位对比分析[J].陕西水利,2018(5):30-31.

[4] 郭秋歌,王小远.SEBAPULS 雷达水位计的误差分析及水位的自动化校准[J].矿业与水利,2021(2):79-81.

[5] 姚鹏飞,种园园,史淑慧.王安头水文站雷达水位计比测分析[J].陕西水利,2016(4):1-3.

[6] 程雯嘉.浮子式水位计在水库应用中的误差分析[J].矿业与水利,2019(5):100-101.

沂沭泗流域台风"杜苏芮"洪水预报复盘分析

杜庆顺　于百奎　王秀庆　曹　晴

(沂沭泗水利管理局水文局(信息中心),徐州 221018)

摘　要　2023 年第 5 号台风"杜苏芮"于 7 月 21 日在西太平洋生成并于 28 日在福建省晋江市沿海登陆,登陆后沿偏北方向移动。受其影响,沂沭泗流域出现较大降雨过程,主要河湖出现明显涨水过程,直管控制枢纽均开闸泄洪。此次台风影响期间,沂沭泗水文局应用数字孪生等系统共进行了 9 次模拟预报,形成 54 站次预报结果,本文主要针对台风影响期间的降水预报、水文模拟预报复盘分析,总结本次防台工作的经验与不足。

关键词　杜苏芮;复盘分析;数字孪生

1　引　言

2023 年第 5 号台风"杜苏芮"于 7 月 21 日上午在菲律宾以东约 1 280 km 的西北太平洋洋面上生成;随后向西北方向移动,强度逐渐增强,最强达到超强台风级;28 日 9 时 55 分前后在福建省晋江市沿海登陆,登陆时中心附近最大风力 15 级(50 m/s,强台风级),中心最低气压 94.5 kPa;登陆后继续向北偏西方向移动,经福建西部,穿过江西东部,强度迅速减弱,29 日 8 时在安徽省安庆市宿松县境内减弱为热带低压;中央气象台 29 日 11 时对其停止编号。

受"杜苏芮"及减弱后的残余环流影响,7 月 28—30 日沂沭泗流域出现较大降雨过程,其中南四湖和沂沭河中上游地区降雨量超过 50 mm,局部降雨量超过 100 mm,最大雨量站为洙赵新河魏楼站 210 mm。受降雨影响,沂河、沭河、南四湖、中运河、骆马湖、新沂河出现明显涨水过程。7 月 29 日 18 时,南四湖上级湖水位超汛限水位;7 月 30 日 19 时,骆马湖水位超汛限水位;许家崖、庄里等大型水库超汛限水位运行。

2　台风"杜苏芮"特点及流域雨水情

2.1　"杜苏芮"特点分析

(1)强度强,为 1949 年以来登陆福建第二强台风。"杜苏芮"巅峰强度达超强台风级(62 m/s,17 级以上);出现内外眼墙界限清晰的双眼墙结构。登陆时"杜苏芮"中心附近最大风力 15 级(50 m/s,强台风级),为 1949 年以来登陆福建第二强台风(仅次于 2016 年"莫兰蒂",登陆时中心附近最大风力 16 级,52 m/s,超强台风级),与 1980 年第 15 号台风并列。"杜苏芮"是少见的绕过台湾岛、直接登陆福建的"一手"台风。

作者简介:杜庆顺(1982—),男,高级工程师,主要从事水文预报、水文分析等相关工作。

台风影响期间,西太平洋副热带高压呈块状位于华东沿海,"杜苏芮"登陆后处于副高西侧,移动速度加快,从登陆后 2 h 开始直到消亡,"杜苏芮"保持 30 km/h 的速度快速向北移动,"杜苏芮"在 22 h 后减弱为热带低压并停止编号,维持时间短。

(2)残余环流北上影响强。"杜苏芮"登陆后北上过程中,台风螺旋云雨带对山东半岛影响相对较大,上述地区降了暴雨到大暴雨;7 月 29 日以来,台风减弱后的残余环流继续造成流域南四湖区等地大到暴雨、局地大暴雨的降水,并且给黄河下游、海河流域造成极端强降水。

2.2　对沂沭泗流域的影响

受"杜苏芮"及其外围云系影响,7 月 28—30 日,沂沭泗流域出现较大降雨过程,其中南四湖和沂沭河中上游地区降雨量超过 50 mm,局部降雨量超过 100 mm,最大雨量站为洙赵新河魏楼站 210 mm。沂沭泗流域累计降雨量 57.1 mm,其中沂河临沂以上降雨量 74.2 mm,沭河大官庄以上降雨量 52.6 mm,南四湖区降雨量 82.4 mm,邳苍区间降雨量 60.6 mm,运河区间降雨量 28.2 mm,新安区间降雨量 27 mm,嶂沭区间降雨量 9.8 mm,石梁河水库区间降雨量 27.7 mm,新沭河及滨海等地区降雨量 16.3 mm。其中,南四湖地区 50 mm 降雨量笼罩面积为 2.44 万 km²,占南四湖总面积(3.15 万 km²)的 77.5%;100 mm 降雨量笼罩面积为 0.93 万 km²,占南四湖总面积的 29.5%。沂沭泗流域降水主要集中在 7 月 29 日(32.2 mm)和 7 月 20 日(13.9 mm)两天。

2.3　流域雨水情

受强降水影响,流域内沂河、沭河、南四湖、中运河、骆马湖、新沂河出现明显涨水过程,刘家道口枢纽、大官庄枢纽、二级坝枢纽、嶂山闸均开闸泄洪。主要河湖水情综述如下:

沂河葛沟站 7 月 29 日 8 时最大流量 276 m³/s,蒙河高里站 7 月 31 日 6 时最大流量 31.8 m³/s,祊河角沂站 7 月 31 日 4 时 48 分最大流量 378 m³/s;受上游橡胶坝坍坝影响,临沂站 7 月 28 日 21 时 48 分最大流量 1 190 m³/s,刘家道口节制闸 8 月 1 日 11 时 30 分最大泄量 202 m³/s,彭家道口分洪闸 7 月 29 日 0 时最大泄量 806 m³/s,港上站 7 月 28 日 21 时 10 分最大流量 538 m³/s。

沭河石拉渊站 7 月 31 日 8 时最大流量 160 m³/s,重沟站 7 月 29 日 8 时最大流量 254 m³/s;新沭河泄洪闸 7 月 29 日 9 时最大泄量 704 m³/s,人民胜利堰节制闸 7 月 29 日 10 时最大泄量 106 m³/s;老沭河新安站 7 月 30 日 8 时最大流量 154 m³/s。新沭河大兴镇站 7 月 29 日 14 时 12 分最大流量 893 m³/s,中运河运河站 7 月 31 日 8 时最大流量 369 m³/s,新沂河沭阳站 7 月 29 日 19 时 40 分最大流量 620 m³/s。

南四湖上级湖水位先上涨后回落。上级湖南阳站 7 月 29 日 18 时最高水位 34.21 m,高于汛限水位 0.01 m,超汛限运行 27 h,8 月 3 日 8 时南阳站水位 34.15 m,低于汛限水位 0.05 m。二级坝二闸于 7 月 30 日 14 时 5 分开闸,下泄流量 500 m³/s,8 月 1 日 11 时关闭二级坝二闸;二级坝三闸于 7 月 29 日 16 时 4 分开闸,下泄流量 300 m³/s,29 日 17 时 4 分最大下泄流量 342 m³/s,8 月 2 日 10 时 30 分关闭二级坝三闸。此次洪水过程,上级湖出湖水量 1.52 亿 m³,其中二级坝二闸下泄水量 0.72 亿 m³、三闸下泄水量 0.80 亿 m³。下级湖水位涨幅明显。下级湖微山站 8 月 2 日 9 时最高水位 32.44 m,低于汛限水位 0.06

m,较 7 月 28 日水位上涨 0.62 m。

骆马湖水位整体呈上涨趋势。骆马湖洋河滩站 7 月 30 日 19 时水位 22.51 m,高于汛限水位 0.01 m;8 月 1 日 6 时最高水位 22.67 m,高于汛限水位 0.17 m。嶂山闸于 7 月 29 日 11 时开闸,开闸流量 492 m³/s,7 月 30 日 16 时,嶂山闸关闸。7 月 28 日 8 时至 8 月 2 日 8 时,骆马湖出湖水量共 1.22 亿 m³,包括嶂山闸下泄水量 0.51 亿 m³、洋河滩闸下泄水量 0.15 亿 m³、皂河闸下泄水量 0.48 亿 m³、刘集地涵下泄水量 0.08 亿 m³。

3　流域水情预报及实况

3.1　水情预报

7 月 29—30 日,南四湖面雨量 73.7 mm,其中上级湖湖东 80.6 mm、湖西 76 mm、湖面 28.4 mm。降雨开始时 P_a 为 53.9 mm,综合预报上级湖入湖水量 2.7 亿 m³。7 月 29—30 日,下级湖面雨量湖东 83.6 mm、湖西 24.1 mm、湖面 43.7 mm。降雨开始时 P_a 为 55.8 mm,综合预报下级湖入湖水量 1 亿 m³。7 月 29—30 日,运河区间面雨量 47 mm,运骆区间面雨量 23.7 mm,骆马湖湖面面雨量 9.6 mm。由于骆马湖以上邳苍区及沂河在前期 6 月底至 7 月初均有 50 mm 的降水,因此前期土壤含水量较高,临沂以上 P_a 为 40.7 mm,邳苍区 P_a 达到了 50.8 mm。本次降雨过程沂河临沂来水以东调为主;南四湖下级湖不会超过汛限水位,因此骆马湖来水主要为邳苍和运骆区间来水。预报本次骆马湖总入湖水量 1.2 亿 m³。7 月 28 日 8 时,运河流量 107 m³/s,适当考虑一部分底水。降雨开始时骆马湖汇流区间 P_a 为 48.2 mm,预报骆马湖以上入湖水量(不含南四湖)1.2 亿 m³。

3.2　水情实况

南四湖上级湖南阳站 7 月 28 日 8 时水位 34.12 m,7 月 29 日 8 时水位 34.17 m,7 月 30 日 8 时水位 34.21 m,7 月 31 日 8 时水位 34.19 m,8 月 1 日 8 时水位 34.15 m,8 月 2 日 8 时水位 34.14 m,水位先涨后降。南四湖下级湖微山站 7 月 28 日 8 时水位 31.82 m,7 月 29 日 8 时水位 31.85 m,7 月 30 日 8 时水位 31.94 m,7 月 31 日 8 时水位 32.11 m,8 月 1 日 8 时水位 32.32 m,8 月 2 日 8 时水位 32.42 m,8 月 3 日 8 时水位 32.42 m,水位持续上涨,较雨前上涨 0.60 m。

骆马湖洋河滩站 7 月 28 日 8 时水位 22.43 m,7 月 29 日 8 时水位 22.47 m,7 月 30 日 8 时水位 22.46 m,7 月 31 日 8 时水位 22.60 m,8 月 1 日 8 时水位 22.66 m,8 月 2 日 8 时水位 22.65 m,水位整体趋势上涨。

4　预报误差及原因分析

4.1　预报误差

本次洪水入湖过程缓慢,8 月 3 日洪水基本退尽,南四湖上级湖反推入湖水量 1.6 亿 m³;南四湖下级湖反推入湖水量 1.6 亿 m³,南四湖产水量预报误差 15.6%。骆马湖反推入湖水量 1.3 亿 m³,误差-7.7%。大型湖泊产水量预报与实测值对照见表 1。

表1　大型湖泊产水量预报与实测值对照

控制站	产水量预报		预报误差/%	误差评定
	预报来水量/亿 m³	实测来水量/亿 m³		
南四湖	3.7	3.2	15.6	合格
骆马湖	1.2	1.3	−7.7	良好

4.2　误差原因分析

南四湖预报误差主要有以下原因：一是 7 月 29—30 日降水集中在上级湖湖西平原上游，降水位置偏西，且湖西平原的蓄水容量很大，汇流缓慢，大概需要一周时间入湖，不能集中入湖，预报洪峰偏大，中途水量拦截损耗大；二是本次湖面降水小，导致径流系数也较预期的偏小；三是下级湖 7 月 29—30 日降水集中在湖东近湖地区，汇流速度快，集中 3 天入湖，水量基本全入湖。

本次过程，骆马湖实际总入湖水量 1.3 亿 m³，预计总入湖水量 1.2 亿 m³，误差−0.1亿 m³，许可误差为 0.24 亿 m³，预报误差为−7.7%，在误差允许范围内。本次预报充分考虑了前期底水情况、骆马湖上游来水组成情况及未来调度情况，预报来水量较为准确，可为以后连续降水提供参考。

4.3　数字孪生系统情况简介

此次台风影响期间，充分运用数字孪生沂沭河片区和南四湖片区防洪"四预"（预报、预警、预演、预案）系统进行洪水计算，现挑选受台风影响流域主要降水期间，7 月 28 日、7 月 29 日及 7 月 30 日三次洪水作业新安江模型和淮北模型预报成果与现有 API 模型计算结果对比分析。数字孪生南四湖系统预报结果对比见表 2。

表2　数字孪生南四湖系统预报结果对比

时间		7月28日			7月29日			7月30日		
数字孪生系统模型		API模型	新安江模型	淮北模型	API模型	新安江模型	淮北模型	API模型	新安江模型	淮北模型
上级湖	$P_实$	0.3	0.3	0.3	8.7	8.7	8.7	62.6	62.6	62.6
	$P_预$	130	130	130	105	105	105	45	45	0
	产水量	12	10.2	10	6.5	5.36	3.64	5.6	5.98	3.7
下级湖	$P_实$	0.3	0.3	0.3	8.7	8.7	8.7	62.6	62.6	62.6
	$P_预$	130	130	130	105	105	105	45	45	45
	产水量	3	1.49	2	1.7	0.84	1.68	1.2	0.66	0.68

注：$P_实$ 为实测降雨，单位为 mm；$P_预$ 为预报降雨，单位为 mm；产水量单位为亿 m³。

由表 2 可知，南四湖上级湖与下级湖产水量预报，三个预报模型无明显规律。7 月 28日上级湖产水量预报，数字孪生系统中新安江模型与淮北模型结果一致，三者产水量量级接近;7月29日和7月30日上级湖产水量预报,现有API模型洪水预报系统与数字孪生系统中新安江模型量级接近,大于数字孪生系统中淮北模型产水量32%~44%。

5　经验与建议

(1)南四湖流域水文站网不够完善,主要入湖河流没有水文观测设施,不能完全掌握南四湖支流入湖水量,建议完善南四湖入湖河流水文站网规划与建设。

(2)初步判断现有南四湖下级湖水位蓄量关系线不能真实代表下级湖水位蓄量关系,需借助数字孪生系统下级湖地形信息分析水位蓄量关系,修订现有水位蓄量关系线。

(3)二级坝至下级湖行洪浅槽段仍是卡口段,二级坝下泄洪水无法快速进入行洪槽,致使二级坝枢纽闸下水位上涨速度快,续建工程扩挖的下级湖行洪槽的末端出口未打通,洪水无法快速进入微山湖深水区,在一定程度上影响下级湖水面线,需开展洪水调查,研究下级湖湖内水文特性,提高水文预报精度。

(4)当前数字孪生防洪"四预"系统仍处于建设阶段,分布式水文模型、一二维耦合水动力学模型等新模型尚未达到成熟运用的条件,需要及时将最新场次洪水加入训练样本实时率定API模型和新安江模型、马斯京根法等模型方法参数,深入分析典型场次洪水的降雨总量、时空分布、前期土壤含水量、工程调度等影响因素,在实时洪水作业预报使用过程中通过不断检验、磨合和修正提升水文预报精度。

参 考 文 献

[1] 沂沭泗水利管理局.沂沭泗防汛手册[M].徐州:中国矿业大学出版社,2018.
[2] 沂沭泗水利管理局水文局.沂沭泗水情手册[M].徐州:中国矿业大学出版社,2019.
[3] 淮河水利委员会水文局.淮河流域实用水文预报方案[M].徐州:中国矿业大学出版社,2022.
[4] 李国英.加快建设数字孪生流域 提升国家水安全保障能力[J].中国水利,2022,950(20):1.
[5] 蔡阳,成建国,曾焱,等.加快构建具有"四预"功能的智慧水利体系[J].中国水利,2021(20):2-5.
[6] 刘昌军,刘业森,武甲庆,等.面向防洪"四预"的数字孪生流域知识平台建设探索[J].中国防汛抗旱,2023,33(3):34-41.

在线式闸站自动测流方法研究

姚建栋　　林其军　　卢　琴　　韩冬玥

（江苏省淮沭新河管理处，淮安 223305）

摘　要　随着各种自动监测设备的多样性发展，流量自动在线监测技术在闸站上的应用的普及率逐步提升。在减小了流量实测需求的同时，也出现了技术成熟度不高、稳定性不强的部分评价。本文主要是根据一种在线式闸站自动测流方法的实际应用成果，分析采集成果中造成稳定性不强的原因，并对部分因素进行测试修正，是对提高该自动测流系统技术成熟度可行性的一种初步尝试。

关键词　闸站数据；遥测采集；可编程逻辑控制器

1　系统原理

闸站数据采集系统是一套基于水工建筑物法推算流量，从而实现流量数据自动采集和上传功能的软硬件集合系统，利用已普及配备的自动在线监测设备，实时监测水工建筑物的上下游实时水位信息，通过采集闸位数据，嵌入人工率定或现有的稳定水位流量关系，由经验公式计算实时流量数据，从而实现流量数据的采集和传输。

自动在线监测设备已覆盖江苏省所有基本水文站及河湖水库、中小河流站网建设，水工建筑物的上下游实时水位信息，可通过自动在线监测设备实时获取。

闸位数据及工情信息可通过采集水工建筑物启闭机房内的闸位计数据，也可以通过闸控系统可编程逻辑控制器（PLC）直接读取。

通过升级自动在线监测设备的中央处理器固件程序信息，将水工建筑物的水位流量关系及经验公式导入中央处理器内集成，闸站数据采集系统自动流量站的软硬件架构才能基本达成流量的自动采集和传输。闸站数据采集系统总体架构示意图见图 1。

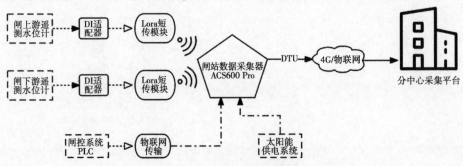

图 1　闸站数据采集系统总体架构示意图

作者简介：姚建栋（1982—），男，高级工程师，主要从事水文水资源工程研究工作。

2 应用过程

位于江苏省淮安市淮阴区的淮阴水利枢纽包含淮阴闸、盐河闸、淮涟闸3座水利工程,均有较为稳定的水位流量关系,为了实现流量自动在线监测的目标,在现有的自动在线监测系统设备的基础上,进行了闸站数据采集系统改造。

淮阴水利枢纽3座水利工程现有5座水位自记台,采用浮子式遥测水位计,应用闸站数据采集系统,主要使用传感器采集,传感器主要由3座水利工程的上下游遥测水位计和闸门开度仪组成。

上下游遥测水位计采集到的水位数据可通过编码转换适配器和Lora无线传输模块,通过无线短传发送到自动在线监测系统的中央处理器。

闸门开度仪数据由自动在线监测系统的中央处理器通过物联网网关从闸控系统内的可编程逻辑控制器(简称PLC)上取数。

3 存在问题

淮阴水利枢纽通过改造自动在线监测系统,并成功应用闸站数据采集系统以来,通过流量自动计算和上传数据库数据监测发现,闸站数据采集系统的稳定性较高,5 min的数据监测频率在线率为100%,但自动流量数据的准确性不佳。

从分中心采集平台数据库内导出闸站数据采集系统正常运行15 d内的数据进行分析,节选出具有代表性的5组数据,结合每组数据,在筛选周期内持续时长占比的统计见表1。

表1 闸站数据采集系统自动流量数据(节选)

序号	闸上水位/m	闸下水位/m	闸门开高/m	闸门开孔/个	监测流量/(m³/s)	实际推算流量/(m³/s)	系统误差/%	存在问题	持续时长占比/%	组号
1	12.50	8.61	655.35	9	−1 000	0		PLC故障		
2	12.49	8.59	655.35	9	−1 000	0		PLC故障	93.7	(1)
3	12.51	8.60	655.35	9	−1 000	0		PLC故障		
4	12.53	8.44	0.30	4	28.6	28.8	−0.69			
5	12.54	8.50	0.30	4	28.4	28.7	−1.05		1.9	(2)
6	12.53	8.46	0.30	4	28.5	28.8	−1.04			
7	12.51	8.51	0.30	1	7.13	7.13	0.00			
8	12.55	8.49	0.30	1	6.92	7.19	−3.76		1.9	(3)
9	12.46	8.66	0.30	1	6.99	6.95	0.58			

续表1

序号	闸上水位/m	闸下水位/m	闸门开高/m	闸门开孔/个	监测流量/(m³/s)	实际推算流量/(m³/s)	系统误差/%	存在问题	持续时长占比/%	组号
10	12.75	8.12	0.01	2	0.156	0		微差逻辑漏洞		
11	12.74	8.12	0.01	2	0.156	0		微差逻辑漏洞	0.6	(4)
12	12.76	8.11	0.01	2	0.156	0		微差逻辑漏洞		
13	11.93	8.29	0.50	4	44.7	45.3	−1.32			
14	11.92	8.29	0.50	4	44.8	45.3	−1.10		1.9	(5)
15	11.87	8.30	0.50	4	44.7	44.9	−0.45			

从表1中不难看出,系统正常上线运行以后,在筛选周期15 d内,当淮阴水利枢纽水工建筑物工情发生改变时,闸站数据采集系统通过闸控系统PLC采集到了不同的工情信息。

但在筛选周期15 d的数据系列中,其占据最大持续时长的数据为错误数据,参考表1第(1)组数据,闸站数据采集系统通过闸控系统PLC取数到的闸门开高均为655.35 m,且计算出的监测流量均为−1 000 m³/s,而此时实际工况信息为未开闸,实际流量同时应为0,这部分数据在筛选的时间系列内,占比达到了93.7%,代表闸站数据采集系统应用效果绝大部分时间内失效。

由表1中的第(2)、(3)、第(5)组数据可以看出,在筛选周期的数据系列内,也有少许持续时长占比的数据系列为正常有效数据,集成了测站稳定水位流量关系的中央处理器,计算出来的监测流量数据和实际流量的系统误差几乎都小于2%。由此可见,闸站数据采集系统如能采集正常有效数据,其应用效果完全可以满足自动流量监测的核心需求。

由表1中的第(4)组数据可以看出,在筛选周期的数据系列内,在闸位计闸门开高显示的小数位精度上,闸站数据采集系统存在微差控制逻辑漏洞(闸门在工程控制运用关闭时,钢丝绳松紧度和闸门底部止水橡皮的弹性存在差异,闸位计开高读数可能会出现厘米级的误差,闸门实际开高0,但是闸位计显示0.005 m,数据采集器四舍五入取值0.01 m),这部分数据系列占比较少,但对于自动流量监测的应用需求来说,完善闸站数据采集系统核心算法尤为重要。

4　应对措施

通过对表1中自动采集的流量数据及工况数据进行分析研判,可得知闸站数据采集系统硬件的可靠性很高,其在线率达到了100%,其系统固件程序存在微差逻辑漏洞,导致计算存在一定概率的偏差。因水工建筑物的工情信息,取决于闸控系统 PLC,故数据库内出现错误数据主要的原因在于 PLC 故障。

闸控系统 PLC,并不属于闸站数据采集系统,只是作为闸站数据采集系统提供工情信息的重要载体,因此为保障闸站数据采集系统的正常运行,需对 PLC 进行硬件维修更换。

针对表 1 中第(4)组号的闸门开高微差逻辑漏洞,通过升级固件程序,完善程序设计中对于工情信息精度判断的算法漏洞,根据实际运行工况,将小于 2 cm 之内的开高均取值为 0,闸站数据采集系统维修前后数据对比见表 2。

表 2　闸站数据采集系统维修前后数据对比

组号	闸门开高/m	闸门开孔/个	监测流量/(m^3/s)	实际流量/(m^3/s)	系统运行是否正常	存在问题	备注
(1)	655.35	9	−1 000	0	×	PLC 故障	维修前
(1)	0	12	0	0	√		维修后
(1)	655.35	12	−1 000	0	×	PLC 故障	维修后一周
(4)	0.01	2	0.156	0	×	微差逻辑漏洞	维修前
(4)	0	12	0	0	√		维修后

维修后微差逻辑漏洞已经解决,系统未再出现表 1 中第(4)组号类似的无效数据。

由表 2 可以得出,关于 PLC 故障的硬件维修更换,对于提升系统的准确性效果明显,在更换 PLC 硬件后,同为第(1)组号的闸门开高已经从错误数据 655.35 m 变更为正确值 0。

但 PLC 硬件维修更换后的稳定性不佳,在系统恢复正常一周后,再次出现闸门开高的采集数值变为 655.35 m 的错误数值,对闸站数据采集系统的入库数据进行持续监测发现,第(1)组号的故障持续。

5　结论探讨

因江苏省在线自动监测系统的长期成熟稳定运行,对有着稳定水位流量关系的水工建筑物来说,开展流量在线自动监测理论上十分成熟。

在实际运行中发现,流量在线自动监测,不仅需要在线自动监测系统的硬件有效,对于闸门开度仪数据的采集,还需要借助其他平台的硬件作为载体,因此载体的质量、可靠性、兼容性就决定了闸站数据采集系统应用的普遍性。

在众多水工建筑物的应用方面,闸控系统 PLC 品牌林立,可靠性、稳定性、兼容性不佳,已经成为制约智慧水利发展的一个重要因素。

为确保闸站数据采集系统的广泛应用,扩展在线自动监测系统的普适性,也作为监测系统应用发展的延伸,由行业领先的制造商牵头制定 PLC 设计制造行业规范,统一端口协议,逐渐制定国标规范,PLC 硬件设备的稳定性、兼容性从源头上得到有效保障,届时流量在线自动监测,将在所有具备稳定水位流量关系的水工建筑物站点得到全面应用和推广。

周桥灌区总干渠生态状况调查监测与评价

张友青　韩　磊　张新星

（江苏省水文水资源勘测局淮安分局，淮安 223005）

摘　要　为掌握河流生态系统状况，为河流保护和修复提供科学依据，江苏省水文水资源勘测局淮安分局项目组从水安全、水生物、水生境、水空间、公众满意度 5 个层面共 13 个指标对 2023 年周桥灌区总干渠生态状况进行调查和研究，该河流生态状况评价最终赋分为 91.7 分，等级为优。

关键词　生态河流；河湖生态状况；评价指标

目前，河湖生态状况已成为探讨河湖生态系统可再生性维持及保护和恢复[1-3]的一个热点，是一种有效的河湖管理工具，能全面揭示河湖存在的问题，对河湖的治理和可持续管理具有积极意义，已经成为社会各界关注的对象。为了深入贯彻习近平生态文明思想和治水新方针，以江苏省地方标准《生态河湖状况评价规范》（DB32/T 3674—2019）（简称《规范》）为依据[4]，结合河湖生态状况评价新技术要求，项目组受当地水利局的委托开展 2023 年周桥灌区总干渠的生态状况调查和研究。

1　生态河流评价指标计算方法及评分对照

江苏省水利厅与中科院南京地理与湖泊研究所、河海大学起草的《规范》明确给出了生态河流（湖泊）评价指标体系，体系包括水安全、水生物、水生境、水空间及公众满意度 5 项指标类别共 13 个评价指标，并对各评价指标进行了权重分配，给出了生态河流（湖泊）评价的方法和具体的计算方法、公式和各种评分对照表，生态河流评价指标体系见表 1。

表 1　生态河流评价指标体系

指标类型	指标	权重	权重（不含集中式饮用水水源地）
水安全	防洪工程达标率	0.07	0.09
	供水水量保证程度	0.06	0.09
	集中式饮用水水源地水质达标率*	0.06	0
	水功能区水质达标率	0.08	0.09
水生物	河流浮游植物多样性	0.07	0.07
	河流着生藻类多样性	0.07	0.07

作者简介：张友青（1984—），女，工程师，主要从事水质、水生态监测及研究工作。

续表1

指标类型	指标	权重	权重(不含集中式饮用水水源地)
水生境	生态用水满足程度	0.07	0.07
	水质优劣程度*	0.18	0.18
	河岸带植被覆盖度	0.07	0.07
水空间	岸线利用管理指数	0.10	0.10
	管理(保护)范围划定率	0.07	0.07
	综合治理程度	0.10	0.10
总和		1	1
公众满意度	公众满意度*		

注:＊为否决项指标,其中集中式饮用水水源地水质达标率和水质优劣程度参与评分,公众满意度不参与评分。对
于有指标缺失项的河流,将缺失指标的权重平均分给该指标所在指标类型的其他指标。

1.1　水安全

水安全包含防洪工程达标率、供水水量保证程度、集中式饮用水水源地水质达标率和水功能区水质达标率4个指标,权重分别为0.07、0.06、0.06、0.08。其中,集中式饮用水水源地水质达标率为否决项指标,若评价河流为集中式饮用水水源地,出现突发水污染问题、供水危机等水质异常事件,则取消当次评选资格。若评价河流不是集中式饮用水水源地,则将该指标的权重平均分给该指标所在指标类型的其他指标。

1.1.1　防洪工程达标率

计算河流达到防洪标准的长度占河流总长度的百分比并赋值。

1.1.2　供水水量保证程度

计算评价时段(年)河流逐日水位(流量)满足供水保证水位(流量)的天数占评价时段(年)总天数的百分比并赋值。

1.1.3　集中式饮用水水源地水质达标率

计算评价河流达标水源地个数占集中式饮用水水源地总数的百分比并赋值。

1.1.4　水功能区水质达标率

计算评价河流达标水功能区个数占功能区总数的百分比并赋值。

1.2　水生物

水生物包含河流浮游植物多样性和河流着生藻类多样性2个指标。它们的权重均为0.07,采用 Shannon-Wiener 生物多样性指数进行计算。它的计算公式如下:

$$H' = - \sum P_i \ln P_i \tag{1}$$

式中:P_i 为采样体积内第 i 个藻种数占总藻种数的百分比。

1.3　水生境

水生境包含生态用水满足程度、水质优劣程度和河岸带植被覆盖度3个指标,水质优劣程度权重最大为0.18,其他两个权重均为0.07,其中水质优劣程度为否决项,若评价河

流水质评价结果为V类及以下,则取消当次评选资格。

1.3.1 生态用水满足程度

根据已有流量监测资料,计算最小日均流量占近30年平均流量的百分比。根据生态流量方法计算汛期(4—9月)和非汛期(10月至翌年3月)的最小日均流量,评估河流在不同季节的生态环境状况。当没有流量监测资料时,可采用生态水位方法进行计算。生态水位是河流生态系统中的一种重要指标,选取近30年90%保证率年最低水位作为标准值。通过计算逐日水位满足生态水位的百分比,可以评估河流的生态环境状况。如果流量和水位资料均缺失,可采用同一片区流域规划确定的片区代表站生态水位作为标准值。这样可以确保评估结果具有一定的代表性和可靠性,为水资源管理和生态保护提供有力支持。生态流量满足程度评分见表2。

表 2 生态流量满足程度评分

10月至翌年3月最小日均流量占比/%	评分/分	4—9月最小日均流量占比/%	评分/分
[30,100]	100	[50,100]	100
[20,30)	[80,100)	[40,50)	[80,100)
[10,20)	[40,80)	[30,40)	[40,80)
[0,10)	[0,40)	[10,30)	[20,40)
		[0,10)	[0,20)

1.3.2 水质优劣程度

水质优劣程度的水质类别采用评价时段内最差水质类别,水质类别评分有6个类别,分别是Ⅰ类、Ⅱ类、Ⅲ类、Ⅳ类、Ⅴ类和劣Ⅴ类,对照评分依次为100分、90分、75分、60分、40分、0分。

1.3.3 河岸带植被覆盖度

计算常水位以上到堤顶或背水坡部分植被覆盖面积占河岸带面积的百分比并赋值。

1.4 水空间

水空间包含岸线利用管理指数、管理(保护)范围划定率和综合治理程度3个指标,权重分配分别为0.10、0.07、0.10。

1.4.1 岸线利用管理指数

岸线利用管理指数包括岸线利用率和已利用岸线完好率两个部分,计算方法为岸线未利用率和已利用岸线完好率二者相加平均值乘以100。

1.4.2 管理(保护)范围划定率

依据有关法律法规和《灌溉与排水工程设计标准》(GB 50288—2018)的要求划定河流管理(保护)范围,计算方法为已划定管理范围河流长度占总河长的百分比。

1.4.3 综合治理程度

计算违法违章行为和设施河岸线的长度占河岸线总长度的百分比,采用区间内线性差值来赋分。

1.5　公众满意度

公众满意度不参与评分,但它是一个否决项。公众满意度在 75 分以下,则取消当次评选资格。公众满意度的调查对象包括河流周边居民、河湖管理者和公众;调查内容包括水量、水质、绿化水平、水景观、垃圾堆放和是否适宜散步等娱乐休闲活动等方面。通过对回收的调查表进行统计分析,明确公众对河流的整体印象,收集相应的意见及建议,最终的赋分取所有评分的平均值。

2　调查结果计算及评价

依据河道的长度、重要程度和作用将周桥灌区总干渠分成 3 个河段,评价时段为 2023 年全年,从水安全、水生物、水生境、水空间和公众满意度等 5 个方面对 3 个河段进行评估。

2.1　水安全

2.1.1　防洪工程达标率

《淮安市洪泽区防洪专项规划报告》中明确写道复核了洪泽区境内区域性骨干河道现状防洪标准,周桥灌区总干渠堤防情况良好,堤防级别为Ⅳ级,满足 20 年一遇防洪标准。3 个河段赋分均为 100 分。

2.1.2　供水水量保证程度

周桥灌区供水现状是沿洪泽湖引水洞主要为周桥洞和黄集洞 2 座,设计引水能力 46 m^3/s(在洪泽湖水位 11.0 m 时)。其中,黄集洞现有作用为引总渠水补充周桥洞水源。2023 年周桥洞上游洪泽湖水位最低为 11.8 m(2023 年 8 月 26 日),显著高于 11.0 m,周桥灌区总干渠供水水量保证程度为 100%,3 个河段赋分均为 100 分。

2.1.3　集中式饮用水水源地水质达标率

周桥灌区总干渠上段为集中式饮用水水源地,2023 年水质类别介于Ⅱ类~Ⅲ类,水质达标率为 100%,赋分为 100 分。

2.1.4　水功能区水质达标率

周桥灌区总干渠水功能区划分为洪泽饮用水水源、农业用水区,2030 年水质目标为Ⅲ类。3 个河段水质综合类别为Ⅲ类,均达到Ⅲ类水的水质目标,赋分均为 100 分。

根据水安全 4 个指标及权重计算,得到 3 个河段水安全指标类型赋分均为 27 分,整个河道取 3 个河段分值的平均值,因此河道水安全指标类型评分为 27 分,水安全指标类型评分见表 3。

表 3　水安全指标类型评分

指标类型	指标	河段 1	河段 2	河段 3	综合评分
水安全	防洪工程达标率	27 分	27 分	27 分	27 分
	供水水量保证程度				
	集中式饮用水水源地水质达标率				
	水功能区水质达标率				

2.2 水生物

2.2.1 河流浮游植物多样性

浮游藻类共镜检到 7 门 17 种,其中隐藻优势明显,3 个河段多样性指数分别为 3.40、3.35、3.36,赋分分别为 91.0 分、90.2 分、90.4 分。

2.2.2 河流着生藻类多样性

着生藻类共镜检到 5 门 47 种,优势密度物种为硅藻和绿藻,3 个河段多样性指数分别为 3.01、2.95、2.94,赋分分别为 85.2 分、84.2 分、84.1 分。

根据水生物 2 个指标及权重计算,得到 3 个河段水生物指标类型赋分分别为 12.3 分、12.2 分、12.2 分,水生物指标类型评分见表 4。

表 4 水生物指标类型评分

指标类型	指标	河段 1	河段 2	河段 3	综合评分
水生物	河流浮游植物多样性	12.3 分	12.2 分	12.2 分	12.2 分
	河流着生藻类多样性				

2.3 水生境

2.3.1 生态用水满足程度

周桥灌区总干渠无连续的流量监测资料,近年来 90% 保证率年最枯月均水位为 9.30 m,2023 年周桥灌区总干渠逐日水位满足生态水位的百分比为 100%,3 个河段的赋分均为 100 分。

2.3.2 水质优劣程度

周桥灌区总干渠 3 个河段最差水质类别均为 III 类水,对应赋分均为 75 分。

2.3.3 河岸带植被覆盖度

通过调查计算,3 个河段河岸带植被覆盖度分别为 0.98、0.95、0.97,赋分分别为 98 分、95 分、97 分。

综合上述调查结果及权重计算,3 个河段水生境赋分分别为 27.4 分、27.2 分、27.3 分,水生境指标类型评分见表 5。

表 5 水生境指标类型评分

指标类型	指标	河段 1	河段 2	河段 3	综合评分
水生境	生态用水满足程度	27.4 分	27.2 分	27.3 分	27.3 分
	水质优劣程度				
	河岸带植被覆盖度				

2.4 水空间

2.4.1 岸线利用管理指数

通过调查计算,3 个河段岸线利用率分别为 0.10、0.12、0.08,已利用岸线完好率分别为 0.95、0.90、0.95,岸线利用管理指数赋值分别为 92 分、89 分、94 分。

2.4.2　管理(保护)范围划定率

周桥灌区总干渠周桥洞起点至渠南闸有明显背水坡堤脚,按干渠背水坡脚外 3 m、支渠背水坡脚外 1 m 为管理范围。3 个河段管理(保护)范围划定率均为 100 分。

2.4.3　综合治理程度

河段 1 设有隔离网,无违法违规占用现象,赋分 100 分;河段 2 河岸线有轻微破损,在人员居住密集区有少数居民违规种植的现象,赋分 80 分;河段 3 违法违规占用现象较少,但河道水面有垃圾和杂草,赋分 92 分。

综合上述调查结果及权重计算,3 个河段水空间赋分别为 26.2 分、23.9 分、25.6 分,水空间指标类型评分见表 6。

表 6　水空间指标类型评分

指标类型	指标	河段 1	河段 2	河段 3	综合评分
水空间	岸线利用管理指数	26.2 分	23.9 分	25.6 分	25.2 分
	管理(保护)范围划定率				
	综合治理程度				

2.5　公众满意度

2023 年 9 月中旬至 11 月下旬,在周桥灌区总干渠 3 个河段共发放调查问卷 30 份,调查对象包括河道沿岸居民、河道管理者和公众,调查人员年龄涉及 20~55 岁,文化程度从小学至大学本科,其中有效问卷为 28 份,调查人员给出的得分均在 75 分以上。河段 1 很满意(90~100 分)有 5 份、满意(75~90 分)5 份,平均得分 92.3 分;河段 2 很满意(90~100 分)有 6 份、满意(75~90 分)3 份,平均得分 91.6 分;河段 3 很满意(90~100 分)有 4 份、满意(75~90 分)5 份,平均得分 89.4 分。

2.6　周桥灌区总干渠(含砚临河)3 个河段生态综合评价

生态河湖评价标准共分优、良、中、差 4 个等级,对应阈值分别为[90,100]、[75,90)、[60,75)、[0,60)。3 个河段公众满意度评分均超过 75 分,根据水安全、水生物、水生境、水空间 4 个指标类型计算得出的总分值分别为 92.9 分、90.3 分、92.1 分。由此可以看出,3 个河段总体评价结果一致,均为优等级。周桥灌区总干渠最终评估得分取三者均值为 91.7 分,评估结果为"优",周桥灌区总干渠综合评分见表 7。

表 7　周桥灌区总干渠综合评分

指标类型	河段 1	河段 2	河段 3	综合评分
水安全	92.9 分	90.3 分	92.1 分	91.7 分
水生物				
水生境				
水空间				

3 结论与建议

本次生态河流评价依据《规范》，从水安全、水生物、水生境、水空间和公众满意度 5 个指标类型出发，分别对 13 个指标进行调查计算，最终得出周桥灌区总干渠赋分 91.7 分，等级为优。通过对周桥灌区总干渠生态状况调查监测，发现该河段总体状况较好，除河流着生藻类多样性、水质优劣程度两个指标综合值在 75~90 分外，其余指标综合得分均在 90 分以上。为维持或改善周桥灌区总干渠生态状况水平，建议水务部门加强河道岸线边界的巡查和维护，防止人类活动对河道岸线的破坏，对破损处及时修整，在渠首要加强管理，禁止人员进行撒网捕鱼作业。加强河流保护的宣讲，增强人们的环境保护意识，对河道两旁的垃圾要及时清运，对漂浮在水面上的垃圾及杂草及时打捞，为实现水清、岸绿、景美的目标做出积极贡献。

参 考 文 献

[1] 曾令武,朱洪涛,王振北,等.我国华北地区城市水生态环境现状分析及综合整治对策[J].环境工程学报,2022(12):4149-4161.

[2] 朱党生,张建永,王晓红,等.关于河湖生态环境复苏的思考和对策[J].中国水利,2022(7):32-35.

[3] 宋进喜,魏珂欣,邵创,等;河流可持续性评价指标体系与方法研究[J].人民长江,2023(5):40-46.

淄博市沂河水量调度实施方案设计

丁厚钢　燕双建　金梦杰

（淄博市水文中心，淄博 255000）

摘　要　实施江河流域水量分配和统一调度，是《中华人民共和国水法》确立的水资源管理重要制度，是落实最严格水资源管理制度、合理配置和有效保护水资源、加强水生态文明建设的关键措施。本文在确定的省级水量分配方案及控制指标基础上，对沂河淄博段进行了针对分配水量的供需形势分析，选取了控制断面，确定了调度工程，并设计了沂河淄博段下泄流量、生态流量调度实施方案，为规范沂河流域用水秩序、做好沂河水量的调度管理提供了技术支持。

关键词　沂河；水量分配；水量调度

1　流域基本情况

沂河发源于淄博市沂源县西北部，在韩旺一带出境进入临沂市。沂河淄博境内长度 84.6 km，流域面积 1 456 km²，有大小支流 10 余条，呈叶状分布。

1.1　流域水文特征

东里店水文站位于沂河干流、沂源县东里镇境内，具有长系列观测资料。沂河在沂源县出境处断面以上流域面积 1 456 km²，东里店水文站断面控制面积 1 182 km²，是沂河上游的控制站。

根据水文站实测资料，经计算，东里店站 1956—2016 年多年平均实测径流量为 28 015 万 m³，现状下垫面条件下天然径流量为 27 105 万 m³，相应径流深 228.6 mm。径流量年际变化较大，以历年极值统计，最大年径流量 115 356 万 m³，发生在 1964 年；最小年径流量 1 872 万 m³，发生在 1989 年，极值比 61.6。从整个系列来看，丰枯水年时常连续出现。径流量的年内分配与大气降水基本一致，集中程度取决于雨季持续和降水集中程度，同时受下垫面因素再分配的影响，与降水相比更趋多样性、分配更不均匀。该流域多年平均6—9 月天然径流量占全年径流量的 77%，而枯水期 10 月至翌年 5 月径流量仅占全年径流量的 23%。天然径流年内高度集中、分配不均的特点，给水资源开发利用带来了很大困难。

1.2　水量调度工程

淄博市沂河流域内有大型田庄水库 1 座，兴利库容 6 840 万 m³；中型红旗水库 1 座，兴利库容 770 万 m³；小型水库 103 座，兴利库容 4 043 万 m³。其中，红旗水库经长系列时历法调节计算，在满足已批复的农业许可水量的前提下，已无供水潜力，弃水主要在汛期

作者简介：丁厚钢（1982—），男，高级工程师，主要从事水资源监测及评价等工作。

7—8 月。小型水库来水主要在汛期,但因库容较小,调蓄能力也较小,大多数水量在汛期自然下泄,拦蓄水量有限。这些水量要满足本灌区农业用水,无能力增加下泄水量,在缺水月份更是如此,因此本次水量调度工程只选取田庄水库。

2 调度范围及调度指标

2.1 调度范围

淄博市沂河水量调度范围为淄博临沂市界控制断面以上干支流及相应骨干工程。

2.2 控制断面

共设置两个控制断面。一是淄博临沂市界控制断面,监测沂河淄博市入临沂市水量,监测站点选取东里店水文站。二是在田庄水库设置监测断面,监测下游生态水量,并通过水库调蓄放水,参与沂河水量统一调度;该断面设有田庄水库水文站,主要观测降水量、水库水位、蓄水量、出库流量等。

2.3 调度期

考虑沂河流域水文特征、区域用水需求、工程调度方式等因素,以及与省级调度方案保持一致,调度期选取 10 月至翌年 9 月。

2.4 调度指标

2.4.1 控制断面下泄水量指标

根据已确定的省级调度方案,淄博临沂市界控制断面多年平均、保证率 75%、保证率 95% 下泄水量分别为 1.45 亿 m^3、0.50 亿 m^3、0.39 亿 m^3,不同频率各月下泄水量见表 1。

表 1　淄博临沂市界控制断面不同保证率逐月下泄水量统计　　　　单位:亿 m^3

保证率	10 月	11 月	12 月	1 月	2 月	3 月	4 月	5 月	6 月	7 月	8 月	9 月	全年
多年平均	0.13	0.06	0.06	0.05	0.06	0.17	0.10	0.08	0.23	0.17	0.26	0.07	1.45
75%	0.07	0.02	0.02	0.02	0.02	0.06	0.02	0.02	0.09	0.04	0.09	0.03	0.50
95%	0.04	0.02	0.05	0.01	0.01	0.04	0.02	0.03	0.05	0.06	0.04	0.02	0.39

2.4.2 控制断面生态水量指标

沂河淄博临沂市界基本生态水量为 80 万 m^3/月,田庄水库下游河道基本生态水量为 70 万 m^3/月。

3 供需形势分析

3.1 分配水量

根据省级调度方案,淄博市沂河流域多年平均地表水可分配水量为 1.70 亿 m^3,保证率 50%、保证率 75%、保证率 95% 下可分配水量分别为 1.59 亿 m^3、1.48 亿 m^3、1.18 亿 m^3(见表 2)。

表2　不同保证率下淄博市逐月可分配水量统计　　　　　单位：亿 m³

保证率	10月	11月	12月	1月	2月	3月	4月	5月	6月	7月	8月	9月	全年
多年平均	0.15	0.07	0.07	0.06	0.07	0.20	0.12	0.10	0.27	0.20	0.30	0.08	1.70
50%	0.09	0.07	0.06	0.05	0.04	0.20	0.16	0.06	0.25	0.24	0.28	0.08	1.59
75%	0.20	0.06	0.07	0.05	0.05	0.17	0.06	0.07	0.26	0.13	0.27	0.08	1.48
95%	0.13	0.05	0.14	0.04	0.03	0.12	0.06	0.08	0.15	0.18	0.12	0.06	1.18

3.2　计划用水量

3.2.1　工业用水量

工业取水户主要有沂源县自来水公司、沂源县源能热电有限公司。其中，沂源县自来水公司从田庄水库和北营水库放水洞取水，现状主要供开发区及附近企业生产用水，取水许可指标为 1 246 万 m³，2020 年取水量 572 万 m³。沂源县源能热电有限公司取水口位于螳螂河入沂河口下游 1 km 处，取水许可指标为 196 万 m³，2020 年取水量 34.5 万 m³。另外，山东益母草中药科技有限公司、沂源成达水泥制品有限公司从田庄水库取水，取水许可指标分别为 0.6 万 m³、1.12 万 m³，2020 年取水量分别为 0.582 万 m³、0.693 9 万 m³。

以上合计各企业取水许可量为 1 443.72 万 m³，2020 年实际取水量 607.78 万 m³。根据以上统计，沂河流域工业计划取地表水量按 900 万 m³/a 计，各月计划见表3。

表3　沂河流域工业用水计划统计　　　　　单位：万 m³

月份	10月	11月	12月	1月	2月	3月	4月	5月	6月	7月	8月	9月
水量	75	75	75	70	70	75	75	75	75	80	80	75

3.2.2　农业用水量

流域内现状用地表水的实灌面积为 13.32 万亩❶，其中耕地 1.07 万亩、林果 12.25 万亩。根据沂河流域 1995 年以来的各年农灌用水量，经频率分析，多年平均灌溉用水量为 2 575 万 m³，50% 保证率、75% 保证率、95% 保证率下灌溉用水量分别为 2 550 万 m³、3 400 万 m³、3 895 万 m³，各保证率下各月需水量见表4。

表4　淄博市沂河流域农业灌溉用水量统计　　　　　单位：万 m³

保证率	10月	11月	12月	1月	2月	3月	4月	5月	6月	7月	8月	9月	全年
多年平均	40	570	0	0	0	620	65	610	70	0	0	600	2 575
50%	40	565	0	0	0	610	65	600	70	0	0	600	2 550
75%	50	750	0	0	0	815	85	800	100	0	0	800	3 400
95%	55	860	0	0	0	930	100	920	110	0	0	920	3 895

❶　1 亩 = 1/15 hm²，余同。

3.2.3　生态用水量

沂源县沂河流域生态用水现状主要是螳螂河、织女洞景区生态补水,生态用水计划取地表水量确定为 627 万 m³/a,各月计划见表 5。

表 5　淄博市沂河流域生态用水计划统计　　　　　　　　　单位:万 m³

月份	10 月	11 月	12 月	1 月	2 月	3 月	4 月	5 月	6 月	7 月	8 月	9 月
水量	0	0	0	60	170	170	130	57	40	0	0	0

3.3　供需形势分析

根据上述各需水要求,与省分配水量进行供需水平衡分析。在保证下泄水量要求的前提下,按沂源县沂河流域多年平均及保证率 50%、保证率 75%、保证率 95% 的可分配水量进行供需形势分析,多年平均情况下可满足各用户用水需求,不缺水;50% 保证率下,5 月缺水 132 万 m³,缺水率 22%;75% 保证率下,11 月、5 月、9 月缺水,缺水量分别为 225 万 m³、232 万 m³、75 万 m³,缺水率分别为 30%、29%、9.4%;95% 保证率下,11 月、5 月、9 月缺水,缺水量分别为 435 万 m³、252 万 m³、395 万 m³,缺水率分别为 50.6%、27.4%、42.9%。

按全年统计,沂河流域多年平均、50% 保证率、75% 保证率、95% 保证率计划用水量分别为 4 102 万 m³、4 077 万 m³、4 927 万 m³、5 422 万 m³,均在下达的 1.70 亿 m³、1.59 亿 m³、1.48 亿 m³、1.18 亿 m³ 年度可分配水量之内,但在枯水年份,5 月、9 月、11 月分配水量还不能完全满足所有用户需水要求,而缺水量均小于农业灌溉计划用水量。

4　调度实施方案

4.1　纳入统一调度的水工程

沂河沂源段仅有田庄水库 1 座大型水库,现状主要向县城工业供水及供部分景观和绿化用水。田庄水库下游有沂源县城区及南麻、悦庄等 6 镇约 30 万人口及 10 万亩耕地,并有韩旺铁矿、济青高速南线、234 省道等重要的交通干线和工矿企业。因此,确保田庄水库库区及水库保护范围内人民群众生命安全责任重大,应在做好防洪调度的前提下,兼顾供水及水量统一调度。

田庄水库由淄博市水利工程防汛抗旱办公室指挥调度,如遇联络中断,水库管理单位可按省、市批复的调度方案实施指挥调度。如遇小流量输水洞放水、供水、发电等情况,由水库管理单位自行指挥调度。

4.2　下泄水量调度实施方案

根据上述供用水平衡分析,沂河流域在保证各月市界下泄水量的前提下,9 月、11 月不能满足所有用水户需求,而其余月份余水较多。根据省级调度方案,沂河下泄水量调度以月水量调度方案和年水量调度计划确定的月下泄水量指标为依据、年总量控制为目标。当市界断面下泄水量不满足相应年份月下泄控制指标时,及时调控上游干流田庄水库下泄水量,同时核减市界断面以上下月取用水指标,超计划用水份额,在之后相邻同一用水频率期的一个月或几个月扣除。当控制断面下泄总水量不满足相应的下泄指标要求时,其上游各区段限制用水的次序为:农业、高耗水工业、河道外生态、一般工业、建筑业和服务业等用水。据此,对不能满足用水需求的月份可通过下列实施方案优化解决:

(1)在批准的年度计划基础上,采用"逐月实时滚动修正"方法制订并下达月调度计划。水行政主管部门密切跟踪流域水情、雨情、旱情、墒情、水工程蓄水及用水需求等情况,预测其发展趋势,根据需要在月调度计划的基础上,下达实时调度指令。

(2)根据来水和供需水形势滚动分析,当监测到市界断面流量较小,预计不能满足当月下泄指标时,一方面调控上游田庄水库,增加下泄水量;另一方面对不能满足用水需求的月份,可在保证基本生态水量的前提下占用部分下泄水量指标;对仍不能满足的用水需求,则根据限制用水的次序,压减农业用水。

4.3 生态水量调度实施方案

4.3.1 调度原则

(1)基本生态水量调度以保障阶段(月、非汛期)基本生态水量为目标,以生态预警水量为调度启动指标,自下而上、先干流后支流,按控制工程逐级调度。调度期间,禁止上游工程截取生态流量。

(2)当淄博临沂市界断面每月1—20日的时段累积下泄水量小于生态预警水量且预测来水量有持续减小趋势时,启动基本生态水量调度,调控上游干流田庄水库,必要时限制或停止生产用水。

(3)生态水量调度服从防洪调度。

4.3.2 生态水量预警

4.3.2.1 预警等级及阈值

根据已有生态水量保障实施方案,结合沂河水资源特点、工程调控以及监测能力、预警处置能力等,设置淄博市沂河流域主要控制断面生态水量三级预警。预警阈值分别按照月生态水量的65%、50%和30%设置,对应预警等级分别为蓝色预警、橙色预警和红色预警。预警周期为自然月。淄博临沂市界断面及田庄水库断面不同预警等级下预警阈值见表6。

表6 淄博市沂河控制断面及重点控制工程预警阈值 单位:万 m³/月

控制断面	基本生态水量	蓝色预警	橙色预警	红色预警
淄博临沂市界	80	52	40	24
田庄水库	70	45.5	35	21

4.3.2.2 预警发布

截至每月20日,当控制断面当月累积下泄水量小于或等于相应阈值时,发布水量预警。

4.3.2.3 预警响应措施

当出现预警情况时,市水行政主管部门组织各部门会商,研究制定预警响应措施。结合控制断面以上来水情况、水库闸坝蓄水情况及取水工程运行情况,分析断面水量偏小原因,制定生态水量预警响应措施,同时加强雨水情滚动预报与水文监测,组织相关部门和单位开展生态水量保障管控。

4.3.2.4　预警结束

当淄博临沂市界断面当月累积下泄水量大于或等于月生态水量目标时,或一个预警周期已结束时,预警响应结束。

4.3.2.5　其他

在预警响应期间,若由于保障生态水量导致沂河重要控制性工程以及重要支流大型水利工程的水量调度超出月水量调度方案,应视实情调整后续月调度方案和年调度计划。

4.4　其他调度

水电站发电调度服从于生态用水调度、城市用水调度和农业灌溉调度。沂河流域仅在田庄水库放水洞出口处建有水电站,目前仅在汛前腾空库容放水及汛期泄洪时辅助发电,不再单独进行调度。

沭河"8·14"洪水支流外溢情况调查

沙正保　相冬梅　张守超

(沂沭河水利管理局,临沂 276700)

摘　要　2020 年 8 月 14 日,沭河发生 1974 年以来最大洪水。本文通过深入调查沭河及其支流鲁沟河和汀水河的水文特性,研究分析在行洪过程中石拉渊坝上洪水水位线振荡现象。研究发现,沭河洪水通过鲁沟河和汀水河外溢是产生此现象的主要原因。洪水外溢直接威胁到河流附近人民的生命财产安全,应尽早对沭河支流进行治理,增强这些支流的蓄洪和排洪能力。这一举措将有效提高沭河流域的防洪能力,对于保障沿河人民生命财产安全具有重要意义。

关键词　"8·14"洪水;洪水外溢;沭河支流

1　引　言

2020 年 8 月 14 日,沭河发生 1974 年以来最大洪水。沭河石拉渊站实测最大流量 3 550 m³/s,重沟站实测最大流量 5 940 m³/s。在洪水过程中发现,2020 年 8 月 14 日 10 时以后,石拉渊坝上洪水水位接近洪峰时,改变了上涨的趋势,在 79.1~79.43 m 振荡起来,洪峰水位明显下降,当然,石拉渊报汛线也发生了类似现象。为了对该现象进行合理解释,组织人员对其形成原因进行了调查。石拉渊水文站水位过程线见图 1。

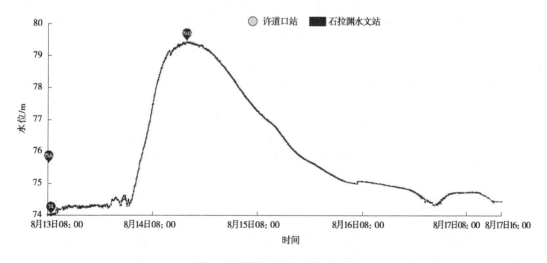

图 1　石拉渊水文站水位过程线

作者简介:沙正保(1973—),男,高级工程师,主要从事河道防汛与工程管理工作。

2 数据分析

沭河石拉渊水文站是沭河干流上一座重要水文站,位于沭河中泓桩号 54+760,断面以上流域面积 3 377 km²,1974 年 8 月 14 日实测最高洪峰流量 3 970 m³/s,最高水位 78.39 m。在石拉渊橡胶坝上 90 m 有沂沭泗水利管理局水文局设立的水位遥测站,坝下 99 m 有临沂市水文局设立的水位遥测站和水尺,在 S314 沭河桥上(坝下 270 m)进行流量测验。

石拉渊水文站上游 6.2 km、沭河中泓桩号 61+000 处,有沂沭泗水文局设立的许道口桥下遥测站,2020 年 8 月 14 日 15:30 沭河洪峰水位 83.42 m,该站比较完整地记录了洪水的整个过程。在许道口桥—石拉渊坝上之间,分别有鲁沟河、汀水河汇入。鲁沟河口、汀水河口洪峰水位分别为 81.71 m、83.2 6 m。沭河许道口站遥测水位统计见表 1。

表 1 沭河许道口站遥测水位统计

时间	水位/m	时间	水位/m
8 月 14 日 09:00	81.23	8 月 14 日 16:20	83.37
8 月 14 日 10:00	82.00	8 月 14 日 17:00	83.30
8 月 14 日 11:00	82.58	8 月 14 日 18:00	83.17
8 月 14 日 12:00	82.93	8 月 14 日 19:00	83.15
8 月 14 日 13:00	83.18	8 月 14 日 20:00	83.15
8 月 14 日 14:00	83.33	8 月 14 日 21:00	83.15
8 月 14 日 14:30	83.38	8 月 14 日 22:00	82.39
8 月 14 日 15:00	83.40	8 月 14 日 23:00	82.02
8 月 14 日 15:30	83.42	8 月 15 日 00:00	81.72
8 月 14 日 16:00	83.39		

鲁沟河位于沭河中泓桩号 57+750,是 1949 年后为解除莒南县境西部平原内涝而开挖的一条人工河,长 16.5 km,流域面积 75.7 km²,源于莒南县大店镇将军山,于道口镇前介脉头村南入沭河。源头高程 150 m,河口高程 73 m,干流坡降 1.82‰。鲁沟河左岸有 1.14 km 堤防,堤顶高程 83.0 m,堤防以上地面高程 80.6 m,右岸无堤,地面高程 79.0~80.7 m,沭河 2020 年 8 月 14 日河口处洪峰水位高出鲁沟河右岸地面 2.71 m。

汀水河位于沭河中泓桩号 59+600,长 23.5 km,流域面积 97.4 km²,发源于沂南县大庄镇李官庄村北,经莒县入莒南县境,于道口镇洑沟村东入沭河。源头高程 140 m,河口高程 75 m,平均坡降 1.93‰。汀水河口以上左、右岸有 330 m 堤防,堤顶高程 84.7 m。其中,右岸堤防以上为丘陵,左岸堤防以上无堤处高程 80.0~80.3 m,沭河 2020 年 8 月 14 日河口处洪峰水位高出地面 3.26 m。

由以上数据得出,沭河洪水通过鲁沟河和汀水河外溢一部分洪水是必然的。由于洪水外溢,沭河洪峰流量有所减少,是石拉渊水文站水位线上升趋势下沉的主要原因。

3　支流洪水外溢分析

3.1　鲁沟河外溢洪水分析

通过现场水准测量、附近村民咨询等措施,基本掌握了淹没的大致区域:鲁沟河北岸田地积水有两米多深(玉米只能看到天缨),淹没至严介脉头至丁家屋子中路(实测鲁沟河口洪水位低于路面高程,调查未淹没),东至丁家屋子南北路,由于当时鲁沟河同时发生洪水,根据洪水发生时间与调查情况,丁家屋子南北路以东为鲁沟河洪水淹没区,鲁沟河洪水顺鲁沟西干渠,经西怪草村、文泗公路、兖石铁路、梨杭东,通过大圣堂涵洞回流至沭河,未经过石拉渊水文站。丁家屋子南北路以西为沭河外溢洪水淹没区,鲁沟河以北区域相当于滞洪的水库,当沭河洪峰过去后,溢出的洪水回流至沭河干流;鲁沟河以南顺地形南下,分别通过贾家庄涵洞和大圣堂涵洞回流至沭河。

根据实测,鲁沟河口上游4.4 km公路桥面高程82.85 m,桥面以上水深0.8 m,水位达到83.65 m,而桥上下游两岸地面只有81.0 m,鲁沟河两岸出现大面积淹没。

鲁沟河口最高水位81.71 m,右岸无堤防,从鲁沟河节制闸下桥梁开始,地面高程为79.0~80.7 m,比鲁沟河口最高水位低1.0~2.7 m。洪水时期,沭河洪水沿着鲁沟河低洼地带外溢,外溢水流北流淹没至严介脉头中心大街(路面高程81.8 m),淹没面积1.04 km²,淹没深度2.7~0.5 m,外溢水量约166万 m³。漫溢时间为沭河洪峰以前,即8月14日09:00~16:00,漫溢时长达7 h,平均漫溢流量66 m³/s,洪峰过后,漫溢洪水回流至沭河,回流延续至8月15日12:00左右。

鲁沟河左岸有1.14 km堤防,堤防以上地面高程约80.6 m,距丁家屋子南北中心路470 m,比鲁沟河口水位低1.11 m。沭河鲁沟河口水位高于80.6 m时,沭河水倒漾入鲁沟河,顺无堤段南下,一部分水流至贾家庄涵洞,待沭河洪峰过后回流至沭河,另一部分过S314省道通过渠道和地面水流,南流至大圣堂涵洞并回流至沭河。

许道口大桥下8月14日10:30水位82.34 m(比洪峰水位低1.1 m),11:00传递至鲁沟河口,鲁沟河口开始向上倒漾漫溢,漫溢采用曼宁公式:

$$Q = n^{-1}R^{2/3}i^{1/2}BH \tag{1}$$

式中:n 选用0.050;水力半径按宽浅水道 $R \approx H$,平均深度0.7 m;水力坡降 i 按实测坡降0.00054;$B = 235$ m(按照总宽50%计算)。

向南最大漫溢流量约190 m³/s。一直持续到8月15日01:40左右漫溢结束。洪峰前沭河外溢洪水流向见图2。洪峰后沭河外溢洪水流向见图3。

3.2　汀水河外溢洪水分析

汀水河淹没区域大致处于汀水河与沭河相交的三角地区,在淹没区域有1房屋,实测洪痕淹没水位83.42 m。根据实际调查分析,文泗公路以南为沭河外溢水流淹没区,文泗公路以北为汀水河与沭河洪水共同淹没区。

汀水河由于从河口桥向上只有330 m堤防,再向上游汀水河右岸为丘陵,左岸地面高程80.0~80.3 m,比汀水河口桥水位低3 m左右。也就是说,从8月14日08:18许道口桥下水位上涨至80.42 m(洪峰水位以下3 m),15 min后,沭河洪水沿着汀水河开始从下

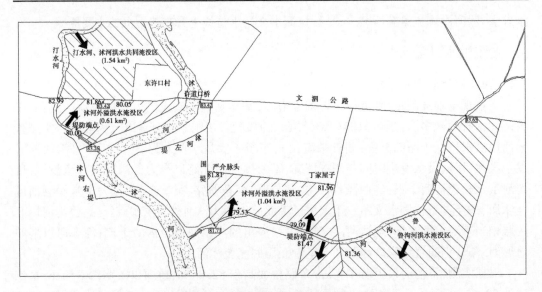

图 2　洪峰前沭河外溢洪水流向

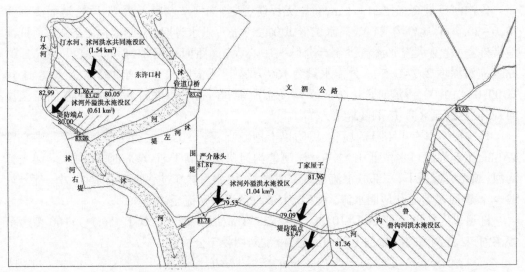

图 3　洪峰后沭河外溢洪水流向

游向上游漫溢,漫溢一直持续到 16:00 左右。淹没区最高水位 83.42 m(比汀水河口桥水位略高)。

　　据现场调查:汀水河文泗路以南以沭河水顺汀水河上漾为主,文泗公路以北区域沭河、汀水洪水各占 50%。该区域淹没面积约 2.15 km²。其中文泗公路南侧 0.61 km² 淹没深度平均 3 m,水量约 183 万 m³,全部为沭河外溢洪水。文泗公路北侧包括沭河上溢洪水及汀水河来水,淹没面积约 1.54 km²,平均淹没深度 1.5 m,水量约 231 万 m³。沭河总出水量 298 万 m³,平均外溢流量 109 m³/s。洪峰过后,外溢洪水大部分回流至沭河,回流延续至 8 月 15 日 13:30 左右。

4 结 论

通过以上分析,主要得出以下结论。

4.1 沭河洪水外溢情况

在沭河 2020 年"8·14"洪水中,通过支流鲁沟河及汀水河外溢洪水流量在 350~400 m³/s。

4.2 支流治理对沭河洪水的影响

由于沭河洪峰与鲁沟河、汀水河洪峰相遇,支流洪水无法直接注入沭河,如果支流治理以后,遇同等降雨条件,沭河洪峰流量将会增长 1 000 m³/s 左右。当然,由于洪水最终回流至沭河,对于沭河洪水洪量是没有影响的。

4.3 治理沭河支流的必要性

对沭河支流进行治理,可以提高沭河流域整体防洪水平,保障沿河人民生命、财产安全。

主要数据:

石拉渊坝下洪痕:79.37 m(冻结基面),85 高程 79.18 m。

石拉渊坝下基点 80.573 m,院内基点 78.935 m。

石拉渊左岸坝下水位:79.29 m。

石拉渊报汛水位 78.23 m,流量 3 550 m³/s。

汀水河口最高水位:83.256 m。汀水河口桥面水位 85.078 m,公路桥面水位 82.992 m。

鲁沟河公路桥面:水位 82.85 m,水深 0.8 m;鲁沟河口桥最高水位:81.705 m。

河湾(67+000)最高水位 85.23m,时间 8 月 14 日 14:30;许道口桥下(61+000)最高水位 83.42 m,时间 15:30,距离 6 km,洪峰传播时间 1 h。

石拉渊坝上遥测最高水位 79.43 m,时间 8 月 14 日 16:20。

许道口桥(61+000)—汀水河口(59+600)—鲁沟河口(57+750)—石拉渊坝上 54+880,总传递时间 50 min。

石拉渊橡胶坝坝轴线距离下游水尺 98.75(7.5+18.5+17+15.75+40)m,其中坝轴线至海漫 43 m;原坝轴线距离下游水尺 140 m。

第二篇　水利信息化及新技术应用

防火墙在计算机网络安全上的运用分析

李 智[1] 宋乐然[2]

(1. 沂沭泗水利管理局水文局(信息中心),徐州 221018;
2. 淮河工程集团有限公司,徐州 221018)

摘 要 随着计算机技术的普及,其与各个领域之间的融合越加深入,但也使得计算机网络安全问题受到了全社会的广泛关注,计算机网络安全的漏洞会增加黑客攻击、信息泄露等风险,给用户造成极为严重的损失和危害。防火墙技术的出现是为了提升计算机网络安全的等级,净化网络环境,为用户提供更加安全、快捷和可靠的计算机网络工具,从而为信息技术手段的快速发展奠定良好基础。

关键词 计算机;网络安全技术;防火墙技术;运用

沂沭泗局计算机网络系统经过多年建设,建成了沂沭泗局本部、直属局和基层局的三级网络系统,其中配置的防火墙在沂沭泗局网络安全中发挥着重要作用。目前,沂沭泗局本部安装有互联网防火墙、水利专网防火墙、数据中心防火墙,直属局、基层局均安装有互联网防火墙进行网络安全防护。鉴于此,本文结合文献查阅以及本单位实际情况,就防火墙在计算机网络安全上的运用提出几点看法。

1 防火墙概述

防火墙是计算机网络安全管理中最为关键的技术之一,防火墙技术通过在公共网络和内部网络之间构建一个绿色保护网,可以实现对网络病毒的有效隔离和过滤,从而提高计算机网络安全的等级。防火墙的防护功能主要包括网络访问权限管理、身份验证管理、病毒过滤及运用网关等范畴。

2 防火墙在计算机网络安全上的运用意义

2.1 对不安全因素进行防控

在开放的网络环境中,计算机网络时时都面临着风险,防火墙在计算机网络安全管理中的运用可以对计算机网络中的不安全因素进行防控,从而起到提高安全等级的作用。例如,当用户使用计算机网络进行信息的传输时,防火墙可以对信息的传输进行安全控制,只有经过授权的信息才可以通过防火墙进行传输,通过这个操作就可以有效保障信息传输的安全性,避免非法入侵和非法攻击行为,保护用户的重要信息不被窃取。

2.2 防止信息泄露

在计算机网络环境中,当用户使用网络进行网页浏览时,一些不安全的网页或弹窗有

作者简介:李智(1983—),男,高级工程师,主要从事水利信息化及数字孪生相关工作。

可能会对用户的信息进行非法窃取,造成比较严重的网络安全问题。而通过防火墙技术的运用,可以对用户访问网站进行安全控制,对一些存在较大安全隐患的非法网站进行屏蔽,在进行信息数据的传输时也可以借助防火墙监控信息传输过程,保障信息数据安全稳定的传输;此外,防火墙的内部监控功能还可以对一些存在安全风险和漏洞的网站进行标记,通过对网站内容加以分析,有针对性地进行预警控制,这些网站一旦发生安全隐患,防火墙就可以开启自动报警功能,对用户的登录进行安全提示,避免用户访问一些存在安全风险的非法网站,提高用户的安全意识。

3　防火墙在计算机网络安全上的运用

3.1　加密技术

　　加密技术是目前在计算机网络安全管理中最为常用的防火墙技术,对于提升计算机网络安全等级具有十分重要的作用。具体而言,加密技术就是在用户进行 IP 登录时,通过设置登录密码,在经过验证后才能够获取使用权限的一种技术手段。在用户登录时,如果密码输入正确,通过验证就可以进行登录,而如果密码输入错误,在防火墙的防护下就会关闭登录通道,拒绝非法用户的登录。借助于加密技术可以通过密码验证的程序对登录的用户进行筛查,从而减少非法侵入的情况,为用户安全提供保障;此外,借助于加密技术还可以对用户的信息传输、接收及存储进行管理,利用加密技术防止用户信息被篡改、窃取和泄露,减少用户使用计算机网络时的风险。

3.2　修复技术

　　通过在防火墙中运用修复技术,可以对计算机网络进行自动监控,对外来的非法信息进行有效拦截和删除,既可以保障这些非法信息不占用计算机网络的内存空间,也可以避免这些有害信息对用户使用计算机网络所造成的干扰。随着计算机网络用户的不断增加,开放的网络环境会造成大量有害信息、垃圾信息在网络环境下的传播,并且随着各类网站的层出不穷,也会给网络运行的质量造成一定的影响,增加网络病毒的发生概率,造成网络瘫痪、用户信息泄露等严重后果,给用户造成巨大的风险和损失。而利用修复技术可以对用户的网络环境进行监控,当发现非法 IP 登录时,可以自动进行屏蔽,并且当计算机网络中发生非法行为时,也可以对非法 IP 采取相应的处理措施。通过运用修复技术可以优化计算机网络环境,维护计算机网络秩序,当有不法分子在计算机网络中散布有害信息时,可以根据计算机网络安全管理制度对有害信息进行删除,以及对非法登录的 IP 进行处理,从而为用户提供良好的计算机网络环境。

3.3　防护技术

　　计算机网络安全技术中的防护技术主要针对网络病毒,通过对网络病毒进行有效的防护来提高网络信息传输的安全性,保障计算机网络环境的安全。例如,当用户进行网页浏览时,可以利用防火墙中的防护技术自动进行木马查杀,针对网络病毒采取杀毒处理,避免网络病毒对用户的使用造成影响;同时,在用户进行网页浏览时,防火墙中的防护技术并不会干扰用户的正常使用。目前,在很多计算机网络安全防护中都引入了网络代理服务器,这是一种新型的防护技术,与传统的防护技术相比,其在防护能力上更胜一等,当用户利用计算机网络向外部网络进行信息传输时,如果用户的 IP 信息被窃取,就会使得外部网络中的木马、病毒等侵入用户的内部网络,不但会造成计算机网络瘫痪,还会造成用户重要信息的泄露,给用户造成极为严重的损失和风险,甚至会严重威胁国家的网络安全。而借助于网络代理服务器,可以通过虚拟IP避免外来网络的入侵,对用户的IP进行保护,提高用户的网络安全;并且网络代理服务器还具有破解虚拟IP的功能,可以对非法侵入用户网络的虚拟IP地址进行破解和跟踪,从而对一些非法侵入和窃取用户信息的行为进行处理,达到净化网络环境的目的。

3.4　协议技术

协议技术在计算机网络安全技术中的运用可以规范网络信息传输的行为,保障网络环境的安全性。具体而言,协议技术是通过限定网络信息传输的字节数量对信息传输进行监控,对一些超过字节数量的信息进行识别,从而对异常信息进行阻隔。通过协议技术可以提高网络信息传输的安全性,针对一些保密单位或特殊单位,可以对重要信息进行有效保护,避免重要信息被窃取和篡改。

3.5　配置技术

配置技术是计算机网络安全技术中最为核心的内网安全防护技术,可以有效保护用户内网的安全性。配置技术通过将用户的计算机网络系统进行分割,对分割后的网络系统模块进行局域性的重点防护,从而最大限度地规避计算机网络安全的风险,避免计算机网络安全的漏洞。例如,当黑客对用户的计算机网络系统进行非法入侵和攻击时,通过配置技术可以对外部信息数据进行全面监控,准确识别非法侵入的IP地址,并对这一IP地址采取禁止登录的操作,并通过控制外部计算机网络的运用端达到控制目的,避免外部网络对用户内网的攻击,切断内外部信息传输的通道,保障用户内网的安全。

4　小　结

随着互联网的迅速发展,防火墙已经广泛应用于各行各业网络安全中,沂沭泗局防火墙在水利部网络安全攻防演练中发挥了重要作用。2023年,借助数字孪生沂沭河上中游项目,沂沭泗局本部互联网防火墙、数据中心防火墙和水利专网防火墙均进行升级迭代并实现国产化,但是直属局和基层局的互联网防火墙运行时间已超过10年,设备存在老化和版本无法更新等问题。为了更好地开展沂沭泗局网络安全工作,建议在经费允许的情况下尽快完成直属局和基层局防火墙替代工作。

参 考 文 献

[1] 闫军.计算机网络信息安全中的防火墙技术应用[J].电子技术,2023,52(11):190-191.
[2] 杨忠铭.计算机网络信息安全及其防火墙技术应用[J].数字通信世界,2023(1):126-128.
[3] 吴挺.计算机网络信息安全和防火墙技术应用分析[J].中国新通信,2022,24(21):110-112.
[4] 许岩.基于计算机网络的防火墙技术及实现[J].软件,2022,43(9):169-172.
[5] 王亚涛.防火墙技术在计算机网络安全中的运用探析[J].科学与信息化,2021(4):1.

黄寺水文站二线能坡法流量自动监测系统应用合理性分析

张 鲁

（菏泽市水文中心，菏泽 274000）

摘 要 本文以黄寺水文站为依托，介绍了二线能坡法流量自动监测系统的原理和特点，根据近两年系统运行情况，从借用断面数据、借用水位数据、垂线平均流速以及定线精度等方面进行分析，进一步论证二线能坡法流量自动监测系统应用的合理性。结果表明黄寺水文站二线能坡法流量自动监测系统的测流数据较为合理，能够满足黄寺水文站流量测验要求。

关键词 二线能坡法；合理性分析；垂线流速；三种检验

1 黄寺水文站概况

黄寺水文站设立于 1955 年 6 月，位于单县李新庄镇黄寺村，坐标东经 116°04′、北纬 34°52′，本站测验断面位于胜利河下游。胜利河起源于曹县安蔡楼镇，至单县徐寨镇入东鱼河，河道全长 66.3 km，流域面积 1 184 km²。流域多年平均降水量 694.0 mm，降水量年际变化大，年内分配不均，主要集中在汛期的 6—9 月，占全年降水量的 71.9%，属北方季节性河流。

黄寺水文站是胜利河的重要控制站，站址以上控制流域面积 1 061 km²，河长 54.8 km，距河口 11.5 km。测验河段顺直长约 1 000 m，主河槽宽约 100 m，左岸滩地宽约 35 m，右岸滩地宽约 30 m。河岸、河床多为沙壤土，无分流串沟，测验河段平面图见图 1。

黄寺水文站洪水属雨洪型，主要由胜利河干流及黄白河来水组成。本站流速仪测流断面上游 6.0 km 处有郑桥闸 1 座，上游 4.0 km 处右岸有黄白河汇入，上游约 0.9 km 处右岸有一排水沟汇入。基本水尺断面下游 250 m 有黄寺大桥 1 座，下游约 4.0 km 处有牛庄节制闸 1 座，下游约 11.5 km 处汇入东鱼河，汇入口下游 3.5 km 处东鱼河上有徐寨闸 1 座。流域范围内水利工程分布见图 2。

受流域范围内水利工程对洪水的调节影响，降雨径流关系紊乱，降雨洪水不配套。黄寺水文站水位流量关系不稳定，随洪水大小及暴雨时空分布的不同变化明显，推流方法多为连实测流量过程线法。

黄寺水文站传统流量测验方法多为流速仪和走航式 ADCP，为满足连实测流量过程线推流要求，黄寺水文站需常年留人驻守，以测得每个完整的洪水过程。黄寺水文站引进二线能坡法流量自动监测系统，既节省了人力资源，也可实时、便捷地监测测验断面的流量。

作者简介：张鲁（1994—），男，助理工程师，主要从事水文监测工作。

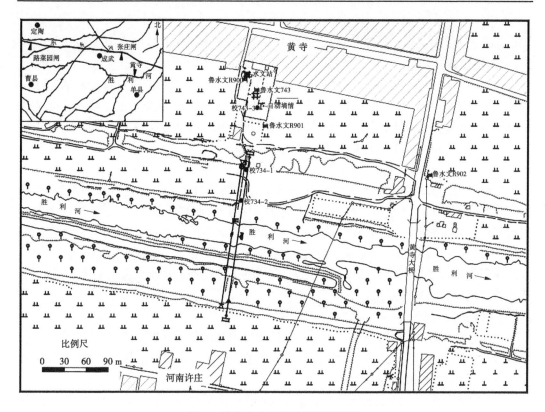

图 1　黄寺水文站测验河段平面图

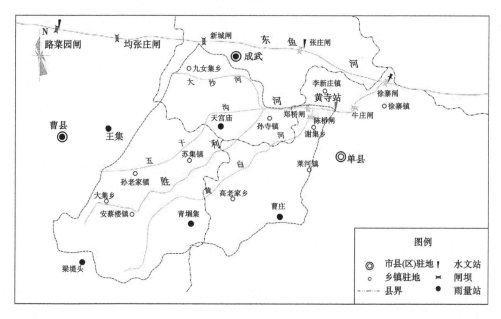

图 2　流域范围内水利工程分布

2　二线能坡法流量自动监测系统简介

2.1　系统原理

天然河道断面流量是水文监测的重要水文要素,实现天然河道流量自动监测是水文测报现代化需要探索的重要领域之一。传统的流量测验是沿河渠宽在过水断面上用流速仪测量多条垂线流速,然后用部分流速面积法求出流量。这种方法较为费时费力,且无法实现自动测流,采用传统相关关系建立流量自动实时监测系统也存在一定困难,且建设周期长和高水外延的缺点也不易克服。

二线能坡法流量自动监测系统是基于曼宁公式的原理建立的流速计算数学模型,根据安装在河底的两个流速传感器由河底向水面发射声波测得垂线流速,通过 2 条实测垂线流速求出能坡参数后,代入数学模型中计算出相应起点距的垂线流速,即把传统方法中实测 n 条垂线流速变成计算 n 条垂线流速;利用前期录入的人工测量的大断面信息以及实时浮子式水位计数据计算断面面积;然后利用部分流速面积法求出断面流量,又称为二线能坡法流量自动监测系统。

2.2　系统特点

(1)流量监测为实时在线式。每 5 min 自动采集并上传一次瞬时流量,真正实现无人在线自动测流。不需召测,流速、水位、流量实现现场采集、保存与上传,自动生成并显示实时水位、流量过程线。

(2)功能全面。系统涵盖流速数据采集、流量计算模型、数据上传、数据入库、在线流量信息查询等多项功能。

(3)维护方便。系统配套的软件部分功能全面稳定,可即时升级;系统水下部分有升降装置,维护时可将传感器升至水面以上进行维护。

(4)系统校准。本系统不需要长期对比观测建立率定关系,通过有代表性的流量测次进行模型参数优化,就能够保证系统的实时在线运行,适用于受洪水涨落、变动回水影响下的河道流量在线监测,为天然河道流量自动监测提供一种可行的选择方案。

3　合理性分析

本文根据近两年的系统运行情况,从借用断面数据、借用水位数据、垂线流速以及定线精度等方面进行分析,进一步论证黄寺水文站二线能坡法流量自动监测系统应用的合理性。

3.1　借用断面合理性分析

黄寺水文站二线能坡法流量自动监测系统流速传感器探头安装在流速仪测流断面上游 5 m 起点距 90 m、115 m 处河底,断面形状和高程与流速仪测流断面一致,且及时将实测大断面成果表进行更新。黄寺水文站 2017 年恢复观测以来从未发生漫滩情况,本次只对主河槽断面进行对比分析,现有近 3 年 5 次主河槽断面测量数据及主河槽断面图(见图3)。

经对比,3 年来黄寺水文站流速仪测流断面(基上 5 m)河槽形状未发生变化;部分起点距高程存在变动,当水位为 46.41 m(历史最高水位)时,布设相同起点距的垂线,计算

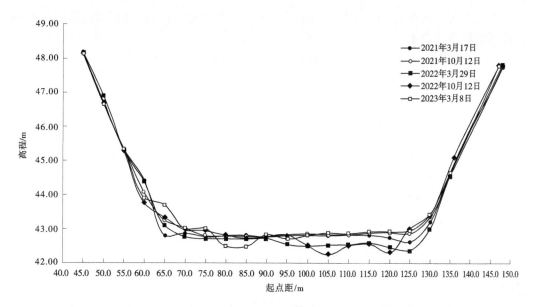

图3　近3年主河槽断面图

得各次测量成果的断面面积分别为277 m²、266 m²、286 m²、267 m²、264 m²,相邻两次断面面积变化最大为7.5%。

综上所述,黄寺水文站二线能坡法流量自动监测系统借用流速仪测流断面利用流速面积法计算河道断面流量方法合理。

3.2　借用水位合理性分析

自记(自动监测)水位与人工校测水位比测应符合以下要求:置信水平95%的综合不确定度(为随机不确定度和系统不确定度的平方和开根)不应超过3%。系统误差不应超过±1%。自动水位站的时钟误差应符合石英钟的时钟误差要求,日最大误差在±0.5 min,月最大误差在±4 min,年最大误差在±15 min。

系统不确定度按式(1)计算:

$$X''_y = \frac{\sum\limits_{i=1}^{N}(P_{yi} - P_i)}{N} \tag{1}$$

随机不确定度按式(2)计算:

$$X'_y = 2\sqrt{\frac{\sum\limits_{i=1}^{N}(P_{yi} - P_i - X''_y)^2}{N-1}} \tag{2}$$

综合不确定度按式(3)计算:

$$X_z = \sqrt{X'^2_y + X''^2_y} \tag{3}$$

式中:P_{yi} 为自动监测水位,m;P_i 为人工校测水位,m;N 为校测次数;X''_y 为系统不确定度;X'_y 为随机不确定度;X_z 为综合不确定度。

本次对黄寺水文站 137 次人工和浮子式水位计观测资料进行对比分析,比测的不确定度计算结果见表 1。

表 1　水位比测不确定度计算结果

系统不确定度	随机不确定度	综合不确定度
0.000 218 978	0.008 900 48	0.008 903 174

由表 1 可以看出,黄寺站的综合不确定度符合水位比测精度要求,黄寺站二线能坡法流量自动监测系统在线流量监测借用浮子式水位计数据合理。

3.3　垂线流速合理性分析

根据二线能坡法流量自动监测系统测验原理,利用安装在河底的 2 个流速传感器由河底向水面发射声波测得垂线流速,通过 2 条实测垂线流速求出能坡参数后,代入数学模型中计算出相应起点距的垂线流速,即把传统方法中实测 n 条垂线流速变成计算 n 条垂线流速。

因此,二线能坡法流量自动监测系统只有 2 条垂线平均流速为实测值,位于固定起点距 90 m 和 115 m 处。而流速仪法测流由于水位变化,各测次垂线布设不固定,本次选用黄寺水文站人工流速仪法测流成果中测速垂线布设在起点距 90 m 或 115 m 的 30 个数据进行合理性分析。垂线平均流速误差分析见表 2。

表 2　垂线平均流速误差分析

序号	时间 (年-月-日 T 时:分)	起点距/ m	人工校测 流速/(m/s)	自记 流速/(m/s)	相对 误差/(m/s)	绝对 误差/%
1	2023-07-30 T 22:00	115.0	0.50	0.48	0.02	4.00
2	2023-07-30 T 18:15	115.0	0.07	0.07	0	0.00
3	2023-07-30 T 07:18	115.0	0.13	0.13	0	0.00
4	2023-07-30 T 05:15	115.0	0.28	0.27	0.01	3.57
5	2023-07-29 T 21:06	115.0	0.50	0.53	−0.03	−6.00
6	2023-07-29 T 18:54	115.0	0.44	0.42	0.02	4.55
7	2023-07-22 T 07:00	115.0	0.24	0.22	0.02	8.33
8	2023-07-22 T 05:27	115.0	0.51	0.46	0.05	9.80
9	2023-07-13 T 05:20	115.0	0.26	0.26	0	0.00
10	2023-07-13 T 07:27	115.0	0.26	0.24	0.02	7.69
11	2023-07-03 T 12:15	115.0	0.14	0.13	0.01	7.14
12	2023-07-03 T 15:48	115.0	0.15	0.15	0	0.00
13	2022-08-01 T 14:42	115.0	0.28	0.34	−0.06	−21.43

续表 2

序号	时间 (年-月-日 T 时:分)	起点距/ m	人工校测 流速/(m/s)	自记 流速/(m/s)	相对 误差/(m/s)	绝对 误差/%
14	2022-08-17 T 06:45	90.0	0.014	0.012	0.002	14.29
15	2022-08-17 T 06:45	115.0	0.027	0.03	−0.003	−11.11
16	2022-08-16 T 18:15	90.0	0.20	0.16	0.04	20.00
17	2022-08-16 T 18:15	115.0	0.21	0.22	−0.01	−4.76
18	2022-08-16 T 07:36	115.0	0.30	0.30	0	0.00
19	2022-08-01 T 18:15	115.0	0.27	0.28	−0.01	−3.70
20	2022-07-27 T 07:24	115.0	0.34	0.41	−0.07	−20.59
21	2022-07-27 T 14:24	115.0	0.25	0.31	−0.06	−24.00
22	2022-07-21 T 07:15	115.0	0.21	0.23	−0.02	−9.52
23	2022-07-19 T 19:00	115.0	0.39	0.32	0.07	17.95
24	2022-07-09 T 15:45	115.0	0.48	0.49	−0.01	−2.08
25	2022-07-08 T 18:42	115.0	0.60	0.56	0.04	6.67
26	2022-06-26 T 17:12	115.0	0.49	0.57	−0.08	−16.33
27	2022-02-28 T 17:36	115.0	0.40	0.45	−0.05	−12.50
28	2022-02-21 T 14:15	115.0	0.026	0.027	−0.001	−3.85
29	2022-01-16 T 10:15	115.0	0.12	0.12	0	0.00
30	2022-01-15 T 17:26	90.0	0.26	0.24	0.02	7.69

通过分析得出,黄寺水文站人工校测流速与自记流速误差较小,满足应用精度。

3.4　定线精度合理性分析

考虑实际情况下人工流速仪法测得的流量数据为一定时段内的积分数值,二线能坡法流量数据为瞬时值,根据人工监测起始时间至结束时间之间的全部自动监测数据,计算每次人工监测时段内的自动监测数据的平均值。

二线能坡法流量数据为实时在线监测,在不同监测条件下都要保持其准确性,本文随机选取了黄寺水文站 2021—2023 年不同流量级别的 20 次人工流速仪法测验成果,将人工测验数据与二线能坡法流量自动监测系统测验数据进行对比。

本文合理性分析通过建立经校正过的自动监测数据平均值与人工监测值的关系线,以人工监测的值查关系线,以查到的关系线的值作为真值,与对应的自动监测数据样本做误差分析,并经过三项检验。关系线检验计算成果见表 3。

表 3　关系线检验计算成果

序号	时间 (年-月-日 T 时:分)	人工流量/ (m³/s)	自记流量/ (m³/s)	线上流量/ (m³/s)	偏差 P/%	$P_{(i)} - P_{(平)}$	$[P_{(i)} - P_{(平)}]^2$
1	2023-07-30 T 07:18	7.84	9.17	8.61	6.44	6.12	37.45
2	2023-07-03 T 12:15	15.7	16.9	16.3	3.47	3.15	9.90
3	2023-07-31 T 05:42	20.3	21.2	20.9	1.67	1.35	1.83
4	2023-07-13 T 07:27	22.1	21.2	22.6	−6.27	−6.59	43.46
5	2023-07-13 T 05:20	28.1	28.3	28.5	−0.74	−1.06	1.12
6	2022-07-26 T 07:24	32.6	34.2	32.9	3.86	3.54	12.51
7	2023-07-17 T 23:30	34.1	35.4	34.4	2.90	2.58	6.65
8	2023-07-30 T 22:00	38.7	39.7	38.9	2.00	1.68	2.84
9	2023-07-22 T 05:27	44.1	44.4	44.2	0.40	0.08	0.01
10	2022-07-08 T 18:42	54	54.2	53.9	0.47	0.15	0.02
11	2022-07-17 T 15:18	56.1	51.8	56.0	−7.51	−7.83	61.33
12	2023-07-12 T 20:40	63.9	63.3	63.7	−0.58	−0.90	0.80
13	2022-07-17 T 12:30	65	60.3	64.7	−6.87	−7.19	51.67
14	2022-07-23 T 13:12	65.8	67.4	65.5	2.85	2.53	6.40
15	2022-07-23 T 10:30	70	68.8	69.7	−1.23	−1.55	2.40
16	2022-07-07 T 18:18	93.2	94.6	92.4	2.34	2.02	4.07
17	2021-09-27 T 07:27	99.9	108	99.0	9.07	8.75	76.57
18	2021-09-26 T 07:33	112	105	111	−5.32	−5.64	31.82
19	2021-09-25 T 16:27	116	113	115	−1.59	−1.91	3.66
20	2021-09-26 T 17:48	119	119	118	1.04	0.72	0.52

样本容量	$N = 20$	正号个数	12	符号交换次数	8
标准差 S_e/%	4.45	随机不确定度/%	8.91	系统误差/%	0.32
符号检验	$u = 0.67$	允许:1.96(显著性水平 $\alpha = 0.05$)		合格	
适线检验	$U = 0.46$	允许:1.64(显著性水平 $\alpha = 0.05$)		合格	
偏离数检验	$|t| = 0.33$	允许:2.09(显著性水平 $\alpha = 0.05$)		合格	

由表 3 可知,黄寺水文站人工流量与自记流量定线精度符合要求,3 种检验合格。

4　结论与建议

4.1　结论

黄寺水文站 V-ADCP 流量监测系统经过 2 年多的运行,设施设备运行稳定,状态良好。根据上述实测成果对比分析来看,初步得出以下结论:

(1)黄寺水文站二线能坡法流量自动监测系统流速传感器探头安装在流速仪测流断面上游 5 m 起点距 90 m、115 m 处河底,断面形状和高程与流速仪测流断面一致,且及时将实测大断面成果表进行更新。黄寺水文站二线能坡法流量自动监测系统借用流速仪测流断面利用流速面积法计算河道断面流量方法合理。

(2)对黄寺水文站 137 次人工和浮子式水位计观测资料进行对比分析,综合不确定度为 0.008 903 174,符合水位比测精度要求,黄寺站二线能坡法流量自动监测系统在线流量监测借用浮子式水位计数据合理。

(3)本次选用黄寺水文站人工流速仪法测流成果中测速垂线布设在起点距 90 m 或 115 m 处的 30 个数据进行合理性分析。通过分析得,黄寺水文站人工流速与自记流速误差较小,满足应用精度。

(4)本次随机选取了黄寺水文站 2021—2023 年不同流量级别的 20 次人工流速仪法测验成果,将人工测验数据与二线能坡法流量自动监测系统测验数据进行对比。分析得出,黄寺水文站人工流量与自记流量定线精度符合要求,3 种检验合格。

4.2　建议

(1)人工测验时垂线布设可尽可能选择起点距 90 m 和 115 m 处,方便流速对比。

(2)加强对 V-ADCP 流速探头的保养与检修,避免设备角度改变影响测验精度。

(3)人工测得的测验断面大断面信息应及时录入系统进行更新,避免断面变化影响测验成果。

(4)随着经济社会的快速发展,中小河流水文站大规模建设,如果把流量自动监测系统建设在中小河流站点,可减小巡测次数,发挥更大作用。

参 考 文 献

[1] 中华人民共和国水利部.水文自动测报系统技术规范:SL 61—2015[S].北京:中国水利水电出版社,2015.

[2] 中华人民共和国水利部.声学多普勒流量测验规范:SL 337—2006[S].上海:复旦大学出版社,2006.

[3] 中华人民共和国住房和城乡建设部.河流流量测验规范:GB 50179—2015[S].北京:中国计划出版社,2016.

基于二线能坡法测流系统的应用分析

崔海滨

(临沂市水文中心,临沂 276000)

摘　要　本文介绍的基于二线能坡法原理的流量在线监测技术,是以曼宁公式为基础,通过实时在线监测河道断面二条垂线的流速,结合遥测水位及河道大断面成果,实现流量在线监测。通过在大官庄(新)(洞)站的应用,取得了较好的效果。该方法适用于受洪水涨落和工程运行影响下的河道流量在线监测,为河道流量在线监测提供了一种可靠的选择方案。

关键词　二线能坡法;流量;在线监测

1　引　言

流量是水文监测的重要水文要素之一。多年来,在水文监测自动化领域,对河道流量在线监测技术进行了大量的研究和探索,取得了很大进展,如固定雷达波、H-ADCP、视频测流、时差法在线测流等技术,在一些特定的河流断面能够取得较好的应用,但由于河道来水和断面特征的复杂性,加之受涉水工程运行的影响,这些方法由于参数率定周期长、率定精度具有不确定性等原因,对实际应用效果有较大影响。

本文介绍的基于二线能坡法原理的流量在线监测技术,是以曼宁公式为基础,通过实时在线监测河道断面二条垂线的流速为已知条件,并以此方法建立流速分布模型计算系统,结合遥测水位计监测的水位及河道大断面成果,实现流量的自动监测。临沂市水文中心在大官庄水文站建设了一套基于二线能坡法原理的流量在线监测系统,通过实际应用和分析,具有较好的效果,目前大官庄(新)(洞)站的流量测验实现了实时在线监测的目标。

2　测站概况

大官庄水文站位于山东省临沂市临沭县石门镇大官庄村,于 1952 年 6 月设站,集水面积 4 529 km²,是国家重要水文站,也是沭河总控制站及防汛抗旱调度的重要测报站,承担着向国家、淮河水利委员会、山东省、临沂市防指等单位报汛的任务。

大官庄水文站上游建有 4 座大型水库(沙沟水库、青峰岭水库、陡山水库、小仕阳水库)、3 座中型水库,总控制面积 1 635 km²,大中型水库以下区间面积为 2 894 km²。流域内小(1)型水库 25 座,控制流域面积 108 km²,总库容 4 647 万 m³;小(2)型水库 118 座,控制流域面积 219.8 km²,总库容 3 211 万 m³。分沂入沭水道自右岸汇入,沭河经大官庄

作者简介:崔海滨(1974—),男,高级工程师,主要从事水文监测、资料整编及水资源调查评价工作。

站后分成两股,一股向东入江苏省石梁河水库称新沭河,另一股向南入江苏新沂市称老沭河。大官庄水利工程枢纽建有新沭河泄洪闸、新沭河放水洞、老沭河人民胜利堰节制闸、老沭河灌溉洞。2020年6月,在新沭河放水洞[以下简称大官庄(新)(洞)站]安装了二线能坡流量实时在线监测系统。

3　二线能坡法流量实时在线监测技术

3.1　总体结构

基于二线能坡法原理的流量实时在线监测系统总体结构为4层,分别是信息采集层、数据集成层、数据存储层、应用层(见图1),其中信息采集层建设在河道断面的监测站;数据集成层、数据存储层、应用层等3层建设在水情中心,水情中心配备有数据库服务器与网页服务器,采集的数据在数据集成层、数据存储层和应用层进行集成。

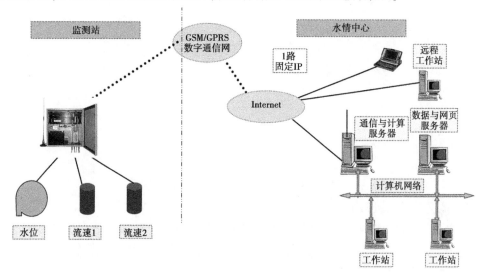

图1　流量实时在线监测系统结构设计

河道断面的监测站具有信息采集功能,设备主要有水下ADCP传感器、支撑平台、数据处理仪表、相关的通信设备等。监测站通过水下ADCP传感器采集到流速数据,通过遥测水位计获得水位数据,将水位、流速等数据通过GPRS(或ADSL)上传至水情中心服务器。水情中心服务器接收到监测站上传的水位、流速等数据,通过流量计算模型,计算出流量。最后,水位、流量、设备系统状态等数据在水情中心进行集成,并保存至一个指定的数据库。数据网页查询与展示系统安装在水情中心服务器上,只需用户上网就可以运行,便于用户进行数据查询、维护。

3.2　技术实现

二线能坡法流量实时在线监测通过在河道断面的河底安装两台水下ADCP传感器,对垂线流速的变化进行在线监测,并自动传输至岸上ADCP数据处理仪表。岸上信息采集系统对流速信息进行统计分析,对有效流速信息和系统运行状态信息进行分类统计,计算一定时间间隔(一般5 min,根据应用需求可以进行调整)垂线平均流速。流量计算模型根据实时流速信息和水位信息,结合河道大断面成果,得到河道断面流量。主要建设内容有以下几个方面。

3.2.1 设备安装

大官庄(新)(洞)站测验河段顺直,断面总宽约35 m,大断面图见图2,河底由黏土组成,河道冲淤变化较小,基本稳定。两台水下 ADCP 传感器分别安装在起点距15 m、25 m 处,设备安装后需要进行调试。

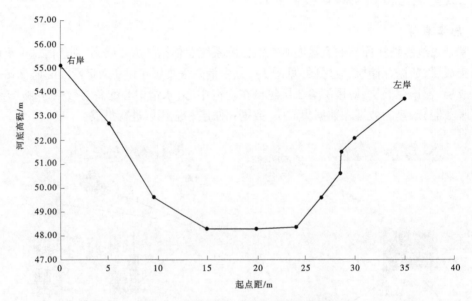

图2 大官庄(新)(洞)站实测大断面图

3.2.2 流量计算与处理软件

流量计算与处理软件结合河道大断面数据成果、水位数据、流速数据计算出河道断面流量。每5 min 完成一次数据采集与流量计算,并自动存入指定的数据库。

3.2.3 数据网页查询系统

开发基于 Web 技术的数据网页查询与展示系统,可以对水位、流速、流量、电压等设备运行状态等信息进行查询,同时提供设备失常报警、任意时间段水量计算、后台维护、误差分析等功能。

系统可以绘制水位过程线、流量过程线、河道大断面图,拖曳鼠标,停留在水位过程线或流量过程线上,就会显示对应时间的水位数据、流量数据。流量过程线上的圆点是 ADCP 实测流量,通过对比分析,使用者就可以方便及时地了解当前系统的运行状况。系统提供水量计算功能,用户可以通过设定起止时间,计算出该时间段内通过断面的水量,也可以用拖曳鼠标的方式,计算出某段时间内通过断面的水量。

3.2.4 后台管理系统

后台管理系统的作用主要是数据维护与系统运行状态监测。通过后台管理系统可以对自动监测的流量数据进行维护管理,录入 ADCP 实测流量数据,并将在线监测的流量数据与 ADCP 实测流量数据进行对比分析。通过查询系统可以查看垂线流速、测点流速等采集的原始数据信息,深入分析采集的数据。设备的运行状态数据,如电压、角度、水深等工作状态信息也可以方便查询,此项功能用来帮助用户及时掌握水下 ADCP 传感器、水下

ADCP 支架系统、岸上仪表系统的工作状态,对系统运行状态起到实时在线监测作用。

4　应用分析

4.1　分析资料收集

大官庄(新)(洞)站的流量在线监测设施、设备于 2020 年 7 月底安装调试完成后,使用走航式 ADCP 法进行监测率定分析,至 2022 年 5 月[2022 年 5 月以后,大官庄(新)(洞)站因取水许可等原因,暂停引水]完成 ADCP 测流 31 次,实测最大流量 54.4 m³/s,最小流量 5.40 m³/s。

根据流量成果,绘制出实测流量 $Q_测$ 与自动监测流量 $Q_自$ 关系点(见图 3)。由图 3 可以看出,关系点均匀分布于 45°线两侧,且相对误差较小,说明在线测流与人工 ADCP 测流相比,误差较小。关系点越靠近 45°线,则 $Q_测$ 与 $Q_自$ 数值就越接近,二者误差就越小,当 $Q_测$ 与 $Q_自$ 相等时,关系点就落在 45°直线上。

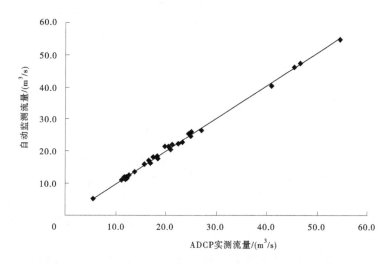

图 3　大官庄(新)(洞)站在线自动监测流量与实测流量对比

4.2　定线精度分析

4.2.1　标准差计算

$$S_e = \left[\frac{1}{n-2}\sum\left(\frac{Q_i - Q_{ci}}{Q_{ci}}\right)^2\right]^{\frac{1}{2}} = \left[\frac{0.033\ 52}{31-2}\right]^{\frac{1}{2}} = 3.4$$

4.2.2　随机不确定度

$X'_Q = 2S_e = 6.8$,《水文资料整编规范》(SL/T 247—2020)要求,一类精度水文站 $X'_Q \leqslant 8$,满足要求。

4.2.3　系统误差

关系线的系统误差为 0.2%,《水文资料整编规范》(SL/T 247—2020)要求,一类精度水文站关系线系统误差 $\leqslant \pm 1\%$,满足要求。

经统计,在线监测流量与走航式 ADCP 法施测流量相比,31 次流量相对误差分布无明显系统偏差,标准差为 3.4%,随机不确定度为 6.8%,符合自动流量站应用精度要求。

4.3 关系线检验

4.3.1 符号检验

$$u = \frac{|k - 0.5n| - 0.5}{0.5\sqrt{n}} = \frac{|16 - 0.5 \times 31| - 0.5}{0.5\sqrt{31}} = 0$$

$u = 0 < u_{1-\alpha/2} = 1.15$，合理，接受检验。

4.3.2 适线检验

$$u = \frac{0.5(n-1) - k - 0.5}{0.5\sqrt{n-1}} = \frac{0.5 \times (31-1) - 15 - 0.5}{0.5\sqrt{31-1}} = -0.18$$

$u = -0.18 < u_{1-\alpha/2} = 1.64$，合理，接受检验。

4.3.3 偏离数值检验

$$\overline{p} = 0.001\ 332$$

$$s_{\overline{p}} = \frac{s}{\sqrt{n}} = \sqrt{\frac{\sum (p_i - \overline{p})^2}{n(n-1)}} = \sqrt{\frac{0.022\ 63}{31 \times (31-1)}} = 0.004\ 933$$

$$t = \frac{\overline{p}}{s_{\overline{p}}} = \frac{0.001\ 332}{0.004\ 933} = 0.27$$

$|t| = 0.27 < t_{1-\alpha/2} = 0.27$，合理，接受检验。

5 结 论

通过分析，大官庄(新)(洞)站二线能坡法在线自动监测流量与 ADCP 法实测流量的关系，其随机不确定度、系统误差全部满足《水文资料整编规范》(SL/T 247—2020)要求；同时流量关系线通过了符号检验、适线检验及偏离数值检验。因此，大官庄(新)(洞)站流量自动监测成果可以直接应用于水文资料整编。本次分析成果适用于流量小于 54.6 m³/s 的情形，当流量超过 54.4 m³/s 时，需增加率定。

大官庄(新)(洞)站流量在线监测系统的应用提高了自动化水平，减轻了人工测流的工作量，有效地破解了该站的流量测验技术难题，为解决河道站流量在线监测技术方面提供了成功案例，具有一定的推广应用价值。

6 评 价

基于二线能坡法原理的河道流量计算方法，以水力学原理为基础，垂线流速计算模型理论上较为严谨。实际运用表明，该方法建立的流量在线监测系统，具有参数率定简单、建设周期短等特点。对传统的流量测验模式有一定程度的突破，在无明显冲淤变化的河道，能够取得较好的运行效果。适用于受洪水涨落和工程运行影响的河道站，能够为防汛抗旱、生态流量监测、水量调度、水资源管理等提供一种可行的选择方案。

本方法在实际应用方面也存在着局限性，主要表现在：不能够用于冲淤变化明显的河段(这也是所有采用借用断面实现流量自动监测方法的通病)。目前使用的流速传感器为多普勒原理的单波束仪器，不能很好地适应对含沙量较高的河流。同时，坐底式安装传感器的方法，对于水深较大(超过 10 m)的河流，不便安装维护。

　　随着中小河流、山洪灾害、水资源监测等项目的建设实施,具有流量在线监测功能的水文站网大幅增加。当前以人工监测为主的流量测验方式已经不能满足行业发展的需要,开展流量在线监测新技术的研究与应用势在必行。因此,要重视并加大对水文监测新技术的研究与应用,提高水文监测自动化水平,更好地为山东省水文高质量发展提供技术支撑。

参 考 文 献

[1] 中华人民共和国住房和城乡建设部.河流流量测验规范:GB 50179—2015[S].北京:中国计划出版社,2015.

[2] 丁韶辉,张白,冯峰,等.流量自动监测技术在王家坝水文站应用分析[J].治淮,2020(6):13-15.

江苏省智慧水土保持建设探讨

潘富伟[1]　郭红丽[1]　童　建[1]　张学东[2]　张　嫱[1]　李　盟[1]
吴　芳[1]　张　雪[1]　周　岩[1]　姚露露[1]

(1. 江苏省水文水资源勘测局, 南京 210029;
2. 北京北科博研科技有限公司, 北京 100053)

摘　要　为深入践行习近平总书记"节水优先、空间均衡、系统治理、两手发力"的治水思路[1], 按照水利部关于智慧水利建设要求和省委省政府关于加快建设网络强省、数字江苏、智慧江苏的部署, 落实省水利厅《关于加快智慧水利建设的指导意见》要求, 江苏省智慧水土保持建设工作以"需求牵引、应用至上、数字赋能、提升能力"为原则, 坚持示范引领、科技创新、适度超前, 加快构建适应新阶段、新要求的智慧水保体系。

关键词　智慧水土保持; 监测与管理信息系统; 小流域; 数字孪生

水土保持生态文明建设是"高质量发展走在前列"的重要内容, 水土资源是"高质量发展走在前列"的重要基础支撑[2]。智慧水利建设是贯彻落实习近平总书记网络强国重要论述的具体体现, 是满足水利改革发展需求的重要手段, 是水利高质量发展的显著标志[3]。

1　建设现状

"十三五"期间, 江苏省投入近 2 932 万元, 实施了江苏省水土保持监测与管理信息系统工程, 开发了省级水土保持监测与管理信息系统、建设了 16 个水土保持监测站点、划分了全省域 3 909 个水土保持小流域。同时与省系统平台相结合, 同步开展水土流失动态监测, 利用卫星遥感技术、无人机技术进行违法违规项目区域监管、生产建设项目监管, 通过新兴技术的研究与应用、信息化监管体系的不断完善, 助力提升江苏省水土保持工作数字化、智慧化监管能力。

1.1　省级水土保持监测与管理信息系统

江苏省投入 443 万元建设省级水土保持监测与管理信息系统, 有力提升了江苏省水土保持工作的信息化监管水平。

省级水土保持监测与管理信息系统于 2020 年 5 月开始运行, 用户涉及省、市、县各级水行政主管部门, 开发区、新区、工业园区管理部门, 第三方服务单位等 622 个注册用户的单位技术、管理人员, 年登录访问次数达 12 万次。系统包括 5 个子系统和 1 个移动终端,

基金项目: 江苏省水利科技项目 "江苏省县级土壤侵蚀综合指数研究与应用" (2021059)。

作者简介: 潘富伟(1999—), 男, 助理工程师, 主要从事水土保持监测、信息化监管、信息系统运行管理工作。

内容涵盖小流域基础信息、生产建设项目监管、区域监管、项目监管、综合治理、生态清洁小流域、定点监测、区域动态监测、监测成果报告、决策服务、公众服务等10余个子项。已初步建成一个服务于全省水土保持生产建设项目监管、区域监管、国家重点工程监管及覆盖全省13个设区市的水土保持定点监测信息采集和动态监测成果应用的信息系统,基本实现了江苏省水土保持"十三五"信息化建设目标,驱动江苏省水土保持治理体系和治理能力向现代化迈进。

1.1.1　水土保持监测评价子系统

监测评价子系统以自动监测设备、遥感卫星、无人机、监测评价移动终端为基础,实现水土保持定点监测主要监测要素的自动采集、传输,在线查询、整编;并对水土保持动态监测数据和生产建设项目监测数据存储、管理。

通过水利专网和管理信息系统形成数据共享通道,实现覆盖全省13个设区市的16个水土保持监测站点监测数据自动采集、实时传输、自动入库、设备监控、在线整编的全流程信息化管理。仪器工况子模块,可查看全省各监测站点的自动监测设备的运行工况,包括设备所在区域、监测类型、监测站点名称、监测实时数据、设备状态、工作状态、最新到报时间等信息,实现远程管理。整编模块实现了自动监测数据的自动计算和一键式整编,整编成果即时打印输出。数据查询模块实现对监测站实时数据、整编数据的专题查询。2020年5月试运行开始到2022年9月,105个气象站共收集雨量、温度、风向、风速数据4 000万条,16个水土保持监测站共报送径流数据3 600万条、土壤含水量数据3 000万条,2个小流域控制站共报送水位数据36万条,累计采集、传输、入库超1亿条数据资料。

动态监测子模块,存储、展示了江苏省动态监测成果,包括土地利用和水土保持措施解译标志、土壤可蚀性因子 K、降雨侵蚀力因子 R 等7因子栅格图,以县级行政区为单元的土地利用、植被覆盖、水保措施、人为扰动、土壤侵蚀等5大类共86张统计表及各类专题图的查询及部分信息的统计成果。通过对比分析年际间水土流失面积、强度、分布的变化情况,研判不同土地利用类型水土流失分布情况。

1.1.2　水土保持综合治理子系统

综合治理子系统以国家水土保持重点工程和生态清洁小流域全生命周期管理为设计理念,预期实现综合治理规划、计划及实施方案等项目档案资料的管理和施工进度的监管,为开展规划设计复核和检查验收等日常管理工作提供数据支撑。辅助无人机、移动终端等信息化技术,以设计图斑为单元,对设计复核、在建核查、竣工验收等多维度以"精细化"的方式进行监管,提升水土流失综合治理工程的管理水平和效率。

该子系统收集了近10年来国家水土保持重点工程建设资料,完成工程范围矢量化并录入系统。结合高分遥感影像、无人机和移动终端等手段,解译水土保持基础图斑,通过空间叠加,开展信息化核查,实现规划复核、在建核查、竣工项目抽查、实施效果评估,以图斑为最小单位的全过程精细化监管。

1.1.3　水土保持监督管理子系统

监督管理子系统是省级综合监管平台,主要支持生产建设项目监督管理、区域监管、项目监管等工作。

(1)项目监督管理。该系统现存储了2.2万个生产建设项目的水土保持方案报告、技术审查文件、批复文件、矢量地理信息等基础信息,实现了生产建设项目水土保持相关材料的档案化管理,并实现项目基本信息的录入、维护、统计等功能。

（2）区域监管。结合卫星遥感、无人机、移动终端等信息化手段,可完全支撑生产建设项目遥感监管工作,并支持解译标志的建立、核查、输出。结合专门开发的移动 App,可完成扰动图斑现场复核工作。支持联网情况的核查任务下载,离线状态下的现场核查影像、路网、离线导航,实现省、市、县三级用户对生产建设项目现场核查全过程数据信息化管理。区域监管子系统在 2019—2024 年的水土保持区域监管工作中,完成 16 次省级加密区域监管,为全省各市、县(市、区)水利部门提供了信息化工作平台和移动端,对江苏省区域监管加密图斑现场复核、项目查处、认定工作提供了有力保障。目前,系统存储近两年区域监管近 4 万个扰动图斑相关资料、工作文件。

（3）项目监管。该模块以水利部印发的《生产建设项目水土保持信息化监管技术规定》为指导文件,建立了资料矢量化、扰动分析、现场复核和监管总结 4 个子模块,实现了资料整理准备、遥感监管、监管信息现场采集、成果整编与审核四个工作流程。将批复的项目水土保持资料进行单个或批量矢量化处理,建立系统平台本底数据库,为监管工作进行合规性分析和形成现场复核图斑清单提供基础支撑。

1.1.4　水土保持基础信息子系统

基础信息子系统主要功能是对江苏省 3 909 个水土保持小流域划分成果进行存储、展示、应用,实现全省小流域水土保持信息的数据查询、影像管理,预防监督成果、动态监测成果和小流域成果的信息叠加,提升信息化管理水平。

1.1.5　水土保持信息服务子系统

信息服务子系统是对基础信息、监督管理、综合治理、定点监测等 17 类 63 种统计口径展示工作成果,进行汇总、统计、分析,面向领导决策、社会公众服务,开展信息统计查询和内部交流。实现了江苏省生产建设项目部、省、市、县四级审批级别统计,项目监管扰动图斑不同类别合规性统计,各市治理面积统计,各市国家重点工程投资统计,小流域划分类型统计等多项统计数据实时更新统计。

1.1.6　移动终端采集系统

根据江苏省水利厅网络安全统一要求,江苏省水土保持监测与管理信息系统传输,布设在水利专网环境下运行。为方便外业核查工作,配套开发了移动 App,实现了水土保持区域监管外业核查工作的野外离线信息采集、数据处理功能,进一步提升数据管理能力。

1.2　江苏省域 3 909 个水土保持小流域划分

江苏省按照水土保持管理要求,研究确定了小流域划分标准,开展了覆盖全省的小流域空间单元划分工作,将小流域划分和空间信息成果全面应用于水土流失预防、监管、监测、治理等各项工作,提高应对管理事件的监管水平与处置效率,提升监测动态展示、遥感预警分析信息化水平。

1.2.1　水土保持小流域"划格"

在全国率先完成了覆盖全省的水土保持小流域"划格"。结合平原、圩区、丘陵等地域分布特点,利用 ArcGIS 平台、1∶10 000 地形图、卫星遥感影像等信息化手段和数据,解译了约 50 万个图斑,对水土保持小流域进行了开创性划分。江苏省共划分 3 909 个小流域,包括960个丘陵山区小流域、2 949个平原区小流域,并进行了小流域统一命名、编码,开展了小流域类型、面积等属性信息的提取、计算及统计,并组织各市县水行政主管部门对小流域划分成果进行了确认。近期,针对与"水利一张图"底图偏移问题,进行了所有小流域边界纠偏、基础数据重新计算,实现与省水利一张图匹配的效果,加强大数据汇集、分析、决策,建设全省小流域本地数据库,实现全过程闭环管理。

1.2.2 水土保持小流域信息的"入格"

实现了水土保持小流域信息的"入格"。小流域划分结果及小流域基础信息、地理信息、社会经济、区划规划和遥感影像数据在省信息平台中的基础信息子模块中存储,实现空间化管理、存储、矢量上图、访问查询。

1.2.3 水土保持小流域"用格"

逐步探索水土保持小流域"用格"。将小流域划分的空间信息成果全面应用于预防、治理、监管、监测等各项工作,探索网格化管理。目前系统内,各功能模块的地图页面均已实现小流域信息的展示和查看,国家水土保持重点工程小流域治理项目边界范围和治理内容管理,各类生产建设项目水土保持方案审批、监督检查、验收备案等实时更新、动态管理,水土流失动态监测年度流失面积、强度等成果展示、应用。逐步构建完善的小流域数据信息治理体系,建立健全"一数一源"的基础数据联动更新机制,形成全面、权威、及时的水土保持基础数据,结合全省水利一张图构建各业务专题数据。

1.3 水土保持信息化监管

江苏省安排省级水利发展资金用于水土保持信息化监管体系建设。由省水土保持生态环境监测总站组织在全省范围内开展水土保持区域遥感监管、生产建设项目信息化监管及国家水土保持重点工程信息化监管。利用高分遥感影像解译、无人机监测、现场调查和资料收集等手段,对所有省级审批项目开展监督性监测;利用无人机及移动终端等信息化手段,对所有在建和年度竣工验收的水土保持重点工程开展现场核查和全过程监管。

国家和省级水土保持管理信息系统的应用管理。按照水利部关于信息化建设的要求,省级每年组织各设区市、县(市、区)水土保持部门将生产建设项目水土保持方案信息数据和国家水土保持重点工程信息数据按照进度和质量要求,全部录入全国水土保持项目管理系统,并充分与省级系统开展数据对接。信息系统录入情况纳入每年省对市人民政府的水土保持目标责任考核评估。

1.4 水土流失动态监测

自2018年起,每年安排省级专项经费,开展全省范围的水土流失动态监测,实现水土流失综合防治全业务管理智能化服务。采用遥感解译与实地调查相结合的方式方法,对全省约500万个土地利用图斑情况、植被覆盖状况、水土流失状态、水土保持措施及治理效益等进行动态监测、消长分析。监测成果每年作为水利部对省政府水土保持评估考核的支撑资料,提交流域机构、水利部审查验收,并向各市县发布,指导水土流失防治。

1.5 水土保持定点监测

2020年完成了全省16个水土保持监测站点硬件建设及自动化监测、传输设备安装调制,开始投入运行。江苏省水文局结合国家水土保持高质量发展要求,围绕监测布局合理化、功能差异化、任务清晰化、技术标准化、管理精细化、建设信息化、监测智慧化等目标,实施水土保持监测精细化管理,先后编制并印发《坡面径流场监测操作手册》、监测示范视频、《关于开展水土保持监测站功能定位分析工作的通知》、《江苏省水土保持监测站网功能分析报告》、《江苏省水土保持监测站下垫面优化配置实施方案》等文件和通知,厘清水土保持监测的功能定位,开展水土保持监测站网优化布局,提升监测技术水平、服务支撑能力,创新工作方法,支撑全省水土保持监管。

江苏省定点监测工作实现了自动采集、实时传输、在线整编、精细管理,通过升级改造水土保持管理信息系统,优化水土保持监测站点建设,不断提升监测站点信息化水平。目前,水土保持智能化监测能力走在全国前列。

2　主要问题

对照水利部智慧水利建设要求、省委省政府建设智慧江苏的部署、省水利厅智慧水利建设的指导意见,江苏省水土保持智慧化工作仍存在亟待完善的地方。

2.1　省信息系统平台尚需完善扩版

省信息系统平台尚缺少规划考核管理、监管服务、监测分析、综合管理、社会服务、行业宣传、深度分析等功能模块。智慧化预警、智能化监管功能缺失,动态监测成果无法查阅应用,考核评估与日常工作脱节,缺少综合决策分析和水土保持一张图等功能,与“高质量”“强监管”等地方特色需求不匹配,未构建面向生产建设单位、监测单位、监理单位、方案编制单位的互联网端服务平台。信息系统布设在水利专网,外业核查应用受限。

2.2　小流域划分成果需深化使用

小流域应用还处于初始阶段,对生产建设项目监管、水土流失治理等各项业务的深入应用还需要进一步提升智慧化水平。

2.3　其他方面

水土流失动态监测自主能力欠缺,信息化监管智慧化程度低,定点监测尚未实现全要素自动监测,数字孪生领域尚为空白。

3　建设方案

3.1　省信息系统平台扩版建设

“十四五”期间,江苏省将对信息系统进行全面升级扩版,一是升级水土保持智慧共享数据库,围绕江苏省水土保持核心业务,集成各类基础数据,开发设计与应用系统配套的数据库。二是升级生产建设项目水土保持信息平台与监管子系统,实现生产建设项目监管全流程信息化、数字化、智慧化,实现生产建设项目智慧监管。三是建设综合治理精细化监管子系统,实现以小流域为单元的水土流失综合治理图斑化、精细化管理。四是建设智慧化服务子系统,实现信息采集全要素感知,开发综合考核、智能化分析、行业宣传、综合管理、信息安全、社会服务等模块,落实“四预”要求,实现水土保持全流程智慧化管理与社会化智能化服务,达到水土保持工作在国家、流域、省、市、县五级纵向互联互通,省级跨部门的横向共融共享,为水土流失防治宏观决策提供有力保障。

3.2　数字孪生小流域试点建设

紧扣水利高质量发展路径,在全省水利统一的网络通信、计算存储、水利一张图、身份认证等统计基底平台、智慧水利智能中枢平台上,构建水土保持数字孪生小流域试点,优化水土保持监测站点建设,实现水土流失防治与监管的数字化场景、智慧化模拟、精准化决策目标,提升监测站点信息化水平,形成具有"预报-预警-预演-预案"功能的预报调度决策系统。

2025 年前建设以常州溧阳沙河水库汇水区域为辐射范围、以中田舍小流域控制站为核心的水土保持数字孪生小流域试点。

2035 年前在具有江苏水乡特色的平原沙土区、平原河网区、丘陵山区等水土流失防治重点区域建成一批水土保持数字孪生小流域。建设为水土流失预防、治理、动态监测、智能分析服务的水土保持模型平台、知识平台,满足智能监测、深度分析、智慧管理、精准决策的场景需求。

3.3 智慧化定点监测能力建设

在现有 16 个水土保持定点监测站的基础上,新建一批水土保持监测站点,升级改造现有监测设备、传输设备、信息化管理装备,增设林下盖度监测点智能化监测装备,为推演区域流失状况、水土流失治理效益分析、水土流失动态监测因子率定、面源污染及碳汇研究等提供精准、及时的基础监测数据。要深化监测资料深度分析与应用,更好地支撑全省水土保持管理,服务生态文明建设。

3.4 小流域划分成果智慧化应用开发

结合生产建设项目监管、水土流失预防治理等业务需求,以省系统平台为依托,实现水土流失面积、强度智能分类、分级,流失状况智能评价,治理措施智能匹配,治理任务智能推送,治理成效智能评估,深入小流域划分成果应用,提升智慧化水平。

3.5 动态监测智能化能力建设

按照全国水土流失动态监测整体要求,研究开发卫星遥感影像自动化处理模型、土地利用图斑智能化识别勾画模型、现场复核成果自动化叠加分析模型,研究水土流失方程智能化计算、合理性智能化分析、成果图表自动提取和输出、不合理因素智能识别模型,全面提升动态监测工作智能化水平。

数字化、信息化是智慧水土保持的重要抓手。在数字化建设的重要战略机遇期,江苏水土保持工作将深入贯彻新发展理念,加快对数字孪生智能中枢、"四预"成套技术、省级智能中枢平台等方面的关键技术研发,探索 5G、遥感遥测、AR 全景技术、MEC 边缘计算等新兴技术在水土保持领域的应用研究,按照"急用先行、成熟先行、分步推进"的思路[4],推动江苏省智慧水土保持信息化建设,奋力奔跑在智慧水土保持数字化转型的"春天里"。

参 考 文 献

[1] 李国英.新时代水利事业的历史性成就和历史性变革[N].学习时报,2022-10-12(A1).

[2] 江苏省水利厅.江苏省"十四五"智慧水土保持专项规划[R].江苏:江苏省水利厅,2021.

[3] 水利部.中华人民共和国水土保持"十四五"实施方案[R].北京:中华人民共和国水利部,2021.

[4] 赵永军,马松增,罗志东,等."十四五"时期智慧水土保持建设思路[J].中国水土保持 2022(10):74-78.

浅谈树莓派在农村供水工程中的应用

朱奕舟　张　凯　宋成雪

（新沂河道管理局，新沂 221400）

摘　要　为深入贯彻落实乡村振兴战略，针对农村供水工程管理建设及管理问题。基于数字化开发性高的树莓派 4B 与现代智能系统结合的前景，提出利用无人机巡检、智能传感器监测，实现对数据的监控和远程操作及智能化无人管理等功能，进而提升供水工程的自动化程度，减少人工操作的需求。

关键词　树莓派 4B；无人机；智能传感器；农村供水

1　引　言

近年来，随着乡村振兴战略的贯彻落实，保障农村饮水安全已成为切实解决农民问题、改善农村生活条件、提高农村居民幸福指数的关键方法，农村饮水安全保障已成为巩固脱贫成果、推动乡村振兴的重要标志[1]。除饮水安全问题外，我国农村目前仍然存在粗放水现象严重等问题，就此而引发的水资源浪费、水质污染，造成的农村环境污染严重等后果也亟待解决。农村供水工程是农村基础设施建设的重要组成部分，对农村居民的生活和生产起着至关重要的作用，因此加强农村供水工程建设及管理尤为重要。随着物联网技术的不断发展，单片机作为一种重要的嵌入式系统，其在农村供水工程中的应用也越来越广泛，因此利用智能系统将农村居民用水情况数据化、可视化，可检测供水情况、提高供水效率。本文将从农村供水工程改造与建设、农村供水水质保障技术以及农村供水工程运行管护与智慧化管理等方面，浅谈树莓派 4B 在农村供水工程中的应用。

2　设备运行背景介绍

2.1　农村供水现状

（1）能力不足。目前，部分农村现存水厂由于存在面源污染加剧、地下水位下降、设备设施老化严重等问题，供水严重不足。现有的农村饮水安全工程仅可保证农村居民的普通饮水，其设计水量、水压并未满足农村居民的现实需求，供水网络也普遍偏小。

（2）水质保障率低。水厂建设初期水质环境较好，部分水厂并未安装水处理设备，而近年来，由于工业生产废水的不合理排放，地表水、地下水污染问题日益严重，因此目前的水质保障远远不能满足群众安全用水、健康饮水的需要。

（3）管理难度大。农村水网覆盖范围广，工程分散，因此管理难度大。地区性管理方

作者简介：朱奕舟（1999—），男，助理工程师，主要从事水利信息化研究工作。

式、标准参差不齐,管理人员专业知识能力储备欠缺,对水质的检测频次、水源地的保护力度不足,更加增大管理难度。

2.2　当今机器学习技术研究进程

计算机视觉是人工智能大领域中的一个重要分支,其目的是让计算机和系统能够从图像、视频和其他视觉读取的消息中获取有意义的信息,并根据该信息采取相应的行动或提供有效的建议。

机器学习,是由许多门类的学科融合在一起形成的一门适用于新时代、新技术的新生专业,是通过大量数据,多次运行数据分析,直至能够辨别差异并最终识别图像[1]。机器学习的目的是让机器具备与人类类似的学习能力和有效处理信息的能力,并通过相应的学科知识,将其学习能力更深入地以知识结构作为特别的分类组,为多方面研究提供基本架构[3]。

2.3　主要工作内容

本文谈及的系统是采用树莓派 4B 作为主要控制处理器的系统,给出基本的传感器模块,使得系统可以实时获知最新的信号数据。在软件上,以传感器模块为基础,获取传感器反馈回来的信息,使用 Python 语言搭建好数据库,从而读取反馈信息并发出相应指令,进而可以实现远程操控、机器人巡检及智能化无人管理。

3　系统主要硬件组成

3.1　树莓派 4B 主板

作为系统的核心和大脑的主控芯片,采用的是树莓派 4B,主要负责传感器与控制机器人所有功能正常实现和运行。树莓派 4B 是一款微型计算机主板,具有所有 PC 的功能,支持双屏 4K 输出,CPU 和 GPU 速度也相比前几代更快。

树莓派 4B 可以通过外接 SD 卡来实现 Wi-Fi 连接,也可以直接通过网线进行通信,这里为了方便选择用 SD 卡连接。树莓派上存在 40 个 Pin,共存在 26 个可编程 GPIO 口,可以连接各类传感器。树莓派 4B 如图 1 所示,树莓派 4B Pin 接口如图 2 所示。

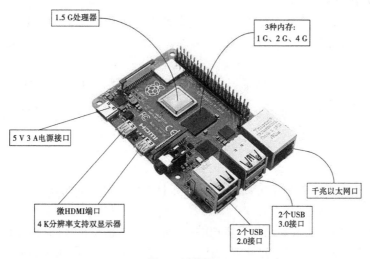

图 1　树莓派 4B

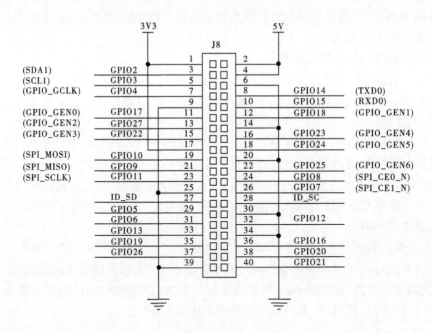

图 2　树莓派 4B Pin 接口

3.2　压力传感器

压力传感器是一种能将检测到的压力信号转换成电子信号的元器件。它通过电脑板芯片进行微处理,并根据压力检测的结果对给水泵的零部件进行精细的控制。

3.3　水流量传感器

水流量传感器是利用霍尔元件的霍尔效应来测量磁性物理量。当水通过涡轮开关壳推动磁性转子转动时,产生不同磁极的旋转磁场,切割磁感应线,产生高低脉冲电平,从而可以判断水流量的值。

3.4　多参数水质传感器

多参数水质传感器是一种能够同时检测多种水质参数的设备,如 pH、溶解氧、浊度、电导率等。这些参数是衡量水质好坏的重要指标,对于保障水源的安全至关重要。

3.5　四翼无人机

四翼无人机由检测模块、控制模块、驱动模块以及电源模块 4 个部分组成,可实现空对地的大范围图传,也可前往峡谷峭壁等高风险、低人口密度处,方便日常巡查检测。

4　软件开发

4.1　数据库的搭建

数据采集和处理采用 Python 编程语言。由于 Python 可以非常便捷地访问到数据库,并且操作简单、运算迅速、易于实现,所以采用 MQTT 协议申请了数据传输[4]。MQTT 是消息队列遥测传输协议,是一个基于客户端-服务器的消息发布/订阅传输协议。它具有用极少的代码和有限的带宽连接远程设备提供实时可靠的消息服务的优点。

为了实现数据的检索,将获取的数据传输到数据库并使用 Grafana 工具查看它们的存在状态。将从传感器获取的数据显示在 Grafana 数据库中,可以在数据库中查看和解释数据。Grafana 是一个数据可视化的开源平台,拥有监控和分析功能,允许用户生成带有面板的仪表板,每个面板都象征着特定的指标设定的时间框架[5]。

4.2 无人机视觉程序设计

OpenCV 是一个基于 BSD 许可(开源)发行的跨平台机器视觉库。它在本系统中要用在机器视觉及图像处理方面,主要用到的是 API 函数库[6]。API 函数库是开源代码的库,正是其这个特点而被科学研究与商业领域广泛应用[7]。

图像处理主要运用到的是高斯模糊。高斯模糊使用高斯分布作为滤波函数。

(1)读取视频,OpenCV 有专门的读取函数:

Cap = cv2. VideoCapture(0),其中 VideoCapture( )中的参数是 0,表示打开摄像头。

Ret,frame = cap. read( ),cap. read( )表示按帧读取,ret、frame 是获取 cap. read( )方法的两个返回值。如果判断正确,就会返回 True;如果读取到最后,那么就会返回 False。ferame 表示每一帧的图像。

(2)高斯模糊,OpenCV 的高斯模糊函数为 cv2. GaussianBlur(x,y),其中 x 为高斯核的高,y 为高斯核的宽。高斯图像退化模型如图 3 所示[8]。

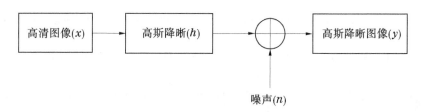

图 3 高斯图像退化模型

(3)阈值调整,OpenCV 的阈值调整函数为 cv2. threshold( )。

(4)腐蚀膨胀,通过先腐蚀再膨胀,可以将视频图像的杂波滤除掉。

5 本系统的创新点和优缺点

本系统硬件结构合理,方便更换模块,还可以适应不同的环境。另外,本系统采用树莓派作为主控装置,其具备操作方便、信息储存量大、数据处理快等优势,同时连接云台较为方便。可以与手机端进行连接,通过手机端可以实时查看各个传感器状态,并更改相应设施工作状态,大大减少了人工的工作量,同时可以使得控制更加精确及节约资源。

通过对某农村供水工程的模拟,发现树莓派在农村供水工程中的应用具有以下优势:一是提高了供水工程的自动化程度,减少了人工操作的需求;二是提高了供水工程的运行效率和稳定性,减少了故障发生的可能性;三是提高了供水水质的保障水平,确保了农村居民的饮水安全。

然而,树莓派在农村供水工程中的应用也面临一些挑战:一是技术难题,包括传感器的选择和布置、数据的采集和处理等;二是成本问题,树莓派的应用需要一定的投入成本,对于一些资源匮乏的农村地区来说可能存在一定的困难;三是人才培养问题,树莓派的应用需要专业的技术人员进行操作和维护,而农村地区人才流失问题相对较严重。

6 结 论

　　为了进一步推动树莓派在农村供水工程中的应用,本文提出以下建议:一是加强技术研发,提高树莓派在农村供水功能过程中的应用水平;二是加大对农村供水工程的投入,提高农村供水工程的基础设施建设水平;三是加强人才培养,提高农村供水工程技术人员的专业知识能力,以加强成果管理。

　　农村供水工程的水量、水质和水压等数值可被收集并录入数据库中,可在数字孪生中使用这些数值进行仿真模拟,可以有效地节约人力、物力,使整个水网统一管理规范,同时保证百姓对水资源的要求。本文对一个远程监控管理系统进行了探讨,旨在为农村供水工程提供一个思路,本系统可以通过大数据给操作者进行参数设置的推荐,有助于没有经验的操作者有效地获得有用的建议,同时能有效地保护稀缺的淡水资源。

参 考 文 献

[1] 甄红艳. 农村供水水质检测技术及设备应用探究[J]. 中国设备工程,2023(16):176-178.

[2] ZHOU K, MENG Z, HE M, et al. Design and test of a sorting device based on machine vision[J]. IEEE Access, 2020,8:27178-27187.

[3] 莫之剑,范彦斌,彭明仔. 基于 3D 机器视觉动力电池焊缝质量检测方法[J]. 机电工程技术, 2020, 49(4):1-4.

[4] 陈霆希,杨余旺. 基于 MQTT 协议的自动化生产线数据可视化系统[J]. 兵工自动化,2022,41(2):5-10.

[5] 王博远,梁子阳,刘雪萌,等. 基于 Telegraf+InfluxDB+Grafana 搭建长输供热系统的监控平台研究[J]. 中国设备工程,2021(22):177-178.

[6] CHETOUANI A, FOLLAIN N, MARAIS S, et al. Physicochemical properties and biological activities of novel blend films using oxidized pectin/chitosan[J]. International Journal of Biological Macromolecules, 2017(97):348-356.

[7] 王成军,韦志文,严晨. 基于机器视觉技术的分拣机器人研究综述[J]. 科学技术与工程,2022,22(3):983-902.

[8] 张艳红,覃凤清,姜丽,等. 约束最小二乘滤波的高斯模糊图像复原研究[J]. 大众科技,2022,24(29):10-13.

数字孪生技术在灌区的应用探索

——以新沂市为例

刘益銮　张　凯　吴　旭

（新沂河道管理局，新沂 221400）

摘　要　通过对新沂市境内灌区进行数字孪生体系的应用探索，为灌区信息化建设提供新的思路和案例支持。通过建设灌区数字孪生系统，可以有效地促进新沂市境内六大灌区信息融合，实现灌区管理资源的有效整合，破解"数据孤岛"难题，形成完整的水资源高效利用灌区信息化体系，提供新的数字孪生灌区建设思路。

关键词　数字孪生；灌区建设；信息化

1　引　言

水利是农业的命脉。农村税费改革后，农田水利的建设、管理环境发生了重大变化，这些变化带来的诸多挑战制约了农业的长足发展。小型农田水利的特殊性使得小型农田水利在设施投资、运作机制及灌溉组织等方面面临的困境尤为显著。

2　新沂市内灌区数字孪生需求分析

新沂市地处苏北经济欠发达地区，隶属江苏省徐州市，属于暖温带湿润型气候区，以平原为主，境内无高大山脉。该市属淮河流域，沂、沭、泗水系，主要有两大流域性河流（新沂河与老沭河）贯穿全境，中小河流纵横交错，水资源比较丰富，目前可利用水资源总量达 18.9 亿 m^3，其中地表水 3.1 亿 m^3，地下水 1.8 亿 m^3，过境水和骆马湖可调用水 14 亿 m^3。该市拥有众多的桥、涵、渠、闸等水利设施，初步形成多功能的水网系统。

新沂市境内包含沂北灌区、沂西灌区、高阿灌区、沂沭灌区、棋新灌区、西马陵山灌区等六大灌区。

沂北灌区灌溉水源主要依靠沂北干渠引骆马湖水及王庄闸拦蓄地表径流补充。渠首北坝涵洞孔径 2.4 m×2.5 m，3 孔，设计引水流量 20 m^3/s（骆马湖蓄水位 21.5 m 时），涵洞长 30 m，底板高程 18 m。王庄闸地下涵洞孔径 2.85 m×3 m，2 孔，设计输水流量为 15 m^3/s，洞上建翻倒门节制闸。

沂西灌区灌溉水源主要依靠大沟蓄渗水，用田头小站抽水灌，还起到予排予降的作用，干旱时用老沂河上的李营站及中运河上的庄场站、窑湾站翻引骆马湖水。主要引水河道是剑秋河和老沂河及沂河上华沂漫水闸拦截沂河退水。

作者简介：刘益銮（1997—），男，助理工程师，主要从事水旱灾害防御、工程观测等工作。

　　高阿灌区灌溉水源主要依靠阿湖水库和高塘水库拦蓄上游地区地表径流。渠首工程:阿湖水库有东、西 2 座引水涵洞,设计引水流量 4.6 m³/s;高塘水库有东、中、西 3 座引水涵洞,设计引水流量 15.9 m³/s。

　　沂沭灌区灌溉水源主要依靠新戴运河及新戴河电灌站翻引骆马湖水和塔山闸、张墩闸、新戴河闸拦蓄地表径流及山东灌溉退水。新戴河电灌站装机容量为 2 770 kW/24 台套,设计引水流量 25 m³/s。

　　棋新灌区地势高亢,引调水都比较困难,灌溉水源主要依靠开采地下水和大墩站翻引骆马湖水补给。其中,地面高程 30 m 以下的耕地主要依靠翻引骆马湖水灌溉;地面高程 30 m 以上的耕地以打机井抽引地下水为主。

　　西马陵山灌区蓄水灌溉工程,有黄草关水库、三仙洞水库、金斗关水库、双山水库、陆库水库、新湖水库、蔡庄水库、郭洼水库、白马涧水库、跃进水库、高林水库、禅堂水库、祁元水库、曹刘水库、李欠沟水库、响水沟水库等 16 座小水库,总计蓄水 1 126 万 m³,兴利库容 599 万 m³。

　　灌区土地总面积 1 300 km²,耕地面积 114 万亩,设计灌溉面积 100 万亩,实际灌溉面积 80 万亩。现有机井 494 眼、塘坝 204 座、水库 30 座、排灌站 712 座。

　　新沂市小型农田水利工程大都修建于 20 世纪 60—70 年代,建设标准低,经过半个多世纪的运行,大部分工程老化失修,损坏严重,再加上缺乏有效管理,导致无法发挥正常的工程效益。近年来新沂市对渠系及配套建筑物工程、水源工程等小型农田水利工程进行更新改造,工程灌排体系逐步完善,但信息化水平不高。因此,要实现水资源集约节约利用和农业高效节水灌溉,就必须对六大灌区进行现代信息化改造,实现传统人工调水向有序调水、科学调水转变。

3　数字孪生模型构建

3.1　灌区数字孪生总体框架

　　数字孪生是基于以物联网、5G 通信、人工智能、大数据、云计算等为基础的新型信息技术应用,又称"镜像空间模型",最早由 Grieves M. W. 教授在美国密歇根大学的产品全生命周期管理(product lifecycle management,PLM)课上提出。通过虚拟实体对物理实体进行控制,并在虚拟实体内开展深层次、多尺度的动态状态评估和任务预测,最终以 VR 方式实现对物理实体的超现实镜像呈现。本文以陶飞等提出的数字孪生五维模型为基础,建立灌区数字孪生框架,就技术实现进行研究。数字孪生五维模型如式(1)所示。

$$M_{DT} = (PE, VE, Ss, DD, CN) \tag{1}$$

式中:PE 为物理实体(Physical Entity);VE 为虚拟实体(Virtual Entity);Ss 为服务(Services);DD 为孪生数据(Digital Data);CN 为各组成部分间的连接(Connections)。

　　利用灌区渠首、灌区闸门、提水泵站的引水设备以及灌渠内的水位、水质监控设备终端,组成灌区数字孪生的物理实体,并在虚拟空间中建立模拟物理实体的虚拟镜像,利用物理网、5G 传输和高速光纤通信,实现物理实体和虚拟实体的数据传输和实时通信。利用大数据技术将新沂市水资源综合管理系统、各灌区信息管理系统、水库信息系统、其他涉水信息系统的相关数据进行采集和导入,并建立数字孪生的模型库、算法库和知识库,通过服务为灌区管理人员提供可视化展示、开展模拟分析、进行远程控制,从而实现灌区体系的水资源调度信息数字化、决策智能化的目标。

3.2　数字孪生功能模块

物理实体(PE)和虚拟实体(VE)共同组成数字孪生体,在虚拟实体中对物理实体进行多层次物理特征的多维度描述和刻画,并通过相互映射和同步运行,实现虚拟实体对物理实体的真实反映和仿真控制。

物理实体是数字孪生框架的构建基础,是灌区水量控制终端。根据实现功能分为单元级 PE、系统级 PE 和复杂系统级 PE。单元级 PE 由渠首、闸门、泵站、水库入库口组成,单元级 PE 控制引水水量,是水资源调度的基本设施。

虚拟实体根据物理实体的功能实现,建立 4 个方面的多维度建模。模型包括几何模型、物理模型、行为模型和规则模型。几何模型描述单元级 PE 的位置、尺寸、形状、结构,在虚拟实体中建立 3D 仿真模型;物理模型在几何模型的基础上进一步刻画单元级 PE 的物理属性、物理特征和约束条件,例如,闸门数目和引水能力、提水水泵的功率和扬程大小、管道的管径和数量等;行为模型是根据行为关系来描述单元级 PE 的行为响应结果,并结合灌区渠道的水量、水位、水质监测设备进行模拟演化分析;规则模型涉及新沂市灌区水资源调度规则,包括国民经济规划对水资源调配规则、区域和行业分配的水资源用水总量、农业生产和非居民用水的年度计划、农业灌溉供水计划和农业生产经营情况、水旱灾害调度等。不同物理实体层级对应不同虚拟实体模型维度,共同组成完整的数字孪生体。

4　新沂市数字孪生灌区应用讨论

4.1　智能决策

数字孪生系统通过大数据处理技术和可自我学习扩展的孪生数据库,能够实现多模型维数的高计算能力,支持流域、灌区、农水、水资源等多部门集体决策。如将供水时间、供水水量纳入数据库,虚拟实体可根据引水的动态变化自动侦测实际供水情况,发布水量预警,并在供水指标耗尽后自动关闭引水闸门或提水泵站。智能决策方案流程见图 1。

大量的数据采集终端和多形式的通信手段可以保障分布式的多目标灌溉用水调度过程实时反馈,综合数据分析和应急模拟预测能够使灌区管理者全面掌握灌区运行情况,从而快速进行区域水资源分配。

4.2　节水灌溉

高效节水灌溉的实施要考虑灌区内的农业供水能力和农作物用水需求,根据节水灌溉建设要求和水资源承载能力,选择合适的灌溉规模和类型,并根据农业生产经营情况,合理开展高效的节水灌溉。其数据具有多元性和复杂性,并不断变化和动态调整,具有不确定性。通过数字孪生系统,可以建立农作物需水量模型,并利用孪生数据库里的涉水、涉农信息,开展农业需水量预测分析,进而制定合理的灌溉计划量。可以在虚拟实体内利用设定的节水指数和模型,开展农业灌溉节水评价和水平分析,并根据评价结果尽可能地减少灌溉水量投入,为节水灌溉执行合理有效科学的引水方案。节水灌溉方案流程见图2。

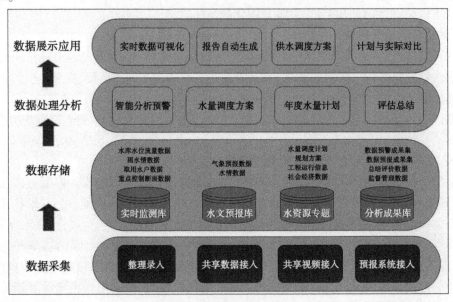

图 1　智能决策方案流程

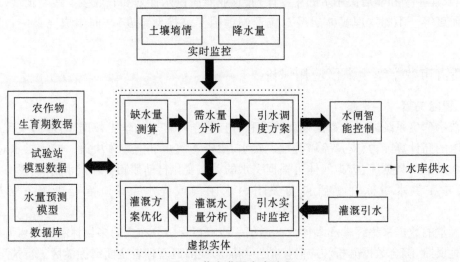

图 2　节水灌溉方案流程

以高阿灌区内小麦种植为例,根据小麦生育期模型所需水量统计,结合气象因素和土壤墒情实时监控数据,内置 BP 神经网络预测模型,通过小麦生育期内高阿灌区阿湖水库和高塘水库引水闸门流量、水库水量在线监控数据,得出近年来小麦灌溉富余水量。要实现高效节水灌溉,可以在数字孪生数据库中继续完善模型,对引水闸门进行自动化改造,在虚拟实体内可以对灌溉水量进行分析、验证,优化灌溉引水方案,从而实现精准灌溉目标,提高灌溉水资源利用效率。

5　新沂市数字孪生灌区建设存在的问题

目前，新沂市灌区管理信息化能力的建设仍有提高空间，数字孪生灌区建设工作还处于较低水平，面临着各方面的问题，主要表现在以下几个方面。

5.1　数字孪生灌区建设的投入不足

数字孪生灌区建设是一项长期的工程，具有自身的综合性和持续性，一般的私人资金又因为无利润回报不会投向灌区，政府财政支持不足，数字孪生系统工程的建设不能配套，难以发挥已建工程的效益和作用。比如有的灌区建设了水情信息采集点和闸门控制点，但受制于数字孪生系统工程完成度较低，采集的数据也就无法应用。灌区的发展是农业的支柱，资金投入不足制约着灌区的数字孪生建设，也必将会影响地区农业的发展进程。

5.2　缺乏统一的标准规范

目前，针对灌区数字孪生建设没有统一指南和标准，也没有规定水利数字孪生软件的统一结构，导致灌区数字孪生开发水平较低。不仅造成了灌区系统资源的浪费，同时严重阻碍了灌区信息资源的共享，严重制约了水利信息应用水平的提高。

5.3　信息采集、传输水平较低

信息采集点少。由于受资金、设备不足等限制，多数灌区中布置的信息采集点较少，不能准确、及时、有效地采集水资源的各项特征值、灌区土壤墒情以及灌区灌溉、管理、水资源调度所需要的其他信息，使得多数灌区无法制定动态的灌溉计划，水资源调度也凭经验进行，根本无法适应作物生长结构及水情变化，必然造成水资源的浪费。

信息采集手段落后。大部分观测站点的信息采集设施陈旧落后，信息采集主要靠人工，而且人工观测的准确度和实效性较低，不能满足指导灌溉的需要。

5.4　重硬件、轻软件

灌区数字孪生建设中可能存在重视硬件建设、轻视软件开发及推广应用的倾向。这种倾向会影响灌区的硬件设备不能充分发挥作用，水情、土壤墒情、作物长势等数据的整理、分析等工作还需要手工操作，没有真正减轻工作量。

5.5　数字孪生信息化管理人才缺乏

缺乏从事灌区数字孪生建设的专门技术人才，现有的管理人员技术水平较低，缺乏专业的管理维护，容易造成系统的落后，使建成的灌区数字孪生系统无法充分发挥作用。直接影响数字孪生的效益，容易造成使用者对数字孪生的不信任。

6　新沂市数字孪生灌区建设问题的对策分析

6.1　全面规划，统一标准

数字孪生灌区建设工程的各项步骤实行统一组织和管理；制定数字孪生灌区建设的技术标准和相关政策，建立数字孪生灌区标准体系，包括建立规范化的数据分类和编码标准、元数据标准及管理标准、术语和数据字典标准、数据质量控制标准、数据格式转换标准、空间数据定位标准、信息系统安全和保密标准、信息采集与交换标准等，从而指导数字孪生灌区建设中的信息源建设。

6.2 资源共享，建立公共平台

充分利用网络资源，建立灌区的公用数据库、灌区通信及公共网络平台。针对自身条件及实际需要，建立各灌区的公共通信网络，保证信息传输、处理的实时准确，并确保安全性。灌区的共用数据库应包括雨情、水情、闸位、工情、墒情、水质、气象和视频等方面的内容。

6.3 加强科研，软件、硬件一起抓

通过引进诸如数字仿真模拟技术、GIS 技术、GPS 技术、RS 技术、数据库技术、多源信息同化技术等高新技术，并采取与科研院校、有技术实力的企业合作联合攻关等形式，开发适用于灌区的软、硬件新技术、新产品。同时要注意避免低水平重复开发，提高数字孪生灌区建设资金的使用效率。

6.4 建立信息安全体系，保障系统安全

建立完整的灌区水利信息安全体系，预防因断电或操作失误造成数据信息丢失；预防设备被盗、被毁；预防雷击、地震等突发性因素造成的损失等，从而保障数字孪生灌区建设和运行管理的顺利进行。

6.5 加强灌区人才队伍建设

加速人才的培养，是数字孪生灌区建设顺利进行的重要保障。目前，数字孪生灌区建设人才严重缺乏，应针对各灌区自身的实际需要，落实引进人才的优惠政策，建立良好的用人机制，加强灌区技术人员的引进和培训工作，提高技术人员的专业素质，为推进数字孪生灌区奠定坚实的基础。

7 结　论

"互联网+"作为新时代应用主流，要求灌区水资源管理模式的不断革新，智慧水利1.0 也对灌区管理信息化水平提出了新要求。数字孪生技术对推进灌区信息化高质量发展起到了极大的推动，能够提升灌区水资源调度、管理和服务水平，为灌区的科学决策提供数据支持。通过建设灌区数字孪生系统，可以有效地促进新沂市境内六大灌区信息融合，实现灌区管理资源的有效整合，破解"数据孤岛"难题，形成完整的水资源高效利用灌区信息化体系，提供新的灌区信息化建设思路，推动水资源集约节约利用取得新的成效。

参 考 文 献

[1] 张雨,边晓南,张洪亮,等.数字孪生技术在大型灌区的应用前景研究[J].灌溉排水学报,2022,41(增刊2):71-76.

[2] 陶飞,刘蔚然,张萌.数字孪生五维模型及十大领域应用[J].计算机集成制造系统,2019,25(1):1-18.

[3] 代颖,陈伟华.大数据背景下的灌区信息化建设[J].灌溉排水学报,2021,40(7):159.

[4] 汤明玉,马巨革.浅谈我国灌区信息化建设存在问题及对策[J].华北国土资源,2015(1):69-70,73.

[5] 李树国.灌区信息化建设管理现状与对策[J].农业与技术,2014,34(4):34.

[6] 曹海林,张青.基于 SWOT-PEST 矩阵的县级政府小型农田水利供给战略分析:以新沂市为例[J].水利经济,2013,31(2):5-8,75.

[7] 魏峰,程雪.推进小型农田水利重点县工程建设的探索[J].江苏水利,2014(10):37-38,40.

数字孪生在防汛抗旱中的应用

张　凯　朱奕舟

(骆马湖水利管理局新沂河道管理局,新沂 221400)

摘　要　随着信息化、数字化浪潮的推进,水利工作正迎来前所未有的发展机遇。数字孪生技术作为新兴的数字技术代表,正逐渐在防汛抗旱领域展现出其独特的价值和潜力。本文旨在深入探讨数字孪生技术在防汛抗旱中的应用,以期为水利事业的智慧化、现代化发展提供有力支持。

关键词　数字孪生技术;防汛抗旱;应用过程;优势;挑战

1　数字孪生技术概述

数字孪生技术,是现代信息技术的杰出代表,它通过运用先进的数字技术,对现实世界中的物理实体进行精确、全面的数字化映射,从而在虚拟空间中构建出一个与实体高度一致、能够实时互动的虚拟模型。这种技术不仅涉及对实体形态、结构、功能的数字化表达,还包括对实体运行状态的实时监测和动态模拟。

在水利领域,数字孪生技术的应用尤为重要。流域、水库、河道等水利对象作为自然界的重要组成部分,其运行状态的复杂性和不确定性给防汛抗旱工作带来了极大的挑战。数字孪生技术能够对这些水利对象进行数字化重现,为防汛抗旱工作提供全面、精细的数据支持和决策依据。

2　数字孪生技术在防汛抗旱中的应用

2.1　流域模拟与预测

在防汛抗旱的复杂工作中,流域模拟与预测作为制定前瞻性决策的关键环节,扮演着至关重要的角色。数字孪生技术的引入,极大地提升了这一环节的精准度和实时性。

该技术通过高效整合气象、地质、水文等多源数据,利用复杂的数学模型和先进算法,构建起一个高度精细化的流域数字孪生模型。这个模型不仅能够实时反映流域内的降雨分布、径流形成及汇流过程等水文动态变化,还能够对流域内的地形地貌、植被覆盖等自然因素进行精确模拟。

基于这一模型,防汛抗旱部门可以对未来一段时间内的水文情况进行精准预测。通过对历史数据的深度挖掘和分析,模型能够识别出流域水文过程的内在规律和潜在趋势,从而提前预警可能出现的极端水文事件。这种预测能力为防汛抗旱工作提供了强有力的

作者简介:张凯(1995—),男,助理工程师,主要从事水旱灾害防御研究工作。

科学依据,有助于制定更加精准、有效的应对措施。

2.2 洪水预报预警

洪水作为防汛抗旱工作中最具破坏力的自然灾害之一,其预报预警的准确性和及时性直接关系到人民生命财产的安全。数字孪生技术在洪水预报预警方面发挥着举足轻重的作用。

通过实时监测流域内的降雨、水位、流量等关键数据,数字孪生技术能够迅速捕捉洪水发生的征兆和迹象。在此基础上,利用先进的算法和模型,构建洪水演进过程的数字模拟,实时预测洪水的发展趋势和可能影响的区域。

这种预测不仅能够帮助决策部门提前了解洪水的规模和影响范围,还能够为制定有针对性的防洪措施提供科学依据。当洪水威胁临近时,数字孪生技术能够及时向相关部门和公众发布预警信息,指导人们采取必要的避险措施,最大限度地减轻洪水灾害带来的损失。

2.3 水资源调度与优化

在防汛抗旱工作中,水资源的调度与优化是实现水资源可持续利用的关键环节。数字孪生技术的应用为水资源的精准调度和高效利用提供了有力支持。

通过实时监测水资源的分布和变化情况,数字孪生技术能够为决策者提供全面、准确的信息支持。这些信息不仅包括水量的变化,还涵盖水质、水位等多个方面,为决策者提供了更加丰富的决策依据。

在此基础上,利用数字孪生技术构建水资源调度模型,可以实现水资源的优化配置和合理利用。通过对不同水源的整合和调度,可以满足不同地区、不同时段的水资源需求,提高水资源的利用效率。同时,数字孪生技术还可以对水资源调度方案进行模拟和评估,帮助决策者选择最优方案,确保防汛抗旱工作的顺利进行。

数字孪生技术在防汛抗旱工作中的应用,为提高防汛抗旱能力、保障人民生命财产安全提供了强有力的技术支撑。随着技术的不断发展和完善,相信数字孪生技术将在未来的防汛抗旱工作中发挥更加重要的作用。

3 数字孪生技术的优势与挑战

数字孪生技术在防汛抗旱中的应用具有显著优势。首先,它能够提高预测精度,为防汛抗旱工作提供更加准确、可靠的数据支持。其次,数字孪生技术能够优化资源配置,实现水资源的合理利用和高效调度。此外,数字孪生技术还能够降低成本,提高防汛抗旱工作的效率和效益。

然而,数字孪生技术的应用也面临一些挑战和问题。例如,如何确保数字孪生模型的准确性和实时性,如何处理海量的监测数据,如何保障数据的安全性和隐私性等。这些问题需要我们在实践中不断探索和解决,以推动数字孪生技术在水利领域的深入应用和发展。

4 推动数字孪生技术在防汛抗旱中进一步应用的策略和建议

为了深入推动数字孪生技术在防汛抗旱工作中的广泛应用,需要制定并实施一系列具有针对性的策略和建议。这些措施旨在提高技术的研发水平、优化数据收集与处理流程、强化人才培养与引进机制,以及加强政策支持与引导力度,从而确保数字孪生技术在防汛抗旱领域发挥更大的作用。

4.1 加强技术研发与创新

首先,需要加大对数字孪生技术的研发力度,推动技术创新和突破。这包括投入更多的研发资源,加强与高校、科研机构等的合作与交流,共同探索数字孪生技术在防汛抗旱领域的新应用和新模式。同时,还应关注国际前沿技术动态,及时引进和消化吸收先进的数字孪生技术,提高在该领域的整体竞争力。

4.2 完善数据收集与处理体系

数据是数字孪生技术的核心。为了提高数据的准确性和实时性,需要建立健全的数据收集与处理体系。这包括优化数据采集设备布局,提升数据采集的覆盖率和精度;加强数据处理和分析能力,运用先进的数据挖掘和机器学习算法,从海量数据中提取有价值的信息;建立数据共享与交换机制,打破数据孤岛,实现数据的互通有无和高效利用。

4.3 加强人才培养与引进

人才是推动数字孪生技术发展的关键因素。这需要加强对数字孪生技术人才的培养和引进力度,建立一支高素质、专业化的技术团队。这包括加强高校和培训机构在数字孪生技术方面的课程设置和人才培养计划,为行业输送更多的专业人才;同时,积极引进国内外优秀人才,吸引他们参与防汛抗旱工作,为数字孪生技术的应用提供智力支持。

此外,还应加强人才培训和交流,提高技术人员的专业水平和实践能力。通过定期举办培训班、研讨会等活动,让技术人员了解最新的技术动态和应用案例,提升他们的技术素养和实践能力。

4.4 强化政策支持与引导

政策是推动数字孪生技术在防汛抗旱中应用的重要保障。需要制定和完善相关政策措施,为数字孪生技术的应用提供有力支持。这包括出台鼓励数字孪生技术应用的政策文件,明确发展目标和重点任务;加大对数字孪生技术研发和应用项目的资金支持力度,引导社会资本投入;同时,加强政策宣传和推广力度,提高社会各界对数字孪生技术的认识和重视程度。

此外,还应建立健全评估机制,对数字孪生技术在防汛抗旱中的应用效果进行定期评估和总结,以便及时调整和优化策略和建议,确保数字孪生技术在防汛抗旱领域发挥更大的作用。

综上所述,推动数字孪生技术在防汛抗旱中的进一步应用需要我们从技术研发、数据收集与处理、人才培养与引进以及政策支持与引导等多个方面入手,形成合力,共同推动防汛抗旱工作的现代化和智能化发展。

5 结论与展望

数字孪生技术在防汛抗旱中的应用具有广阔的前景和巨大的潜力。通过加强技术研发与创新、完善数据收集与处理体系、加强人才培养与引进以及强化政策支持与引导等措施的推进,我们有信心将数字孪生技术更好地应用于防汛抗旱工作中,为水利事业的智慧化、现代化发展贡献更多力量。

随着技术的不断进步和应用场景的不断拓展,数字孪生技术将在防汛抗旱领域发挥更加重要的作用。未来,我们可以期待数字孪生技术在提高预测精度、优化资源配置、降低成本等方面取得更加显著的成效。同时,我们也需要关注并解决数字孪生技术应用过程中可能出现的问题和挑战,以确保其能够持续、稳定地为防汛抗旱工作提供有力支持。

总之,数字孪生技术为防汛抗旱工作提供了新的思路和方法。通过构建数字孪生流域、实现精细化管理和智能化决策,可以显著提高防汛抗旱工作的效率和水平。然而,数字孪生技术的应用仍有一些挑战和问题需要解决。只有不断加强技术研发、完善数据获取与处理机制、强化政策支持与人才培养等方面的工作,才能推动数字孪生技术在防汛抗旱中进一步发挥作用,为保障人民生命财产安全和促进经济社会发展作出更大贡献。

参 考 文 献

[1] 蔡涛,孙晓莹.国产化指挥平台实现智能化管理[N].中国水利报,2023-07-06(008).
[2] 孙庆磊.泰安市徂汶景区现代水网构建的路径与策略[J].水利建设与管理,2023,43(5):1-5.

卫星通信技术在江苏水文中的应用分析

钱　进　傅　靖　曹晓宁　胡金龙　王　培　李　婧

（江苏省水文水资源勘测局，南京 210029）

摘　要　随着卫星通信技术的发展，江苏水文在卫星通信应用领域进行了一系列的实践探索。本文简单介绍国内外卫星通信技术发展现状，归纳水利卫星系统的主要结构，总结江苏水文卫星通信应用的现状，探索分析卫星通信在水文领域的应用场景，分别是应急报汛、受灾现场应急通信和洪水预报，对卫星通信技术在江苏水文的应用进行评价，并提出建设性建议。

关键词　卫星通信；水文遥测；应急通信

1　引　言

卫星通信是指利用人造地球卫星作为中继站来转发无线电波，从而实现两个或多个地球站之间互联的通信方式。以卫星通信为主要手段的应急机动通信系统是全国水利通信专网的重要组成部分，在近几年的洪涝灾害、突发水污染、堰塞湖排险处置等事件中发挥的作用日益突显。在水利现代化进程逐渐加快的新形势下，卫星通信技术也面临着新的机遇和挑战，需要不断创新和优化，以适应水文事业的高质量发展需求。

2　国内外应用现状

目前，卫星通信领域的研究重点聚焦于波束赋形、信道自适应分配以及"动中通"技术等方面。卫星通信的频段涵盖了 C、L、S、Ka、Ku 等多个波段。相较于 C 波段和 Ka 波段，Ku 波段卫星通信因其频谱资源干扰小、大气衰减低等显著优势而得到了广泛应用。目前，我国采用 14 ~ 14.5 GHz 作为卫星的发射频段，而 12.25 ~ 12.75 GHz 则作为接收频段。

在应对极端天气灾害方面，我国北斗卫星系统发挥着尤为重要的作用。北斗 BDS 导航系统经历了北斗一号、北斗二号和现在的北斗三号，计划在 2035 年，建成北斗核心的 PNT（定位导航授时），进一步提高导航定位的精度和可靠性，尤其适合在复杂地形中（如山沟、树林）使用。而北斗短报文通信是北斗系统相较于 GPS、GLONASS、Galileo 等其他卫星系统的独特功能。通过星间链路传输，它能够在无地面移动通信网支持的情况下收发短信息，不受地面通信链路和信号基站中断的影响。这种全天候无盲区的特点，使得北斗系统在应急情况下能够迅速传递关键信息，满足特殊水情下的紧急通信需求。

3　江苏水文卫星通信技术应用概况

水利卫星通信网经过 20 多年的建设，已形成较为成熟的网络体系。目前，水利卫星

作者简介：钱进（1974—），男，高级工程师，主要从事水利信息化工作。

通信平台使用亚洲5号和亚太6号通信卫星,配备了总计27.2 MHz的卫星带宽资源。通过采用Ku+C的双波段配置,不仅显著提升了系统在雨衰条件下的稳定性,更大幅增强了应急通信的保障能力。Ku波段使用亚洲5号卫星,带宽22.2 MHz;C波段使用亚太6号卫星,带宽5.0 MHz。水利卫星通信应用系统主要由卫星转发器和卫星通信地球站两大核心部分构成。卫星通信地球站根据实际应用需求,进一步细分为卫星主站和卫星小站两类。卫星主站采用成熟的DVB-S2技术体制,支持星状/网状混合组网的方式,业务以数据、视频和语音为主,广播业务为辅,为防汛抗旱、水资源管理和水利应急体系建设等提供功能更强、性价比更高的卫星通信平台。水利卫星通信应用系统组成见图1。

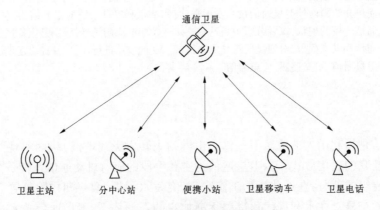

图1　水利卫星通信应用系统组成

　　近年来,江苏水文在运用水利卫星通信系统的基础上,持续加大通信能力建设的投入力度,积极推动卫星通信技术在水文测报领域的提档升级,已建立起比较完善的水情报汛通信体系。基层报汛站逐步推广并深化了固话、手机和互联网的应用,传统的短波电台和电话报汛方式正逐渐被GPRS、CDMA、物联网短信以及北斗卫星等先进手段所取代。这一变革不仅大幅提升了报汛工作的精准度、时效性和自动化程度,还显著降低了水文职工的劳动强度。江苏水文通信网络组成见图2。

3.1　遥测设备卫星备用信道自动报汛

　　江苏水文建设有北斗二号卫星报汛终端9套、指挥机5套,用于水雨情应急移动测站备份信道以及水质自动监测站主信道。因北斗二号短报文通信能力单次只有120个汉字,无法满足业务需求,目前江苏水文已将设备更换为北斗三号卫星报汛终端,短报文通信能力提升至单次1 000个汉字(140 000比特),发送频率从5 min缩短到60 s,采用北斗三号短报文"多点-单点"传输模式,多个遥测站点向中心站发送雨水情测报数据,实现遥测站点GPRS、CDMA、物联网、北斗"主备+灾备"传输测报数据,目前已改造完成28个遥测站点,计划于近期再改造200余个遥测站。

3.2　卫星组网通信

　　目前江苏水文建设有3套Ka频段便携式卫星地面通信设备、2套Ku频段便携式卫星地面站以及1套Ku频段船载动中通卫星设备。通过专线连接水利专网,能够随时随地建立地面专网网络节点,实现"地-天-地"一体化组网,极大地提升了水文通信的覆盖范围和通信质量,使得无论是在陆地还是水域,都能够实现快速、准确的数据传输和信息共享。

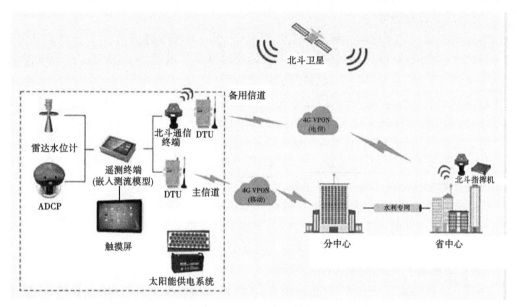

图2 江苏水文通信网络组成

3.3 应用效益

北斗短报文卫星通信系统的成功应用,为江苏水文增添了一条高效的水情报汛备份传输通道,显著提升了江苏水文在防汛安全、水库调度、水资源管理等水文业务中的技术支撑能力。

而卫星组网的应用,不仅实现了受灾现场与水情分中心、防汛指挥中心水利专线的互联互通,更使得受灾现场与指挥中心能够借助卫星组网实现卫星电话互通和网络通信,卫星通信的突出优势得到了充分发挥。

4 江苏水文卫星通信技术应用场景分析

水文卫星通信应用场景,主要是针对在发生洪涝灾害时,地面通信系统(专网或公网)中断,实现防洪应急状态下现场与分中心、指挥中心通信传输及水文信息采集传输等,确保在断网失电情况下信息传输,形成与地面综合通信互为一体、互为备份的可靠通信手段。

4.1 应急报汛现场

在暴雨洪水灾害环境中,当网络信号变弱或中断时,监测数据的稳定可靠传输受到严重影响。这会导致决策者失去有效的数据依据,无法准确掌握关键断面的水位流量信息,难以判断洪水是否会发生,从而不能对现场洪水态势变化实时掌控。

针对这一情况,可以充分利用北斗短报文通信的星间链路传输特性。这种通信方式无须依赖任何地面移动通信网络,即可实现短信息的收发,完全不受地面通信链路或信号基站中断的干扰。基于此,就能构建一个基于北斗卫星网络管理、通信模式相对完善的水文数据传输通道。该通道在遥测系统成功采集水文数据后,具备自动化备份功能,确保数据的安全存储。同时,还要保障各项水文智能测报终端以及卫星小站顺畅地下载所需数据,从而满足用户对数据获取与管理的需求。

4.2 受灾现场应急通信

为应对极端天气下地面无线通信损毁的情况,利用卫星通信、自组网等技术建立可靠的卫星通信链路网络,通过接入应急单兵、视频会议终端等设备,实现前后方双向语音、视频和数据业务传输,信息传输将通过便携站,经由卫星传送至防汛指挥调度中心。这一过程实现了防汛现场与防汛指挥调度中心的实时异地会商,确保了高清晰的现场图像采集和传输、文件传输、Internet 接入、语音通信以及信息共享等功能。

应急监测人员到达应急现场后,迅速布设便携卫星设备,确保卫星天线系统在最短时间内精准找到并锁定卫星,从而建立起稳固的卫星链路。在条件允许的情况下,利用电缆将现场的图像和声音信号实时传输至便携式卫星地面通信设备,确保信息的准确与完整。

而在环境复杂、不适合采用电缆传送信号的情况下,可灵活运用数字微波或短波电台组网等方式,将现场的图像和声音信号传送至便携式卫星地面通信设备。通过这种方式,无论现场环境如何复杂多变,都能确保信息的及时传输。

4.3 基于高精度北斗卫星定位的洪水预报

利用北斗高精度定位技术、传感器技术、网络信号传输技术,整合现有水利视频监控系统,辅以虚拟水尺、AI 视频测流、微波测雨等技术,对河道断面的水位、流量和降雨量等情况进行实时监测,数据接入防汛抗旱预警调度决策支持系统,运用云计算、大数据、物联网、人工智能等信息化手段,结合实时监测、雨水情、水工程状态信息、气象预报和历史数据进行风险研判和预警,通过精准分析,确定重点防范区域和措施,为防汛抗旱指挥、调度和决策提供技术支撑。

5 应用评价

5.1 主要优点

(1)卫星通信覆盖范围广、信道稳定且不受地理条件限制,而且支持汽车、船只、飞机等各类移动平台,可以和地面通信形成良好的互补。

(2)北斗三号短报文通信增加了一条与传统公众通信系统并行的卫星备份传输通道,可有效地增强防汛通信保障能力,一定程度上解决了雨水情测报、预警和重点河段的报汛需求。

(3)与北斗三号卫星相比,水利卫星通信支持大数据传输,支持图像、视频传输和高速网络应用等功能,非常适合应急状况下各级防汛部门通信应用。

5.2 主要缺点

(1)信道资源有限。目前,水利系统共拥有 27.2 MHz 的卫星资源,由于网络规模的不断扩大,小站数量日益增多,业务传输的种类和需求也在持续增长。这使得当前的带宽资源变得异常紧张,无法满足日益增长的需求,只能通过购买运营商的卫星资源等手段,来有限地保障防汛、报汛和应急信息的传输。

(2)卫星通信能力受雨衰干扰较大。在防汛应急现场往往伴有较大降雨,中雨以上的降水程度,会使电磁波在 Ku 频段的雨衰影响尤为严重,进而引发卫星通信链发生信号衰减,甚至通信中断。

(3)系统管护难度较大。卫星通信移动应急通信系统技术的先进性及其结构的复杂性对使用和维护人员的技术水平提出了较高的要求。在现实情况中,部分单位缺乏专业的技术人员保障,人员往往身兼数职且更换频繁,导致无法及时接受培训,进而严重影响了系统的运行管理水平和设备操作水平。

6 思考与建议

(1)针对雨衰问题,可以通过增加卫星天线的尺寸来增强收集到的卫星信号,从而降低因雨衰导致的通信中断的概率。其次,加大卫星的发射功率以增强场强,也是一种有效的解决方案。

(2)积极建设流域级、省级卫星主站。不仅可以有效地保障卫星传输的带宽,满足日益增长的业务需求,还能够提高整个水利系统的通信效率和稳定性。

此外,在省级卫星主站的基础上可视实际情况增加分中心卫星站,考虑到容灾特性,分中心数据可与中心数据两者进行互为备份操作。

(3)建议加强卫星通信管理人员在新技术和新业务方面的培训,特别是基层技术力量的培训。通过不断提升队伍的技术能力和业务水平,能够有效地增强应急通信的保障能力,确保通信畅通无阻。同时,对卫星通信系统的后续运行维护工作进行归口管理,以提高运维水平,保障运维效果。

7 结 语

随着水利信息化建设的不断深化,对通信技术支撑能力的要求也日趋严格,水利系统对信息传输的精准度和时效性的要求持续攀升。在此背景下,卫星通信作为地面通信方式的重要补充,其重要性愈发凸显,将继续扮演至关重要的角色。特别是在提高紧急灾害现场的数据收集、传输能力,以及处理突发事件的快速响应能力、组织协调效率与决策指挥水平等实际任务方面,卫星通信技术发挥着无可替代的关键作用,并展现出极其广阔的应用前景。

参 考 文 献

[1] 李柏凤.水利卫星通信在水文遥测领域的运用分析[J].技术应用,2022(10):106-108.

[2] 王海玉.卫星通信技术在防汛中的应用探讨[J].江淮水利科技,2009(4):3-4.

[3] 任伟,许卓首,虞航,等.水利卫星通信应用系统在黄河水文工作中的应用[J].中国防汛抗旱,2016,8(4):59-61.

[4] 魏闻天,付京城,许晓春.水利卫星通信系统在水情遥测中的应用[J].水利水电技术,2020(增刊1):11-13.

[5] 耿丁蕊,王鸿赫,高广利.水利卫星应急通信运行管理的几点思考[J].数字通信世界,2022(12):1-3.

[6] 高睿劼,陆斌,许松松.Ku波段卫星通信雨衰分析及对抗措施探讨[J].无线互联科技,2021,5(10):1-2.

山东洪水预报系统研发及应用

马亚楠[1]　　赵梦杰[1]　　胡友兵[1]　　刘　薇[2]

陈邦慧[1]　　钟加星[1]　　胡方旭[1]

(1. 淮河水利委员会水文局(信息中心),蚌埠 233001;
2. 山东省水文中心,济南 250000)

摘　要　针对传统人工制作预报方案和模型参数率定自动化水平不高、预报与调度系统分散独立、系统升级维护扩展不易、业务系统跨平台不足等问题,采用 Spring Cloud 微服务开发框架,构建了山东洪水预报系统,该系统通过现有的物理流域监测感知体系及时获取的流域内气象、雨情、水情、工情等多源信息,基于水文模型、水动力模型和调度模型,搭建了交互式洪水预报构建体系与模型参数在线动态率定功能,建立了洪水预报和调度模型自动化的互联互馈和协同耦合机制,实现气象水文一体化、水文水动力一体化、预报调度一体化,为防洪预报调度业务提供重要技术支撑。该系统在山东省近两年的汛期、情报预报竞赛中得到实战应用,成功验证了其实用性、稳定性、可扩展性和安全性等。

关键词　洪水预报;雨水情监测预报"三道防线";预报调度一体化;防洪"四预";智慧水利

1　引　言

　　洪水是威胁我国人民安全、制约社会经济发展的主要自然灾害之一。水文情报预报工作作为抗灾减灾最重要的非工程措施,是水文系统进行防汛抗旱调度指挥工作的依据,一直受到山东省委、省政府的高度重视。2019 年"利奇马"台风造成山东省多地暴雨成灾,多条河流发生超警戒水位洪水。山东省各级水情中心在此次抗洪抢险救灾过程中,发挥了重要作用,山东省委、省政府对此作出高度评价。但此次洪灾过后,山东水文部门也深刻地认识到,新形势下对水文情报预报的可靠性、实用性、准确性和信息服务保障能力提出了更高的要求,山东省各级水情中心的基础设施和信息服务能力已无法适应当前工作的需要,补齐水文情报预报工作短板十分迫切,因此山东省开展了水情中心改造提升工程建设工作,山东省大中型水库与骨干河道洪水预报系统开发是山东省水情中心改造提升工程的重要建设内容。在此背景下,淮河水利委员会水文局(信息中心)联合山东省水文中心开展了洪水预报调度技术研究,研发了山东省大中型水库及骨干河道洪水预报系统(简称山东洪水预报系统),该系统采用当前成熟高效的 Docker 及 K8S(Kubernetes)容器云平台技术和 Spring Cloud 微服务生态体系搭建,实现了预报、预警、会商、汇报、方案、

作者简介:马亚楠(1994—),女,工程师,主要从事水文预报及水利信息化研究工作。

管理等功能的跨平台架构业务。

本文以沂沭河流域为单元,基于雨水情监测预报"三道防线"体系建设,构建云中雨、落地雨、河道径流的雨水情实时监测,实现沂沭河地区"降雨-产流-汇流-演进"全链条模拟演算,"流域-干流-支流-断面""总量-洪峰-过程-调度"全覆盖的一体化、智能化、可视化预警调度和辅助决策,实现支撑防洪"四预"全过程模拟计算。2020 年沂沭泗水系发生了 1960 年以来最大洪水,依托系统成果,在流域防洪工程预报调度作业实践中进行了实例研究,以期为山东省的洪水预报调度工作提供重要的技术支撑工作,进一步提升山东省水文情报预报工作服务水平。

2　山东洪水预报系统总体框架

2.1　设计理念

山东洪水预报系统是一个面向多角色、多用户的智能服务平台,既要关注总体架构,又要关注其各子功能服务对象和需求特点,以期获得可灵活扩展的框架结构。因此,系统设计理念如下:

(1)安全性。为保障预报调度决策的信息和系统运行的安全,预报系统遵循水利信息化系统建设三级等保要求,系统纳入综合应用中心进行统一安全管理。

(2)稳定性。采用成熟可靠的技术,加强系统运行各环节的故障分析、容错及恢复能力,保障系统不间断稳定运行。其次,系统开发主要采用的 Java、Python 及 Fortran 语言均可跨平台运行,受操作系统更换迭代影响小。

(3)易用性。系统界面风格设计去繁就简,功能设置合理,操作便捷易用,能够较好地满足不同层次、专业用户的不同需求。

(4)敏捷性。通过缓存数据库、多线程并发编程等关键技术,实现海量雨情、水情、工情数据的快速查询和计算,极大地缩短了用户提交事务的响应时间。

(5)实用性。系统充分考虑山东洪水发生特点及水利工程运用特色,实现预报调度多模型、多方法集成计算,通过人工交互接口充分考虑专家经验,满足山东省洪水防御工作的实践需要。

(6)扩展性。系统采用模块化设计,结合洪水预报调度通用模型对象构建、水文模型单元分解与集成等技术,在演算范围、模型方法、功能需求等方面可自由组合扩展,系统集成的异种语言模型库进一步增强了开放性和可扩展性。

2.2　层次结构

山东洪水预报系统采用 B/S 架构,引用面向对象设计思想和 MVC(模型-视图-控制器,Model-View-Controller)设计模式,分为数据层、业务层和应用层等 3 个层次。

(1)数据层。数据层为整个业务平台的应用提供基础数据生态环境,具有数据读取、检查、融合处理与修正等功能。平台的数据资源主要包括历史基础水文、实时雨水情监测、预报方案信息、调度规则知识等。这些数据来自关系型水文数据库表、水文预报方案集、水利工程调度运用方案等文件。根据山东洪水预报系统业务平台需求,为实现业务逻辑和数据访问逻辑分离、系统设计更清晰、更易维护,引入持久层数据框架 MyBatis-Plus,进行数据仓库的统一链接、查询、写入等管理工作。同时为保障系统响应高效吞吐,采用高性能的 NoSQL 型 Redis 数据库作为专用缓存数据库。

(2)业务层。业务层也称业务逻辑层,是系统架构中核心价值的体现,通过对具有高复用性的类模块和模型库的集成,实现对数据的业务逻辑处理,并封装成统一的服务接口对用户提交的事务进行响应,在数据层和应用层的数据交换中起到承上启下的作用。本系统基于低耦合、高内聚设计思想,依托 Spring Cloud 技术架构,设计标准对外接口和服务组件,保障平台高效、稳定运行。在业务层核心模块中,为突破全省流域河系洪水预报调度业务中水文断面众多、水工程交互影响复杂度高带来的时效瓶颈,采用流水线、生产者–消费者等多种设计模式,研发了流域多节点洪水预报调度并发计算技术,从算法底层为 B/S 架构下预报调度核心模块高效响应提供技术保障。

(3)应用层。应用层直接面向用户,也是系统与用户交互的界面层,用于显示数据和接收用户输入的数据,提供了预报、预警、会商、汇报、方案、管理等六大类应用功能模块。本文主要围绕水文部门作业预报中用到的实况信息、洪水预报、防洪调度、成果分析、方案管理和系统管理模块进行介绍。

2.3　开发架构

山东洪水预报系统开发架构,根据数据、管理、服务、应用相分离的架构原则,采用当前成熟高效的 Docker 及 K8S(Kubernetes)容器云平台技术和 Spring Cloud 微服务生态体系。在微服务生态部件中,以 Nacos 组件作为微服务配置与管理中心,实现微服务统一注册、发现;采用 Spring Cloud Gateway 作为服务网关组件,实现微服务统一高效的 API 路由管理;采用 OpenFeign 声明式服务客户端组件,实现微服务间可插拔式的编码解码,同时与 Nacos 和 Ribbon 组合使用以支持负载均衡;采用 Sentinel 流量控制组件,从流量控制、熔断降级、系统负载保护等多个维度来保障服务之间的稳定性。

3　系统主要功能模块组成及特色

3.1　系统主要功能模块

系统以电子地图、拓扑图、示意图、概化图为基本支撑,通过现有的物理流域监测感知体系及时获取流域内气象、雨情、水情、工情等多源信息,基于水文、水动力和调度模型,构建了沂沭河区重要防洪断面洪水预报系统,实现数据、模型与系统的紧密集成和协同耦合,可有效支撑流域防洪调度决策新需求。根据防洪预报调度业务需求,主要的业务功能模块具体分析如下:

(1)实况信息模块。该模块的主要作用是汇集流域气象、雨情、水情、工情等各类监测信息。在气象方面,集成卫星云图、雷达图、天气图等信息,掌握云系发展和移动的大致方向;在雨情方面,集成流域过去、现在和未来降雨信息,明晰降雨发展态势;在水情方面,汇集了流域河道站、水库站等监测站点实时信息,动态掌握河道来水情况和水库蓄水状态。建立流域多维度综合感知体系,构筑雨水情监测预报"三道防线",为实现流域防洪"四预"建立基础。实况信息功能模块见图1。

(2)洪水预报模块。该模块主要利用降雨径流相关、新安江、水动力学等多模型进行

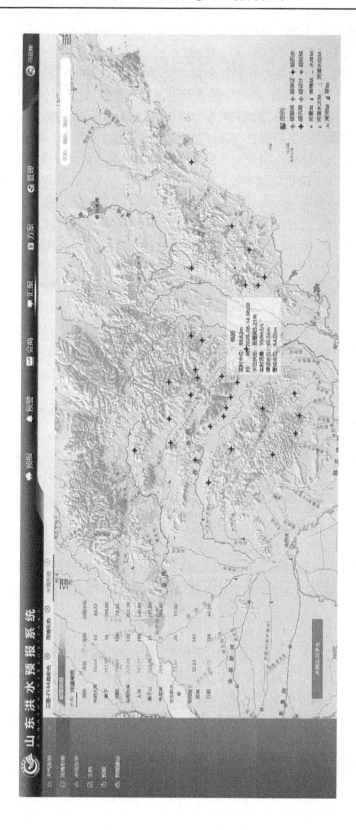

图 1 实况信息功能模块

流域河系洪水预报计算,实现气象预估降水、实时降水、历史情景和暴雨洪水等多种模式客观化洪水预报(速算)和交互式洪水预报(精算)。速算以精算的参数、边界条件为基础,按照河系定义设置的预报站点和预报方案,程序自动逐一完成各方案和模型的预报计算(一键式计算),也可按照河系、降雨场景进行定时滚动预报;精算由预报员自行选择预报站点、预报模型,"降雨–产流–汇流–演进"全链条模拟演算预报计算,并可对模型初始状态、模型参数及计算结果进行修正,实现"流域–干流–支流–断面""总量–洪峰–过程–调度"全覆盖的一体化、智能化、可视化预警调度和辅助决策。洪水预报功能模块见图2。

(3)防洪调度模块。该模块以有效运用防洪工程、减少洪灾损失为目标,依据水预报的结果,通过反复调整河道、水库、行蓄洪区、湖泊、闸坝等工程的运用参数,并对各种非确定性因素进行分析判断,合理作出工程启用时机,提出最优调度方案,为各级领导防汛调度决策提供支撑。该模块主要包括规则调度、现状调度、自定义和目标调度4种模式,其中自定义调度可根据会商决策意见以交互方式修改,设置有关参数,会商评价,再制定,直至决策者满意的多次反复过程,目标调度选择好调度对象和调度目标,逆向推演上游影响工程的最优调度模式。防洪调度功能模块见图3。

(4)成果分析模块。该模块根据洪水预报和工程调度成果发布不同调度模型、不同调度方式下的预报成果,完成水工程调度运用方式的分析决策。主要功能包括:各种预报调度方案展示,如重点控制断面水情、工程调度启用情况;不同平行方案的对比等。成果分析功能模块见图4。

(5)方案管理模块。该模块包括预报方案构建和模型参数率定。预报方案构建模块,通过人机交互界面可以完成单站预报方案和区域预报体系的构建和维护,为河系预报方案构建提供可视化、流程化的业务支撑,实现预报调度方案的标准化配置、预报模型参数批量化管理。模型参数率定模块,研发水文预报方案在线编制技术,主要功能有场次水选取、径流分割、经验产流关系线制作、汇流单位线制作、概念性模型参数率定等,提供全自动率定和基于专家经验的人工交互分析率定,实现水文预报方案编制工作的全流程无纸化操作。方案管理功能模块见图5。

(6)系统管理模块。该模块是确保洪水预报系统正常运行的重要组成部分,包括用户管理、权限管理、运行日志管理、模块管理等功能,支持500以上用户的并发访问。系统管理模块见图6。

3.2 系统特色

(1)雨水情监测预报"三道防线"全融合应用。系统集成山东省气象局、欧洲中心等数值模式降水预报成果,可开展未来3天洪水滚动预报,开发了"降雨–产流–汇流"业务计算模块,通过雨量站实时监测落地雨,掌握上游降雨位置、强度,开展精细化洪水滚动预报和分析推演,对"第一道防线"预报结果进行动态调整;增加第三道防线预报功能,通过水文站网实时掌握水文数据,融合专业人员经验,结合实际因素加密研判,对"第二道防线"形成的洪水预报结果进行河道"演进"动态校正预报。

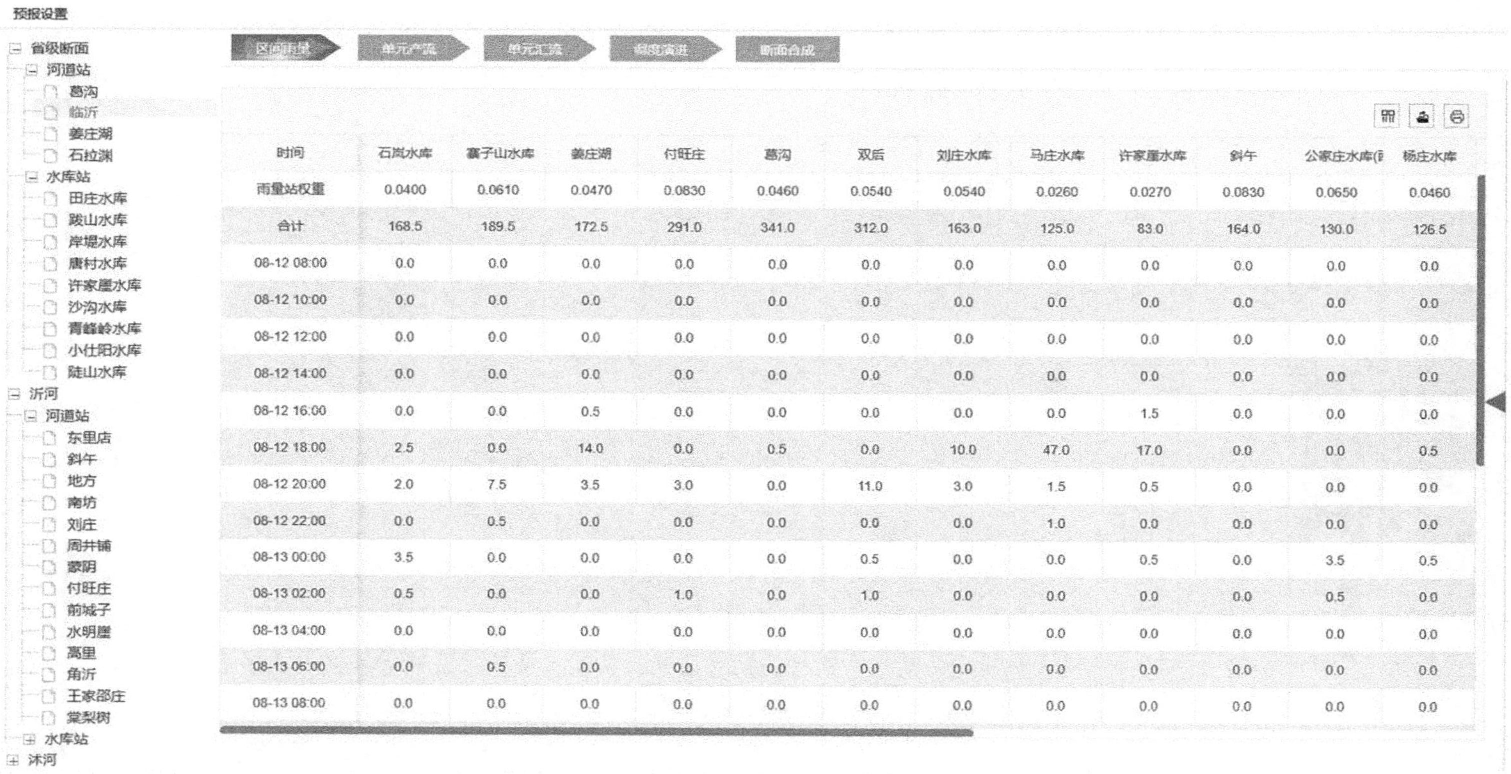

图 2　洪水预报功能模块

（a）

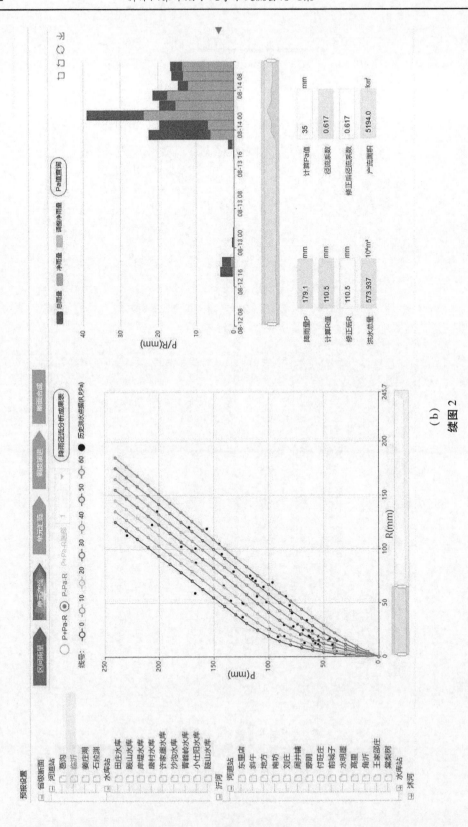

（b）

续图 2

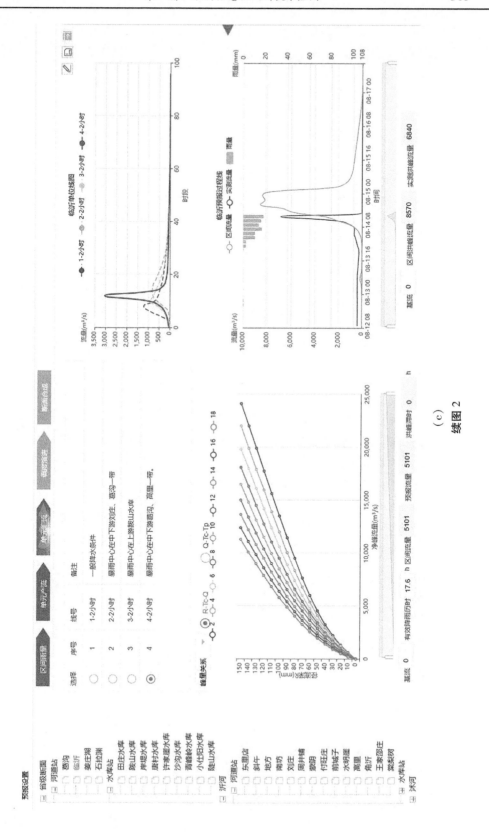

续图 2

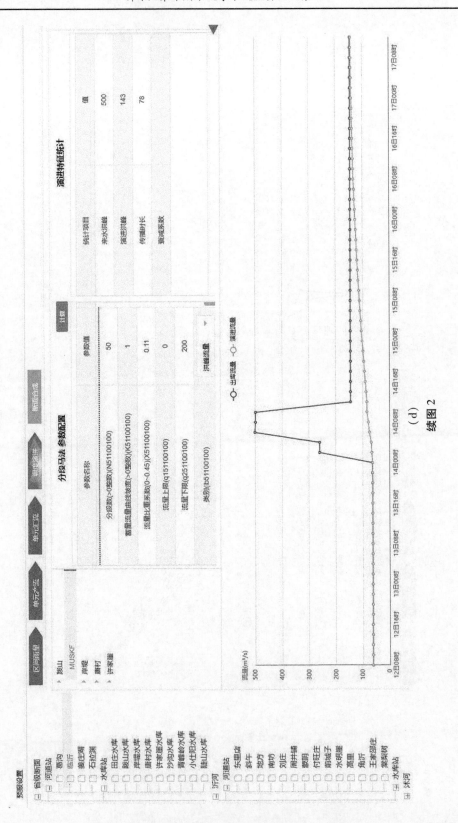

(d)

续图 2

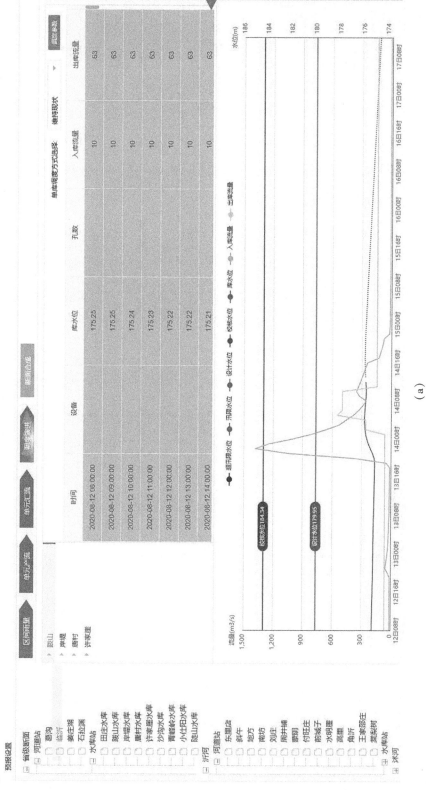

图 3　防洪调度功能模块

(a)

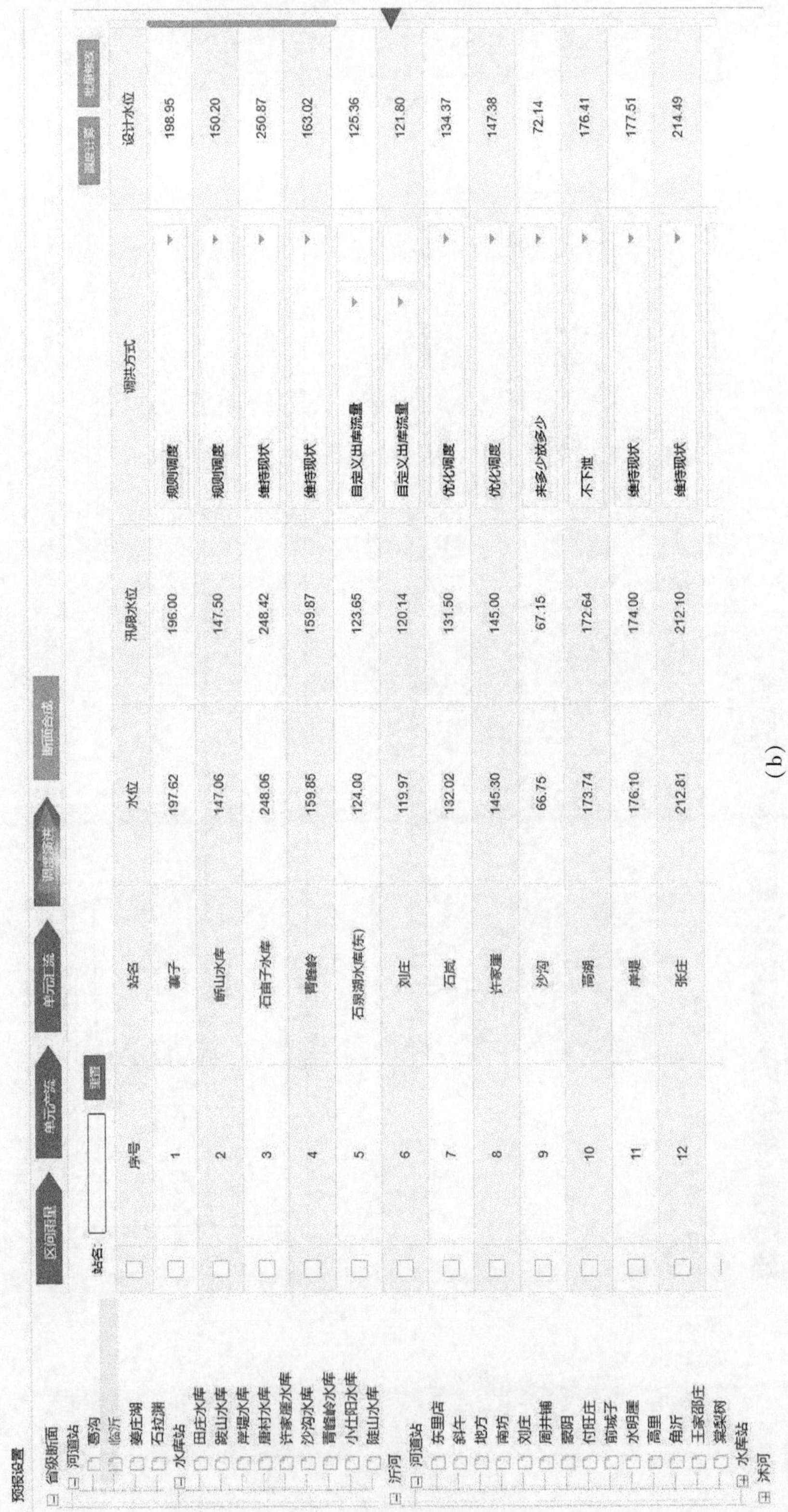

预报设置
省级断面
河道站
葛沟
临沂
姜庄湖
石拉渊
水库站
田庄水库
跋山水库
岸堤水库
唐村水库
许家崖水库
沙沟水库
青峰岭水库
小仕阳水库
陡山水库
沂河
河道站
东里店
斜午
北方
南坊
刘庄
周井铺
蒙阴
付旺庄
前城子
水明崖
高里
角沂
王家邵庄
棠梨树
水库站
沭河
区间雨量
单元产流
单元汇流
洪水演进
断面合成
站名:
重置
调度计算
批量修改
序号
站名
水位
汛限水位
调洪方式
设计水位
1 葛子 197.62 196.00 规则调度 198.95
2 沂山水库 147.06 147.50 规则调度 150.20
3 石亩子水库 248.06 248.42 维持现状 250.87
4 青峰岭 159.85 159.87 维持现状 163.02
5 石泉湖水库(东) 124.00 123.65 自定义出库流量 125.36
6 刘庄 119.97 120.14 自定义出库流量 121.80
7 石岚 132.02 131.50 优化调度 134.37
8 许家崖 145.30 145.00 优化调度 147.38
9 沙沟 66.75 67.15 来多少放多少 72.14
10 高湖 173.74 172.64 不下泄 176.41
11 岸堤 176.10 174.00 维持现状 177.51
12 张庄 212.81 212.10 维持现状 214.49

(b)
续图3

预报调度方案管理

统计表　　　[ ]　×

调度方案名称	水库情况		水文站点情况		工程启用情况			调度后重要水位	操作
	水库超汛限	水库超设计	河道超警戒	河道超保证	行洪区	蓄洪区	分洪河道	临沂	
2020典型洪水	8	2	1	0	0	0	0	63.22m	查看结果|删除|透图|发布
一键式预报	8	2	1	0	0	0	0	63.54m	查看结果|删除|透图|发布
API模型	0	0	0	0	0	0	0	58.17m	查看结果|删除|透图|发布
全河系计算	8	2	0	0	0	0	0	63.22m	查看结果|删除|透图|发布

(a)

图 4　成果分析功能模块

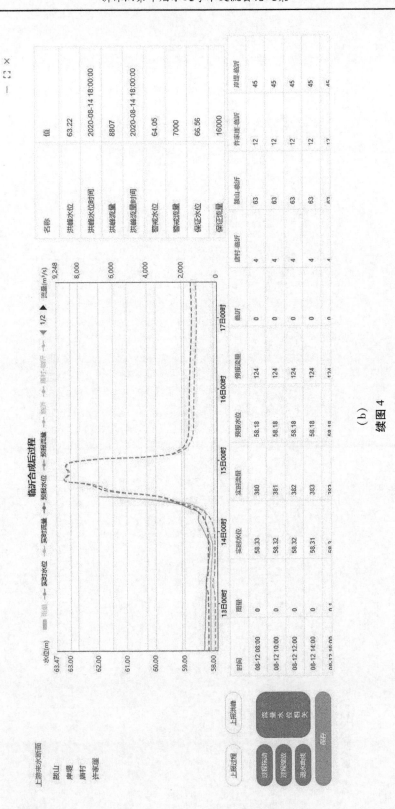

（b）

续图 4

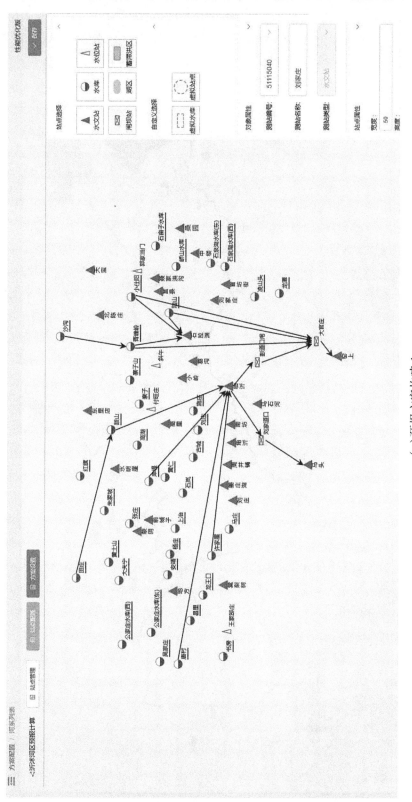

（a）预报方案构建1

图 5　方案管理功能模块

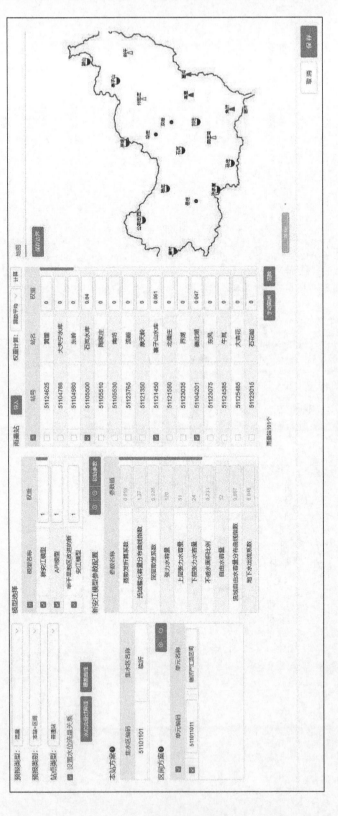

（b）预报方案构建 2

续图 5

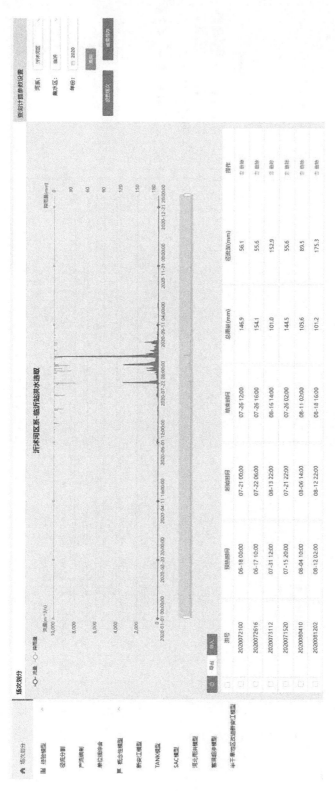

(c) 模型参数率定 1

续图 5

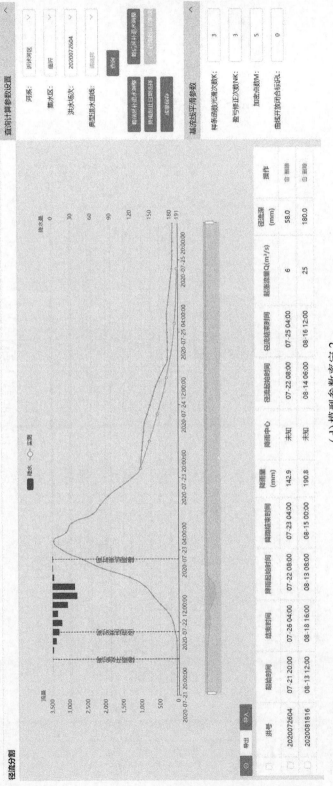

(d) 模型参数率定 2

续图 5

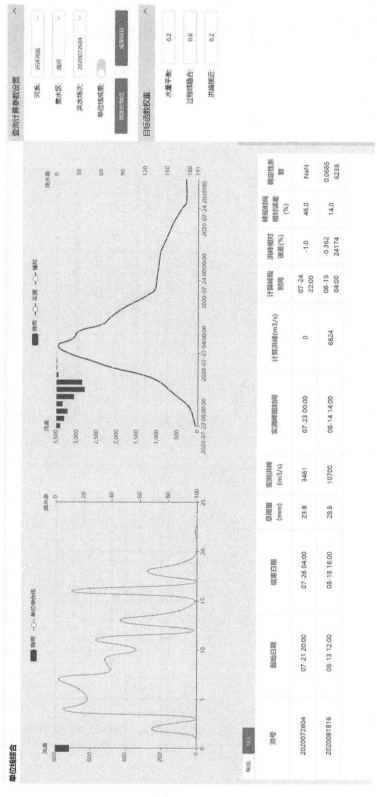

（e）模型参数率定 3

续图 5

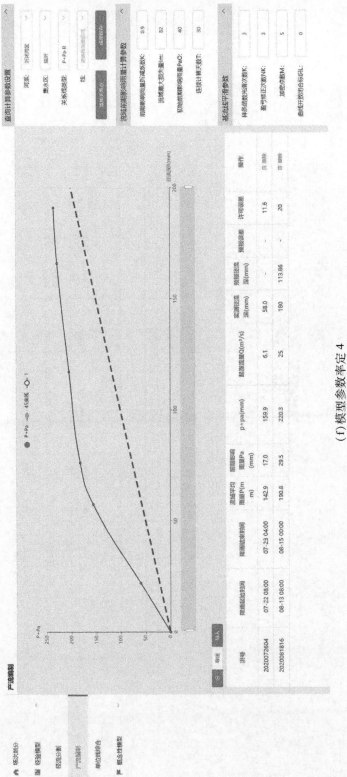

（f）模型参数率定 4

续图 5

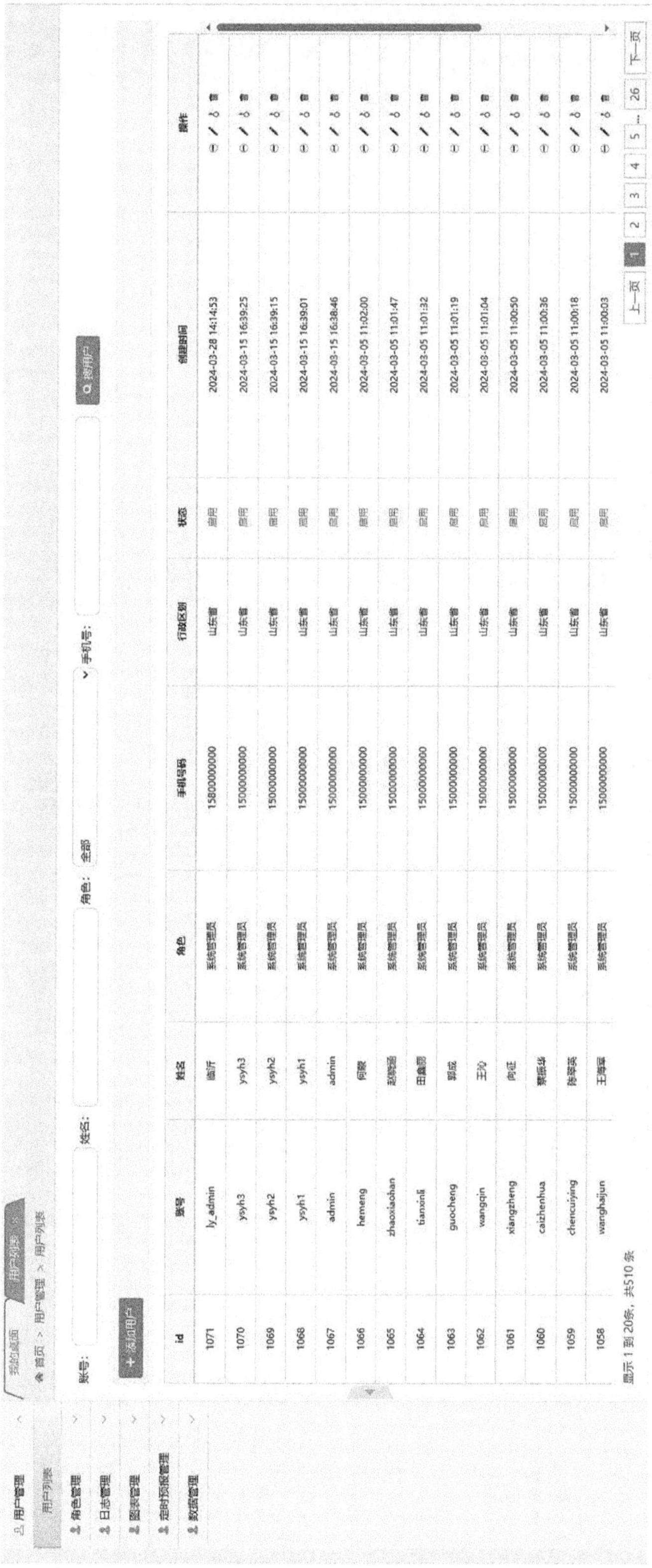

（a）

图 6　系统管理功能模块

id	账号	姓名	角色	手机号码	行政区划	状态	创建时间	操作
1071	ly_admin	临沂	系统管理员	15800000000	山东省	启用	2024-03-28 14:14:53	⊖ ✎ ♂ 🗑
1070	ysyh3	ysyh3	系统管理员	15000000000	山东省	启用	2024-03-15 16:39:25	⊖ ✎ ♂ 🗑
1069	ysyh2	ysyh2	系统管理员	15000000000	山东省	启用	2024-03-15 16:39:15	⊖ ✎ ♂ 🗑
1068	ysyh1	ysyh1	系统管理员	15000000000	山东省	启用	2024-03-15 16:39:01	⊖ ✎ ♂ 🗑
1067	admin	admin	系统管理员	15000000000	山东省	启用	2024-03-15 16:38:46	⊖ ✎ ♂ 🗑
1066	hemeng	何蒙	系统管理员	15000000000	山东省	启用	2024-03-05 11:02:00	⊖ ✎ ♂ 🗑
1065	zhaoxiaohan	赵晓涵	系统管理员	15000000000	山东省	启用	2024-03-05 11:01:47	⊖ ✎ ♂ 🗑
1064	tianxinli	田鑫丽	系统管理员	15000000000	山东省	启用	2024-03-05 11:01:32	⊖ ✎ ♂ 🗑
1063	guocheng	郭成	系统管理员	15000000000	山东省	启用	2024-03-05 11:01:19	⊖ ✎ ♂ 🗑
1062	wangqin	王沁	系统管理员	15000000000	山东省	启用	2024-03-05 11:01:04	⊖ ✎ ♂ 🗑
1061	xiangzheng	向征	系统管理员	15000000000	山东省	启用	2024-03-05 11:00:50	⊖ ✎ ♂ 🗑
1060	caizhenhua	蔡振华	系统管理员	15000000000	山东省	启用	2024-03-05 11:00:36	⊖ ✎ ♂ 🗑
1059	chencuiying	陈翠英	系统管理员	15000000000	山东省	启用	2024-03-05 11:00:18	⊖ ✎ ♂ 🗑
1058	wanghaijun	王海军	系统管理员	15000000000	山东省	启用	2024-03-05 11:00:03	⊖ ✎ ♂ 🗑

显示 1 到 20 条，共 510 条

我的桌面　用户管理 ×　用户列表 ×　操作日志 ×　操作日志 ×　7日内外部用户访问接口统计图 ×　历史告改比较示数人 ×

操作人　　　操作方法：　　　　　开始时间：2024-04-12　-结束时间：2024-04-13　　　Q 搜索日志

Id	操作人	操作方法名称	来源	ip地址	请求状态	创建时间	接口调用时间
3688175	马宜娟	分页查询告警时间列表集	web端	10.37.1.73	成功	2024-04-13 17:44:442	30ms
3688174	马宜娟	获取当前系统所有信息	web端	10.37.1.73	成功	2024-04-13 17:43:38	5ms
3688173	马宜娟	分页查询用户	web端	10.37.1.73	成功	2024-04-13 17:43:38	14ms
3688172	马宜娟	根据用户id查询用户基金	web端	10.5.13.181	成功	2024-04-13 17:38:02	141ms
3688171	马宜娟	查询用户详细组合	web端	10.5.13.181	成功	2024-04-13 17:38:02	8ms
3688170	马宜娟	按站点和批次年度查询站点基本属性表	web端	10.5.13.181	成功	2024-04-13 17:38:00	10ms
3688167	马宜娟	按站点和批次年度查询站点基本属性表	web端	10.5.13.181	成功	2024-04-13 17:38:00	9ms
3688166	马宜娟	按站点和批次年度查询站点基本属性表	web端	10.5.13.181	成功	2024-04-13 17:38:00	9ms
3688169	马宜娟	按站点和批次年度查询站点基本属性表	web端	10.5.13.181	成功	2024-04-13 17:37:59	9ms
3688166	马宜娟	查询API接口参数信息 P+Px关系系统 问题解决列表	web端	10.5.13.181	成功	2024-04-13 17:37:59	9ms
3688165	马宜娟	按站点和批次年度查询站点基本属性表	web端	10.5.13.181	成功	2024-04-13 17:37:58	252ms
3688164	马宜娟	检查下游站对应基本站的站点数	web端	10.5.13.181	成功	2024-04-13 17:37:58	38ms
3688163	马宜娟	检查下游站对应基本站的站点数	web端	10.5.13.181	成功	2024-04-13 17:37:58	32ms
3688162	马宜娟	根据模块区id查询组件	web端	10.5.13.181	成功	2024-04-13 17:37:58	20ms

显示 1 到 20条，共13,371 条

上一页　1　2　3　4　5　…　669　下一页

（b）

续图 6

(2)开放式水文预报体系方案构建与模型参数在线动态率定。交互式动态构建水文站点与模型方法,将模型方法和预报对象进行"抽象-解集-耦合-联耦",实现了流域单元计算节点拓扑关系自由化构建、预报调度方案标准化配置、预报模型参数批量化管理;针对不同种类的模型算法参数,研发了基于优化算法的全自动率定和基于专家经验的人工交互分析率定功能,实现了水文预报方案编制和在线率定模型参数的全流程无纸化操作。

(3)洪水预报和调度模型自动化的互联互馈和协同耦合。对洪水预报和调度业务流程进行深度优化和有机耦合,同一个页面内提供深度耦合的预报调度服务,构建预报调度对象有序关联的预报调度体系,提高预报调度模型互动反馈的自动化水平,实现预报调度一体化;在一个系统页面内进行预报调度的自动协同耦合和有序连续计算,实现气象水文一体化、水文水动力一体化。

4 系统应用

该系统建立了经验模型、概念性模型、分布式模型、一二维水动力学模型、概率预报模型、神经网络模型等 20 多种模型算法,并率定了 3 229 套模型参数,实现了全省 324 个预报断面的"气象水文、集总式分布式、一二维、水文水动力、预报调度"的多尺度、多过程耦合计算,在近两年的汛期中得到了实践检验,显著提升了山东省情报预报服务水平,利用山东省洪水预报系统对 2020 年沂沭河大洪水开展应用。

2020 年 8 月 13—14 日,受华北南下弱冷空气与副热带高压边缘西南暖湿气流共同影响,沂河、沭河中上游大部分地区出现大暴雨~特大暴雨。沂沭泗水系过程降水量52. 9 mm,临沂以上和大官庄以上降水量分别为 168. 9 mm 和 207. 9 mm,最大降水量点为沂河上游日照市莒县张家抱虎站,为 497. 0 mm,第二大降水量点沂南县和庄站,为 490. 0 mm,均为该站有资料以来最大。根据当时雨水工情情况,用 API 模型进行预报计算。以沂沭河区为计算单元,选择预报开始与结束时间,即可出现计算时段内的面雨量分布、逐日面雨量分布[见图 7(a)]。河系预报前,也可以查看各站的产汇流参数及产汇流计算成果[见图 7(b)]。按照"降雨-产流-汇流-演进"的全过程模拟计算,预报临沂站 8 月14 日 1 时出现最大流量是 10 800 m^3/s 左右,最高水位 64. 21 m。2020 年实测临沂站 8月 14 日 18 时出现最大流量为 10 900 m^3/s,18 时 46 分出现最高水位 64. 12 m[见图 7(c)]。预报数据与实测数据相比,洪峰流量预报偏小约 1%,水位预报偏高 0. 09 m,峰现时间一致,预报精度较高。水动力计算结果见图 7(d)。

5 结语与展望

雨水情监测预报"三道防线"是数字孪生水利建设的重要基础,是水文现代化建设的重要内容,是一个系统工程。本文针对山东省洪水预报调度的现状与实际需求,基于雨水情监测预报"三道防线"和防洪"四预"基本技术要求,采用微服务技术与 B/S 开发架构,开发了山东省洪水预报系统,该系统以山东省流域内电子地图、概化图、拓扑关系图为基本单元,汇集流域内气象、雨情、水情、工情等多源信息,基于水文模型、水动力模型和调度模型,搭建了交互式洪水预报构建体系与模型参数在线动态率定功能,建立了洪水预报和

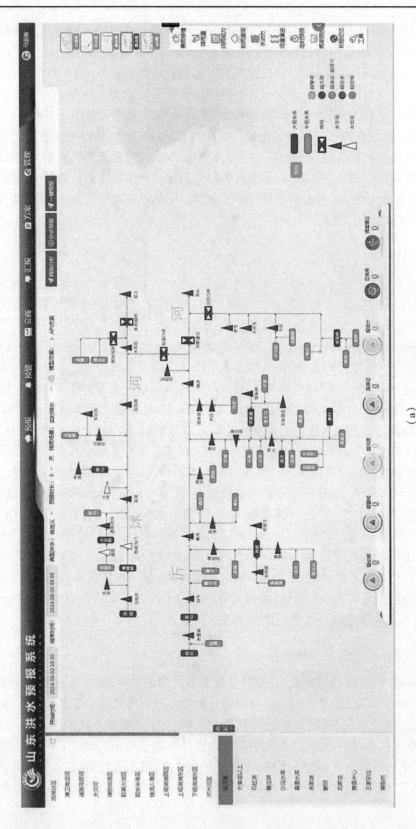

（a）

图 7　沂沭河区山东洪水预报系统应用截图

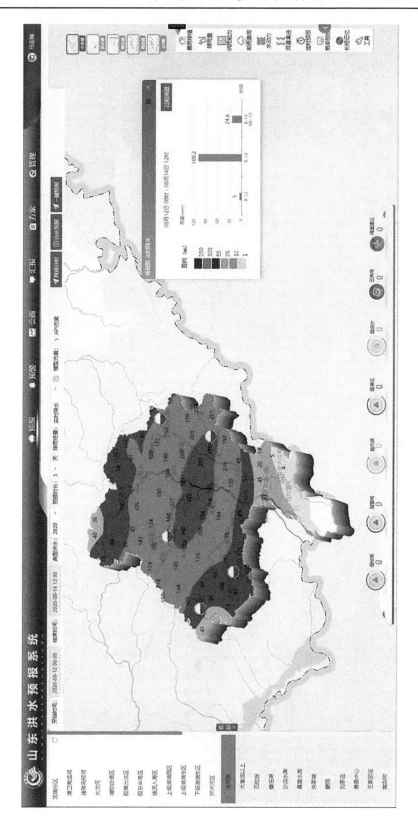

（b）面雨量分布

续图 7

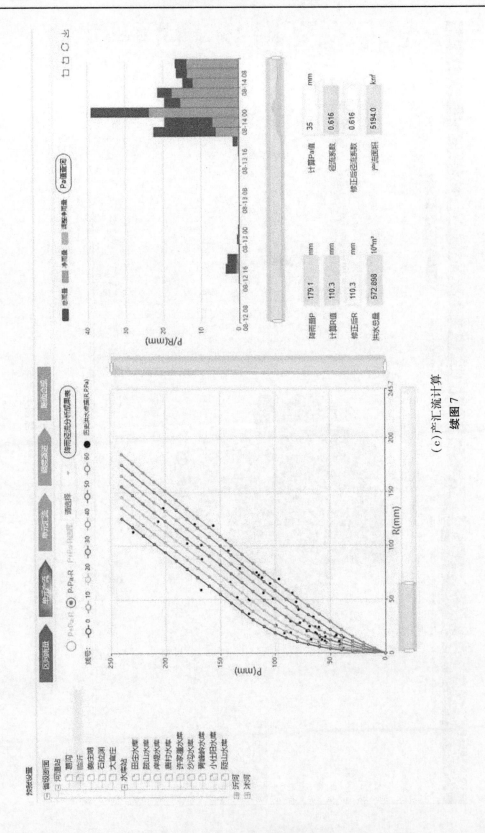

(c) 产汇流计算

续图 7

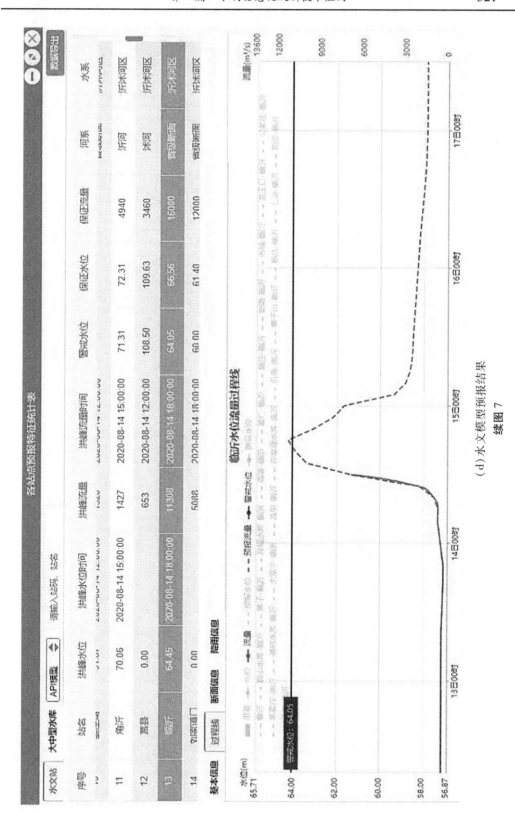

（d）水文模型预报结果

续图 7

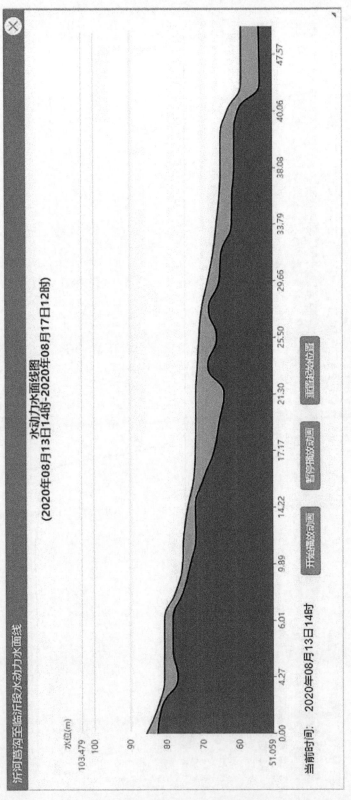

（e）水动力计算结果

续图 7

调度模型自动化的互联互馈和协同耦合机制,构建了沂沭河地区"降雨-产流-汇流-演进"全链条模拟演算,"流域-干流-支流-断面""总量-洪峰-过程-调度"全覆盖的一体化、智能化、可视化预警调度和辅助决策,实现气象水文一体化、水文水动力一体化、预报调度一体化,在系统实用性、稳定性、可扩展性、安全性和跨平台等方面具备显著优势。系统建成后,在山东省近两年的水文情报预报工作中发挥了重要作用,为防汛减灾及调度决策提供了重要的技术支撑,进一步提升了山东省情报预报服务水平,社会经济效益显著,但随着人工智能、大数据、物联网等技术的不断发展,多源数据融合、洪水精细化模型、专家经验计算机化、机器学习等相关模型、算法仍需发展完善,以此强化技术支撑保障,充分把握雨水情监测预报"三道防线"建设,防洪"四预"建设将成为洪水预报调度系统进一步发展的研究方向,后续还需要不断的研究与探索。

参 考 文 献

[1] 王凯,钱名开,徐时进,等.淮河洪水预报调度系统建设及在抗流域大洪水的应用[J].水利信息化,2021(2):1-5,9.

[2] 赵梦杰,胡友兵,王凯,等.基于大数据与 B/S 结构的淮河流域防洪调度系统研究及应用[J].治淮,2018(4):89-91.

[3] 陈瑜彬,邹冰玉,牛文静,等.流域防洪预报调度一体化系统若干关键技术研究[J].人民长江,2019,50(7):223-227.

[4] 李琛亮,刘国庆,杨光,等.基于"四预"的永定河洪水预报调度系统研究与应用[J].水利水运工程学报,2022(6):45-53.

第三篇　水生态与水环境

2019—2023年石梁河水库水质变化情势及藻类水华风险浅析

杨西月[1]　刘庆竹[2]　陆　隽[1]　高鸣远[1]

(1.江苏省水文水资源勘测局,南京 210029;
2.江苏省水文水资源勘测局连云港分局,连云港 222004)

摘　要　石梁河水库是连云港市一座以防洪为主的大型人工水库,对维护城市水资源安全和供水稳定起到重要支撑作用。2021年,石梁河水库发生了区域性蓝藻水华,对城市发展和生态平衡产生威胁。本文通过分析2019—2023年石梁河水库区及入库河道(新沭河)水质变化情势和营养状态指数,发现氮、磷等营养盐浓度和水温是暴发蓝藻水华的关键驱动力。结合石梁河库区总氮、总磷现状浓度,提出夏季时期水温上升会带来蓝藻水华暴发的潜在风险。

关键词　水库水质;富营养化;蓝藻水华;成因分析

1　引　言

石梁河水库位于新沭河中游,地处江苏省东海县、赣榆区和山东省临沭县交界,是一座大型人工水库[1]。该水库不仅能承接来自新沭河上游和沂河、沭河部分来水,也为连云港市供水安全提供重要保障。近年来,江苏省各湖库区暴发了不同程度的蓝藻水华。这不仅会引起供水系统堵塞、水体异味、鱼类死亡、水生植被退化,还会产生毒素,威胁饮用水安全[2-3]。因此,本文采取合理的水库水质评价方法和标准,分析石梁河水库2019—2023年水质变化情势及富营养状况,总结蓝藻水华暴发成因,提出相关水库保护建议,为连云港市水资源安全和供水稳定提供重要的理论依据和数据支撑。

2　分析评价方法

本文数据来源为江苏省水环境监测中心2019—2023年水质监测成果。监测范围包括石梁河水库及入库河道(新沭河)。采用单因子评价法,水库主要评价项目含氨氮、高锰酸盐指数、总磷和总氮等,河流评价项目中,总氮不参评。评价标准为《地表水环境质量标准》(GB 3838—2002)(见表1),将Ⅲ类水作为水质达标标准。

达标率计算公式为

$$L = \frac{达标次数}{总监测次数} \times 100\% \tag{1}$$

超标倍数计算公式为

$$S = \frac{该项实测值 - 评价标准值}{评价标准值} \tag{2}$$

作者简介: 杨西月(1992—),女,工程师,主要从事水质评价分析工作。

表 1　地表水环境质量标准基本项目标准阈值　　　　　　单位:mg/L

项目	COD_{Mn}	NH_3-N	TP	TN
Ⅲ类水标准	6	1.0	0.2(湖、库 0.05)	1.0
Ⅳ类水标准	10	1.5	0.3(湖、库 0.10)	1.5
Ⅴ类水标准	15	2.0	0.4(湖、库 0.02)	2.0

　　湖库营养状态评价方法采用《地表水资源质量评价技术规程》(SL 395—2007)规定的方法,用 0~100 的连续数字对湖泊(水库)营养状态进行分级,评价标准见表 2。

表 2　湖泊(水库)营养状态评价标准

贫营养	中营养	富营养 $I>50$		
		轻度富营养	中度富营养	重度富营养
$0 \leq I \leq 20$	$20 < I \leq 50$	$50 < I \leq 60$	$60 < I \leq 80$	$80 < I \leq 100$

3　水质现状

3.1　库内水质现状

　　根据 2023 年石梁河水库月均水质数据评价结果,总氮不参评,综合水质类别为Ⅲ~Ⅴ类;总氮参评,综合水质类别为Ⅴ类至劣Ⅴ类。氨氮、高锰酸盐指数、总磷和总氮等主要水质指标情况如图 1 所示:氨氮指标较好,均达到Ⅱ类标准;高锰酸盐指数在Ⅱ~Ⅲ类动态变化;总磷浓度为Ⅲ~Ⅴ类;总氮浓度为Ⅱ~劣Ⅴ类;总磷和总氮超Ⅲ类水标准集中于下半年。

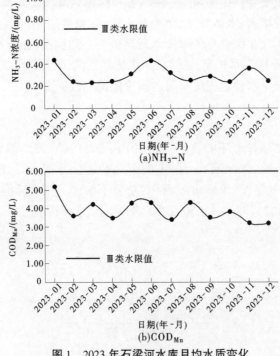

图 1　2023 年石梁河水库月均水质变化

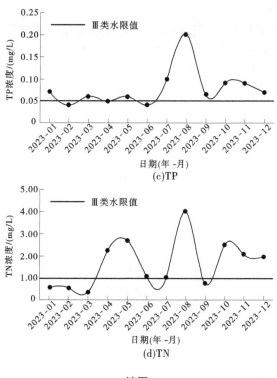

续图1

石梁河水库月均水质现状情况如表3所示。氨氮浓度在0.23~0.44 mg/L,月均值为0.30 mg/L,达标率为100.0%;高锰酸盐指数在3.2~5.2 mg/L,月均值为3.9 mg/L,达标率为100.0%;总磷浓度为0.04~0.20 mg/L,月均值为0.08 mg/L,达标率为25.0%;总氮浓度在0.37~4.01 mg/L,月均值为1.66 mg/L,达标率为33.3%。其中,氨氮和高锰酸盐指数峰值出现在2023年1月,分别为0.44 mg/L和5.2 mg/L;总磷和总氮浓度峰值出现在2023年8月,分别为0.2 mg/L和4.01 mg/L,总磷和总氮后两者最大超标倍数均为3.0倍。

表3　2023年石梁河水库月均水质监测数据分析

项目	监测浓度范围/(mg/L)	平均监测浓度/(mg/L)	最大超标倍数	达标率/%	年均水质类别
NH_3-N	0.23~0.44	0.30	—	100.0	Ⅱ
COD_{Mn}	3.2~5.2	3.9	—	100.0	Ⅱ
TP	0.04~0.20	0.08	3.0	25.0	Ⅳ
TN	0.37~4.01	1.66	3.0	33.3	Ⅴ

3.2　入库河道水质现状

　　根据 2023 年石梁河水库入库河流(新沭河)月均水质数据评价结果,综合水质类别为 Ⅲ~Ⅴ类。氨氮、高锰酸盐指数和总磷等月均水质指标情况如图 2 所示,氨氮浓度为 Ⅱ~Ⅳ类,于 6 月超 Ⅲ 类水标准;高锰酸盐指数浓度为 Ⅲ~Ⅳ类,超 Ⅲ 类水标准集中在下半年;总磷浓度为 Ⅱ~Ⅴ类,于 6—8 月接近或超 Ⅲ 类水标准。

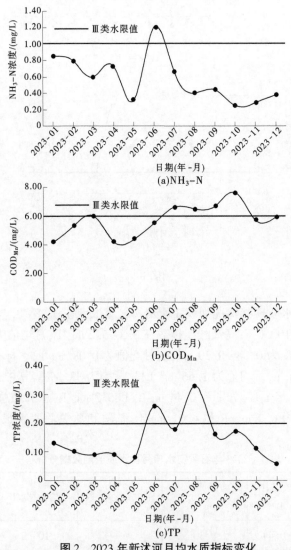

图 2　2023 年新沭河月均水质指标变化

　　新沭河月均水质现状情况如表 4 所示。氨氮浓度在 0.25~1.19 mg/L,月均值为 0.60 mg/L,达标率为 91.7%,最大超标倍数为 0.2 倍;高锰酸盐指数在 4.2~7.6 mg/L,月均值为 5.7 mg/L,达标率为 66.7%,最大超标倍数为 0.3 倍;总磷浓度范围为 0.06~0.33 mg/L,月均值为 0.1 mg/L,达标率为 83.3%,最大超标倍数为 0.7 倍。其中,氨氮浓度的峰值出现在 2023 年 6 月,为 1.19 mg/L;高锰酸盐指数峰值出现在 2023 年 10 月,为 7.6 mg/L;总磷浓度峰值出现在 2023 年 8 月,高达 0.33 mg/L。

表4　2023年新沭河月均水质监测数据分析

项目	监测浓度范围/ （mg/L）	平均监测浓度/ （mg/L）	最大超标倍数	达标率/%	年均水质类别
NH_3-N	0.25～1.19	0.60	0.2	91.7	Ⅲ
COD_{Mn}	4.2～7.6	5.7	0.3	66.7	Ⅲ
TP	0.06～0.33	0.1	0.7	83.3	Ⅲ

4　近5年水质变化情势

4.1　库区水质变化情势

根据2019—2023年石梁河水库的逐年年均水质数据评价结果，总氮不参评，综合水质类别为Ⅳ类至Ⅴ类；总氮参评，综合水质类别为Ⅴ类至劣Ⅴ类。氨氮、高锰酸盐指数、总磷和总氮等主要水质指标情况如图3所示：氨氮浓度总体较低，均为Ⅱ类，年际间略有波动；高锰酸盐指数指标较好，为Ⅱ类至Ⅲ类；总磷浓度为Ⅳ类至Ⅴ类，是除总氮外的主要超标项目；总氮浓度均较高，为Ⅴ类至劣Ⅴ类。

其中，氨氮浓度呈现动态变化，于2019—2020年上升，于2020年达最高点后，2021年降至2019—2023年最低，后续又稳步提高；高锰酸盐指数在2019—2023年基本保持下降趋势，降幅为15.2%；总磷和总氮浓度在2019—2020年呈现上升趋势，并于2020年达到峰值后逐渐下降，总磷降幅为9.3%，总氮降幅为52.3%。总体来看，石梁河水库2019—2023年来水质情况有所好转。

4.2　库区营养化程度变化情势

石梁河水库营养状态指数年际变化情势如图4所示，2019—2023年营养状态指数介于56.5～61.0，在轻度富营养和中度富营养间变动。其中，2019—2020年指数呈现上升趋势，于2020年达峰值后，在2021—2023年总体呈现下降趋势，总降幅为4.1%。值得注意的是，除2020年为中度富营养外，其余年份均为轻度富营养。

4.3　入库河道水质变化情势

根据石梁河水库入库河流（新沭河）2019—2023年年均水质数据评价结果，综合水质类别为Ⅳ～Ⅴ类。氨氮、高锰酸盐指数和总磷等主要水质指标情况如图5所示，氨氮浓度为Ⅱ～Ⅲ类，年际间略有波动；高锰酸盐指数为Ⅲ～Ⅳ类，总体呈下降趋势；总磷浓度为Ⅲ～Ⅳ类，2021—2023年均为Ⅲ类。

其中，氨氮指标近年来较为稳定，在2019—2020年上升后，又于2022年降至最低点，后续又继续上升；高锰酸盐指数呈现稳定的下降趋势，降幅为20.8%；总磷指标除2020年和2023年微幅上升外，其他年份均呈现较稳定的下降态势，总体降幅为33.6%。总体来看，新沭河水质于2019—2023年呈现好转趋势。

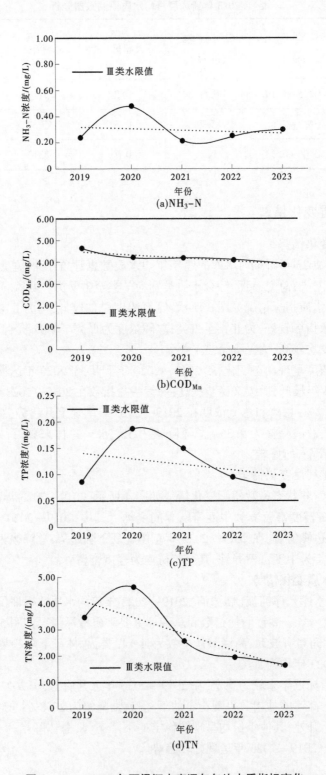

图 3　2019—2023 年石梁河水库逐年年均水质指标变化

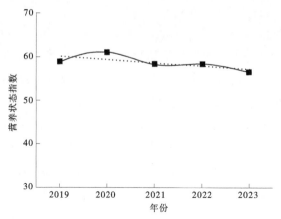

图4 2019—2023年石梁河水库营养状态指数年际变化

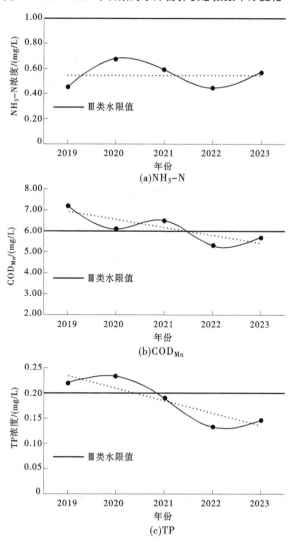

(a)NH$_3$-N

(b)COD$_{Mn}$

(c)TP

图5 2019—2023年新沭河逐年年均水质指标变化

5　蓝藻水华风险

水体富营养化是指氮、磷等营养元素超量进入水体中,促使藻类等水生生物迅速生长,导致水体的营养状态由贫转为富[4]。在适宜条件下,蓝藻会在富营养化湖库中快速繁殖,当叶绿素 a 浓度超过 10 μg/L 时,会形成蓝藻水华[5]。蓝藻水华发生时,阳光因大面积藻体的聚集而无法射入深层水体,同时蓝藻死亡时会消耗水中氧气,造成水中溶解氧含量降低,破坏水生生物生存环境。此外,部分蓝藻水华在生长过程中还能够分泌大量毒素,严重影响饮用水安全、威胁动物及人类生命健康,打破生态系统平衡。研究指出,引起蓝藻水华暴发的关键驱动因子包括氮、磷等营养盐浓度和水温[6]。

5.1　营养盐浓度

氮、磷等营养盐浓度是引起蓝藻水华的直接成因。其中,磷被认为是藻类生长的限制因子,磷浓度升高促使蓝藻获得竞争优势,显著促进蓝藻水华发生。当磷源充足时,蓝藻生长也受到氮源限制。Natalia Ospina Alvarez 等[7]研究表明,沉积物中积累的氮、磷等营养物质的释放为水体中藻类生长提供有效的营养来源。许慧萍等[8]研究表明,太湖水华在 TN≤10 mg/L 和 TP≤0.5 mg/L 的营养盐条件下,水华群体细胞数随着营养盐浓度的增加而逐渐增大,并指出了磷是控制大部分藻类生长的主要因素。

2023 年石梁河水库营养状态指数与总磷、总氮月均浓度变化如图 6 所示,总氮、总磷的浓度变化与营养状态指数呈现较为一致的变化趋势。其中,总氮、总磷的浓度于 5 月、8 月和 10 月达到较高水平,此时营养状态指数也随之上升至 55 以上。当总氮、总磷的浓度达到峰值时,水体呈现中度富营养状态。同时,水体营养状态指数受总氮浓度的影响较大,这可能是磷源已达到满足藻类生长条件造成的。因此,这也证实了氮、磷元素是引起水体富营养的关键驱动力之一。研究认为,当总氮、总磷浓度分别超过 0.2 mg/L 和 0.02 mg/L 时,湖库发生蓝藻水华的概率极大。然而,石梁河水库总氮和总磷现状浓度均高于上述临界浓度,满足蓝藻水华暴发所需的营养盐条件。

5.2　水温

蓝藻作为一类浮游植物,其生长与温度密切相关,因此水温也是引起蓝藻水华暴发的驱动因子之一。蓝藻生长的最适温度范围是 25～35 ℃,但它的高温耐受性要强于其他藻类,温度升高也会提高其竞争优势。Visser 等[9]指出蓝藻的最适生长温度为 27～37 ℃,且当气温超过 25 ℃时,蓝藻生长的速率明显提高。

2023 年石梁河水库营养状态指数与月均水温变化如图 7 所示。由图 7 可知,2023 年月均水温介于 7.8～28.2 ℃,最高水温在 7 月(28.2 ℃)。其中,6—9 月月均水温均为 25～28.2 ℃,满足蓝藻生长的适宜水温,此时的营养状态指数也呈现较高的状态。因此,水温也是影响蓝藻生长的关键驱动力之一。

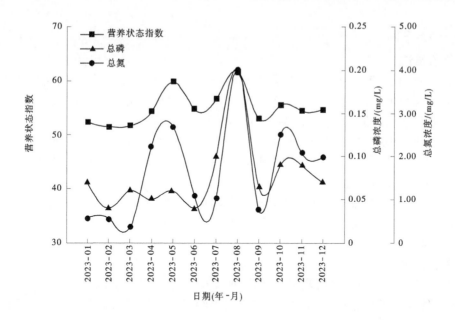

图 6　2023 年石梁河水库营养状态指数与总磷、总氮月均浓度变化

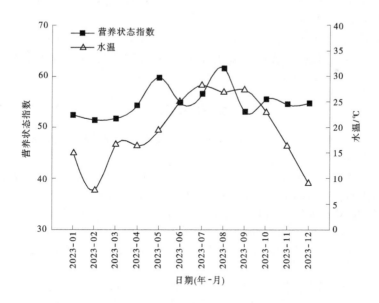

图 7　2023 年石梁河水库营养养状态指数与月均水温变化

综上所述,结合石梁河库区总磷、总氮现状浓度,夏季水温上升时,库区存在蓝藻水华暴发的风险,需密切关注、加强防范。

6 结论及建议

6.1 评价结论

（1）根据 2023 年石梁河水库月均水质数据评价,总氮不参评,综合水质类别为Ⅲ类至Ⅴ类;总氮参评,综合水质类别为Ⅴ类至劣Ⅴ类。2023 年石梁河水库入库河流(新沭河)月均水质数据评价,综合水质类别为Ⅲ类至Ⅴ类。

（2）根据 2019—2023 年石梁河水库的逐年年均水质数据评价,总氮不参评,综合水质类别为Ⅳ类至Ⅴ类;总氮参评,综合水质类别为Ⅴ类至劣Ⅴ类。2019—2023 年新沭河年均水质类别评价为Ⅳ类至Ⅴ类。

（3）氮、磷等营养盐浓度和较高水温为蓝藻水华的暴发提供了条件。对此,结合石梁河水库总氮、总磷现状浓度,当夏季高温导致水温上升时,需密切关注库区暴发大面积蓝藻水华的风险,提高应急应变能力。

6.2 保护建议

（1）物理调控。及时打捞蓝藻,尤其是在蓝藻快速增殖期,机械或人工打捞蓝藻并进行无害化处理或资源化利用;利用水体交换,优化水流条件,减短营养盐滞留时间以抑制蓝藻生长。

（2）人工调控。减少农业面源污染,限制化肥使用,实施精准施肥,减少氮、磷流失;严格管控工业废水排放,确保污水处理达标后再排入水体;改善城市排水系统,减少生活污水直排,提高污水处理设施效能。

（3）生态调控。恢复库区周边植被,构建缓冲带,减少径流挟带的营养盐输入;调整渔业结构,减少高营养负荷的养殖种类和密度;实施底泥疏浚,去除沉积物中的内源性营养物质。

参 考 文 献

[1] 束德方,李运昌,张圣文,等. 连云港市石梁河水库幸福河湖建设的实践与思考[J]. 江苏水利,2023(12):23-26.

[2] SMAYDA T J. Harmful algal blooms:their ecophysiology and general relevance to phytoplankton blooms in the sea[J]. Limnology and Oceanography,1997,42(5):1137-1153.

[3] KOTAK B G, KENEFICK S L, FRITZ D L, et al. Occurrence and toxicological evaluation of cyanobacterial toxins in Alberta lakes and farm dugouts[J]. Water Research,1993,27(3):495-506.

[4] 曹晶,袁静,赵丽,等. 湖库蓝藻水华控制技术发展、应用及展望[J]. 环境工程技术学报,2024,14(2):487-500.

[5] 徐潇,张一新. 我国湖泊营养特性与蓝藻水华暴发机制[J]. 环境工程,2019,37(增刊):49-53.

[6] 杨柳燕,杨欣妍,任丽曼,等. 太湖蓝藻水华暴发机制与控制对策[J]. 湖泊科学,2019,31(1):18-27.

[7] Natalia Ospina Alvarez, Enrique J. Peña. Alternativas de monitoreo de calidad de aguas:algas como bioindicadores[J]. Acta Nova,2004,2(4):513-517.

[8] 许慧萍,杨桂军,周健,等. 氮、磷浓度对太湖水华微囊藻(Microcystis flos-aquae)群体生长的影响[J]. 湖泊科学,2014,26(2):213-220.

[9] Visser, Petra M, Verspagen,et al. How rising CO_2 and global warming may stimulate harmful cyanobacterial blooms[J]. Harmful algae,2016(54):145-159.

宝应湖水生态状况监测与评估

张友青　韩　磊　张新星

（江苏省水文水资源勘测局淮安分局，淮安 223001）

摘　要　通过对 2022 年宝应湖水生态状况调查、监测来了解湖泊的现状，通过浮游植物、浮游动物、底栖动物和着生生物的 Shannon-Wiener 多样性指数的数值，评估宝应湖处于轻–中污染状态。

关键词　宝应湖；湖泊；水生态监测

生态河湖建设是一项旨在改善河湖生态环境，实现水清、岸绿、景美、人和的目标任务。我国生态河湖建设取得了显著的生态效益、经济效益和社会效益，为我国的生态文明建设提供了有力支撑。为了继续深入推进生态河湖建设，努力实现河湖生态环境的持续改善，打造美丽中国，把脉河湖，掌握河湖的生态状况，提出有针对性的建议，推动河湖生态修复和保护势在必行。宝应湖位于中国江苏省扬州市，是一座具有丰富水资源、湿地生态和渔业资源的湖泊。它的面积约为 160 km²，湖泊长度约为 25 km，最大宽度约为 7 km。湖泊的平均水深为 1.5 m，最深处可达 3 m。作为淮河流域高邮湖和宝应湖地区蓄滞涝水的湖泊，不但具有蓄滞涝水、供水、生态等公益性功能，而且兼具渔业、航运、旅游等开发性功能。为了保护和利用宝应湖资源，我国政府采取了一系列措施，如设立宝应湖湿地公园、实施湿地生态修复工程等。本文以宝应湖为例，对宝应湖的水生态状况[1-5]进行了调查，收集了宝应湖的生态状况资料，并对宝应湖生态环境状况进行了初步评估。

1　区域概况

宝应湖在历史上曾被称为"珠湖""射阳湖"等，名称的演变反映了湖泊所在地区政治、经济和文化中心的变迁。湖泊周围地区物产丰富，盛产鱼、虾、蟹等水产品，被誉为"鱼米之乡"。宝应湖是淮河流域下游高宝湖地区重要的河道型调蓄湖泊，是南水北调一期工程江苏境内西线输水的起始段，也是区域重要的备用水源地和"生态绿心"。宝应湖地跨扬州市宝应县和淮安市金湖县，由东部湖区、大汕子河、南北公司河、金宝航道和三河等深泓河道和圩外滩面组成。

2　水生态监测内容及方法

2.1　监测内容

水生态监测的内容主要包括大型水生维管束植物、浮游植物、浮游动物、底栖动物、着

作者简介：张友青（1984—），女，工程师，主要从事水质、水生态监测与研究工作。

生生物。

2.2　采样频次

大型水生维管束植物第二、三季度各采样监测 1 次,浮游植物第二季度采样监测 1 次,浮游动物、底栖动物和着生生物第一、二季度各采样监测 1 次。

2.3　分析方法

大型水生维管束植物、浮游植物、浮游动物、底栖动物、着生生物的样品分析方法见表1。

表 1　监测项目及分析方法

序号	监测项目	分析方法
1	大型水生维管束植物	《湖泊水生态监测规范》(DB 32/T 3202—2017)
2	浮游植物	《内陆水域浮游植物监测技术规程》(SL 733—2016)
3	浮游动物	《湖泊水生态监测规范》(DB 32/T 3202—2017)
4	底栖动物	《水和废水监测分析方法》(第 4 版)(2002 年)
5	着生生物	《水和废水监测分析方法》(第 4 版)(2002 年)

2.4　监测点布设

2022 年宝应湖设置了 1 个水生态监测站点,即花沟庄站。

2.5　评价方法

水生态监测 5 个指标中除大型水生维管束植物进行现场观测、鉴定并称重计算外,其余均采用 Shannon-Wiener 多样性指数评价,它的公式为

$$H' = - \sum P_i \ln P_i \tag{1}$$

式中:P_i 为目标样品内第 i 个物种个数占总物种个数的百分比。

优势度值超过 0.02 的为优势种,优势度的计算用第 i 个物种的总个数除以总物种个数。

3　结果与分析

3.1　大型水生维管束植物

2022 年宝应湖(花沟庄站)共记录大型水生维管束植物 5 科 6 种,其中挺水植物 3 种、漂浮植物 1 种、浮叶植物 1 种、沉水植物 1 种。挺水植物有禾本科芦苇、菰,香蒲科香蒲;漂浮植物有苋科喜旱莲子草;浮叶植物有千屈菜科细果野菱;沉水植物有水鳖科苦草。其中,第二季度细果野菱、喜旱莲子草和苦草占比较高,盖度达 27.8%,第三季度千屈菜科细果野菱和苦草占比较高,盖度达 32.3%。

第二季度检出的大型水生维管束植物总盖度为 36%,第三季度为 31%,两季度同一监测站点植物盖度比较明显,夏季高于秋季。大型水生维管束植物检出统计见表 2。

表 2　大型水生维管束植物检出统计

科	禾本	香蒲	苋	千屈菜	水鳖
种	2	1	1	1	1

3.2　浮游植物

2022年宝应湖(花沟庄站)第二季度共采集到浮游植物6门22种,其中绿藻门7种、硅藻门2种、裸藻门9种、隐藻门2种、甲藻门1种、金藻门1种。从检测结果来看,浮游植物主要优势种为隐藻门尖尾蓝隐藻与卵形隐藻、甲藻门带多甲藻,分别占整个种群优势度的0.28、0.20和0.07。浮游植物检出统计见表3。

表3　浮游植物检出统计

门	绿藻	硅藻	裸藻	隐藻	甲藻	金藻
种	7	2	9	2	1	1

2022年宝应湖(花沟庄站)第二季度浮游植物密度为$750×10^4$个/L。隐藻门密度为$357×10^4$个/L,优势度为0.48;其次为裸藻门和绿藻门,优势度分别为0.25、0.14。第二季度浮游植物密度组成见图1。

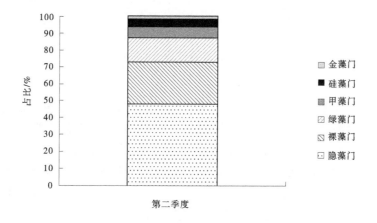

图1　第二季度浮游植物密度组成

3.3　浮游动物

2022年宝应湖(花沟庄站)第一、二季度浮游动物监测,共检测到浮游动物14种,其中原生动物6种、轮虫4种、枝角类1种、桡足类3种。主要优势种有原生动物中的江苏拟铃壳虫、钟虫属;轮虫中的萼花臂尾轮虫、矩形龟甲轮虫、盘状鞍甲轮虫和壶状臂尾轮虫;枝角类的长额象鼻蚤;桡足类的无节幼体、中华温剑水蚤和特异荡镖水蚤。浮游动物检出统计见表4。

表4　浮游动物检出统计

门类	原生动物	轮虫	枝角类	桡足类
种	6	4	1	3

2022年宝应湖(花沟庄站)第一、二季度浮游动物平均密度为10 080.85 ind/L。其中,原生动物密度为9 960 ind/L,占98.20%;轮虫密度为120 ind/L,占1.76%。可见,浮游动物总密度由原生动物密度的多寡决定,枝角类和桡足类密度较低,仅占总密度的0.04%。

2022 年宝应湖(花沟庄站)第一、二季度浮游动物平均生物量为 5.094×10⁻⁴ mg/L。其中,原生动物生物量为 3.486×10⁻⁴ mg/L,占 68.43%;轮虫生物量为 1.605×10⁻⁴ mg/L,占 31.51%;枝角类生物量为 2.448×10⁻⁸ mg/L,占 0.01%;桡足类生物量为 2.593×10⁻⁷ mg/L,占 0.05%。季度变化上,轮虫、枝角类和桡足类均是二季度生物量较高、一季度生物量较低。第一、二季度浮游动物密度组成见图 2。

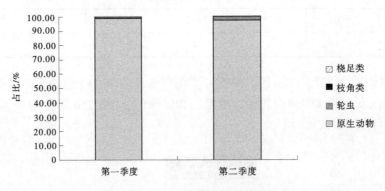

图 2　第一、二季度浮游动物密度组成

3.4　底栖动物

2022 年宝应湖(花沟庄站)共检测到底栖动物 7 种,其中有腹足纲的铜锈环棱螺和梨形环棱螺,寡毛纲颤蚓科的霍甫水丝蚓、苏氏尾鳃蚓、有栉管水蚓、毛腹虫和奥特开水丝蚓。优势种为腹足纲铜锈环棱螺、寡毛纲颤蚓科霍甫水丝蚓和苏氏尾鳃蚓。第一季度和第二季度底栖动物平均密度为 380.5 ind/m²,第一、二季度密度分别为 137 ind/m² 和 624 ind/m²。底栖动物第一、二季度平均生物量为 163.9 g/m²,第一、二季度生物量分别为 305.82 g/m² 和 21.98 g/m²。底栖动物检出统计见表 5。

表 5　底栖动物检出统计

纲	腹足	寡毛
种	2	5

3.5　着生生物

2022 年宝应湖(花沟庄站)共采集到着生生物 66 种,均为藻类(以下简称着生藻类),其中绿藻门 26 种、硅藻门 24 种、蓝藻门 12 种、隐藻门 3 种、黄藻门 1 种。蓝藻门和硅藻门在密度和生物量上占绝对优势,主要优势种有湖泊伪鱼腥藻、尖尾蓝隐藻、颗粒直链藻最窄变种、双头针杆藻等。着生生物检出统计见表 6。

表 6　着生生物检出统计

门	绿藻	硅藻	蓝藻	隐藻	黄藻
种	26	24	12	3	1

2022 年宝应湖(花沟庄站)第一、二季度着生藻类平均密度为 84.8×10⁴ 个/cm²,第

一、二季度密度分别为 134.6×10⁴ 个/cm²、35.0×10⁴ 个/cm²。硅藻门和蓝藻门为主要优势门类，第一、二季度平均密度分别为 32.1×10⁴ 个/cm²、26.1×10⁴ 个/cm²，所占比例分别为 37.8%、30.7%；其次为绿藻门和隐藻门，第一、二季度平均密度占比分别为 17.8%、13.5%。第一季度藻类密度显著高于第二季度。

宝应湖（花沟庄站）着生藻类第一、二季度平均生物量为 0.419 mg/cm²，第一、二季度生物量分别为 4.536 mg/cm²、0.405 mg/cm²。其中，蓝藻门平均生物量为 1.96 mg/cm²，占 79.4%。季度变化上，一季度生物量较高，二季度生物量较低。第一、二季度着生藻类密度季节变化见图 3。

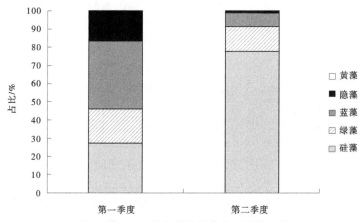

图 3　第一、二季度着生藻类密度季节变化

3.6　宝应湖生态评估

2022 年宝应湖（花沟庄站）第二季度浮游植物 Shannon-Wiener 多样性指数为 3.15，处于轻度污染状态。第一、二季度浮游动物和底栖动物 Shannon-Wiener 多样性指数分别为 1.62、1.84，均处于中度污染状态。第一、二季度着生藻类 Shannon-Wiener 多样性指数为 3.78，处于轻度污染状态。

根据浮游植物和着生藻类的计算结果可以判断 2022 年宝应湖处于轻度污染状态，依据浮游动物和底栖动物的计算结果可以判断 2022 年宝应湖处于中度污染状态。

4　结论与建议

4.1　结论

2022 年宝应湖共记录大型水生维管束植物 5 科 6 种，其中挺水植物 3 种、漂浮植物 1 种、浮叶植物 1 种、沉水植物 1 种。优势种为细果野菱、喜旱莲子草和苦草。

浮游植物共检出 6 门 22 种，其中绿藻门 7 种、硅藻门 2 种、裸藻门 9 种、隐藻门 2 种、甲藻门 1 种、金藻门 1 种。优势种为隐藻门尖尾蓝隐藻与卵形隐藻、甲藻门带多甲藻。

浮游动物共检测到 14 种，其中原生动物 6 种、轮虫 4 种、枝角类 1 种、桡足类 3 种。主要优势种有原生动物中的江苏拟铃壳虫、钟虫属，轮虫中的萼花臂尾轮虫、矩形龟甲轮虫、盘状鞍甲轮虫和壶状臂尾轮虫，枝角类的长额象鼻溞，桡足类的无节幼体、中华温剑水溞和特异荡镖水溞。

底栖动物共检测到 7 种,其中腹足纲 2 种、寡毛纲 5 种。优势种为腹足纲铜锈环棱螺,寡毛纲颤蚓科霍甫水丝蚓和苏氏尾腮蚓。

着生生物共采集到 66 种,其中绿藻门 26 种、硅藻门 24 种、蓝藻门 12 种、隐藻门 3 种、黄藻门 1 种。蓝藻门和硅藻门在密度和生物量上占绝对优势,主要优势种有湖泊伪鱼腥藻、尖尾蓝隐藻、颗粒直链藻最窄变种、双头针杆藻等。

根据以上 5 个水生生物指标监测结果,可判断 2022 年宝应湖处于轻−中度污染状态。

4.2　建议

为有效提升宝应湖生态环境治理效果,为人民群众提供宜人的生活环境和亲水空间,建议当地管理部门加强水资源、水环境、水生态等要素的系统治理,建立健全水生态监测网络,定期开展水生态评估,为政策制定和实施提供科学依据。

参 考 文 献

[1] 胡芮,王儒晓,杜诗雨,等.扬州宝应湖底栖大型无脊椎动物的生物多样性及其变化[J].生物多样性,2020,28(12):1558-1569.

[2] 刘小维,杨洋,殷稼雯,等.高宝湖区 4 个湖泊浮游植物和底栖动物群落特征和生物评价[J].环境监控与预警,2020,12(6):52-58.

[3] 朱玉磊,胡晓东,丰叶,等.宝应湖浮游植物群落演变趋势及其驱动因子分析[J].生态与农村环境学报,2022,38(4):485-493.

[4] 陈志芳,马德高,殷惠,等.宝应湖维管植物多样性研究与保护对策[J].环境保护与循环经济,2017,37(8):36-41.

[5] 马德高,吴蔚,陈志芳,等.宝应湖水体浮游动物组成和多样性调查[J].浙江农业科学,2017,58(4):656-659,666.

超高效液相色谱-三重四级杆质谱法快速测定水中3种痕量农药残留

杨晓倩 崔景光 张小明 宋银燕

(江苏省水文水资源勘测局徐州分局,徐州 221018)

摘 要 为了实现快速、高效、准确地测定水中2,4-滴、涕灭威、克百威的含量,建立了使用高效液相色谱质谱法测定环境水体中的3种痕量农药残留分析方法。该方法无须衍生化操作,水样经过浓缩提取、净化,采用C18反相高效液相色谱柱(2.6 μm,100 mm×2.1 mm),以0.2%甲酸水-甲醇作为流动相进行梯度洗脱,质谱智能化分时间段-多反应选择离子监测(MRM)模式进行检测。检测结果表明:检测项目线性相关系数合格($R>0.995$),方法检出限低、精密度和准确度好、加标回收率高。与传统方法相比,此方法更加简单、快速、精确、环保,可用于环境水体中痕量2,4-滴、涕灭威、克百威的测定。

关键词 超高效液相色谱-三重四级杆质谱法;农药残留;环境水体

目前,我国对农药的使用要求越来越严格、规范,鼓励使用效率高、降解速度快、低毒、环保的药物,取缔了许多毒性强、危险性大的试剂。但在农药的使用过程中,或者是在残余农药的处置中,仍然有很多农药流入了自然水体中,危害了地表水及地下水的水质,对生态系统及人体健康造成潜在的威胁。

近年来,我国对水资源的管理与保护越来越重视,地表水和地下水质量标准中对涕灭威、克百威、2,4-滴等农药指标的检测有明确要求[1],但至今均未发布检测用国家、行业标准分析方法。2,4-滴是一种在农业中广泛运用的除草剂之一,水中2,4-滴的检测方法文献查阅的有气相色谱法、气相色谱-质谱联用法、高效液相色谱法和超高效液相色谱-质谱联用法[2-4]。在水质检测中最常用的方法是气相色谱法,该方法的测定采用液液萃取、碘仿衍生后气相色谱法检测,此方法操作复杂、耗时长,提取过程中有机溶剂用量大,尤其是衍生试剂碘仿毒性强,反应条件苛刻,无法适应大批量样品分析[5]。涕灭威、克百威属氨基甲酸酯类农药是一种低毒、高效的杀虫剂,在农业中尤其是养殖环境中广泛运用。目前,食品、农作物中氨基甲酸酯类农药的测定方法较多,但关于水中氨基甲酸酯类农药测定处于空白状态,行业中大多通过柱后衍生-液相色谱法等自建方法进行检测[6],该方法需配备柱后衍生设备,且为了提高荧光检测器的灵敏度,水样的前处理过程中还需加入基体改进剂,方法操作过程烦琐,准确度不高。

超高效液相色谱-三重四级杆质谱法前处理过程简单快捷,专属性强,灵敏度高,对

作者简介:杨晓倩(1984—),女,助理工程师,主要从事水环境质量监测。

环境水体中的痕量农药残留分析辨识度好,可快速测定水中3种痕量农药残留。

1 实验部分

1.1 仪器、试剂与材料

超高效液相色谱-三重四级杆质谱联用仪(SCI-EX Triple Quad 6500,美国 Sciex 公司);C18 反相高效液相色谱柱[2.6 μm,100 mm×2.1 mm(内径)];微量注射器;0.2 μm 微孔滤膜;甲醇(色谱纯);乙腈(色谱纯);乙酸(优级纯);甲酸(优级纯);无水硫酸钠(优级纯)。

1.2 溶液配制

各量取100 μL 2,4-滴、涕灭威、克百威标准溶液于10 mL 容量瓶中,用甲醇定容至刻度,配制成1 000 μg/L 的储备液。混合标准溶液避光4 ℃保存,保质期1个月。

1.3 样品

1.3.1 样品采集与保存

按照《地表水和污水监测技术规范》(HJ/T 91—2002)和《地下水环境监测技术规范》(HJ 164—2020)的相关要求进行水样的采集与保存。用预先洗涤干净并干燥的磨口棕色玻璃瓶(500 mL)采集水样,采样瓶需完全注满不留气泡。样品4 ℃以下冷藏避光保存,应在7 d 内完成分析。

1.3.2 提取

准确取100 mL 原水样转移至250 mL 分液漏斗中,取20 mL 乙腈,倒入分液漏斗中,手工振摇约5 min(注意放气),静置30 min,先将水相放入洁净干燥的500 mL 烧杯中,再将有机相转移至50 mL 浓缩瓶中。将水相倒回分液漏斗中以同样步骤再萃取一次,合并有机相。在40 ℃水浴下浓缩至2 mL 待净化。

1.3.3 净化

在净化柱中加入约2 cm 高无水硫酸钠,并将柱子底部插入下接废液瓶的固定架上。加样前先用5 mL 乙腈预洗柱,当液面到达硫酸钠顶部时,迅速将样品提取液转移至净化柱上,并更换浓缩瓶接收。净化后的提取液继续在40 ℃水浴下浓缩至约0.5 mL 后,调节水浴温度至35 ℃用氮气吹干,用甲醇色谱纯将吹干的净化提取液于浓缩瓶中定容至1 mL,取定容后的净化提取液经过0.2 μm 微孔滤膜过滤,供液相色谱-质谱仪分析。

1.4 分析条件

1.4.1 色谱条件

色谱柱:Kinetex-C18,2.6 μm,100 mm×2.1 mm(内径),美国菲罗门公司;柱温:40 ℃;流速:0.4 mL/min;进样量:5 μL;流动相 A:0.2%甲酸水;流动相 B:纯甲醇。液相色谱梯度洗脱程序见表1。

1.4.2 质谱条件

离子源:电喷雾离子源(ESI),正/负离子模式;监测方式:多反应监测(MRM);离子化电压:4 000 V;离子源温度:350 ℃;雾化气压力:0.28 MPa(50 psi)。化合物的质谱参数见表2。

表1 液相色谱梯度洗脱程序

时间/min	流速/(mL/min)	流动相 A/%	流动相 B/%
0	0.4	90	10
1	0.4	90	10
2	0.4	0	100
4	0.4	0	100
5	0.4	90	10
7	0.4	90	10

表2 化合物的质谱参数

化合物	母离子	子离子	源内碎裂电压/V	碰撞电压/V	保留时间/min
涕灭威	213	89*	100	30	5.42
	213	116	100	30	5.42
克百威	222.3	165.1*	120	20	6.81
	222.3	123.1	120	20	6.81
2,4-滴	218.9	161.0*	80	20	4.28
	218.9	125.0	80	20	4.28

注:带 * 的为定量子离子,另一个为定性子离子。

1.5 检测分析

1.5.1 仪器调谐

按照仪器使用说明书在规定时间和频次内对液相色谱质谱仪进行质量数和分辨率校准,质谱峰半峰宽为 0.6~0.9 Da,仪器质量数偏移在±0.5 Da 之内。

1.5.2 定性分析

按照质谱条件中给的母离子和子离子进行监测,如果检出的色谱峰的保留时间与标准样品相一致,并且在扣除背景后的样品质谱图中,所选择的离子均出现,而且所选择的离子丰度比与标准样品的离子丰度比相一致(见表3),则可判定样品中存在这种农药或相关化学品。

表3 相对离子丰度的最大允许偏差

相对丰度/%	最大允许偏差/%
>50	20
20~50	25
10~20	30
<10	50

1.5.3 定量分析

采用外标-校准曲线法定量测定。取一定量的混合储备液,用甲醇稀释,配制 5 个浓度点的标准系列,标准溶液中 2,4-滴、涕灭威、克百威的标准系列质量浓度均为 1 μg/L、10 μg/L、20 μg/L、50 μg/L、80 μg/L,混匀后待测。

由低浓度到高浓度依次进样,以标准系列溶液中目标组分的浓度为横坐标,以其对应的峰面积为纵坐标,建立标准曲线。

1.5.4 试样测定

取待测试样,按照与校准曲线相同的仪器分析条件进行测定。当水样浓度超出标准曲线线性范围时,应重新取样、适当稀释,重新制备样品测定。

按与试样测定相同的条件进行空白试样、平行试样、加标回收样品、标准样品的测定。

1.5.5 结果计算

样品中目标化合物的质量浓度按照以下公式计算:

$$\rho_i = \frac{\rho_I \times V_1}{V} \times D \tag{1}$$

式中:ρ_i 为样品中目标化合物 i 的质量浓度,μg/L;ρ_I 为从标准曲线上计算得到的试样中目标化合物 i 的质量浓度,μg/L;V_1 为萃取溶剂体积,mL;V 为水样取样体积,mL;D 为水样稀释倍数。

测定结果小数点后位数与方法检出限一致,最多保留 3 位有效数字。

2 结果与讨论

2.1 线性结果

由低浓度到高浓度依次对标准系列溶液进样分析,以标准系列溶液中目标组分的浓度(μg/L)为横坐标 X,以其对应的峰面积为纵坐标 Y,绘制标准曲线。实验结果显示,涕灭威、克百威、2,4-滴在各自的线性范围内线性良好,线性系数>0.995,满足方法要求。

2.2 检出限的测定

根据《合格评定 化学分析方法确认和验证指南》(GB/T 27417—2017),方法检出限可以按照 3 倍信噪比计算,即当样品组分的响应值等于基线噪声的 3 倍时,该样品的浓度就被作为最小检出限。涕灭威、克百威、2,4-滴的检出限分别为 0.431 8 μg/L、0.000 4 μg/L、0.002 μg/L,均满足检测要求。

2.3 精密度测试

根据《环境监测分析方法标准制订技术导则》(HJ 168—2020),按照样品分析的全部步骤对环境水样加标测定涕灭威、克百威、2,4-滴,高低浓度样品分别进行 6 次平行测定,计算低浓度及高浓度样品平行测定的相对标准偏差。本次测试,环境水样加标涕灭威、克百威、2,4-滴低浓度检测平均相对标准偏差分别为 4.85%、0.77%、3.41%,高浓度试样检测平均相对标准偏差分别为 1.14%、0.52%、1.22%;均满足检测要求。

2.4 准确度测试

利用标准物质于纯水中配置涕灭威、克百威、2,4-滴高低浓度质控点,按照样品分析的全部步骤,分别进行 6 次平行测定。结果显示,涕灭威、克百威、2,4-滴低浓度试样检测平均相对误差分别为 2.3%、3.3%、6.0%,高浓度试样检测平均相对误差分别为 0.96%、0.6%、5.0%;均满足检测要求。

2.5 回收率测试

对环境水样进行涕灭威、克百威、2,4-滴 3 次加标测试。结果显示,涕灭威环境水样加标回收率为 95.1%~105.5%;克百威环境水样加标回收率为 97.4%~106.7%;2,4-滴环境水样加标回收率为 98.5%~103.7%。满足测试要求。

3 结 论

本文通过超高效液相色谱-三重四级杆质谱法测定环境水体中 2,4-滴、涕灭威、克百威,此方法检出限低,有较好的准确度和精密度,样品的加标回收率高,与以往的实验方法相比,具有更高的选择性、灵敏度和稳定性,且实验操作步骤简单,分析快速准确,适用范围广等优点,能够满足现有我国地表水、地下水和饮用水等国家标准中规定的测定限量的要求,值得推广应用,建议相关部门据此进一步研究制定相关标准检测方法。

参 考 文 献

[1] 仇雁翎,张华.环境样品中有机氯和有机磷农药分析方法研究进展[J].广东化工,2016,43(24):77-79.

[2] 彭敏,刘传生.固相萃取-柱前衍生-气相色谱-质谱联用法测定水中 2,4-滴和灭草松[J].理化检验-化学分册,2009,45(7):791-793.

[3] 劳敏华,欧桂秋.固相萃取-高效液相色谱法测定水中灭草松、莠去津和 2,4-滴[J].净水技术,2012,31(2):72-75.

[4] 黄小倩.固相萃取-高效液相色谱仪测定饮用水中 2,4-滴、灭草松[J].化工管理,2017(33):29-31.

[5] 陈晨,吴宇峰,王艳丽.气相色谱法测定水中 2,4-滴的方法研究[C]//中国环境科学学会.2020 中国环境科学学会科学技术年会论文集.北京:中国环境科学出版社,2020.

[6] 赵祺平,李慧慧,李明.水中涕灭威、克百威和甲萘威的测定柱后衍生-液相色谱法[C]//中国水利学会.中国水利学会 2018 学术年会论文集.北京:中国水利水电出版社,2018.

湖库型生态状况评价方法研究

王德维[1]　王　震[1]　王崇任[1]　叶　彬[2]

（1. 江苏省水文水资源勘测局连云港分局，连云港 222004；
2. 江苏省水文水资源勘测局扬州分局，扬州 225000）

摘　要　基于湖库特点，构建了湖库型生态状况评价指标体系，该体系由水安全、水生物、水生境、水空间、公众满意度 5 个准则层组成，包含防洪工程达标率、集中式饮用水水源地水质达标率等 14 个评价指标，并给出了湖库型生态状况评价方法。以宿城水库为具体案例分析，结果表明：2023 年宿城水库生态状况评价综合得分为 91.23 分，生态状况级别为"优"，生态状况总体很好。通过案例分析，表明湖库型生态状况评价指标体系具有一定的实践性，并能有针对性地发现湖库生态状况存在的问题，为湖库型生态状况评价提供新方法，有助于湖库生态保护，促进幸福河湖建设。

关键词　湖库型；生态状况评价；指标体系；幸福河湖建设

1　研究背景

　　水利部党组书记、部长李国英在 2022 年全国水利工作会议上强调要促进河湖生态环境复苏，持续开展河湖健康评价，努力建设造福人民的幸福河湖。《"十四五"水安全保障规划》强调要提高水生态环境保护治理能力，恢复水清岸绿的水生态体系，扩大优质生态产品供给。河湖水库是水资源的重要载体，而河湖的生态状况指标是生态环境的重要控制性要素，及时开展河湖生态状况评价，把脉河湖、问诊河湖，发现河湖"病灶"，提出生态保护对策及建议，对加强河湖水库管理与保护、改善水生态环境、提升生态文明建设水平、促进经济社会发展具有重要意义。

　　目前，国内外河湖水库生态状况评价的理论研究及实际应用已有一定进展。在国内，褚克坚等[1]构建了包含河流自然形态结构、水体质量状况、水文水动力状况、水生生物状况 4 个一级指标和 25 个二级指标在内的平原河网地区河流水生态评价指标体系。惠秀娟等[2]构建了综合反映水体理化特征、水生生物特征、水体卫生学特征、栖息地环境特征的辽河水生态系统健康评价指标体系。蒋晓辉等[3]引用浮游植物种类数、密度、生物量和底栖动物种类数、生物指数等指标评价黄河干流各河段的水生态系统健康状况。李云等[4]从生态系统结构完整性、生态系统抗扰动弹性、社会服务功能可持续性 3 个方面建立了河湖健康评价指标体系与评价方法。张雷等[5]选取大宁河构建了大宁河水生态系统健康评价指标体系，运用基于熵值法的综合健康指数法对其水体生态系统健康状况进行综合评价。陈炯等[6]根据对茅洲河流域 31 个样点的水文、水质、地貌形态、水生生物和社

作者简介：王德维（1987—），男，工程师，主要从事水文水资源调查与评价工作。

会功能等指标所做的调研,运用层次分析法,建立河流健康评价体系,并对其健康状况进行评价。在国外,C. W. C Branco 等[7]认为可以利用浮游动物群落结构变化和多样性来监测、评价水体生态环境。S. B. Briker 等[8]将 PSR 模型运用到生态系统健康评价、生物多样性监测、流域生态安全评价、水体富营养化评价等多个领域。新西兰 Cawthron 研究所在 2018 年提出了全新的淡水生态环境健康评价体系,包括水生生物、水质、水量、自然栖息地和生态过程 5 个核心部分[9]。

总的来说,国内外学者侧重于河流型生态状况评价研究,而且倾向于近自然状态的恢复和保护,缺少社会服务功能的指标评价,对于湖库型生态状况评价研究还不够深入系统。为此,本文在生态湖库的特点基础上构建适用于湖库型生态状况的评价体系。

2 湖库型生态状况评价指标体系

2.1 基本概念

生态湖库是稳定的、有弹性的自然生态系统结构,能够满足较高标准的防洪、供水等社会服务功能需求的湖泊水库[10-13]。

生态湖库应当对长期或突发的扰动有一定的自我恢复能力,能够稳定维持水源涵养、河湖生物多样性和生态平衡;提供可持续、多样性的社会服务功能,水质优良,公众满意度高[14-15]。

2.2 生态状况评价指标体系

根据生态湖库的概念,以水安全、水生物、水生境、水空间和公众满意度等方面作为准则层来构建湖库类型生态状况评价指标体系。其中,水安全涉及 3 个评价指标,分别为防洪工程达标率、集中式饮用水水源地水质达标率及水功能区水质达标率;水生物涉及 2 个指标,分别为蓝藻密度、大型底栖动物多样性指数;水生境涉及 6 个指标,分别为口门畅通率、湖水交换能力、主要入湖河流水质达标率、生态水位满足程度、水质优劣程度、营养状态指数;水空间涉及 3 个指标,分别为水面利用管理指数、管理(保护)范围划定率及综合治理程度;公众满意度涉及公众满意度 1 个指标。目标层中有 1 个指标,准则层中有 5 个指标,指标层中有 15 个指标,形成了金字塔式的指标体系(见表 1)。

3 评价方法

3.1 评价标准

生态河湖状况评价考核采用百分制。对每项指标分别进行量化并设定权重,总分按加权平均求得。生态河湖状况评价结果划分为"优""良""中""差"共 4 级(见表 2)。

3.2 否决项

生态河湖评价设 3 个否决项,分别为集中式饮用水水源地水质达标率、水质优劣程度和公众满意度。

集中式饮用水水源地水质达标率:集中式饮用水水源地出现突发水污染问题、供水危机等水质异常事件,则取消当次评选资格。

水质优劣程度:河流、湖泊(水库)水质评价结果为 V 类及以下,则取消当次评选资格。

表 1　生态湖库状况评价指标体系

目标层	准则层	指标	权重	权重(不含集中式饮用水水源地)
湖库生态状况评价(W)	水安全(A)	防洪工程达标率(A1)	0.07	0.12
		集中式饮用水水源地水质达标率(A2)*	0.07	0
		水功能区水质达标率(A3)	0.10	0.12
	水生物(B)	蓝藻密度(B1)	0.09	0.09
		大型底栖动物多样性指数(B2)	0.05	0.05
	水生境(C)	口门畅通率(C1)	0.05	0.05
		湖水交换能力(C2)	0.05	0.05
		主要入湖河流水质达标率(C3)	0.05	0.05
		生态水位满足程度(C4)	0.07	0.07
		水质优劣程度(C5)*	0.08	0.08
		营养状态指数(C6)	0.06	0.06
	水空间(D)	水面利用管理指数(D1)	0.05	0.05
		管理(保护)范围划定率(D2)	0.05	0.05
		综合治理程度(D3)	0.06	0.06
	公众满意度(E)	公众满意度(E1)*	0.10	0.10

注:＊为否决项指标。对于有指标缺失项的湖库,将缺失指标的权重平均分给该指标所在指标类型的其他指标。

表 2　生态河湖综合评价标准

项目	阈值及分级标准			
总分/分	[90,100]	[75,90)	[60,75)	[0,60)
湖库生态状况	优	良	中	差

公众满意度:公众满意度在 75 分以下,则取消当次评选资格。

4　案例分析

4.1　研究区域概况

宿城水库位于江苏省连云港市连云区。该水库始建于 1958 年底,建成于 1968 年,2006 年进行了除险加固。水库集水面积 5.23 km²,设计洪水标准 30 年一遇,校核洪水标准为 1 000 年一遇。设计水位 21.69 m(废黄河口基面,下同),校核水位 22.76 m,兴利水位 19.65 m,死水位 6.10 m,总库容 318.09 万 m³,兴利库容 225.41 万 m³,死库容 4.75 万 m³,是一座以防洪、灌溉为主,兼顾生活用水、生态、景观、旅游等功能的小(1)型水库。

4.2　评价结果与分析

对照生态河湖评价指标体系,2023 年宿城水库生态状况评价综合得分为 91.23 分

(见表 3)。由表 2 可知,2023 年宿城水库综合评价结果为优。

表 3　2023 年宿城水库生态状况评价结果

指标类型	指标	权重(不含集中式饮用水水源地)	指标得分/分	加权得分/分	综合评价
水安全	防洪工程达标率	0.12	100	12.00	优
	集中式饮用水水源地水质达标率*	0	0	0	
	水功能区水质达标率	0.12	100	12.00	
水生物	蓝藻密度	0.09	93.69	8.43	
	大型底栖动物多样性指数	0.05	31.17	1.56	
水生境	口门畅通率	0.05	65.2	3.26	
	湖水交换能力	0.05	79.96	4.00	
	主要入湖河流水质达标率	0.05	100	5.00	
	生态水位满足程度	0.07	100	7.00	
	水质优劣程度*	0.08	100	8.00	
	营养状态指数	0.06	80.4	4.82	
水空间	水面利用管理指数	0.05	99.995	5.00	
	管理(保护)范围划定率	0.05	100	5.00	
	综合治理程度	0.06	100	6.00	
公众满意度	公众满意度*	0.10	91.62	9.16	
	总和	1.00		91.23	

注:因宿城水库非集中式饮用水水源地,所以将"集中式饮用水水源地水质达标
率"的权重分配给"防洪工程达标率"和"水功能区水质达标率"。

2023 年宿城水库生态状况评价各项指标得分及评价见表 3,评分在 90 分以下的指标
共 4 项,分别为大型底栖动物多样性指数、口门畅通率、湖水交换能力和营养状态指数。
宿城水库流域为封闭小流域,大型底栖生物种类单一,多样性指数偏低。宿城水库主要出
库河道为南河,主要功能为行洪排涝,一般在 6—9 月溢流泄洪,阻隔月数长达 8 个月,导
致宿城水库口门畅通率偏低。宿城水库流域为封闭小流域,集水面积只有 5.23 km²,只
能靠降水径流补给,来水量少,没有其他水源补给,湖水交换能力不高。库区时常出现轻
度污染,主要超标因子为总磷、总氮,营养状态多处于轻富营养化状态。

建议实施宿城水库小流域生态治理、污染治理、库区生态净化,优化管理组织体系、强
化联席会议制度建设,建立网格化管理体系和监督评价制度,进一步促进宿城水库生态状
况不断提升。

5　结　论

(1)基于湖库特点,构建了湖库型生态状况评价指标体系,该体系由水安全、水生物、

水生境、水空间、公众满意度 5 个准则层组成,包含防洪工程达标率、集中式饮用水水源地水质达标率、水功能区水质达标率、蓝藻密度、大型底栖动物多样性指数、口门畅通率、湖水交换能力、主要入湖河流水质达标率、生态水位满足程度、水质优劣程度、营养状态指数、水面利用管理指数、管理(保护)范围划定率、综合治理程度以及公众满意度评价指标,并给出了湖库型生态状况评价方法。

(2)本文评价方法为湖库型生态状况评价的新方法,是识别湖库生态状况问题的一种工具,有助于湖库生态保护,促进幸福河湖建设。

(3)以宿城水库为例,2023 年宿城水库生态状况评价综合得分为 91. 23 分,生态状况级别为优,生态状况总体很好。

(4)通过案例分析,表明湖库型生态状况评价指标体系具有一定的实践性,并能针对性地发现湖库生态状况存在的问题,为湖库生态保护提供一种新的思路。

参 考 文 献

[1] 褚克坚,阚丽景,华祖林,等.平原河网地区河流水生态评价指标体系构建及应用[J].水力发电学报,2014,33(5):138-144.

[2] 惠秀娟,杨涛,李法云,等.辽宁省辽河水生态系统健康评价[J].应用生态学报,2011,22(1):181-188.

[3] 蒋晓辉,王洪铸.黄河干流水生态系统结构特征沿程变化及其健康评价[J].水利学报.2012,43(8):991-997.

[4] 李云,李春明,王晓刚,等.河湖健康评价指标体系的构建与思考[J].中国水利,2020(20):4-7.

[5] 张雷,时瑶,张佳磊,等.大宁河水生态系统健康评价[J].环境科学研究,2017,30(7):1041-1049.

[6] 陈炯,吴基昌,宋林旭,等.深圳市茅洲河河流生态系统健康评价[J].三峡大学学报(自然科学版),2021,43(3):1-5,64.

[7] Branco C W C,Rocha M I A,Pinto G F S,et a1. Limnological features of Funil Reservoir(Brazil R J)and indicator properties of rotifers and cladocerans of the zooplankton community[J]. Lakes&Reservoirs: Research and Management,2002(7):87-92.

[8] Briker S B,Ferreira J G,Simas T. An integrated methodology for assessment of estuarine trophic status[J]. Eco-logical Modelling,2003(169):39-60.

[9] 张萍,高丽娜,孙翀,等.中国主要河湖水生态综合评价[J].水利学报,2016,47(1):94-100.

[10] 杨艳慧,唐德善.江苏省生态河湖建设效果评价[J].水电能源科学,2021,39(8):61-65.

[11] 吴小伟,谈立,赵林林.大运河扬州段生态河湖构建探索[J].中国水利,2019(4):33-34.

[12] 吴计生,梁团豪,吕军.松花江流域主要河湖水生态现状评价[J].中国水土保持,2019(2):37-40.

[13] 赵玉红,丛纯纯,赵敏.我国城市河湖水生态环境评价体系构建与实证分析[J].南水北调与水利科技,2013,11(6):58-61.

[14] 徐宗学,顾晓昀,左德鹏.从水生态系统健康到河湖健康评价研究[J].中国防汛抗旱,2018,28(8):17-24,29.

[15] 顾晓昀,徐宗学,刘麟菲,等.北京北运河河流生态系统健康评价[J].环境科学,2018,39(6):2576-2587.

骆马湖水生态修复

李福春

（骆马湖水利管理局新沂河道管理局，徐州 221400）

摘　要　本文以骆马湖为研究对象，探讨其水生态修复的相关问题。首先，详细介绍了骆马湖的地理位置和特点。接着，通过对湖水水质状况及生态系统结构与功能的深入分析，全面评估了骆马湖的生态现状。进一步，针对当前面临的主要生态问题，深入剖析了其产生的原因。在此基础上，提出了一系列综合的水生态修复策略，这些策略的目标是改善骆马湖的生态状况，实现可持续发展。

关键词　骆马湖；水生态；修复

1　骆马湖基本情况

　　骆马湖位于苏北平原东部、沂沭泗河冲洪积平原区南部、鲁南丘陵和苏北平原的过渡地带，是淮河流域第三大湖泊、江苏省第四大湖泊，在国家南水北调东线中具有重要的调蓄作用。骆马湖跨徐州、宿迁二市，湖泊长 27 km，最大宽度 20 km，湖水面积为 296 km²（相应水位 21.81 m），大部分在宿豫区境内，小部分在新沂市境内。骆马湖承泄上游 5.8 万 km² 的来水。主要入湖河道为沂河和中运河，出湖河道为新沂河和皂河闸下中运河，控制建筑物为嶂山闸、皂河闸和宿迁闸等。骆马湖保护范围为设计洪水位 24.83（25.00）m 以下的区域，包括湖泊水体、湖盆、湖滩、湖心岛屿、湖水出入口、湖堤及其护堤地，湖水出入的涵闸、泵站等工程设施的保护范围。骆马湖保护范围面积 340 km²，保护范围线长 94 km。其地理位置在北纬 34°00′~34°14′，东经 118°04′~118°18′。

2　骆马湖水生态现状

2.1　水质状况评估

　　近年来，随着工农业生产的发展及人口的增长，生产及生活废污水排放量日益增加，加之围垦、养殖、泥沙淤积等原因，湖区生态环境负荷迅速增加，污染日益加重。

　　骆马湖是江苏省第四大湖泊，属浅水型湖泊，流域面积 5.2 万 km²，其主要入湖河流为沂河、中运河及房亭河，主要出湖河流为新沂河和中运河南段。骆马湖是宿迁、徐州的重要饮用水水源地和南水北调东线工程的中转站，水质可常年稳定在Ⅱ~Ⅲ类水质标准。骆马湖 2019 年主要污染物污染分担率由高到低分别为氟化物（19.18%）、BOD_5（17.67%）、COD_{Cr}（14.79%）、石油类（6.46%）、COD_{Mn}（5.94%）、其他 16 项（35.96%），但总体水质保持在Ⅱ类、Ⅲ类[1]。骆马湖富营养化的主要原因为沂河和京杭大运河挟带大

作者简介：李福春（2000—），男，助理工程师，主要从事水行政执法及水利安全生产方面工作。

量营养物质入湖。

　　根据 2014—2018 年骆马湖调水保护区(宿迁)水功能区内 5 个水质监测点水质资料(见图 1),骆马湖(宿迁)营养状态主要为中营养,2019 年 10 月富营养指数为 51.4,为轻度富营养。

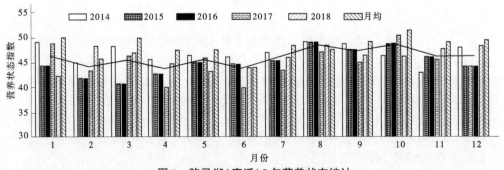

图 1　骆马湖(宿迁)5 年营养状态统计

2.2　骆马湖当前面临的主要生态问题

　　湖泊水文情势变化与入、出湖河流息息相关,过水性湖泊由多条河流连续体连接而成,在湖区的降水汇流时间较短,产流效果明显,对湖泊水环境的影响极其显著[2]。

　　骆马湖作为南水北调东线工程的重要调蓄湖泊和重要饮用水水源地,其水质直接关系到调水成效与用水安全。骆马湖承泄上游沂沭泗河流域 5.8 万 km² 的来水,多年入湖水量介于 0.8 亿~78.3 亿 m³(2009—2020 年),均值为 30.0 亿 m³,年内年际变异巨大,其库容仅为 9.2 亿 m³,受入湖河流影响显著,生态系统脆弱[3]。20 世纪 90 年代以来,骆马湖水质波动明显,沂河入湖口戴场附近发生过多起污染事故,其水质不容乐观[4]。

3　骆马湖水生态的原因分析

　　第一,1996—2020 年骆马湖水质总体处于Ⅳ类至劣Ⅴ类。长期来看,$\rho(\text{TN})$介于 1.06~3.49 mg/L,是主要污染因子,其变化可分为 3 个阶段:1996—2002 年缓慢下降,2002—2015 年呈现显著的年际波动,2015—2020 年显著上升。$\rho(\text{TP})$介于 0.024~0.076 mg/L,波动相对较小。高锰酸盐指数和$\rho(\text{NH}_3\text{-N})$范围分别在 2.97~6.38 mg/L 和 0.11~0.69 mg/L。

　　第二,水质年内季节变化明显,聚类结果表明,总体上 TN 在冬春季保持较高浓度,夏秋季 TN 和 TP 随入湖水量增加而升高,2015 年后季节波动呈现加剧趋势,水质季节动态转变为夏秋季劣于冬春季。空间上,骆马湖南部湖区水质明显优于北部湖区。

　　第三,驱动因素分析结果表明,骆马湖水质演变与入湖水量存在极显著的相关性,2015 年以来,夏季入湖污染负荷增强是引起近年水质恶化的主要原因,建议系统实施外源治理、内源控制和生态修复等工程,以保障骆马湖水质安全[5]。

4　骆马湖水生态修复的策略

　　骆马湖水质波动主要受到流域外源输入和湖泊内源污染的影响,湖泊生态系统的退化亦导致其自净能力减弱,建议从外源治理、内源控制和生态修复等方面强化治理保护。

入湖河流是外源氮磷输入湖泊的主要途径[6]，治理骆马湖生态环境的关键一步就是控源截污，制定有效的流域管理战略。此外，有研究发现骆马湖沉积物中活性磷交换通量为0.066～0.698 mg/（m²·d）[7]，底泥内源负荷加重，可根据实际情况对局部湖区的底泥实施清淤[5]。

4.1　设计科学分区管理模式

在骆马湖水环境的分区管理过程中，首先要确立区域划分的准则和标准，其可以涵盖水质、污染源种类以及水生态系统特征等要素，还应当斟酌社会经济发展状况、生态系统的脆弱性、受威胁物种以及人类活动的影响等因素。考虑优化水利调度，完善南水北调东线截污导流工程。从内源上加强对骆马湖水产养殖业的规范化管理，实施大水面生态渔业，以退圩还湖方式减小饵料入湖量。唯有清晰明确自然与社会因素，才能够更好地拟定差异化管理策略。对于重点保护区，政府可以加大投资与扶持力度，改善水生态环境，促使水生态系统实现健康发展，同时根据不同的污染源类型实施具有针对性的举措，例如针对农业和工业废水设置专门的处理方案，以有效控制排放。政府可以构建水生态监测网络，实时发现并处理污染事件，防范和规避环境风险的出现。

在非核心保护区，推行限制性开发或关闭控制政策，减轻人类活动对水生态环境的影响。政府可以采用多种方式，如推广应用农业绿色技术、减少化肥用量和加强农药减量控害，以减小流域面源污染的影响，创建生态补偿机制，激励农民和居民参与到水资源以及周边环境的保护中，同时加大执法力度，打击违法排污行为，推动经济社会高效低能耗的发展。

此外，分区管理需要有效的规划、监管和信息化管理体系，确保各级政府能够科学、精准地进行管理，并实时了解岗位工作；公众应积极参与并支持当地的环境保护工作，倡导绿色消费和生态恢复等环保行为，推进全民健康和可持续发展。通过对乡村水环境实施分区管理并制定具体的差异化管理策略，有利于推动水资源、水生态系统和人类社会的可持续发展，凭借科学规范的水生态保护与治理，可以有效地预防和避免生态环境遭到破坏，减缓水资源的压力与紧缺状况，保障全民健康和可持续发展。

4.2　完善合理分策施治机制

骆马湖水生态的修复与治理应当分策施行。面对各异的水生态环境，需采取不同的修复与治理策略。实施生态修复工程，在主要入湖河流构建河口湿地，充分利用芦苇、菖蒲、马来眼子菜和苦草等植被的净化功能，削减入湖污染物通量；在退圩还湖区集成微地形改造、底质改良和水生植物定植等技术，重建草型生态系统；在骆马湖大堤进行生态湖滨带建设，包括硬质驳岸生态化改造、生态防护林和生态经济林营造等，提升湖滨带对面源污染的拦截功能。

其一，从严打击违法排放。为守护水生态环境，必须坚决果敢地打击污染源头，采取一系列措施，以减少工业污染、农业面源污染、城乡非点源污染等给其带来的压力。在打击污染源头方面，政府应加强监管力度，谨防企业违规排放。对于存在严重违规行为的企业，政府可依法实施停产整顿、拍卖或撤销许可等处置手段；对于轻微违规企业，政府可通过加大罚款力度等方式提高其环保成本，并设立奖励机制，激励优秀企业进行环保投入，研发与推广适用于污染治理的膜生态处理技术、地下水补偿工程、湿地修复等技术。

其二，积极推行生态农业。农业属于重要的经济活动，在骆马湖水生态修复与治理过程中,必须充分斟酌农民的利益,有机农业可借助自然循环、低耗能、易消纳的方式,达成更为环保的目标。乡村适宜强化零化肥高产栽培技术,如此既能实现高产,又能节能。这种方式能够适度把控化肥的使用量,在提高作物产量的同时,减轻因化肥过度施用而造成的废弃物处理压力,从而降低化肥对水生态环境的影响。此外,植物保护技术依托自然力量来管控农业病虫害,避免了传统化学农药对水生态环境产生的影响,政府和社会团体可以开展多样化形式的培训和科普活动,鼓励农民采用更为环保的耕作方式及生产技术,为实现骆马湖水生态的恢复和治理筑牢坚实基础。

其三,大力进行自然湿地建设。在骆马湖流域内存在众多养殖产业,由于大量废水、粪便和饲料等物质的排放,养殖产业会对水资源产生不可忽视的影响。湿地作为生态系统中的关键构成部分,在维护生态平衡方面发挥着极其重要的作用。因此,通过开展自然湿地建设来防范养殖产业对水资源的影响,是一种适用性广泛的解决之策。湿地能够发挥净化水体的作用,通过生物除磷和除氮等措施去除含有害物质的污水。同时,湿地的特殊环境能够促进各种生物的生长,进而提升生物多样性,提高水体的营养级别,使水体变得丰富充盈。

4.3 落实良好生态补偿政策

针对骆马湖水环境保护的相关问题,政府有关部门能够实施更多的生态补偿政策,激励居民投身于水生态的修复与保护工作中,营造一个互惠共赢、共生共荣的局面。首先,政府有关部门能够依托奖励机制,鼓励并推动居民积极参与水生态修复活动。这种奖励机制包含物质奖励与荣誉奖励两大方式。在物质方面,可以分发一些像骆马湖特产或者提供一些公益性劳动场所的优惠券之类的奖励;在荣誉方面,则是借助表彰一些模范奖项或者记录个人志愿服务时长等机制,提高居民参与的积极性。

此外,政府有关部门同样可以通过宣传与推广绿色生产方式以及生活习惯,来减少对骆马湖水资源的不良影响。绿色生产方式具体是指减少污染排放,采用高效节能的新型农业技术工艺或者资源循环利用的经济模式。政府能够给予相应的政策支持和优惠措施,助力相关企业家或者农户转型升级,实现更为绿色、环保的生产方式。与此同时,推广绿色生活习惯也是极其重要的一个部分,通过引导居民减少浪费、开展环保行动、培养公共责任感等方式,降低对骆马湖水质的影响,从而进一步推动水环境保护和可持续发展。

5 结 语

随着城市化进程不断加速和水资源过度开发使用,给骆马湖水生态带来了一系列问题,如骆马湖富营养化、水污染、水质下降等一系列问题,对流域内的社会经济发展和环境可持续性造成了影响。骆马湖是宿迁、徐州的重要饮用水水源地和南水北调东线工程的中转站,在此背景下,骆马湖水生态需要得到进一步保护和发展。因此,政府应该深入践行习近平生态文明思想,坚持生态优先、绿色发展、预防为主、协同治理的原则,加强管理,践行"分区分策"的治理原则,采取多样化的生态补偿措施,支持和鼓励农村居民参与水环境保护工作,推广有效的绿色生产方式和生活习惯,促进骆马湖水环境质量改善。不断强化面源污染治理,落实落细环境监测和治理措施,全力保障沿线群众饮用水水源安全,确保群众喝安全水、用放心水。保护骆马湖物种多样性和生态平衡,在更高水平上实现人水相亲、和谐共生。

参 考 文 献

［1］付艺伟,晋艺欣,周瑛.宿豫区某规划水厂取水水源方案选择分析［J］.供水技术,2023,17(5):36-40.

［2］陈军超,蔡其全,李萍,等.绿色高性能混凝土外加剂的研究与应用［J］.中国建材科技,2013,22(1):42-44.

［3］罗赟,董增川,刘玉环,等.基于Copula函数的连河通江湖泊防洪安全设计:以洪泽湖为例［J］.湖泊科学,2021,33(3):879-892.

［4］邹伟,李太民,刘利,等.苏北骆马湖大型底栖动物群落结构及水质评价［J］.湖泊科学,2017,29(5):1177-1187.

［5］黄文钰,许朋柱,范成新.网围养殖对骆马湖水体富营养化的影响［J］.农村生态环境,2002(1):22-25.

［6］黄雪滢,高鸣远,王金东,等.过水性湖泊水质长期演变趋势及驱动因素:以骆马湖为例［J］.环境科学,2023,44(1):219-230.

［7］高可伟,朱元荣,孙福红,等.我国典型湖泊及其入湖河流氮磷水质协同控制探讨［J］.湖泊科学,2021,33(5):1400-1414.

［8］林建宇,苏雅玲,韩超,等.骆马湖泥−水界面磷铁硫原位同步变化特征［J］.中国环境科学,2021,41(12):5637-5645.

酶底物法测定生活饮用水中菌落
总数的方法验证

张海明　赵　丹　戈江月　邹　童

（江苏省水文水资源勘测局宿迁分局，宿迁 223800）

摘　要　本文使用《生活饮用水标准检验方法 第12部分：微生物指标》（GB/T 5750.12—2023）中酶底物法对生活饮用水中菌落总数的方法开展验证研究。方法验证内容包括空白对照、精密度和准确度，并对验证指标的检测结果开展分析评价。结果表明：空白对照样均为未检出，精密度为2.6%，准确度为3.0%，验证指标结果均满足方法要求。通过验证，本实验室具备使用酶底物法测定生活饮用水中菌落总数的能力。

关键词　菌落总数；酶底物法；方法验证；精密度

菌落总数是判定水质类别的卫生学指标，是微生物类别的重要检测参数，能够反映水质被细菌污染状况[1-2]。菌落总数测定方法主要有酶底物法[3]、平皿计数法[4]、EasyDisc法[5]和测试片法[6]等，其中酶底物法是实验室检测水中菌落总数的新型方法，具有操作简单、检测结果判读准确等优点。酶底物法在总大肠菌群、粪大肠菌群等项目检测中也得到应用[7-8]。为本实验室后期顺利开展菌落总数监测分析工作，根据《检验检测机构资质认定评审准则》等要求，组织经过技术培训具备开展检测菌落总数能力且授权使用仪器设备的人员对《生活饮用水标准检验方法 第12部分：微生物指标》（GB/T 5750.12—2023）（简称《方法》）中"酶底物法测定菌落总数"开展方法验证。

1　方法原理

利用复合酶技术，在培养基中加入多种独特的酶底物，每一种酶底物都针对不同的细菌酶设计，且包含最常见的介水传播的细菌，所有的酶底物在被分解时均产生相同的信号。在水样检测过程中，水样中存在的细菌分解一种或者多种酶底物，之后产生一个相同的信号，在检测菌落总数时，这个信号即为在波长366 nm紫外灯下所产生的荧光。使用基于复合酶底物技术（Multiple Enzyme Technology）的培养基，其中酶底物被微生物的酶水解，在36 ℃±1 ℃下培养48 h后能够最大限度地释放4-甲基伞形酮，4-甲基伞形酮在366 nm紫外灯照射下发出蓝色荧光，对呈现蓝色荧光的培养盘孔槽计数并查阅MPN表，可以确定原始水样中最可能的菌落总数。本方法未稀释水样的检测范围为<738 MPN/mL。

作者简介：张海明（1989—），男，工程师，主要从事水环境监测、水资源相关工作。

2　实验部分

2.1　试剂与仪器

复合酶底物培养基：符合质控要求的制品或将葡萄糖、无水硫酸镁、蛋白胨、酵母提取物、4-甲基伞形酮磷酸酯、4-甲基伞形酮-β-D-葡萄糖苷按照配比溶解于纯水中，调整pH 为 6.7~7.3，经 0.22 μm 滤膜过滤除菌，制备好的培养基于 2~8 ℃条件下保存备用。生理盐水：将氯化钠与纯水按照配比充分溶解后，经 121 ℃高压蒸汽灭菌 20 min。100 mL无菌玻璃瓶、无菌塑料瓶或无菌塑料袋；移液器、试管、无菌吸管、培养盘；电子天平、高压蒸汽灭菌器、涡旋混合器、培养箱、紫外灯。所用试剂均符合《方法》对试剂的质量要求。所用仪器设备均在检定/校准有效期内，且开展了仪器检定/校准确认，仪器设备参数满足检测方法要求。

2.2　样品稀释

检测所需水样为 1 mL。若水样污染严重，可对水样进行稀释。以无菌操作方法用无菌吸管或移液器吸取 1 mL 充分混匀的水样，注入盛有 9 mL 无菌生理盐水的试管中，充分振荡混匀后取 1 mL 进行检测，必要时可加大稀释度，以 10 倍逐级稀释。

2.3　接种培养

向一无菌试管中加入 9 mL 制备好的液体培养基；如选用符合要求的成品培养基，则向装有 0.1 g 培养基的试管中加入 9 mL 无菌生理盐水。取 1 mL 水样加入上述试管中，涡旋振荡混匀。将混匀后的水样倒入培养盘中心位置，将培养盘盖好，放置在水平桌面上，紧贴桌面顺时针轻柔晃动培养盘，将待测水样分配到培养盘的所有孔槽中。将培养盘90°~120°竖起，使多余的水样由盘内海绵条吸收，将培养盘缓慢翻转过来，倒置放于36 ℃±1 ℃培养箱中，培养 48 h。可叠放培养，不宜超过 10 层。检测流程见图 1。

2.4　结果计数及处理

将培养后的培养盘取出，倒置于暗处或紫外灯箱内，在 6 W 366 nm 紫外灯下约 13 cm处观察，记录产生蓝色荧光的孔数。如未放置在紫外灯箱内，观察时需佩戴防紫外线的护目镜。培养盘中的 84 个孔，无论荧光强弱，只要呈现蓝色荧光即为阳性，但海绵条的荧光不计入结果。

根据显蓝色荧光的孔数，对照《方法》附表查出孔数对应的每毫升样品中的菌落总数的 MPN 值。如果样品进行了稀释，读取的结果应乘以稀释倍数并报告，结果以 MPN/mL表示。如果所有孔均未显荧光，则可报告为菌落总数未检出。

选择菌落总数<738 MPN/mL 的稀释度，如果只有一个稀释度的结果符合此范围，则将结果乘以稀释倍数报告结果；若有两个或两个以上稀释度的结果均<738 MPN/mL，则选择稀释度最小的结果乘以稀释倍数报告结果；若所有稀释度的培养盘上均无蓝色荧光，则以未检出报告结果。

2.5　空白试样检测

根据方法要求，使用无菌水和无菌生理盐水进行空白测定，培养后的 84 孔培养盘中所有孔均未显荧光，报告菌落总数未检出，满足方法要求（见表 1）。

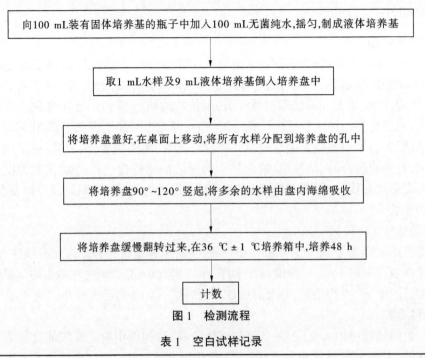

图1　检测流程

表1　空白试样记录

空白试样记录表

样品类型:无菌水、无菌生理盐水　分析时间:2024-××-××　环境条件:24.0 ℃,55%

方法依据:《生活饮用水标准检验方法 第12部分:微生物指标》(GB/T 5750.12—2023)(仅使用4.2酶底物法)

测定次数	空白值/(MPN/mL)		空白标准偏差
	无菌水	无菌生理盐水	
1	未检出	未检出	
2	未检出	未检出	
3	未检出	未检出	0
4	未检出	未检出	
5	未检出	未检出	
6	未检出	未检出	

2.6　精密度检测

根据方法适用范围,对生活饮用水和水源水样品分别进行6次重复测定,相对标准偏差分别为2.6%、0.8%,满足要求(见表2)。

2.7　准确度检测

将质控样按照证书要求,分别进行6次重复测定,相对误差为-3.0%,测定平均值为256 MPN/mL,测定结果在证书真值范围内,满足要求(见表3)。

表 2　精密度记录

精密度记录表

样品类型:实际水样　　　　　　分析时间:2024-××-××　环境条件:24.0 ℃,55%

方法依据:《生活饮用水标准检验方法 第 12 部分:微生物指标》(GB/T 5750.12—2023)(仅使用 4.2 酶底物法)

测定次数	不同类型水样测定数据				
	生活饮用水		水源水		
	阳性孔数	测定结果/(MPN/mL)	阳性孔数	稀释倍数	测定结果/(MPN/mL)
1	9	19	72		3 240
2	9	19	69		2 870
3	10	21	70	10	2 990
4	11	23	70		2 990
5	10	21	73		3 390
6	9	19	72		3 240
平均值/(MPN/mL)	—	20	—	—	3 120
标准偏差/(MPN/mL)	—	0.03	—	—	0.03
相对标准偏差/%	—	2.6	—	—	0.8

注:按统计分析要求,标准偏差、相对标准偏差为原始数据以 10 为底,对数转化后计算所得。

表 3　准确度记录

准确度记录表

样品类型:质控样　　　　　　分析时间:2024-××-××　环境条件:24.0 ℃,55%

方法依据:《生活饮用水标准检验方法 第 12 部分:微生物指标》(GB/T 5750.12—2023)(仅使用 4.2 酶底物法)

测定次数	阳性孔数	测定结果/(MPN/mL)
1	65	248
2	68	276
3	68	276
4	66	257
5	64	239
6	64	239
测定平均值/(MPN/mL)	256	
真值/(MPN/mL)	264	
可接受范围/(MPN/mL)	143~384	
相对误差/%	−3.0	

3 结　语

在本次方法验证中,参加实验的所有技术人员对检测方法进行了学习,并掌握了使用《生活饮用水标准检验方法 第12部分:微生物指标》(GB/T 5750.12—2023)检测生活饮用水菌落总数的检测要点;仪器设备均在检定/校准有效期内;所用试剂质量均满足方法要求;实验室温湿度等环境条件均符合方法要求。通过对该分析方法涉及的人员资质、仪器设备、环境条件、试剂耗材以及样品精密度、准确度的验证,本实验室检测能力满足《生活饮用水标准检验方法 第12部分:微生物指标》(GB/T 5750.12—2023)(仅使用4.2酶底物法)方法的各项要求,具备开展此项检测工作的能力。酶底物法具有计数方便、人为误差小、检出上限大、无须提前配置培养基等优点。菌落总数方法验证对于检测数据的准确性和检测工作的规范性有较高的要求,因此在开展方法验证工作中需要注意以下几点:一是水样在采集、运输、保存、测定过程中应不受污染;二是检验开始前应将水样充分摇匀;三是操作过程所使用器皿、耗材等均要求无菌;四是严格按照高压蒸汽灭菌器的操作规程使用;五是带菌培养基等废弃物应经 121 ℃高压蒸汽灭菌 20 min 后,作为一般废弃物处理。

参 考 文 献

[1] 凌永平,孙东卫,黄静美,等.水中菌落总数快速检测方法:酶底物法与平皿计数法的比较[J].城镇供水,2013(2):40-43.

[2] 曹新垲,张琦,尹宝国,等.水中菌落总数 3 种检测方法的比较[J].净水技术,2022,41(11):173-178.

[3] 翁国永,王海荣,项兆邦,等.酶底物法检测水中菌落总数培养 24 h 和 48 h 的比较试验[J].净水技术,2023,42(增刊):147-151.

[4] 李宗瑾,王轶,郭晏强,等.城市和农村生活饮用水中菌落总数平皿计数法测量不确定度的 A 类和 B 类评定[J].医学动物防制,2021,37(3):303-305.

[5] 孙杰.EasyDisc 法与传统平皿计数法检测水中菌落总数的比较[J].净水技术,2022,41(3):167-172.

[6] 李俊霞,周浩,朱文斌,等.3M 菌落总数测试片的验收方法研究[J].实验室检测,2023,1(1):30-34.

[7] 吴海鹏.酶底物法检测水中总大肠菌群影响因素的探讨[J].广东化工,2023,50(4):160-162.

[8] 周熙,吴梦青,何羽,等.酶底物法检测地表水中粪大肠菌群的时间因素探索[J].环境保护与循环经济,2023,43(10):81-83.

沂河浮游动物多样性特征及水环境质量评价

石　恺　王秀坤　丁厚钢

（淄博市水文中心，淄博 255000）

摘　要　为有效保护山东河流的水生态环境，提高河流水生态对城镇的服务功能，于 2022 年秋季在沂河开展了浮游生物调查研究。本次调查共采集到浮游动物 4 大类 81 种，其中轮虫种类数最多，占浮游动物总种类数的 66.67%，枝角类种类数最少，占比为 7.41%，普通表壳虫（*Arcella vulgaris*）、萼花臂尾轮虫（*Brachionus calyciflorus*）和无节幼体（*Nauplius*）是主要优势种。浮游动物平均密度为 91.5 个/L，浮游动物平均生物量为 0.600 mg/L。浮游动物 Shannon-Wiener 多样性指数、Pielou 均匀度指数平均值分别为 2.77、0.82。调查结果显示，浮游动物组成小型化，群落结构简单化。生物多样性指数水质评价结果表明，沂河水质整体处于轻污染-无污染状态。建议进一步采取有效措施加强沂河周边环境治理，减少生活污水排入，降低人类活动干扰。

关键词　沂河；浮游动物；生物多样性；水环境质量评价

浮游动物是水生生物重要的组成部分，是水生态系统中重要的初级消费者。它们个体微小、生命周期短、繁殖速度快、种类丰富，是水域生态系统进行营养转化、能量流动和信息传递等生态过程中重要的载体，也是评价水环境质量变化与水生态系统健康的重要指示生物，它们对水环境变化敏感，可通过食物链的"上行效应-下行效应"来调节生态系统平衡[1]。因此，了解和掌握浮游动物群落结构特征和多样性，可以更有利于调整和保护河流水生态系统健康，以便更好地为人类提供可持续的高质量生态服务[2]。

沂河发源于沂蒙山区泰沂山脉，同沭河水系一同向南流入江苏省骆马湖，流经 13 个县（市），河长 333 km，流域面积 11 820 km²[3]。沂河地形由低山、丘陵、岗地逐步过渡，水流湍急，呈冲刷趋势，砂石资源丰富，因此在雨季形成洪涝灾害的风险极高。沂河是南水北调东线工程的重要汇水河流，具有防洪抗旱、渔业和水产养殖、饮用水水源和生物多样性保护等多种效益及生态系统服务功能。沂河流域属温带季风气候，全年最热月平均气温大于 22 ℃，最冷月平均气温小于 0 ℃，多年平均降水量在 800 mm 以上，夏季高温多雨，冬季寒冷干燥。流域内降水丰富且集中，夏、秋季节暴雨频发[4]。近年来，随着沂河周边城镇化发展的影响，流域水资源开发利用率不断增加，同时，沂河干流水质遭到不同程度的污染，导致生物多样性极度降低，水质性缺水已经对流域的生态环境和用水安全造成威胁。为此，为了恢复沂河优美的生态环境，保障两岸人民群众生命安全，当地政府 2020—2022 年对沂河城区段实施了综合治理，治理后的沂河生态环境状况得到了明显改善，但是基于水生生物多样性的水环境质量研究仍较少。基于此，2022 年 9 月对沂河浮

作者简介：石恺（1986—），男，工程师，主要从事水生态环境监测评价和水资源保护工作。

游动物群落和多样性进行了调查,以期为沂河流域水生生物资源的保护和水生态健康评价提供参考依据。

1　材料与方法

1.1　调查时间及调查点位

沂河流经山东、江苏两省,本研究区域为山东省河段。根据沂河的水文、地势及地貌特征,于 2022 年 9 月对沂河浮游动物进行了分布特征调查,此次调查共设置 13 个采样断面(Y1~Y13)。其中,采样断面 Y1~Y4 位于河流上游,采样断面 Y5~Y8 位于河流中游,采样断面 Y9~Y13 位于河流下游。每个采样断面采集 2 个平行样,共采集水样 26 组。

1.2　浮游动物样品采集与鉴定

根据沂河水流及水深的具体情况,在各设定的采样断面对浮游动物进行定性和定量采样。浮游动物定性样品和定量样品采集方法参照相关文献[5]进行,所有采集到的样品带回实验室沉淀 24 h 后浓缩并定容到 20~30 mL。在实验室参照相关文献[6-7]进行镜检、分类和计数。

1.3　数据处理与分析

1.3.1　浮游动物群落多样性

用 Shannon-Weiner 多样性指数(H')、Pielou 均匀度指数(J)对浮游动物物种进行分析。计算公式为

$$H' = - \sum P_i \log_2 P_i \tag{1}$$

$$J = H' / \log_2 S \tag{2}$$

式中:P_i 为第 i 种的个体数与总个体数的比值;S 为样品中总种类数。

1.3.2　浮游动物群落优势种

优势种的确定采用优势度(Y),计算公式为

$$Y = (N_i / N) f_i \tag{3}$$

式中:N_i 为第 i 种生物的个体数;N 为所有种类的总个体数;f_i 为某种浮游生物出现的频率。$Y \geq 0.02$ 的物种确定为优势种。

2　调查结果

2.1　浮游动物群落组成

沂河的浮游动物种类组成见图 1。共鉴定出浮游动物 4 大类 81 种,其中轮虫 54 种,占总种类数的 66.67%;原生动物 14 种,占总种类数的 17.28%;桡足类 7 种,占总种类数的 8.64%;枝角类 6 种,占总种类数的 7.41%。浮游动物种类组成在不同采样断面上存在差异,其中种类数最多的采样断面是 Y11,有 37 种,采样断面 Y4 种类数最少,有 2 种(见图 2)。

从浮游动物群落组成看,沂河浮游动物优势种有 6 种,其中原生动物 2 种:普通表壳虫(*Arcella vulgaris*)和冠冕砂壳虫(*Difflugia corona*);轮虫 2 种:萼花臂尾轮虫(*Brachionus calyciflorus*)和大肚须足轮虫(*Euchlanis dilatata*);桡足类 2 种:无节幼体(*Nauplius*)、桡足幼体(*Copepodite*)。无节幼体优势度最大,优势度为 0.126;冠冕砂壳虫、大肚须足轮虫、桡

足幼体优势度最小,优势度均为 0.020(见表 1)。

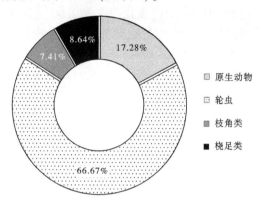

图 1　沂河浮游动物种类组成

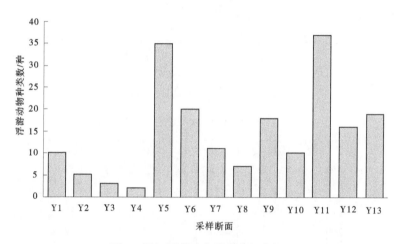

图 2　沂河浮游动物种类空间变化

表 1　浮游动物优势种及优势度

优势种	拉丁名	优势度
原生动物	**Protozoa**	
普通表壳虫	*Arcella vulgaris*	0.030
冠冕砂壳虫	*Difflugia corona*	0.020
轮虫	**Rotifer**	
萼花臂尾轮虫	*Brachionus calyciflorus*	0.055
大肚须足轮虫	*Euchlanis dilatata*	0.020
桡足类	**Copepods**	
无节幼体	*Nauplius*	0.126
桡足幼体	*Copepodite*	0.020

2.2　浮游动物密度和生物量

　　沂河浮游动物平均密度为 91.5 个/L，变化范围为 2.00~574.0 个/L。浮游动物密度在采样断面存在差异，采样断面 Y5 密度最大，采样断面 Y4 密度最小(见图 3)。密度组成主要取决于轮虫，轮虫密度占比为 52.19%，其次是桡足类，密度占比为 29.69%，原生动物密度占比为 15.35%，枝角类密度相对较小，占比为 2.78%(见图 4)。

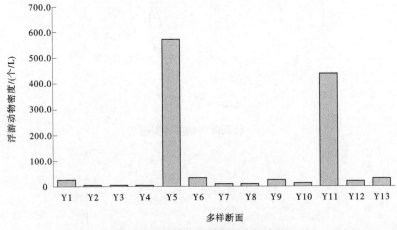

图 3　沂河浮游动物密度空间变化

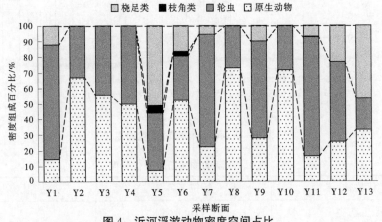

图 4　沂河浮游动物密度空间占比

　　浮游动物平均生物量为 0.600 0 mg/L，变化范围为 0.000 1~5.956 8 mg/L。浮游动物生物量空间变化趋势与密度一致，采样断面 Y5 生物量最大，采样断面 Y2 生物量最小(见图 5)。沂河浮游动物生物量空间占比见图 6。总体来看，浮游动物生物量组成主要取决于枝角类，其生物量在全部断面总生物量中的占比为 42.49%，桡足类生物量占比为 36.90%，轮虫生物量占比为 20.23%，原生动物生物量相对较小，占比为 0.38%。

2.3　浮游动物多样性及水环境质量

　　沂河浮游动物生物指数如图 7 所示，Shannon-Wiener 多样性指数(H')平均值为 2.77，变化区间为 1.00~3.63，最大值出现在采样断面 Y9，最小值出现在采样断面 Y4。Pielou 均匀度指数(J)平均值为 0.82，变化区间为 0.68~1.00，最大值出现在采样断面 Y4，最小值出现在采样断面 Y11。

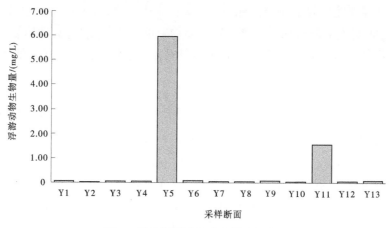

图5　沂河浮游动物生物量空间变化

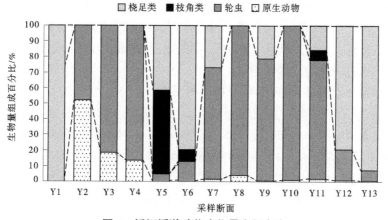

图6　沂河浮游动物生物量空间占比

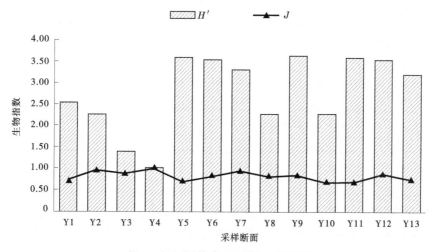

图7　沂河浮游动物多样性空间变化

根据生物多样性指数水质评价标准[8]，基于浮游动物 Shannon-Wiener 多样性指数，沂河秋季水质整体受到轻度污染。基于浮游动物 Pielou 均匀度指数，沂河秋季水质整体处于无污染状态。综上所述，沂河水体环境质量整体处于轻度污染至无污染状态。

3 分析与讨论

本次调查显示，沂河浮游动物共鉴定出 81 种，以轮虫占主导，主要优势种为无节幼体、萼花臂尾轮虫、普通表壳虫，其种类组成具有典型的北方河流浮游动物群落结构特征[9]。浮游动物种类数与同一区域的小清河济南段[10]的浮游动物种类数基本相同，但轮虫的种类与 2006 年沂河的调查结果[11]相比存在差异，种类组成的差异主要在于不同水体在特定时期可能会演替出不同的生物群落结构。从研究结果可以看出，沂河浮游动物个体小型化比较明显，浮游动物密度组成主要以体型较小轮虫为主，分析原因可能与沂河流域生态环境的变化有关。浮游动物在水域生态系统中有着十分重要的地位，其对水质变化比较敏感，其数量、种类易受水体生态环境影响，不仅可作为指示性生物进行水体污染监测，而且对污染物有指示、富集及转化作用。在水域生态系统中，浮游动物对水环境净化和水生态毒性分解具有重要作用[12]。因此，调查研究浮游动物群落变化对了解沂河水生态健康具有积极的支撑作用。

种群多样性是衡量生物群落是否稳定的方式之一，一般可通过多种指数来表示，Shannon-Weiner 多样性指数一般用于判断群落结构的复杂程度，Pielou 均匀度指数则判断各物种个体数量分配的均匀程度[13]。本调查显示，沂河浮游动物多样性指数平均值为 2.77，均匀度指数平均值为 0.82，生物指数整体处于相对较高的水平，基于浮游生物指数水质评价标准，显示该河流水质处于轻度污染至无污染状态，水环境质量总体处于上等水平，这与淄博乌河[14]的水体质量基本一致。2020 年李合海[15]通过采用水生态状况评价指标评价沂河水生态状况总体处于中下等水平，本次调查结果与其相比水生态健康得到了大幅提高。从沂河水域水环境质量状态时间序列来看，沂河目前的水环境质量和水生态健康状况与 2002 年基本一致，相比 2014 年有所提高[16]，这表明实施水源涵养工程、加强污染源综合治理、减少人为干扰在一定程度上可有效改善沂河流域的污染状况，提高水生态健康等级。

沂河是淮河流域沂沭泗水系中重要的河流，支流众多，水系发达。沂河流域地处鲁中南山地丘陵区，是沂蒙山区核心组成部分和重要的水源涵养区，沂河在山东省境内全长 287.5 km，其中临沂境内占比较大，被临沂人民誉为"母亲河"。沂河干流建成的小埠东橡胶坝在临沂市区拦蓄出 1.6 万亩景观水面，被评为全国 18 家国家级水利风景区之一，其生态效益显著，对区域人民的生态健康需求起到了积极作用。因此，沂河流域的水环境保护和水生态修复对鲁南与苏北地区经济社会发展意义重大。将来沂河要实现"童叟花中走，鱼虾水中游"的目标，提高区域人民生活幸福指数，除日常的水质检测外，还需要重点关注水生生物多样性指数、生物完整性指数等生物指标监测，以及水生生物与水环境质量的响应关系、水生态健康评价等的研究，全方位对沂河的水生态、水环境、水资源进行科学管理和合理统筹。

参 考 文 献

[1] 白海锋,宋进喜,龙永清,等.红碱淖浮游动物群落结构特征及其与环境因子的关系[J].生态与农村环境学报,2022,38(8):1064-1075.

[2] 刘麟菲,徐宗学,殷旭旺,等.济南市不同区域水生生物与水环境因子的响应关系[J].湖泊科学,2019,31(4):998-1011.

[3] 石智宇,赵清,王雅婷,等.沂河流域植被覆盖时空演变及其与径流的关系研究[J].水土保持研究,2023,30(1):5461.

[4] 张晓钰,辛怡,翟钰钰,等.沂河流域暴雨径流变化特征研究[J].水土保持研究,2023,30(4):194-202.

[5] 赵文.水生生物学[M].北京:中国农业出版社,2005.

[6] 王家楫.中国淡水轮虫志[M].北京:科学出版社,1961.

[7] 韩茂森,束蕴芳.中国淡水生物图谱[M].北京:海洋出版社,1995.

[8] 郑丙辉,田自强,张雷,等.太湖西岸湖滨带水生生物分布特征及水质营养状况[J].生态学报,2007,27(10):4214-4223.

[9] 白海锋,王怡睿,宋进喜,等.渭河浮游生物群落结构特征及其与环境因子的关系[J].生态环境学报,2022,31(1):117-130.

[10] 相华,朱中竹,商书芹,等.小清河济南段浮游动物群落结构空间变化特征[J].河北渔业,2020,(1):38-43.

[11] 王延华,王培磊,曹善东.沂河轮虫多样性研究[J].临沂师范学院学报,2008,30(3):76-78.

[12] 石伟,段杰仁,邱小琮,等.清水河流域浮游动物种群结构及多样性研究[J].湖北农业科学,2021,60(6):100-104.

[13] 沈韫芬.微型生物监测新技术[M].北京:中国建筑工业出版社,1990.

[14] 石恺,曾丹,陈琪,等.淄博市乌河浮游动物多样性调查[J].黑龙江水产,2023,42(5):339-343.

[15] 李合海.沂河流域山东段水生态健康评估与修复工程研究[J].地下水,2020,42(5):104-106.

[16] 赵江辉,沈国浩,秦伟.基于熵权综合健康指数法的沂河健康评价研究[J].水资源开发与管理,2016,(1):49-52.

以骆马湖蓝藻水华为例探讨水生态修复

吴 旭 密 文 郝家宇

(骆马湖水利管理局新沂河道管理局,徐州 221400)

摘 要 近年来,骆马湖出现蓝藻水华现象,骆马湖水温、氮、磷等指标均呈现上升趋势,湖体富营养化程度不断加深。氮、磷等污染物的长期持续输入和累积,加之全球气候变暖,持续高温、湖体水位下降等各种因素,导致骆马湖出现小范围藻类聚集现象。

关键词 骆马湖;水质;富营养化;藻类

1 基本情况

1.1 骆马湖及入湖河流基本情况

骆马湖,《宋史·高宗本纪》称乐马湖,位于江苏省北部,跨宿迁和徐州二市,湖盆为郯庐断裂带局部凹陷洼地,黄河夺淮后,成为沂河和中运河季节性滞洪区。1952 年导沂整沭工程修建了皂河闸、杨河滩闸,1958 年又建嶂山闸和环湖大堤,成为滞洪水库。湖水面积为 296 km²(相应水位 21.81 m),蓄水量达 2.7 亿 m³,当蓄水位为 22.83(23.00) m 时,平均水深 3.32 m,最大宽度 20 km,湖底高程 18~21 m 。一说湖底高程一般为 1985 国家高程基准 18.50~22.00 m(废黄河高程基准 18.67~22.17 m);最大水深 5.5 m,大小岛屿 60 多个。骆马湖是江苏境内第四大淡水湖[1]。

骆马湖有灌溉、调洪、航运和水产之利。湖区有水生植物芦、藕、菱、蒲等二十多种,盛产鲫鱼、银鱼、鲢鱼、青虾、白虾、螃蟹、河蚌等十多种水产品,是调蓄沂、沭、泗洪水的大型防洪蓄水水库、京杭运河中运河的一段,被江苏省定为苏北水上湿地保护区,同时是南水北调的重要中转站。

骆马湖区域入湖河流为沂河、老沂河和中运河。沂河,又名沂水,是淮河流域泗沂沭水系中较大的河流。沂河源出沂源田庄水库,流经淄博、临沂,至江苏省邳州入新沂河,抵燕尾港入黄海,全长 574 km,流域面积 17 325 km²,集水面积 4 892 km²,河面最宽达 1 540 m。

老沂河源于山东沂蒙山区,经新沂市窑湾镇流入骆马湖。

中运河,京杭大运河江苏北段、淮河流域沂沭泗水系人工河流,是在明、清两代开挖的泇运河和中河基础上拓浚改建而成的。上起山东台儿庄区和江苏邳州市交界处,与鲁运河最南段韩庄运河相接。同时,微山湖西航道—不牢河航道自西向东南至大王庙汇入中运河,也属于中运河范畴,两航道汇合后,东南流经邳州市,在新沂市二湾至皂河闸与骆马

作者简介:吴旭(1997—),男,助理工程师,主要从事水利工程管理研究工作。

湖相通,皂河闸以下基本上与废黄河平行,流经宿迁、泗阳,至淮阴杨庄,下与里运河相接,全长 179 km,区间流域面积 6 800 km²。

虽然中运河、沂河干流得益于河道宽、体量大、流动性强等优势条件,水质常年较稳定,但沿线Ⅴ类至劣Ⅴ类支流支浜多达 20 余条,岸坡种植、秸秆垃圾入河、沿河养殖、生活污水直排等环境问题依然存在。其中,邳州城区运师站排水沟、新沂加友回龙沟等部分支流水质达到黑臭程度,且存在"以盖代治""以堵代治"的情况,汛期给下游水质和水源地安全带来较大污染风险。

1.2 蓝藻概述

蓝藻,亦称作蓝绿藻,是一类历史悠久、简单的原核生物,其特点在于含有叶绿素 a 而不含叶绿素 b,能进行光合作用,但不具备叶绿体和其他细胞器。蓝藻广泛存在于自然界中,尤其在温暖、富含营养的水体中容易繁殖,有时会导致水体富营养化和"水华"现象。尽管蓝藻是原核生物,但由于其具有类似植物的特征,如能够进行光合作用,因此有时也被归类为植物。

蓝藻的定义涉及其独特的生理结构和生态功能。它们是大型单细胞原核生物,具有简单的细胞结构,通常不含细胞核,其遗传物质集中在细胞中央,形成所谓的原核体。蓝藻细胞内含有叶绿素 a 和多种叶黄素及胡萝卜素,这些色素使得蓝藻能够在光合作用中捕获光能,并将其转化为化学能,支持其生长。

蓝藻的特性体现在其多样的形态和广泛的分布范围。它们可以是单细胞的,也可以是群体形式,或者形成藻丝状的丝状体。蓝藻的分布极其广泛,可以在各种水体、土壤中找到它们的踪迹,甚至在极端环境如高温、低温、盐湖、荒漠和冰原中也能生存。

2 蓝藻水华的主要原因

2.1 适宜的氮磷比(N/P)

氮、磷是藻类生长繁殖和再生所需的重要营养元素,目前研究发现,氮磷这两种营养盐的比例(N/P)对浮游藻类种群组成的影响比氮、磷单因子浓度升高对藻类种群组成的影响大。藻类细胞组成的原子比率 C∶N∶P = 106∶16∶1,研究表明,当氮磷比在 10∶1~25∶1 范围时,藻类生长与氮、磷浓度存在直线相关关系;氮磷比在 12∶1~13∶1 时最适宜藻类生长。此外,如果氮磷比超过 16∶1,磷被认为是限制性因素;反之,当氮磷比小于 10∶1 时,氮通常被考虑为限制性因素;而当氮磷比在 10∶1~20∶1 时,限制性因素则变得不确定。

2.2 铁、硅等微量元素适量

铁、硅是水体中的微量元素,由于铁是水体氮循环过程发生所需的各种酶的重要组成成分,因此铁是氮营养盐循环过程中的决定性因素。当水体中铁的含量较高时,合成的硝酸盐、亚硝酸盐还原酶的活性增强,更多亚硝态氮被还原,从而降低水体氮含量,使得氮成为藻类生长的限制因素,水体富营养化发生的概率降低。根据相关实验,当水体中氮磷比为 40∶1、铁离子浓度为 1.2 mg/L 时,蓝藻的生长速率达到最大值;当铁离子浓度为 0 时,藻类基本不生长;当氮磷比为 80∶1 或铁离子浓度为 4.8 mg/L 时,藻类生长受到抑制。因此,在控制蓝藻生长时,不仅要控制水中氮磷比,同时需要控制铁离子浓度[2]。

当水体中磷硅比升高时,水体中的浮游生物以鞭毛虫为主,当鞭毛虫占主体时,水体更容易发生富营养化;当氮硅比降低时,水体中硅藻属为优势浮游生物,水体富营养化发生的概率小。

2.3　适宜的光照、温度和溶解氧条件

光照强度的大小是影响藻类生长的重要因子,光合作用的速率因光照强度的变化而变化。温度则主要是通过影响水生植物生命活动所需酶的活性,从而引起酶促反应的反应速率不同来影响藻类的生长,通常 10~20 ℃ 的温度范围下,温度每升高 10 ℃,浮游植物生长率将提高一倍多。

水体中溶解氧含量降低会引起水生浮游动物缺氧死亡,浮游动物的死亡将减少对水体中氮磷营养盐的消耗,并且浮游动物死亡后尸体的分解会释放出大量的氮磷,造成水质的恶化和水体生态环境的失衡。

2.4　适宜的水动力条件

蓝藻存在一个最适合其生长的临界流速,而当流速增加到一定程度时则会限制藻类生长,不同的藻类、不同环境条件下,流速值不完全相同。根据相关研究,对于河道而言,最利于铜绿微囊藻生长的临界流速为 0.30 m/s,当流速大于 0.50 m/s 时,微囊藻几乎不再生长;对于湖泊而言,一定强度的风浪有削弱藻类水华的作用,但是微风则有利于藻类的聚集。对太湖蓝藻水华的研究表明,风速在 1~2 m/s 和 0~1 m/s 时,微囊藻容易上浮聚集但只发生缓慢的水平漂移,易形成大面积薄层的水华;风速在 2~3 m/s 和 3~4 m/s 时,微囊藻容易上浮聚集并能够快速水平漂移,易形成面积偏小的厚层水华;在风速>4 m/s 时,微囊藻受强烈的紊流作用而难以上浮,已经上浮的受到扰动混合而在垂向较为均匀分布,可导致水华现象消失。

3　蓝藻对环境的潜在影响

3.1　水体富营养化

蓝藻在适宜的温度和丰富的营养物质条件下会大量繁殖,导致水体出现富营养化现象。这种现象被称为“水华”,它会使水体变得浑浊,降低水质,严重时可能导致饮用水水源的安全问题。

3.2　产生有毒物质

一些蓝藻种类能够产生有毒物质,如微囊藻毒素,对人体健康构成威胁。这些毒素可以通过饮用受污染的水或食用受污染的食物进入人体,可能引发严重的健康问题。

3.3　影响其他生物的生存

蓝藻的大量繁殖会影响其他水生生物的生存环境,比如鱼类、甲壳类动物和浮游动物等。这些生物可能会因缺氧、食物短缺或其他直接的化学影响而死亡[3]。

3.4　改变生态系统的平衡

蓝藻的大量繁殖可能会改变生态系统的平衡,影响其他物种的生存和繁衍。长期来看,这可能会导致生态系统的崩溃,进而影响到人类的生存和发展。

总体来说,蓝藻对环境的影响是复杂的,既有正面的,也有负面的。我们需要更好地理解和研究蓝藻,以便更有效地管理和利用这一重要的自然资源。

4　蓝藻的防治方法

4.1　蓝藻防治的物理方法

4.1.1　人工和机械打捞

这是一种直接的除藻手段,可以快速降低湖面藻细胞的密度。但是这种方法的成本较高,且效率有限,因为蓝藻的生长速度远高于打捞速度[4]。

4.1.2　引水换水

通过引入新的水源,可以将原有的蓝藻稀释或冲走,从而降低水体中蓝藻的密度。然而,这种方法只能暂时缓解水体的污染,不能从根本上解决问题。

4.1.3　挖泥法

通过挖掉湖底的淤泥,可以去除一部分污染物。但是,这种方法的效果并不显著,因为湖底污染物浓度下降的程度很小。

4.1.4　絮凝沉淀

这是一种常见的物理除藻方法,通过加入絮凝剂使藻细胞凝聚成团,然后沉降到水底,从而降低水面的藻细胞密度。但是,这种方法可能会导致底泥二次污染。

4.1.5　曝气

通过向水体中补充氧气,可以提高水体的复氧自净能力,从而抑制蓝藻的生长。这种方法的效果取决于曝气的强度和时间,以及水体的性质。

4.1.6　超声波灭藻

这是一种新型的环境技术,利用超声波在水体中产生的空化效应,破坏藻类的细胞结构,从而达到控制水华暴发的目的。

4.2　蓝藻防治的化学方法

4.2.1　化学药剂法

化学药剂法是通过向水体中添加化学物质来控制藻类的生长。这类物质通常包括以下几种:

(1)金属离子:如铜离子(Cu^{2+})可以抑制藻类的光合作用、吸收磷和固氮,从而达到除藻的目的。

(2)杀藻剂:如硫酸铜、高锰酸钾及过氧化物等,这些物质可以快速杀死藻类细胞。

(3)絮凝剂:如明矾等,通过凝聚藻细胞和颗粒物使之沉降至水底,从而减少水面的藻细胞密度。

4.2.2　电化学法

电化学法是通过电解水体中的某些成分来产生氧化剂,这些氧化剂可以破坏藻类的细胞结构,从而达到控制藻类生长的目的。

4.2.3　光化学降解法

光化学降解法是利用光的作用来分解水体中的有机物质,包括藻类细胞,从而实现控制藻类生长的目的。

4.3　蓝藻防治的生物方法

4.3.1　放养滤食性鱼类

这是一种非常有效的生物操纵技术,通过放养一些滤食性鱼类,如鲢鱼、鳙鱼等,它们可以吃掉大量的蓝藻,从而达到控制蓝藻数量的目的。

4.3.2　投放微生物

通过投放一些能够分解蓝藻的微生物,如某些细菌和真菌,可以有效地分解蓝藻,从而减少蓝藻的数量。

4.3.3　引入捕食者

通过引入蓝藻的天敌,比如某些昆虫和小型甲壳类动物,它们可以捕食蓝藻,从而达到控制蓝藻数量的目的。

4.3.4　改变营养盐浓度

通过调整水体中的营养盐浓度,比如氮、磷等,可以影响蓝藻的生长和繁殖,从而达到控制蓝藻数量的目的。

5　结　论

为了防止蓝藻水华的暴发,需要采取一系列的防治策略。首先,需要控制外源污染,减少向水体中排放污染物,以降低水体中的营养物质浓度,从而抑制蓝藻的生长。其次,可以采用物理、化学或生物的方法来直接去除水体中的蓝藻。最后,还需要加强监测和管理,一旦发现蓝藻水华的趋势,就要立即采取措施进行干预,以防止其进一步发展。

蓝藻防治不仅是为了保护水资源,更是为了维护生态平衡和保障人民的健康。蓝藻水华的暴发会对生态环境和人类健康产生严重影响,因此需要采取有效的措施来防止蓝藻的过度繁殖和扩散。

总体来说,蓝藻防治是一个复杂的过程,需要综合考虑各种因素,包括环境保护、公共卫生、经济发展等。只有通过科学的管理和合理的防治策略,才能有效地控制蓝藻的生长和传播,保护生态环境和人类健康。

参 考 文 献

[1] 阳振,史小丽,陈开宁,等.巢湖水华蓝藻原位生长率的时空变化及其环境影响因子[J].湖泊科学,2021,33(4):1043-1050.

[2] 朱喜,朱云.太湖蓝藻暴发治理存在的问题与治理思路[J].环境工程技术学报,2019,9(6):714-719.

[3] 杨柳燕,杨欣妍,任丽曼,等.太湖蓝藻水华暴发机制与控制对策[J].湖泊科学,2019,31(1):18-27.

郑集南支河水域状况评价及保护建议

万永智　　王勇成　　李　超

（江苏省水文水资源勘测局徐州分局，徐州 221000）

摘　要　开展水域状况评价，对于推动河湖治理保护具有重要意义。根据《水域状况评价规范》（DB32/T 4463—2023），结合郑集南支河水文特征和资料情况，在水空间、水安全、水资源、水生境、水生物、水感观、水文化等方面分别进行赋分评价。结果表明：郑集南支河综合得分为 83.13 分，水域状况为良好。根据评价结果，提出了河道治理和水生态保护合理化建议。
关键词　水域状况；指标体系；保护建议；郑集南支河

1　引　言

河湖水域是地表重要的生态系统之一，是水资源、水生态资源的主要载体，具有防洪、供水、生态多种服务功能[1]。鉴于河湖水域的重要性，2020 年 6 月，江苏省人民政府印发了《江苏省水域保护办法》（省政府令第 135 号），明确要加强水域保护工作，确保水域面积不减少、水域功能不衰退。2022 年 2 月，江苏省水利厅印发了《关于开展水域监测评估工作的通知》（苏水河湖〔2022〕4 号），要求各级水行政主管部门分级开展水域面积监测和重点水域保护状况监测评估。为规范水域状况评价工作，江苏省市场监督管理局发布了《水域状况评价规范》（DB32/T 4463—2023）（简称《规范》）[2]，为江苏省境内河湖水域状况评价提供了指标体系和评价标准。郑集南支河是徐州市重要跨县河道，也是徐州市西部地区用水主要供水线路，其水域状况历来受到人民和政府部门的高度重视，以徐州市郑集南支河为例进行水域状况评价具有重要意义，可为今后工作的开展提供借鉴和参考。

2　材料与方法

2.1　评价区域与对象

郑集南支河是丰县南线的重要调水线路，河段从丰县大沙河镇李寨村至郑集干河口，流经大沙河镇、梁寨镇、范楼镇、何桥镇和黄集镇，河道全长 38.7 km，水域面积 1.63 km²。河道涉及丰县、铜山区 2 个行政区，其中丰县段长 22.1 km，河底高程 31.0~42.0 m，底宽 7~20 m；铜山段长 16.6 km，河底高程 31.0~30.0 m，底宽 10~15 m。该河道等级为 5 级，主要控制建筑物有范楼闸、梁寨闸、孙寨闸，经过 2018 年"郑集河输水扩大工程"和"徐州市黄河故道后续工程"2 次治理，郑集南支河防洪、排涝、输水能力得到较大提高。郑集南支河主要功能为供水、防洪、排涝，水功能区划为铜山丰县农业用水区，水功能区水质目标为Ⅲ类。

作者简介：万永智（1991—），男，工程师，主要从事水文水资源监测及评价工作。

2.2　评价指标体系与方法

2.2.1　评价指标体系

水域状况评价指标体系参照《规范》,结合郑集南支河水文特征和生态特征以及资料收集情况,确定其水域状况评价指标体系和相应指标的权重(见表1)。评价体系涉及水空间、水安全、水资源、水生境、水生物、水感观6个类型14项指标和水文化要素评价加分项,本次评价在水安全类岸线功能区达标率指标计算上与《规范》有所不同,由于该河历史参考数据难以取得,鱼类、水鸟保有指数没有列入,其指标权重分配到水生物类其他指标中。

表1　河流水域状况评价指标体系[1]

指标类型	单项指标名称	指标描述和计算方法	权重
水空间	水域面积变化率	工程占用或退出后的水域面积占常水位水域面积的百分比	0.40
水安全	岸坡稳定性	稳定的岸坡长度占评价岸坡总长度的比例	0.04
	堤防(坝)防洪达标率	达到防洪标准的堤防(坝)长度占其总长度的百分比	0.08
	岸线功能区达标率	符合岸线功能区划的岸线长度占岸线总长度的百分比	0.03
水资源	供水水量满足度	评价期内水域满足所有供水工程的水量保证率	0.05
	生态用水满足度	采用满足生态水位(流量)的天数(或旬)占评价期总天数(或总旬数)的百分比表示	0.05
水生境	生态岸线比例	以生态岸线长度占总岸线长度的百分比表示,生态岸线包括自然岸线及采用人工生态修复后具有自然属性的岸线	0.02
	河道连通性指数	反映河道水体保持流动性和连续性程度,采用河道内影响河道连通性的建筑物或设施(拦河闸、坝和网)数量评价	0.05
	水质类别	水质评价方法采用单因子法	0.08
水生物	着生藻类多样性指数	$H = -\sum_{i}^{s} P_i \ln P_i$ 式中:H 为 Shannon-Wiener 生物多样性指数;S 为总的物种数;i 为物种序号;P_i 为第 i 个物种个体数占总个体数的百分比	0.03
	底栖动物多样性指数		0.02
水感观	水面漂浮物覆盖率	以遥感监测或者调查的漂浮物最大面积占水域面积的比例表示,漂浮物包括藻类水华、水葫芦、水花生、秸秆等	0.03
	透明度	指水体的澄清程度	0.06
	公众满意度	指公众对水域的面积变化、河岸管护、水质水生态、景观娱乐方面的满意程度。公众满意度取评价水域范围内参与调查公众赋分的平均值	0.06
水文化	省级以上水利风景区、水情教育基地、精细化管理工程、创新型水域管理制度等		

2.2.2　评价分级与方法

评价分级:依据《规范》,水域状况评价结果分为Ⅰ、Ⅱ、Ⅲ、Ⅳ、Ⅴ5个等级,分别代表水域状况为优秀、良好、中等、较差及劣态(见表 2)。

表 2　河流水域状况综合评价分级标准

指标	等级与评分标准				
等级	Ⅰ	Ⅱ	Ⅲ	Ⅳ	Ⅴ
水域状况	优秀	良好	中等	较差	劣态
综合评价值范围/分	[90, 100]	[80, 90)	[70, 80)	[60, 70)	[0, 60)

评价方法:单项指标采用百分制赋分,各单项指标得分乘以对应的权重分值之和,再加上评价水域的水文化评分值(每有 1 个加 0.5 分,最高不超过 2 分),得到水域状况综合评价值。水域面积变化率为一票否决项,当其单项等级评价结果为Ⅴ级时,该水域综合评价结果为Ⅴ级。

2.3　资料来源

评价基础资料主要通过资料收集和现场调查获取,水质和水生物资料来源于江苏省水环境监测中心徐州分中心 2022—2023 年例行监测水质成果和调查监测成果。

3　结果与分析

3.1　指标评价

3.1.1　水空间

郑集南支河水域面积为 1.63 km²,2023 年度无占用(圈圩或围网)或退出的水域面积,与上年度相比水域面积无变化,水域面积变化率为 0,参照《规范》,水域面积变化率赋值为 85 分,指标等级为Ⅲ级。加权得分为 34 分。

3.1.2　水安全

岸坡稳定性:郑集南支河岸线总长度约 45.5 km,河道护坡类型主要为自然土质护坡,经现场调查,整体岸坡稳定,岸坡稳定性为 98%,参照《规范》,岸坡稳定性赋值为 86.7 分,指标等级为Ⅰ级。加权得分为 3.47 分。

堤防(坝)防洪达标率:郑集南支河堤防(坝)总长度 45.5 km,其中阐楼至孙寨闸段 2.6 km 不满足《江苏省南四湖湖西区水利治理规划》中防洪排涝标准为 10 年一遇排涝和 20 年一遇防洪的要求[3],堤防防洪达标率为 94.5%,参照规范,赋值为 89 分,指标等级为Ⅱ级。加权得分为 7.12 分。

岸线功能区达标率:根据《徐州市河道保护规划》(2020—2025),岸线保护区 4 个,岸线保留区 51 个,岸线控制利用区 48 个,未划定岸线开发利用区。岸线功能区达标率为 89.4%,赋值为 89.4 分,指标等级为Ⅱ级。加权得分为 2.68 分。

水安全指标与 2020 年相比,赋分值基本相同。

3.1.3　水资源

供水水量满足度:郑集南支河作为湖西区南线调水线路主要河道,通过沿线各级翻水站抽引下级湖和不牢河水调往丰县、铜山地区,用于农业灌溉和丰县大沙河饮用水水源地补水。2023 年度供水水量满足度按农田灌溉保证率 80% 计。供水水量满足度赋值为 80

分,指标等级为Ⅱ级。加权得分为4.0分。

生态用水满足度:根据《郑集河生态水位保障实施方案》,郑集南支河范楼闸上生态水位为36.50 m,梁寨闸上生态水位为39.50 m。2023年范楼闸上、梁寨闸上日均水位最低值分别为37.36 m和40.00 m,均高于生态水位,生态水位满足程度为100%。生态用水满足度赋值为100分,指标等级为Ⅰ级。加权得分为5分。

水资源指标与2020年相比,赋分值基本相同。

3.1.4 水生境

生态岸线比例:郑集南支河两岸总长度约77.4 km,河道多为自然植被覆盖的土质护岸,植被覆盖率较高、连续性较好,滨河生态较好。据调查,郑集南支河硬质岸线约2.43 km,生态岸线比例约96.9%,生态岸线比例赋值为96.9分,指标等级为Ⅰ级。加权得分为1.94分。

河道连通性指数:郑集南支河有闸站3座,分别为孙寨闸站、范楼闸站、梁寨闸站,为保障生态和农业用水,开启天数均未超过全年的60%,河长38.7 km,河道连通指数为7.75,百公里河长闸数大于2.5个,河道连通性指数赋值为0分,指标等级为Ⅴ级。加权得分为0分。

水质类别:根据江苏省水环境监测中心徐州分中心2023年度梁寨闸上和范楼闸上水质监测成果,计算加权平均值,采用单因子指数法评价,郑集南支河水质综合类别为Ⅲ类,2023年度未出现突发性水污染事故。以定类指标高锰酸盐指数加权平均值6.0 mg/L作为计算代表值[4],参照《规范》,采用区间内线性插值赋分,赋值为80.0分,指标等级为Ⅲ级。加权得分为6.4分。

水生境指标中,水质类别为Ⅲ类,优于2020年度的Ⅳ类水质,生态岸线比例和河道连通性指数基本无变化。

3.1.5 水生物

着生藻类多样性指数:郑集南支河2023年度共定量检出着生藻类5门60种,其中绿藻门9种,硅藻门23种,蓝藻门15种,裸藻门10种,隐藻门3种[4]。河内着生藻类密度在2.27万~3.88万个/cm²,上游多于下游,平均密度为3.07万个/cm²。河内优势种为钝脆杆藻和囊裸藻。经分析计算,郑集南支河着生藻类多样性指数为3.45,比2020年的1.54增加1.91。参照《规范》,着生藻类多样性指数赋值为100分,指标等级为Ⅰ级。加权得分为3分。

底栖动物多样性指数:郑集南支河2023年度共调查采集到底栖动物6种,其中软体动物门腹足纲出现4种,环节动物门寡毛纲和节肢动物门昆虫纲均出现1种。经分析计算,郑集南支河底栖动物多样性指数为1.82,参照《规范》,底栖动物多样性指数赋值为81.4分,指标等级为Ⅲ级。加权得分为1.62分。

水生物指标中,着生藻类多样性指数与2020年相比明显增加。

3.1.6 水感观

水面漂浮物覆盖率:由现场调查及卫星影像图可知,郑集南支河管护效果显著,水面清洁,未发现大面积藻类水华、水葫芦、水花生、秸秆及其他废弃物。水面漂浮物覆盖率赋值为100分,指标等级为Ⅰ级。加权得分为3分。

透明度:郑集南支河水深大于 1 m,透明度作为评分分级阈值。经测量,郑集南支河水体透明度均值为 0.5 m,参照《规范》,透明度指标赋值为 90 分,指标等级为Ⅱ级。加权得分为 5.4 分。

公众满意度:根据《2023 年度郑集南支河生态河湖状况评价报告》现场问卷调查统计,参与调查公众赋分的平均值为 91.7 分,高于 2020 年调查赋分值 87.97 分,指标等级为Ⅰ级。加权得分为 5.5 分。

水感观指标中,公众满意度得到提升,水面漂浮物覆盖率和透明度基本无变化。

3.1.7　水文化

郑集南支河水景观以自然植被覆盖为基础,滨河生态较好。评价水域范围内没有国家级和省级的湿地公园、自然保护区、风景名胜区、水利风景区、水利教育基地、水利遗产以及精细化管理工程,无加分项。

3.2　结果与分析

对照水域状况评价指标体系可知,郑集南支河综合得分为 83.13 分,综合水域状况为良好。其中,水安全、水感观 2 个类型 6 项指标等级为Ⅰ级或Ⅱ级,水域状况处于良好以上状态;水空间水域面积没有变化,处于中等状态;水资源指标中,供水水量满足度处于中等状态,生态用水满足度处于优秀状态;水生境指标中,生态岸线比例指标处于优秀状态,水质综合类别为Ⅲ级,河道连通性指数指标处于劣态;水生物指标中,着生藻类多样性指数有所上升,底栖动物多样性指数处于中等状态。

与 2020 年相比较,水空间、水安全、水资源 3 个类型 6 个指标赋分值基本相同;水生境、水生物、水感观 3 个类型中,水质类别、着生藻类多样性指数有所好转,公众满意度得到提升,其他指标基本无变化。

4　讨　论

以水空间、水安全、水资源、水生境、水生物、水感观 6 个类型 14 项指标和水文化要素构建的评价体系和方法,能够比较完整地反映郑集南支河水域状况。

在本次评价中,由于缺少鱼类生物和水鸟 20 世纪 80 年代或以前历史参考时期监测数据作为基准值,鱼类保有指数和水鸟保有指数未纳入本次评价体系,造成水生物状况评价缺乏完整性;《规范》明确了岸线功能区达标率评价指标的计算方法,但对于岸线功能区达标的判定缺少统一的定量方法,本次评价采取比对方法的科学性值得探讨。

5　结论与建议

5.1　结论

(1)应用本次构建的评价体系和方法所得的评价结果,基本符合郑集南支河水域状况实际,可为类似河道水域状况评价提供借鉴。在评价中,监测调查数据不足和数据获取技术手段是评价结果质量的限制因素。

(2)郑集南支河综合水域为良好状况。总体上较 2020 年有较好改善,主要表现在水质类别、着生藻类多样性指数有所好转,公众满意度得到提升。

(3)郑集南支河水域状况存在的问题主要表现在部分河段防洪标准不足、河道连通性较差、水质存在时段超标、底栖动物多样性不够丰富等方面。

5.2　建议

针对郑集南支河水域状况存在的问题,建议如下:

(1)提高防洪排涝能力。根据《江苏省南四湖湖西区水利治理规划》,对郑集南支河阚楼至孙寨闸段按照 10 年一遇排涝标准扩挖,20 年一遇防洪标准复堤[3]。

(2)构建蓄泄兼备的水系连通体系。恢复郑集南支河滩地内的坑塘、湿地及支流与河道之间的自然连通,维护河流纵向连续性和连通性,贯通"小水系",让河流"动起来"。

(3)提升河道水体水质。针对河道目前存在的点源、面源等污染,实施水污染防治工程[3]。一是加快沿线镇级污水处理厂提质增效工程及配套管网建设,实现镇区污水全收集、全处理;二是规划建设农村生活污水处理厂,建立河道沿岸农业废弃物清理制度和长效管理机制;三是建设高标准农田,推广生态农业、有机农业、生态养殖,开展农田灌溉回归水水质监测。

(4)培育优质水生态环境。建议实施滨岸带生态修复、水生生物群落重建以及支流氮、磷拦截吸收等生态工程建设,营造水生生物栖息地,提升水生态系统质量和稳定性。定期开展水域状况监测评价,为推动河湖治理保护提供技术支撑。

(5)加强生物指标种类监测和历史资料保存与收集,保障水生物状况评价工作的完整性和延续性。

参 考 文 献

[1] 张奇谋,林思群,郜雅,等.里运河水生态状况评价及保护对策[J].中国科学院大学学报,2023,40 (5):2022-2031.

[2] 江苏省市场监督管理局.水域状况评价规范:DB32/T 4463—2023[S].北京:中国标准出版社,2023.

[3] 王献辉,方勇,周海霞,等.徐州市河道保护规划(下册)(2020—2025)[R].南京:南京市水利规划设计院股份有限公司,2020.

[4] 王征,李超,张小明,等.郑集南支河生态河湖状况评价报告[R].徐州:江苏省水文水资源勘测局徐州分局,2023.